农产品溯源与真实性分析技术

赵　燕　陈爱亮　主编

中国农业出版社

北　京

本书编撰委员会

主　　编：赵　燕　陈爱亮

参编人员：杨曙明　吴黎明　张　昂　石元值

赵姗姗　陈天金　郭　军　王明林

锁　然　白　扬　王　倩　郄梦洁

李　政　胡翔宇　苏颖玥　王　洁

梁馨文　刘晓涵　谢立娜

序 言
PREFACE

　　农产品是人类赖以生存的基本食物，关乎国计民生。近年来，国内食品安全、假冒伪劣、以次充好等事件频频发生，严重危害了广大人民群众的合法权益，已引起社会各界的高度关注。农产品来源的可追溯是监管部门有效应对和处理此类农产品安全和欺诈事件的关键，尤其对于数量大、产值高、品质优的农产品，因此目前急需建立农产品溯源与真实性分析技术。相比于欧盟等西方国家，我国开展农产品溯源与真实性分析技术研究的开始时间较晚，自2004年以来，我国科研人员在一些大宗商品如牛羊肉、小麦、葡萄酒、蜂蜜以及地理标志产品如西湖龙井茶等产地鉴别方面开展了大量工作。

　　随着政府、消费者对农产品产地来源的重视，对地域特色产品等高值农产品真实性的关注，会有越来越多的科研单位投入溯源分析技术的研究、开发与应用示范；大宗农产品主产区土壤、水分、投入品的数据库可以为产地溯源提供数据支持和技术保障，多维度技术的组合可以显著提高高值农产品真实性鉴别的准确性。本书系统介绍了多种技术如稳定同位素技术、矿物元素分析技术、DNA分子技术、光谱技术和质谱技术等在不同类型的农产品产地溯源和真实性识别的研究进展，并附上了典型的研究案例，数据丰富、内容全面、系统性和专业性强。

　　我相信《农产品溯源与真实性分析技术》一书的出版，可以让科研人员了解农产品产地溯源和真实性鉴别技术的相关知识和进展，对进一步拓展和加深我国农产品真实性与产地溯源分析技术具有很大的帮助，同时对推动我国质量兴农政策的实施具有重要的推动作用。

中国农业科学院农业质量标准与检测技术研究所所长

2021年2月

前　言
FOREWORD

对于农产品溯源与真实性分析技术的进展，整体而言我国起步晚于欧美等国家，而近几年随着我国经济的发展，我国相关领域的研究水平处于跟跑或并跑水平。在产地溯源方面，我国围绕肉品、牛奶、大米、茶叶、蜂蜜等产品开展了基于稳定同位素、矿物元素、核磁共振、近红外等技术的研究，此外也应用代谢组学等技术开展了产地溯源的研究；在农产品真实性方面，以上技术也在有机食品识别、葡萄酒掺假、蜂蜜掺假等方面取得了系列进展。但是总体而言，我国农产品溯源与真实性分析技术存在研究内容不够系统、研究成果实际应用较少等问题，阻碍了该技术的广泛应用。

中国农业科学院农业质量标准与检测技术研究所作为国内最早开展农产品溯源分析技术研究的科研单位之一，从 2004 年开始，在国家及省部级项目的资助下，重点开展了农产品产地溯源和真实性研究，搭建了稳定同位素和矿物元素技术平台、DNA 分子物种及个体鉴别技术平台及代谢组脂质组学技术平台，积累了相当的研究经验和成果，因此决定出版《农产品溯源与真实性分析技术》这本书，在向读者介绍了我国溯源分析技术研究现况的同时，分别针对不同的产品从技术的角度进行总结。

本书共 12 章，共 40 余万字。赵燕副研究员和陈爱亮研究员负责该书的总策划和审阅工作。全书集合了我国在农产品溯源与真实性分析技术研究领域的优势单位力量，除中国农业科学院农业质量标准与检测技术研究所外，还有内蒙古农业大学、山东农业大学、河北农业大学、秦皇岛海关技术中心、中国农业科学院蜜蜂研究所、中国农业科学院茶叶研究所等教授、研究员和学生参与了撰写。第一章由李政、胡翔宇和赵燕副研究员撰写，陈爱亮研究员、杨曙明研究员和王明林教授修订。第二章、第五章和第八章由陈天金、白扬撰写，赵燕副研究员和郭军教授修订。第三章和第七章由王倩和郤梦洁撰写，赵燕副研究员和郭军教授修订。第四章由赵姗姗撰写、赵燕副研究员修订。第六章由赵姗姗、谢立娜撰写，赵燕副研究员和锁然教授修订。第九章由梁馨文撰写，吴黎明研究员修订。第十章由苏颖玥撰写，张昂副研究员修订。第十一章由刘晓涵撰写，张昂副研究员修订。第十二章由王洁和石元值研究员撰写和修订。

目 录
CONTENTS

第一章　概　　述

1.1　我国农产品溯源分析技术研究进展

近年来，"三聚氰胺"、"孔雀石绿"、"瘦肉精"等食品安全问题对社会造成了极大的消费恐慌。因此，为了保证产品产地的真实性，识别假冒伪劣产品，并甄别绿色、有机、生态等特别标志的产品，保护消费者的合法权益，在我国建立有效的食品溯源体系具有其必要性和紧迫性。欧盟、加拿大、新西兰、美国、日本等国家和地区相继建立了"由农田到餐桌"的可追溯体系。我国最新颁布的《食品安全法》明确规定食品生产经营者应当依照本法的规定，建立食品安全追溯体系，保证食品可追溯，并且国务院食品药品监督管理部门会同国务院农业行政等有关部门建立食品安全全程追溯协作机制。

目前，主要的食品溯源技术有稳定同位素技术、矿物质元素分析技术、近红外光谱技术和标签溯源技术等。其中稳定同位素技术被认为是应用前景最为广泛的技术之一，可应用于食品的产地溯源以及掺假鉴别的研究。本章着重综述了各种技术的原理，以及应用于我国农产品溯源方面的发展趋势，旨在推广分析技术在我国农产品溯源中的应用，推动国家完善农产品溯源体系，保证食品安全。

1.1.1　稳定同位素技术

稳定同位素技术是一种基于生物体内稳定同位素差异的溯源技术。生物体内的这种差异是源于其在生命活动过程中受气候、地形、土壤等自然条件和自身代谢的影响，导致同位素在其体内发生分馏。但是稳定同位素的含量极低，通常用绝对值表达其差异相对困难，所以国际上使用相对量来表示同位素的富集程度。计算公式：

$$\delta\text{‰} = (R_{\text{样品}}/R_{\text{标准}} - 1) \times 1\,000$$

$R_{\text{样品}}$ 和 $R_{\text{标准}}$ 分别代表样品和标准物质中的重同位素和轻同位素丰度比，例如稳定性碳、氮、氢、氧同位素比率可分别用 $\delta^{13}C$‰、$\delta^{15}N$‰、δD‰、$\delta^{18}O$‰表示，其丰度比表现为 $^{13}C/^{12}C$、$^{15}N/^{14}N$、$^2H/^1H$、$^{18}O/^{16}O$。

稳定同位素丰度值需要利用同位素质谱仪（IRMS）进行精确测量。在工作过程中 IRMS 将样品经过高温燃烧分解转化为气体，例如：$C \rightarrow CO_2$、$N \rightarrow N_2$。然后在离子源中将气体进一步离子化，最后利用电磁分析器将离子束分解为不同 m/z 比值的组分。仪器记录每一组分离子强度，利用软件程序将该强度转化为同位素丰度值，再将其值与标准值比对，得出相应的国际标准比值。

稳定同位素技术在农产品溯源中常用到的元素有 C、N、H、O、S、Sr 等。植物按其固碳方式可分为：C_3 植物、C_4 植物和 CAM 植物，三者之间 $\delta^{13}C$‰值具有显著的差异，通常情况下 C_4 植物的 $\delta^{13}C$ 值高于 C_3 植物，CAM 植物则介于两者之间。氮稳定同位素的差异很大程度上受人工合成化肥的影响。稳定性氢（H）、氧（O）同位素随着纬度、海拔、离海洋的远近等地理位置因素变化，其 $\delta D‰$、$\delta^{18}O‰$ 值会随之变化。海洋表面蒸发的水蒸气中 H 和 ^{16}O 含量很高，^{18}O 和 D 又比 ^{16}O 和 H 重，这使得水蒸气在随着气团向内陆飘移的过程中，雨水中的 ^{18}O 和 D 的含量逐渐减少，从而导致在近海洋地区的雨水中具有更高的 $\delta D‰$、$\delta^{18}O‰$ 值。此外，^{18}O 的浓度也不同，受地区之间温度效应的影响，随着纬度和海拔的增加，其含量会相应地减少。高海拔、高纬度地区由于温度较低，水中的 ^{18}O 浓度较低海拔、低纬度地区低。此外，稳定性硫（S）元素的丰度值受地质、降水以及传统工业排放的影响，导致其在不同地区也不尽相同。稳定同位素锶（Sr）是由 ^{87}Rb 衰变而来，地质环境和岩石年龄对其在生物体内的影响较大，而气候、季节及其他外部条件对其影响甚微，是很好的溯源元素。但是 Sr 在生物体内的含量极少，应用范围有限。

稳定同位素在植物上的差异会随着动物的饲养而发生转移，造成动物源产品中稳定同位素含量或比率的不同，通常利用 IRMS 测定其丰度值，进行原产地的验证和鉴别。

1.1.1.1 稳定同位素技术在植物源农产品产地溯源中的应用进展

对农产品进行产地溯源可有效保护原产地的利益，并且可在出现食品安全问题的时候，能迅速"由下至上"，追溯到问题源头。稳定同位素技术目前应用于大米、小麦、茶叶等。但整体来说研究数量较少，大多都与矿物质元素分析结合进行分析。

（1）茶叶

国内利用稳定同位素技术在茶叶产地溯源的研究在近几年才兴起。张龙[1]采集了安徽、重庆、福建、广东、广西、海南、湖北、河南、四川、山东、云南、浙江茶叶样本测定其 $\delta^{13}C$ 和 $\delta^{15}N$ 值，结果表明 $\delta^{13}C$ 值在 $-26.66‰$ 到 $-24.59‰$ 范围内，$\delta^{15}N$ 值在 $1.46‰$ 到 $4.41‰$ 范围内。通过 $\delta^{13}C$ 和 $\delta^{15}N$ 交叉检验，大部分省的样品没有被完全分开，尤其是广东、广西、海南和福建的样品，浙江省、湖北省、云南省和安徽省茶叶样品组内分离较小，山东省、四川省、重庆市和河南省的组内分离较大。因此我国茶叶溯源的研究需要与其他判别技术相结合，如矿物质元素分析。

袁玉伟[2]等研究了福建、山东和浙江三省的乌龙茶，稳定同位素分析结果显示，茶叶中的 $\delta^{13}C$ 和 $\delta^{15}N$ 值变化范围较小，且各地差异不显著。此外，浙江、福建和山东三产地茶叶中铅同位素比率 $^{207}Pb/^{206}Pb$、$^{208}Pb/^{206}Pb$ 的变化范围也较小，但是 $\delta^{18}O$ 和 δD 值的变化范围较大。浙江茶叶的 δD 值也与山东和福建存在显著性差异。研究中他们结合茶叶中矿物质元素的测定结果进行 LDA-PCA 判别研究，三省产地的判别准确率高达 99%。

（2）谷物

稳定同位素技术也应用于大米的产地溯源研究中，钟敏等[3]利用碳氮稳定同位素对黑龙江、辽宁、河南、江苏、湖南和海南的大米进行产地溯源，测得国内大米值变化，范围在 $-26.0‰$ 到 $-28.3‰$ 之间，均值为 $-27.0‰$ 左右，其中黑龙江五常的 $\delta^{13}C$ 值最高（$-26.0‰$），而河南信阳最低（$-28.3‰$）。$\delta^{15}N$ 值差异较为显著，范围在 $1.1‰$ 到 $4.1‰$ 之间，均值在 $2.4‰$ 左右，辽宁本溪大米的 $\delta^{15}N$ 值在样品中最高（$4.1‰$），而辽宁盘锦为 $0.9‰$，在所有样品中最低。

邵圣枝[4]等也通过将稳定同位素技术与矿物质元素结合对大米进行 LDA-PCA 分析，以判定大米产地，结果表明，各地稻米中稳定同位素 $\delta^{13}C$、δD、$\delta^{18}O$ 数值范围不同，其中样本中 $\delta^{13}C$ 值与钟敏[3]测定的值非常相近，但是 $\delta^{15}N$ 值与之比起来高了很多。采用 PCA-LDA 法能够对大区域（黑龙江省、江苏省和辽宁省）的稻米进行产地判别，通过对 23 个样本进行判别验证，正确率为 91%。

Liu[5]等采集了来自河北、河南和山西在 2010—2012 年收割的 10 个品种的小麦，研究基因型、收割年份、地域差异以及它们之间相互作用对小麦中 $\delta^{13}C$、δD、$\delta^{15}N$ 值的影响，结果发现相对于基因型、收割年份，地域上差异更能影响小麦中 $\delta^{13}C$、δD、$\delta^{15}N$ 的值。

（3）葡萄酒

葡萄酒是一种地域性很强的农产品，对其进行产地溯源有利于保护原产地，以及提升消费者的消费信心。国外对于葡萄酒的产地溯源已经非常成熟，主要是测定酒中的乙醇、丙三醇和水的 $\delta^{13}C$ 和 $\delta^{18}O$ 值。我国利用稳定同位素技术对葡萄酒进行产地溯源的研究相对较晚，吴浩[6]等利用气相色谱-同位素比率质谱仪（GC-C-IRMS）测定了产自法国、美国、澳大利亚、中国的葡萄酒中 5 种挥发性组分（乙醇、丙三醇、乙酸、乳酸乙酯和 2 - 甲基-丁醇）的 $\delta^{13}C$ 值，并对测定结果进行判别分析，成功地将 4 个地区的葡萄酒区分开来[7]。

（4）其他植物产品

除上述农产品外，稳定同位素在其他植物产品的产地溯源上也有应用。陈历水[8]等测定了哈尔滨、牡丹江、昌吉和塔城无化肥种植的黑加仑果实、树叶及生长的土壤中 $\delta^{13}C$ 和 $\delta^{15}N$ 值，研究发现果实中 $\delta^{15}N$ 值的整体判别率（80.8%）显著高于 $\delta^{13}C$ 值的判别率（47.8%），结合 $\delta^{13}C$ 和 $\delta^{15}N$ 值判别率可达 86.9%。研究还发现土壤和树叶中的 $\delta^{13}C$ 和 $\delta^{15}N$ 值与果实呈显著相关性（$p<0.01$）。

吕伟[9]在分析广东、辽宁和山东的土壤和花生样品中 $\delta^{13}C$、$\delta^{15}N$ 时发现 $\delta^{13}C$、$\delta^{15}N$ 可以代表各地土壤的特征且判别率为 85.7%，高于单一使用 $\delta^{15}N$ 值的判别率（70%）。$\delta^{15}N$ 值和土壤中 $\delta^{15}N$ 值的相关系数 r 达 0.924。

李国琛[10]通过测定和分析了辽宁、吉林、黑龙江、陕西、湖北、湖南和广西五味子的 $\delta^{13}C$ 与 $\delta^{15}N$ 值，证实了 $\delta^{13}C$ 与 $\delta^{15}N$ 是五味子产地溯源的良好指标，并且五味子 $\delta^{15}N$ 与对应的土壤样品的 $\delta^{15}N$ 值和 N 含量均呈显著正相关。

丁颖[11]等研究了三七中碳稳定同位素与生态因子之间的关系，结果表明对三七茎叶中碳稳定同位素比值起关键作用的生态因子是纬度、日照、年降水量、月平均温度；三七块根中稳定碳同位素比值的关键因子是纬度、年均温、年降水量和透光率；三七芦头中稳定碳同位素比值的关键因子为纬度和年降水量。纬度和年降水是三七不同部位稳定同位素比率变异的主导因素，为利用稳定同位素技术对三七产地溯源提供了理论依据。何忠俊[12]等也研究发现三七主根 $\delta^{13}C$ 可以作为三七主根和相关产品产地溯源的重要指标之一。

黄岛平[13]等分析了广西、湖南、福建、四川 4 个地域来源的柑橘果汁中 $\delta^{13}C$ 和 δD 值，发现湖南、福建两地样品与广西、四川两地样品之间的 $\delta^{13}C$ 值存在极显著差异，广西和四川明显高于湖南和福建；并且发现柑橘果汁中的δD值随着纬度的增加而呈现递减的趋势，排序依次为广西＞湖南＞福建＞四川。

稳定同位素受气候、季节、土壤以及生物体自身代谢影响，在利用其对植物源农产品进行溯源的研究过程中会出现差异不显著的现象。这时我们需要结合其他技术进行分析。国内外研究均表明，稳定同位素技术结合多元素分析技术对植物源农产品进行 LDA-PCA 判别分析可得出较好的产地区分。

1.1.1.2 稳定同位素技术在植物源农产品掺假鉴别中的应用进展

在国际上，稳定同位素技术在植物农产品的掺假鉴别研究已非常成熟，我国也开展了相关研究。蜂蜜是研究得比较广泛的农产品。蜂蜜的掺假主要是添加蔗糖、葡萄糖、果葡糖浆、人工转化糖、淀粉、食盐、饴糖羧甲基、纤维素钠（CMC-Na）、色素和香精等，主要起到增稠、添色、加香等作用[14]。2002 年我国颁布了 GB/T 18932.1—2002《蜂蜜中碳-4 植物糖含量测定方法稳定碳同位素比率法》，通过稳定同位素技术测定蜂蜜中的$\delta^{13}C$值，从而测定出蜂蜜中碳四植物糖含量。罗东辉[15]等利用同位素质谱技术结合元素分析仪（EA）、液相色谱（LC）等对蜂蜜样品真实性进行系统研究。李鑫[16]等发现单纯使用元素分析联用同位素比率质谱进行测定，无法完全鉴别出掺糖蜜，但结合 LC-IRMS 测定的结果可有效地对掺假蜂蜜进行鉴别。费晓庆[17]等采用元素分析-同位素比值质谱法（EA-IRMS）对我国蜂王浆掺假情况进行研究，分别测定了蜂王浆$\delta^{13}C$值和蜂王浆中蛋白质$\delta^{13}C$值，并计算蛋白质与蜂王浆的$\delta^{13}C$差值$\Delta\delta^{13}C_{p-r}$，得出纯正蜂王浆应同时满足蜂王浆$\delta^{13}C$值$\leqslant -21.50‰$，并且$\Delta\delta^{13}C_{p-r} \geqslant -0.95‰$，$\delta^{13}C$值大于$-21.50‰$可被认为掺有 C-4 植物糖。

目前国内市场上的大多数果汁是由浓缩果汁经兑水、糖、防腐剂等加工而成，在新鲜度及口感上无法与非浓缩（NFC）果汁相媲美。国内已经有了一些研究利用稳定同位素技术对 NFC 和 FC 果汁进行鉴别。牛丽影[18]等利用稳定同位素技术鉴别非浓缩（NFC）果汁与浓缩（FC）果汁，结果表明，NFC 橙汁与苹果汁中水的 δD 和$\delta^{18}O$值明显高于地下水和 FC 果汁。钟其顶[19]等也证实，NFC 橙汁中水的 δD 和$\delta^{18}O$显著高于地下水。

钟其顶[20]等应用气相色谱-燃烧-同位素分析（GC-C-IRMS）联用的方法测定了食醋中乙酸$\delta^{13}C$值，研究表明，食醋发酵原料不同时$\delta^{13}C$值也会存在差异，掺有食用醋酸的米醋低于普通米醋，工业醋酸则远低于其他普通食醋，通过该方法测定食醋中的$\delta^{13}C$值可溯源其发酵原料以及鉴别食醋中是否存在掺假。

此外，国内也报道了其在白酒[21]、酱油[22]、植物油[23]、有机茶[24]等产品掺假鉴别上的应用。

1.1.1.3 稳定同位素技术在动物源农产品中的应用进展

稳定同位素技术在动物源农产品产地溯源方面主要集中在乳制品、牛肉、羊肉和鸡肉等农产品。动物在生长过程中受环境及食用植物的影响，不同地区、不同地理环境的动物体内的稳定同位素也会存在差异，因此利用稳定同位素对动物源产品进行溯源具有一定的可行性。

（1）牛肉

国外已经有相当数量的应用稳定同位素技术开展畜产品产地溯源的报道[25,26]。近些年来，国内关于这方面的报道也逐渐增多。在牛肉方面，郭波莉[27]等利用同位素比率质谱仪测定了吉林、贵州、宁夏、河北4个省的牛肉、牛尾毛和饲料中的 $\delta^{13}C$ 和 $\delta^{15}N$ 值，他们发现不同地域牛组织中 $\delta^{13}C$ 具有极显著差异，排序依次为吉林＞贵州＞宁夏＞河北，吉林、宁夏两地样品中 $\delta^{15}N$ 值明显高于贵州、河北两地的样品，并且通过测定牛组织中的 $\delta^{13}C$ 值确实可以预测其膳食中的 C_4 植物比例，$\delta^{15}N$ 值可区分牧区与农区喂养的牛肉。刘晓玲[28]等检测了河南新野县和内乡县牛尾毛的 $\delta^{13}C$、$\delta^{15}N$、δD 值，成功将两县的样品区分，整体判别率达94.7%，但新野县各个乡镇之间区分不明显。刘泽鑫[29]等对陕西关中地区牛肉 $\delta^{13}C$、$\delta^{15}N$ 进行检测。吕军[30]等测定了山东、内蒙古、山西牛肉样品中粗蛋白的 $\delta^{13}C$、$\delta^{15}N$、δD、$\delta^{18}O$ 值，结果发现这4种同位素丰度值在不同的地区具有显著性的差异，可作为牛肉溯源的指标。

牛身上不同组织的稳定同位素值也存在差异。孙丰梅[31]等研究表明牛肌肉不同部位、血液、肝脏和牛尾毛之间 δD 值、$\delta^{34}S$ 值均有极显著差异，且各个组织之间的 δD 值、$\delta^{34}S$ 值并不明显。饲料对牛组织中的碳稳定同位素影响很大。孙丰梅[32]等研究发现牛尾毛、脱脂肌肉、粗脂肪中的 $\delta^{13}C$ 值呈极显著相关性，并均与饲料中 C_4 植物含量呈极显著的相关性。在随后的研究中，孙丰梅[33]等和刘泽鑫[34]也得出了相同的结论。此外，周九庆[35]等通过比对加工和未加工的牛肉样品，表明煮制、煎制和烤制对牛肉碳稳定同位素没有显著的影响。

（2）鸡肉

鸡肉中碳稳定同位素同样会受到日常饲料的影响，王慧文[36]等通过分析鸡肉中的 $\delta^{13}C$ 和 δD 值、饲料中的 $\delta^{13}C$ 值、水中的 $\delta^{18}O$ 值，发现鸡肉与饲料中的 $\delta^{13}C$ 呈正相关，鸡肉中 δD 与饮水中 $\delta^{18}O$ 呈正相关。随后，王慧文[37]等通过严格控制日粮中玉米的比例，研究了鸡饲料中玉米的比例对其体内碳和氮稳定同位素组成的影响，发现鸡肉的 $\delta^{13}C$ 值与日粮中玉米的比例高度相关，然而 $\delta^{15}N$ 值则相关性不大。此外，碳稳定同位素也可用于检测鸡肉色素的来源[38]。以上说明稳定同位素可用于鸡肉溯源的研究，推断其饲料成分、产地来源或色素来源。由于动物体内的稳定同位素受多方面的影响，单一使用稳定同位素技术或许不能获得理想的结果，需要结合其他技术进行分析。赵燕[39]等测定了黑龙江、山西、江西和福建的鸡肉样品中 $\delta^{13}C$、$\delta^{15}N$ 值以及12种矿物质元素（Na、Mg、K、Ca、Al、Ti、Fe、Cu、Zn、Se、Rb 和 Ba），并且对结果进行 DA-PCA 分析，结果表明样品中 $\delta^{13}C$、$\delta^{15}N$ 均有显著性差异，结合稳定同位素结合矿物质元素进行 DA-PCA 分析，其判别率得到显著提升。

（3）水产品

随着国民对健康饮食的重视，水产品安全问题也备受关注。我国学者利用稳定同位素技术在水产品中的溯源研究也有增加。马冬红[40]等通过研究广东、广西、海南、福建罗非鱼腹肉和背肉的氢稳定性同位素组成，发现各地区的罗非鱼组织中 δD 值具有显著性差异，随着纬度的增加而减少，并且腹肉和背肉呈显著相关性。张泽钊[41]等研究表明饲料中的豆粕含量与军曹鱼中的 $\delta^{13}C$ 和 $\delta^{15}N$ 值存在极大的相关性。除了鱼类之外，青蟹产品上也有研究，郭婕敏[42]等发现野生与人工养殖的青蟹 $\delta^{13}C$、$\delta^{15}N$ 值存在显著性差异，可利用 $\delta^{13}C$、$\delta^{15}N$ 值作为辨别野生与人工养殖青蟹的指标。

(4) 其他动物产品

除上述几类动物源农产品外，稳定同位素技术在其他产品的溯源中也有研究。羊肉是人们最喜爱的肉制品之一。孙淑敏等[43]研究发现内蒙古阿拉善盟、锡林郭勒盟和呼伦贝尔市三个牧区羊肉样品中的 $\delta^{13}C$、$\delta^{15}N$ 值存在显著性差异，$\delta^{13}C$ 值与饲喂的牧草种类有关，$\delta^{15}N$ 值则与饲料和地域有关，并且脱脂羊肉蛋白粉与粗脂肪中的 $\delta^{13}C$ 高度相关。随后他们又发现脱脂羊肉、粗蛋白及羊颈毛的 $\delta^{13}C$、$\delta^{15}N$ 值显著相关[44]。此外，不同来源的羊肉其 δD 值也存在差异，与当地饮水中的 δD 值高度相关，δD 值结合碳氮稳定同位素可提高判别率[45,46]。

在乳制品方面，王磊[47]等通过 EA-IRMS 测定了牛乳中的 $\delta^{13}C$ 值，发现饲料的组成直接影响牛乳样品的稳定性碳同位素组成，不同地区销售的牛乳 $\delta^{13}C$ 值具有不同的特点，并且饲料中玉米比例高的奶源地牛乳中 $\delta^{13}C$ 值均高于 $-17.6‰$，而 C_3 植物羊草和苜蓿饲养则会降低牛乳中的 $\delta^{13}C$ 值。梁莉莉[48]等利用 EA-IRMS 测定分离得到的酪蛋白 $\delta^{13}C$ 和 $\delta^{15}N$ 值发现，$\delta^{13}C$ 和 $\delta^{15}N$ 与奶源产地有一定的相关性，同一产地的婴幼儿配方奶粉中酪蛋白的 $\delta^{13}C$ 和 $\delta^{15}N$ 值分布范围一致，而不同奶源产地的则存在差异。

1.1.2 多元素分析技术

农产品中的矿物元素组成受土壤、气候、降水和自身代谢等因素的影响，对于动物源农产品而言，还会受饲料的影响。这使得不同地域来源的农产品在矿物元素组成上具有一定的地域性差异。郭波莉[49]等利用 ICP-MS 测定了吉林、贵州、宁夏和河北共 61 个脱脂牛肉样品中的 Na、Mg、Al、K、Ca、V、Mn、Fe、Co、Ni、Cu、Zn、Ga、As、Se、Sr、Zr、Mo、Sn、Sb、Ba、Pb 共 22 种元素的含量，筛选出的 5 个元素（Se、Sr、Fe、Ni 和 Zn）对 4 个地区的整体判别率高达 98.4%。赵海燕[50]等测定了河北、河南、山东和陕西 4 个省的 120 份小麦样品中的 24 种矿物质元素（Be、Na、Mg、Al、K、Ca、V、Cr、Mn、Fe、Co、Ni、Cu、Zn、Se、Mo、Ag、Cd、Sb、Ba、Tl、Pb、Th 和 U），通过逐步判别分析筛选出了 11 种元素（Ba、Mn、Sb、Ca、Mo、U、Ni、V、Cr、Pb 和 Mg）可完全分离 4 个省的小麦样品，其整体检验判别率为 90.8%，交叉检验判别率为 89.2%。因此，利用多元素分析对农产品进行溯源是可行的，但通常为了提高判别率，常与稳定同位素技术相结合使用[2,4,39,51]。

1.1.3 近红外光谱技术

近红外光是介于可见光和中红外光之间的电磁波，波长范围为 $0.8 \sim 2.5 \mu m$，几乎所有的物质都能在近红外光谱中找到信号。不同的物质因化学组成的差异，近红外光谱也存在差异。钟艳萍等[52]在 $12\,000 \sim 4\,000 cm^{-1}$ 范围采集荆条蜜、槐花蜜、油菜蜜和掺假蜜的近红外光谱，结合一阶导、多元散射校正及变量标准化三种方法对光谱进行预处理，以主成分分析结合马氏距离判别法，在不同谱区建立蜂蜜品种及真伪鉴别模型。研究发现 $6\,100 \sim 5\,700 cm^{-1}$ 谱区为最佳建模波段，品种判别正确率达 90% 以上，真伪鉴别正确率为 93.10%。孙淑敏等[53]对内蒙古自治区锡林郭勒盟、呼伦贝尔市和阿拉善盟三个牧区，及重庆市和山东省菏泽市两个农区共 99 份羊肉样品进行近红外光谱扫描，并利用主成分析（PCA）与线性判别分析（LDA）结合法，以及偏最小二乘判别分析法（PLS-DA）对光谱数据进行分析，建立了牛肉产地来源判别模型，得出五个地区的近红外光谱存在显著性差异，PCA＋LDA 对五个地区的整体判别率（91.2％）优于PLS-DA（76.7％）。可见，在对农产品进行产地溯源的研究中可采用近红外光谱结合化学计量法进行研究。

1.1.4　标签溯源技术

当前，我国对农产品的溯源主要还是应用标签溯源技术，如 RFID（Radio Frequency Identification）、条形码、二维码技术等。虽然溯源标签经常出现丢失、记录误差以及标记图案模糊不清的情况而饱受诟病，但是其简单易行的特点还是让它在我国溯源体系中占据主导地位。

RFID 是一种利用射频通信实现非接触或自动识别和数据采集技术，阅读器通过无线识别获取 RFID 电子标签上物体的信息，从而达到信息获取的目的。每个 RFID 标签都标志着该产品的信息，并且是唯一的。RFID 电子标签具有灵活易行、操作简单的特点，在欧美多个发达国家得到广泛的应用。我国在这方面起步较欧美国家晚，但发展迅速，目前已在交通、物流、医药、食品等多个领域得到应用。周仲芳等[54]建立了基于 RFID 技术的活猪检验检疫监督管理电子化系统，可对活猪饲养、出栏检疫、运输及屠宰加工等全过程溯源追踪管理。罗清尧等[55]将 RFID 技术结合 Microsoft Visual Studio 2005 和 Microsoft Visual Basic 6.0 环境，实现了生猪屠宰流水线上猪只胴体的 RFID 标识和远距离自动识读，并通过生猪溯源耳标信息采集、RFID 胴体标签信息与屠宰厂 Internet 溯源数据记录系统的自动关联，实现了生猪屠宰过程中溯源关键点的生猪屠宰标识信息的可靠采集、传输与处理。庞超等[56]设计了一种将 RFID 技术与无线传感器网络技术相结合的无缝隙信息采集与传输方法，应用于奶牛养殖信息溯源系统，该系统基于单点通信有障碍35m、无障碍75m 范围所构建的射频传感网络，手持终端采集的养殖信息，其数据传输丢包率在 5％以内，系统运行稳定、可靠，数据能够实时、高效传送到溯源数据中心。程静等[57]在肉牛养殖溯源体系中设计了由边缘层、数据层、应用层组成的 3 层结构的 RFID中间件，实现了数据信息的平滑处理、重复过滤、聚集和分组，同时为后续的屠宰、运输、销售等环节提供了数据支撑与服务。

此外，我国学者还开展了 RFID 技术在白酒[58]、蔬菜[59]、哈密瓜[60]、药品[61]和种子[62]等方面的应用。

二维码（2 - dimensional bar code）是由某种特定的黑白相间的几何图形按一定规律在平面分布的用于记录数据符号信息[63]。目前，二维码已经取代条形码成为主流。二维码的编码密度很高，可在横向和纵向两个方向同时表达信息，在很小的面积即可表达大量的信息，其信息容量是一般条码的几十倍，甚至上百倍[64]。二维码在农产品溯源方面的应用前景也被人们所看好，施连敏等[65]对基于二维码技术在绿色食品溯源方面的具体的框架结构和二维码编码方式进行了设计。廖保生等[66]提出基于二维码及网络数据库建立道地药材溯源系统的实现方法。周伟伟等[67]建立了基于智能化信息平台建立的入境肉类溯源技术，以二维码标签技术、移动执法终端识别技术、智能化信息平台为主要手段，对进口禽肉产品核心信息实施记录、识别、储存和整理，确保进口禽肉产品检验检疫监管各环节的可追溯。

1.2 动物源性农产品溯源技术研究发展历程及展望

1.2.1 动物源性农产品溯源技术研究发展历程

随着动物源性农产品市场的全球化及各国之间的运输便利，农产品产地来源的标签造假或者误贴造成的农产品质量安全问题也相应增加，这些问题的出现亟须相应的技术手段来确定动物源性农产品的来源[68]。目前动物源农产品产地溯源主要采用稳定同位素技术、矿物元素指纹图谱技术和近红外光谱技术等。

分别以"animal"、"food"、"origin traceability"在 Web of Science 英文数据库及以"动物"、"农产品"、"产地溯源"为关键词在万方中文数据库对近 30 年动物源性农产品产地溯源的国内外文献进行了检索，国内外动物源性农产品产地溯源文献数量的变化如图1-1所示，关于动物源农产品溯源的国外文献数量在 2001 年开始增长迅速，而相应的中文文献在 2006 年才开始增长，这说明我国关于动物源农产品溯源的研究要比国外晚5 年左右，然而同时我们也可以看到，中文文献的数量与英文文献数量相比，中文文献数量几乎是英文文献数量的 50%，换句话说，中文文献数量接近全球英文文章的一半，反映了我国学者对动物源农产品研究的热度之高及我国对动物源性农产品溯源技术的需求之大。

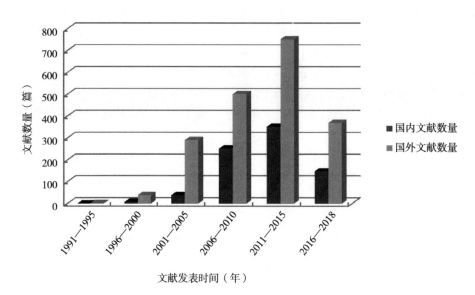

图1-1　国外、国内关于动物源农产品溯源研究文献数量近 30 年的发展历程图

以"稳定同位素"和"产地溯源"为关键词进行国内外文献的搜索，国内外文献中对溯源技术的研究如图1-2 所示，可以发现该技术的研究文章比例占到 50.40%，位居榜首。稳定同位素技术利用其自然分馏的原理鉴定样品的产地也被应用在许多动物源性农产

品中,尤其是在畜产品中对牛肉的产地溯源最具代表性。很多动物源性农产品的 δ^{13}C、δ^{15}N、δ^{18}O 和 δ^2H 稳定同位素比值已经作为鉴定其产地的重要依据。其次是占 27.4% 的近红外光谱技术,其具有快速、简便、允损、允污染等独特优势,迅速地被广泛应用于各种动物源性农产品,越来越多的学者选择使用近红外光谱技术来建立动物源性农产品的产地溯源数据库。矿物元素指纹图谱技术,因为其测定成分复杂且操作较为烦琐,所以应用该技术的研究占比仅为 22.20%,比例略小,但其化学成分的测定数值对于动物源性农产品的产地溯源有着更为准确的鉴定范畴,因此依旧有很多学者青睐此类技术手段。

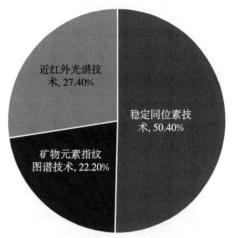

图 1-2 1991—2019 年国内外溯源技术研究文献占比图

国外文献对不同种类动物源性农产品的研究进展如图 1-3 所示,首先,从研究对象来说,与水产品相比,应用溯源技术对畜禽产品的研究成果比例高达 89%,其中牛肉的占比最大,高达 60%,这主要是由于欧盟是最早提出进行溯源研究的地区,牛肉是欧洲国家主要的肉产品,其次乳类产品占到了畜禽研究成果的 18%,这与乳类产品的消费人群及消费量巨大是有直接关系的。在今后的动物源农产品产地溯源研究中,价格较高的羊肉和水产品可以作为新的研究热点。

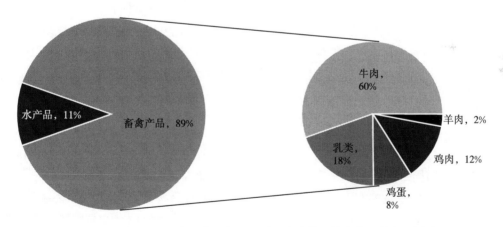

图 1-3 1997—2019 年国外文献中不同种类动物源性农产品研究比例图

其次,从研究的技术手段而言,仅仅依靠一个化学物质或者一个技术方法,是无法对农产品产地进行准确溯源的,多种技术手段或者多个化学分子分别从不同角度指明了农产品的归属,如碳氮稳定同位素可以表征动物产品的饲料来源、饲养方式;氢氧稳定同位素更多的可以指示农产品的地理(纬度、距离海洋远近等)来源;而矿物元素更多表明动物饲料与土壤的相关性,从而对产地溯源也有主要价值。因此,今后的动物源农产品产地溯源研究一定是多种技术结合、多维数据分析、化学计量学方法创新的趋势。

基于核磁共振技术、高分辨飞行时间质谱等新型的非靶向技术如代谢组学、蛋白质组学也逐步应用到动物源产地溯源研究中，相信新型技术的应用可以进一步提高产地溯源的准确度，从而提高其实际应用价值。

1.2.2 动物源性农产品溯源技术研究展望

稳定同位素分析溯源技术被认为是动物源性农产品产地判别中一项很有效的分析手段。它分为轻同位素（C、N、H、O和S）和重同位素（Sr和Pb）。碳同位素组成反映饲料的变化；受氮肥使用和气候条件的影响，$\delta^{15}N$的丰度值会有变化；氢和氧同位素组成受到气候、降水等环境因素影响；硫同位素的影响因素复杂，没有显著的变化规律，锶等重同位素在动物体内含量极低。在对动物源性农产品产地溯源时，要根据研究对象和实际情况选择合适的同位素作为测定指标。

由于样品的采样量有限，所以现阶段对于动物源性农产品的产地溯源研究中，建立有效的判别和鉴定模型要尽可能多的增添维度，加固模型的稳定性。也就是说，要采用多种溯源技术手段结合的方式对同一研究对象进行产地溯源，同时，也可以通过数据处理软件改变每个维度的占比，从而使模型更加牢固。

1.3 植源性农产品溯源技术研究发展历程及展望

1.3.1 植源性农产品溯源技术研究发展历程

植源性农产品是我们生活中必不可缺的食物，随着社会的进步和发展，优质植源性农产品的掺假、造假现象严重。目前主要采用稳定同位素技术、矿物元素指纹图谱技术、代谢组学技术、近红外光谱技术等对植源性农产品进行产地溯源研究。

分别以"plant"、"traceability"在 Web of Science 数据库及以"植源性"、"溯源"为关键词在万方中文数据库对近 30 年植源性农产品产地溯源的国内外文献进行了检索，如图 1-4 所示，关于植物源农产品溯源的国外文献的数量在 2001 年开始增长迅速，而相应的中文文献在 2006 年才开始增长，这说明我国关于植物源农产品溯源的研究要比国外晚5 年左右，然而同时我们也可以看到，中文文献的数量与英文文献数量相比，中文文献数量几乎是英文文献数量的 50%，换句话说，中文文献数量接近全球英文文章的一半，反映了我国学者对植物源农产品研究的热度之高及我国对植物源性农产品溯源技术的需求之大。

从技术手段的发展历程来看，植源性农产品产地溯源分析技术主要是开发有效准确的现代化检测技术，筛选特异性指标，构建准确的溯源数学模型。但事实上，植源性农产品受到施肥、气象条件以及农田土壤特征等各方面差异的影响。单一的产地溯源技术已不能满足人们对植源性农产品追溯和真伪鉴别的要求，与此同时，稳定同位素技术与其他化学方法相结合，逐渐成为植源性农产品溯源的新趋势，越来越多的学者选择多种技术融合的方法进行植源性农产品的产地溯源研究，通过多种技术测定的数据相互结合，选取最优的溯源鉴别方案。

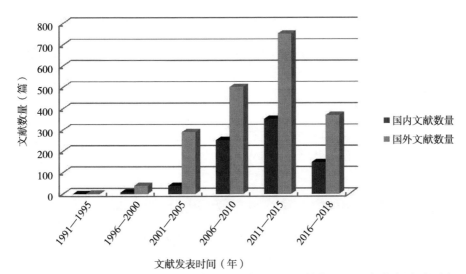

图 1-4 国外、国内关于植源性农产品产地溯源研究文献数量近 30 年的发展历程图

1.3.2 植源性农产品溯源技术研究展望

由图 1-5 我们可以发现，植源性农产品中的油类产品占比份额最大达到 26%，蜂蜜、谷类、酒类产品等也占有一定的份额。在对植源性农产品产地溯源技术的探讨中我们可以发现，油类产品主要采用矿物元素指纹图谱技术和代谢组学技术的核磁共振技术进行分析，蜂蜜则是采用矿物元素指纹图谱技术和多种技术融合进行分析，谷物类产品以稳定同位素和近红外光谱技术进行分析，酒类产品则以矿物元素指纹图谱技术为主要技术方法。在对溯源技术的探讨中，我们不难发现植源性农产品大多需要加工出售，而经过加工或者半加工的植源性产品的产地溯源研究还处于探索阶段，并且加工或者半加工的植源性农产品的市场份额相当大，所以加工或者半加工的植源性农产品可以作为今后探索的研究对象。

如今我国科技迅猛发展，国民经济综合实力显著增强，国内人民越来越重视品质生活，在未来的发展中，可以清晰地看到单一的溯源技术已不能满足我们对植源性农产品的溯源要求，越来越趋向于多种技术融合来鉴定植源性农产品的真假和产地溯源。今后应在未涉及的植源性农产品种类领域中不断探索创新，更好地建立健全植源性农产品的精准溯源体系。

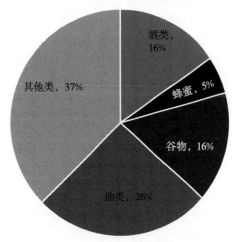

图 1-5 国外文献中不同种类植源性
农产品研究比例图

1.4 结论

农产品溯源技术正逐渐由单一技术转变为两个或多个技术联合，并结合化学计量等手段。有时候单一技术不能完成精确的溯源，这时就需要与其他溯源技术联合使用去判别。上述研究表明，稳定同位素技术与多元素分析技术结合，将测定结果进行 LDA-PCA 分析，可得到较好的判别率。

我国的农产品溯源研究与国外比起来还很落后，溯源的研究成果急需在实际中得到应用，这需要政府和科研工作者共同努力去推广试验，真正惠及消费者，保护消费者权益。

参 考 文 献

［1］张龙. 植源性农产品溯源以及鉴别技术研究［D］. 杭州：浙江大学，2012.

［2］袁玉伟，张永志，付海燕，等. 茶叶中同位素与多元素特征及其原产地 PCA-LDA 判别研究［J］. 核农学报，2013（1）：47－55.

［3］钟敏. 用碳氮稳定同位素对大米产地溯源的研究［D］. 大连：大连海事大学，2013.

［4］邵圣枝，陈元林，张永志，等. 稻米中同位素与多元素特征及其产地溯源 PCA-LDA 判别［J］. 核农学报，2015（1）：119－127.

［5］Liu H，Guo B L，Wei Y M，et al. Effects of region，genotype，harvest year and their interactions on delta C-13，delta N-15 and delta D in wheat kernels［J］. Food Chemistry，2015，171：56－61.

［6］吴浩，谢丽琪，靳保辉，等. 气相色谱-燃烧-同位素比率质谱法测定葡萄酒中 5 种挥发性组分的碳同位素比值及其在产地溯源中的应用［J］. 分析化学，2015（3）：344－349.

［7］吴浩，靳保辉，陈波，等. 葡萄酒产地溯源技术研究进展［J］. 食品科学，2014，35（21）：306－314.

［8］陈历水，丁庆波，苏晓霞，等. 碳和氮稳定同位素在黑加仑产地区分中的应用［J］. 食品科学，2013，34（24）：249－253.

［9］吕伟. 花生产品的溯源技术研究［D］. 武汉：华中农业大学，2009.

［10］李国琛. 五味子产地溯源技术研究［D］. 北京：中国科学院研究生院，2011.

［11］丁颖，何忠俊，陈中坚，等. 生态因子对三七稳定碳同位素比率的影响［J］. 云南农业大学学报（自然科学），2014（3）：370－379.

［12］何忠俊，梁社往，丁颖，等. 三七主根稳定碳同位素组成与生态因子的关系［J］. 生态环境学报，2015（4）：561－568.

［13］黄岛平，陈秋虹，林葵，等. 稳定碳氢同位素在柑橘产地溯源中应用初探［J］. 科技与企业，2013（17）：256－257.

［14］袁玉伟，张志恒，叶雪珠，等. 蜂蜜掺假鉴别技术的研究进展与对策建议［J］. 食品科学，2010（9）：318－322.

［15］罗东辉，罗海英，冼燕萍，等. 同位素质谱联用技术鉴别无蛋白蜂蜜的真实性［J］. 现代食品科技，2012（7）：862－866.

［16］李鑫，陈小珍，刘柱，等. 同位素比率质谱技术对蜂蜜掺假的鉴别［J］. 现代食品科技，2013（4）：867－871.

[17] 费晓庆，沈崇钰，吴斌，等. 元素分析-碳同位素比值质谱法在蜂王浆掺假鉴定中的应用 [J]. 质谱学报，2014，35 (2)：144-148.

[18] 牛丽影，胡小松，赵镭，等. 稳定同位素比率质谱法在 NFC 与 FC 果汁鉴别上的应用初探 [J]. 中国食品学报，2009 (4)：192-197.

[19] 钟其顶，王道兵，熊正河. 稳定氢氧同位素鉴别非还原 (NFC) 橙汁真实性应用初探 [J]. 饮料工业，2011 (12)：6-9.

[20] 钟其顶，王道兵，孟镇，等. 有机溶剂稀释与气相色谱-燃烧-同位素质谱 (GC-C-IRMS) 联用测定食醋中乙酸的 $\delta\sim$ (13) C [J]. 质谱学报，2014 (4)：372-377.

[21] 邹江鹏. 酱香型白酒的稳定性同位素溯源体系研究 [N]. 华夏酒报，2015-01-07 (C48).

[22] 谭梦茹，林宏，沈崇钰，等. 元素分析-碳同位素比值质谱法在酿造酱油掺假鉴别中的应用 [J]. 质谱学报，2015 (4)：334-340.

[23] 朱绍华，张帆，王美玲，等. 稳定同位素比质谱法鉴别茶油中掺杂玉米油研究 [J]. 中国食物与营养，2013，19 (3)：8-10.

[24] 冯海强，潘志强，于翠平，等. 利用 $\sim$ (15) N 自然丰度法鉴别有机茶的可行性分析 [J]. 核农学报，2011 (2)：308-312.

[25] Crittenden R G，Andrew A S，LeFournour M，et al. Determining the geographic origin of milk in Australasia using multi-element stable isotope ratio analysis [J]. International Dairy Journal，2007，17 (5)：421-428.

[26] Engel E，Ferlay A，Cornu A，et al. Relevance of isotopic and molecular biomarkers for the authentication of milk according to production zone and type of feeding of the cow [J]. Journal of Agricultural and Food Chemistry，2007，55 (22)：9099-9108.

[27] 郭波莉，魏益民，潘家荣，等. 碳、氮同位素在牛肉产地溯源中的应用研究 [J]. 中国农业科学，2007，40 (2)：365-372.

[28] 刘晓玲，郭波莉，魏益民，等. 河南省肉牛产地稳定性同位素溯源技术初探 [C]. 北京：第四届中国北京国际食品安全高峰论坛论文集，2011：74-78.

[29] 刘泽鑫，郭波莉，潘家荣，等. 陕西关中地区肉牛产地同位素溯源技术初探 [J]. 核农学报，2008 (6)：834-838.

[30] 吕军，王东华，杨曙明，等. 利用稳定同位素进行牛肉产地溯源的研究 [J]. 农产品质量与安全，2015 (3)：32-36.

[31] 孙丰梅，石光雨，王慧文，等. 牛不同组织中稳定性同位素氢、氧、硫组成探讨 [J]. 核农学报，2012 (8)：1148-1153.

[32] 孙丰梅，于洪侠，石光雨，等. 牛组织中稳定性同位素碳、氮随饲料变化的研究 [J]. 分析测试学报，2009，28 (3)：310-314.

[33] 孙丰梅，王慧文，石光雨，等. 日粮与牛组织中稳定性碳同位素的相关性研究 [J]. 草业学报，2012，21 (2)：205-211.

[34] 刘泽鑫. 关中地区牛肉产地同位素溯源技术的研究 [D]. 无锡：江南大学.

[35] 周九庆，郭波莉，魏益民，等. 加工对牛肉稳定碳同位素组成的影响 [J]. 中国农业科学，2014 (5)：977-983.

[36] 王慧文，杨曙明，程永友. 鸡肉中稳定同位素组成与饲料和饮水关系的研究 [J]. 分析科学学报，2008 (1)：47-50.

[37] 王慧文，孙丰梅，杨曙明. 日粮中玉米含量对肉鸡碳·氮同位素组成的影响 [J]. 安徽农业科学，2009，37 (3)：1094-1095，1104.

[38] 王慧文，杨曙明，吴伟. 用稳定同位素质谱技术检测肉鸡色素的来源 [J]. 分析测试学报，2007，26 (5)：608-611，616.

[39] Zhao Y，Zhang B，Guo B L，et al. Combination of multi-element and stable isotope analysis improved the traceability of chicken from four provinces of China [J]. CyTA-Journal of Food，2015：1-6.

[40] 马冬红，王锡昌，刘利平，等. 稳定氢同位素在出口罗非鱼产地溯源中的应用 [J]. 食品与机械，2012 (1)：5-7，25.

[41] 张泽钊，周晖，施钢，等. 饲料中豆粕含量对军曹鱼幼鱼碳、氮稳定同位素分馏的影响 [J]. 广东海洋大学学报，2013 (6)：30-36.

[42] 郭婕敏，林光辉. 不同生境红树林青蟹的稳定同位素组成及其产地溯源意义 [J]. 同位素，2014，27 (1)：1-7.

[43] 孙淑敏，魏益民，郭波莉，等. 我国牧区羊肉中稳定性碳、氮同位素组成特性研究 [C]. 北京：第二届国际食品安全高峰论坛，2009.

[44] 孙淑敏，郭波莉，魏益民，等. 羊组织中碳、氮同位素组成及地域来源分析 [J]. 中国农业科学，2010，43 (8)：1670-1676.

[45] 孙淑敏，郭波莉，魏益民，等. 稳定性氢同位素在羊肉产地溯源中的应用 [J]. 中国农业科学，2011，44 (24)：5050-5057.

[46] 孙淑敏，郭波莉，魏益民，等. 多种稳定性同位素（C、N、H）分析在羊肉产地溯源中的应用 [C]. 北京：第四届中国北京国际食品安全高峰论坛，2011.

[47] 王磊，钟其顶，王道兵，等. 饲料对牛乳的碳稳定同位素比值的影响 [J]. 质谱学报，2014 (4)：378-384.

[48] 梁莉莉，陈剑，侯敬丽，等. 元素分析-稳定同位素质谱技术在婴幼儿配方奶粉奶源地追溯中的应用 [J]. 质谱学报，2015 (1)：66-71.

[49] 郭波莉，魏益民，潘家荣，等. 多元素分析判别牛肉产地来源研究 [J]. 中国农业科学，2007 (12)：2842-2847.

[50] 赵海燕，郭波莉，魏益民，等. 小麦产地矿物元素指纹溯源的稳定性分析 [C]. 北京：第十四届国际谷物科技与面包大会暨国际油料与油脂发展论坛，2012.

[51] 郭波莉. 牛肉产地同位素与矿物元素指纹溯源技术研究 [D]. 中国农业科学院，2007.

[52] 钟艳萍，钟振声，陈兰珍，等. 近红外光谱技术定性鉴别蜂蜜品种及真伪的研究 [J]. 现代食品科技，2010 (11)：1280-1282，1233.

[53] 孙淑敏，郭波莉，魏益民，等. 近红外光谱指纹分析在羊肉产地溯源中的应用 [J]. 光谱学与光谱分析，2011，31 (4)：937-941.

[54] 周仲芳，游洪，王彭军，等. RFID技术在活猪检验检疫监督管理中的应用研究 [J]. 农业工程学报，2008，24 (2)：241-245.

[55] 罗清尧，熊本海，杨亮，等. 基于超高频RFID的生猪屠宰数据采集方案 [J]. 农业工程学报，2011，27 (2)：370-375.

[56] 庞超，何东健，李长悦，等. 基于RFID与WSN的奶牛养殖溯源信息采集与传输方法 [J]. 农业工程学报，2011，27 (9)：147-152.

[57] 程静，贾银江，关静. RFID中间件在肉牛养殖溯源系统中的应用 [J]. 农机化研究，2015 (5)：224-228.

[58] 何飞，马纪丰，梁浩，等. 基于RFID技术的酒类溯源防伪系统研究与应用 [J]. 现代电子技术，2015 (8)：99-102.

［59］蒲皎月，张海辉．基于 RFID 技术的中小型企业蔬菜溯源系统设计［J］．农机化研究，2015（4）：207－210．

［60］李彪，蒋平安，宁松瑞，等．基于 RFID 和二维码技术的新疆哈密瓜溯源系统［J］．农机化研究，2014（8）：196－201．

［61］王光欣．基于 RFID 的药品防伪溯源综合应用系统的设计与实现［J］．武汉：华中科技大学，2014．

［62］位自友，张立新．RFID 在种子质量安全溯源系统中的应用［J］．江苏农业科学，2014（8）：397－399．

［63］王理斌，陈福，迟晓玲，等．手机二维码在食品溯源中的应用［J］．科技与生活，2010（21）：88－89．

［64］徐杰民，肖云．二维条码技术现状及发展前景［J］．计算机与现代化，2004（12）：141－142．

［65］施连敏，郭翠珍，盖之华，等．基于二维码的绿色食品溯源系统的设计与实现［J］．制造业自动化，2013（16）：144－146．

［66］廖保生，宋经元，谢彩香，等．道地药材产地溯源研究［J］．中国中药杂志，2014，39（20）：3881－3888．

［67］周伟伟，陈未，徐蓓蓓，等．进口禽肉检验检疫监管及二维码溯源技术应用［J］．中国家禽，2014，36（5）：57－58．

［68］Zhao Y，Zhang B，Chen G，et al. Recent developments in application of stable isotope analysis on agro-product authenticity and traceability［J］．Food Chemistry，2014，145：300－305．

第二章　牛肉溯源分析技术研究进展

2.1　引言

　　牛肉具有蛋白质丰富、脂肪含量低的优点，在肉类消费中所占的比例逐年增加。不法商贩以低品质的牛肉冒充高价值牛肉，以猪肉、鸭肉、鸡肉等作为掺假源，制作掺假牛肉，其行为严重损害了消费者的利益，引发了一系列的安全问题。1996年英国爆发"疯牛病"，此后欧洲、美洲、亚洲也相继发现该病，使得欧盟、美国、日本、澳大利亚、加拿大等主要发达国家开始研究牛肉安全追溯问题，并陆续建立了管理法规，实施以预防、控制和追溯为特征的牛肉溯源管理体系[1]。欧盟在2000年实行"牛肉标签法"，要求标签注明牛的出生地、饲养地、屠宰地等详细信息，每个成员国都必须建立牛的验证和注册体系，包括牛耳标签、电子数据库、动物护照、企业注册等，以便消费者在购买牛肉时参考[2]。对于从欧盟外进口的牛肉，须在标签上注明，若标签上含有规定以外的信息，应向成员国主管部门提交一份说明书[3,4]。日本2002年制定"牛肉身份证"制度，规定每头牛都要有自己的个体信息，每块牛肉上标有屠宰日期，消费者在互联网上可以了解牛的产地、品种、年龄、屠宰日期和流通输送过程等更为详细的信息，2003年日本公布《牛只个体识别情报管理特别措施法》以后，牛肉的品种、产地及生产加工信息可在包装盒上获取[5,6]。澳大利亚1996年开始制定全国畜牧识别计划（NLIS），农业和工业等部门将肉牛从出生到屠宰的信息存入数据库，活牛采用数据库认证的标签标识身份，在转移地点时，通过射频识读器读取系统中记录的信息，实现对牛肉的追溯[7,8]。加拿大联邦政府2001年将畜禽标识管理作为农业发展的重要内容，设立了专职的管理部门，2002年强制实施活牛及牛肉制品标识制度，用标准的条形码对牛肉制品进行标识[9,10]。中国从2001年开始制定食品可追溯体系的指南和标准，2003年公布《牛肉制品溯源指南》，2006年全国开始实施牛肉等畜产品溯源性管理体系，从此牛肉溯源体系进入新的发展阶段[11-13]。

　　在应用编码技术建立追溯体系的同时，在记录农产品供应链信息过程中，会出现人为因素的更改、丢失等，导致欺诈消费者或者信息丢失难以查询，使得产品无法追溯，因此急需基于产品本身内在性质的分析方法对农产品来源进行确定。

2.2　分析技术在牛肉产地溯源与真实性研究中的进展

2.2.1　稳定同位素技术

　　生物体中的稳定同位素受地域、气候等外界环境和本身代谢类型的影响发生自然分馏效应，不同种类或不同地理来源的生物体分馏效应各不相同，稳定同位素比值也表现出不同的组成特征。因此通过稳定同位素比值的差异可以鉴别和区分生物体的来源。在稳定同位素的溯源技术体系中，通常涉及的稳定同位素有碳、氮、氧、氢、硫和锶同位素。

稳定同位素分析是牛肉产地溯源的有效技术，目前已经应用于不同国家牛肉的产地溯源研究中[14-17]。2008 年 Heaton[18]等采集了欧洲、美国、南美洲、澳大利亚和新西兰的牛肉样品，测定每个国家牛肉中 $\delta^{13}C$、$\delta^{15}N$ 值和脂肪中 δD、$\delta^{18}O$ 值，对数据进行方差分析和回归分析，结果表明巴西和美国牛肉中 $\delta^{13}C$ 值与英国牛肉中 $\delta^{13}C$ 值差异显著，牛肉脂肪中 δD、$\delta^{18}O$ 值与纬度密切相关；同时还测定了钠、铝、钾、钒、铬、锰、铁、镍、铜等元素浓度，结合稳定同位素数据进行判别分析，确定了 6 个关键指标，$\delta^{13}C$、δD、Sr、Fe、Rb 和 Se 对牛肉样品的判别率最高，该研究证明利用稳定同位素和矿物元素可以对牛肉产地进行准确判别。2010 年 Horacek[19]等采集了韩国、美国、墨西哥、澳大利亚、新西兰的牛肉样品，测定每个国家牛肉样品中 $\delta^{13}C$、$\delta^{15}N$、δD 值，结果表明利用 $\delta^{13}C$ 和 δD 值可以准确区分各个国家的牛肉样品，并且每个国家的牛肉样品都有不同的同位素特征，韩国牛肉中 $\delta^{13}C$ 值在 $-19.4‰$ 至 $-15.5‰$ 的范围内，美国牛肉中 $\delta^{13}C$ 值在 $-14.3‰$ 至 $-9.5‰$ 的范围内，墨西哥牛肉中 $\delta^{13}C$ 值在 $-15.5‰$ 至 $-13.5‰$ 的范围内。

植物中碳、氮稳定同位素比值的差异可通过采食传递给动物，并在动物代谢的作用下，使动物产品中碳、氮稳定同位素组成存在明显的差异，因此可通过测定动物产品中 $\delta^{13}C$ 和 $\delta^{15}N$ 值来鉴定动物的饲养方式。Yanagi[20]等测定牛肉、牛毛、牛饲料中 $\delta^{13}C$ 和 $\delta^{15}N$ 值，并分析牛肉和牛毛中 $\delta^{13}C$ 值和 $\delta^{15}N$ 值的相关性，结果表明不同来源植物组成的饲料中 $\delta^{13}C$ 值差异很大，不同饲养方式的样品中 $\delta^{13}C$ 值和 $\delta^{15}N$ 值存在显著差异，且牛肉和牛毛中碳、氮稳定同位素比值表现出较高的相关性。

稳定同位素技术也可以用于鉴定有机牛肉，因为大部分有机牛肉的饲料主要为 C_3 植物，而普通牛肉的饲料中主要为 C_4 植物。Bahar[21]等采集了 127 份有机牛肉样品和 115 份普通牛肉样品，测定样品中 $\delta^{13}C$、$\delta^{15}N$、$\delta^{34}S$ 值，并研究 $\delta^{13}C$、$\delta^{15}N$、$\delta^{34}S$ 值是否受季节的影响，研究时间从 2003 年 7 月到 2004 年 7 月，结果发现普通牛肉和有机牛肉中 $\delta^{13}C$ 值在冬季、春季和夏季差异显著，秋季无差异；普通牛肉和有机牛肉中 $\delta^{15}N$ 值在春季、夏季和秋季不同，冬季无差异，该研究证明利用稳定同位素技术可以鉴定真正的有机牛肉，且牛肉中的稳定同位素组成受季节的影响。

我国也利用稳定同位素对牛肉及制品进行了大量溯源及真实性的研究。2012 年孙丰梅[22]等研究了稳定同位素对我国牛肉产地溯源的可行性，采集中国不同地区的牛肉及饮水样品，测定脱脂牛肉中 $\delta^{13}C$ 和 $\delta^{15}N$ 值及牛肉粗脂肪和饮水中 $\delta^{18}O$ 值，结果表明不同地区脱脂牛肉中碳、氮稳定同位素比值有显著差异，粗脂肪中 $\delta^{18}O$ 值也有显著差异，并且粗脂肪中 $\delta^{18}O$ 值与各地饮水中 $\delta^{18}O$ 值具有高度相关性，该研究证明牛肉中 $\delta^{18}O$ 值是推断牛肉地理来源的有力参数，利用稳定同位素技术可以区分不同地区的牛肉。除了肉类样本外，牛尾毛也是稳定同位素变异研究的一个很好的对象，这是因为尾毛比肉更容易采集，不同长度位置的尾毛同位素比值反映了不同时期牛的饮食状况[23-26]。郭波莉[27]测定了不同地域来源的牛组织和饲料中 $\delta^{13}C$、$\delta^{15}N$ 值，牛尾毛中 δD 值，脱脂牛肉中 $^{208}Pb/^{207}Pb$ 值以及 Na、Mg、Al、K、Ga 等 22 种矿物元素，对数据进行方差分析、多重比较分析、主成分分析、聚类分析和判别分析，结果表明不同地域来源的牛各组织中同位素比值与矿物元素含量有很大差异。

本课题组在牛肉产地溯源方面也做了一些研究。我们采用稳定同位素和多元素分析方法，对我国不同省份的牛肉样品进行了分类研究，测定了脱脂牛肉中碳、氮同位素组成及23种元素的含量，结果表明，山东、黑龙江两省的牛肉中 $\delta^{13}C$ 值与以 C_3 牧草为主饲料的西藏牛肉中 $\delta^{13}C$ 差异显著，脱脂牛肉中18种元素含量也有显著差异，采用判别分析（DA）对牛肉中稳定同位素数据和多元素含量进行了多元分析，分类正确率为100%，交叉验证率为100%，实验证明，稳定同位素和多元分析相结合的方法，可以确定我国牛肉的地理来源[28]（详见本章典型案例一）。我们还比较了两种牛肉样品前处理方法对牛肉稳定同位素比值的影响，并采用元素分析-同位素比值质谱法测定了六个国家牛肉样品中 $\delta^{13}C$、$\delta^{15}N$、δD 和 $\delta^{18}O$ 值，对稳定同位素数据进行主成分分析（PCA）、判别分析（DA）和偏最小二乘判别分析（PLS-DA）。结果表明，两种制备方法获得的牛肉样品中 $\delta^{13}C$ 和 $\delta^{15}N$ 值没有显著性差异（$p>0.05$），并且不同国家的分类结果令人满意，原始验证率为96.6%，交叉验证率为95.9%，PLS-DA模型被正确地验证可以区分六个国家的牛肉[29]（详见本章典型案例二）。

在应用稳定同位素技术鉴定不同饲养方式的牛肉方面，2006年郭波莉[30]等测定牛尾毛、脱脂牛肉、牛肉粗脂肪中碳稳定同位素比值，研究了牛不同组织中碳稳定同位素组成及变化规律，结果表明牛尾毛、脱脂牛肉、牛肉粗脂肪中 $\delta^{13}C$ 值依次递减，三者之间的相关性达到极显著水平，且牛组织中 $\delta^{13}C$ 值取决于主膳食的成分，牛组织中 $\delta^{13}C$ 值是表征膳食成分的一项重要指标。Sun[31]等将实验牛分为两组，分别饲喂 C_3、C_4 植物含量不同的日粮，屠宰后测定牛尾毛、脱脂牛肉、粗脂肪、各种饲料原料中 $\delta^{13}C$ 和 $\delta^{15}N$ 值，结果表明，牛组织中 $\delta^{13}C$ 值受饲料的影响，$\delta^{13}C$ 值随着 C_4 植物含量在牛饲料中的比例增加而升高，并且与 C_4 植物含量呈极显著的相关性，该研究证明牛组织中 $\delta^{13}C$ 值可以预测日粮中 C_4 植物所占的比例，利用稳定同位素技术可以鉴定牛肉的饲养方式。

为分析碳、氮稳定同位素组成在牛肉加工前后的差异，周九庆[32]等测定了吉林、河北、宁夏三个地区的生鲜牛肉、煮制牛肉、煎制牛肉、烤制牛肉中 $\delta^{13}C$、$\delta^{15}N$ 值，比较加工处理的牛肉（煮制、煎制、烤制）与生鲜牛肉中 $\delta^{13}C$、$\delta^{15}N$ 值的组成差异及相关关系，结果表明加工处理的牛肉（煮制、煎制、烤制）与生鲜牛肉中 $\delta^{13}C$、$\delta^{15}N$ 值无显著差异，该研究证明 $\delta^{13}C$、$\delta^{15}N$ 值可以作为牛肉加工制品的产地溯源指标。为了进一步研究加工方式和加工时间对牛肉中稳定同位素的影响，包小平[33]采集三个不同地区的牛肉，对牛肉分别进行水煮5min、10min、15min、20min、25min和30min，180℃烤制5min、10min、15min、20min、25min和30min，以及150℃油炸1min、2min、3min、4min和5min的处理，测定脱脂牛肉、粗脂肪及副产物中 $\delta^{13}C$、$\delta^{15}N$、δD、$\delta^{18}O$ 值，对数据进行单因素方差分析、多重比较分析和判别分析，结果表明水煮加工过程中脱脂牛肉 $\delta^{13}C$ 值无显著分馏效应，$\delta^{15}N$、δD、$\delta^{18}O$ 值具有一定的分馏效应，烤制和油炸加工过程中脱脂牛肉 $\delta^{13}C$、$\delta^{15}N$、δD、$\delta^{18}O$ 值均无显著分馏效应，当不同地域牛肉原料中稳定同位素有显著差异时，不同地域加工牛肉的稳定同位素比值也有显著差异，加工过程中发生的同位素分馏效应不足以影响地域间的差异，该研究证明利用稳定同位素技术可以对牛肉加工半成品和成品的原产地进行鉴别。

稳定同位素技术检测精度高，解决了物理标签法标签易丢失的问题，在进行产地溯源和真实性研究中多种稳定同位素指标相结合可得到更好的效果，但稳定同位素溯源方法仍有一定的局限性，邻近区域的稳定同位素自然丰度相接近，利用测定稳定同位素技术对邻近区域样品鉴别时往往会有一定的困难，并且动物体稳定同位素分馏效应也会受到自身代谢的影响，不过随着稳定同位素技术的不断发展，相信目前存在的问题会逐步得到解决。有关稳定同位素技术应用于牛肉产地溯源和真实性的研究总结见表 2-1。

表 2-1 稳定同位素技术应用于牛肉产地溯源和真实性研究总结

研究内容	指　　标	产　　地	时间	文献
产地溯源	$\delta^{18}O$	德国、英国、阿根廷	2002	[14]
产地溯源	$\delta^{13}C$、$\delta^{15}N$、δD、$\delta^{18}O$、$\delta^{34}S$	德国、阿根廷、智利	2004	[15]
产地溯源	$\delta^{13}C$、$\delta^{15}N$、$\delta^{18}O$	澳大利亚、日本、美国	2008	[16]
产地溯源	$\delta^{13}C$、$\delta^{15}N$、$\delta^{18}O$	日本、美国、澳大利亚、新西兰	2009	[17]
产地溯源	$\delta^{13}C$、$\delta^{15}N$、δD、$\delta^{18}O$、多种微量元素	欧洲、美国、南美洲、澳大利亚、新西兰	2008	[34]
产地溯源	产地溯源	韩国、美国、墨西哥、澳大利亚、新西兰	2010	[19]
饲养方式	$\delta^{13}C$、$\delta^{15}N$	日本	2012	[20]
真实性鉴别	$\delta^{13}C$、$\delta^{15}N$、$\delta^{34}S$	爱尔兰	2014	[21]
产地溯源	$\delta^{13}C$、$\delta^{15}N$、$\delta^{18}O$	中国	2012	[22]
产地溯源	$\delta^{13}C$、$\delta^{15}N$、δD、$^{208}Pb/^{207}Pb$、矿物元素	中国	2007	[27]
产地溯源	$\delta^{13}C$、$\delta^{15}N$、矿物元素	中国	2013	[28]
产地溯源	$\delta^{13}C$、$\delta^{15}N$、δD、$\delta^{18}O$	阿根廷、巴西、加拿大、新西兰、乌拉圭、中国	2020	[29]
饲养方式	$\delta^{13}C$	中国	2006	[30]
饲养方式	$\delta^{13}C$	中国	2012	[31]
加工方式	$\delta^{13}C$、$\delta^{15}N$	中国	2013	[32]
加工方式	$\delta^{13}C$、$\delta^{15}N$、δD、$\delta^{18}O$	中国	2019	[33]
加工方式	$\delta^{13}C$	中国	2014	[35]

2.2.2 DNA 分析技术

生物体都有着不同的 DNA 序列，通过不同个体或品种 DNA 序列的差异可以进行个体或品种的鉴别以及产地溯源。DNA 分子标记技术主要有扩增片段长度多态性（amplified fragment length polymorphism，AFLP）、简单重复序列（simple sequence repeats，SSR）以及单核苷酸多态性（single nucleotide polymorphism，SNP）。常用的核酸检测技术包括变温扩增技术和等温扩增技术，变温扩增技术的代表就是聚合酶链式反应（polymerase chain reaction，PCR）技术，等温扩增技术在食品中应用研究较多的是环介导等温扩增（loop-mediated isothermal amplification，LAMP）技术，其中 PCR 的方法极其敏感，且通常比其他技术耗时更短，现已被广泛应用于牛肉的 DNA 技术研究[36]，研究内容主要分为两个方面，分别是牛肉的掺假鉴别和溯源牛肉的产地，牛肉的掺假鉴别包括区分牛肉与其他物种的肉、鉴定牛肉的品种和个体。

　　随着分子生物学中 PCR 技术的不断发展和完善，以 PCR 为基础的 DNA 分析方法已成为国内外鉴别肉类物种常见的方法[37-42]。Kumar[43] 等利用 PCR 技术鉴定牛肉、水牛肉、山羊肉、绵羊肉和猪肉，在无菌条件下采集牛、水牛、山羊、绵羊和猪的样品共 75 份，从肉样中提取 DNA，在数据库中下载牛、水牛、山羊、绵羊和猪的线粒体序列，经过研究确定了一个长度为 609bp 的区域，设计了一对正向引物和反向引物用于 PCR 扩增，对条带进行分析后的结果表明利用 PCR 技术可以准确鉴定牛肉、水牛肉、山羊肉、绵羊肉和猪肉，虽然 DNA 存在于细胞核和线粒体中，但线粒体 DNA 是鉴定物种的首选，该研究证明利用 PCR 技术可以准确区分不同物种的肉。多重 PCR 技术可提高检测效率与检测通量，如今已成为研究的热点，Qin[44] 等采集了牛肉、鸡肉、鸭肉、猪肉、羊肉、马肉、火鸡肉、鹅肉、狗肉、驴肉、兔肉和鸽子肉样品，将鸡肉、鸭肉和猪肉混入牛肉中制备掺假样品，其比例为：30%、10%、5%、1%、0.5%、0.1%、0.05%、0.01%，从中提取 DNA，进行 PCR 扩增和凝胶电泳分析，并用鸡肉、鸭肉和猪肉 DNA 进行阳性对照，对多重 PCR 参数进行优化，结果表明优化的多重 PCR 检测方法可以同时检测牛肉样品中的鸡、鸭、猪肉等掺假成分，为验证引物的特异性，对牛肉、鸡肉、鸭肉、猪肉、羊肉、马肉、火鸡肉、鹅肉、狗肉、驴肉、兔肉和鸽子肉样品提取的 DNA 进行了扩增，证明了优化的多重 PCR 方法是可靠的，并具有较强的实用性。

　　利用 DNA 技术区分不同牛肉品种也有报道[45,46]。Sasazaki[47] 等从日本不同地区采集了日本黑牛和荷斯坦牛的血液，从血样中提取 DNA，利用 AFLP 标记技术对两个不同品种的牛进行鉴定，结果表明有 11 种标记物可以正确区分日本黑牛和荷斯坦牛。DNA 技术也可以对中国牛肉的品种进行鉴定，Zhao[48] 等采集了日本黑牛、安多牦牛、利木赞牛、郏县红牛、鲁西黄牛、南阳黄牛 6 个不同品种的牛组织和血液，从组织和血液样本中提取基因组 DNA，然后进行 SSR 标记的筛选与扩增，选出 16 个 SSR 标记进行研究，经偏最小二乘法判别分析后，利木赞牛、安多牦牛和其他四个品种的牛可以完全区分开，利木赞牛和中国黄牛在地理位置上相距远，而牦牛是一种特殊的品种，具有不同的遗传结构，因此利木赞牛、安多牦牛和其他四个品种的牛相对容易分离，在剔除利木赞牛和安多牦牛的数据后，经偏最小二乘法判别分析后，日本黑牛和郏县红牛、鲁西黄牛、南阳黄牛可以清楚地分开，但郏县红牛、鲁西黄牛、南阳黄牛这三个品种不能很好地分开，它们都是中国本土品种，地理位置也非常接近，可能会有亲属关系，今后需要继续研究。

　　在利用 DNA 技术鉴定牛肉的个体方面，赵杰等[49] 采集南阳黄牛、日本和牛、安多牦牛和鲁西黄牛、郏县红牛、利木赞牛的血液样本和肌肉样本共计 128 份，提取血液和肌肉组织中的 DNA，选择了 16 个 SSR 位点，计算位点的等位基因数、观测杂合度、期望杂合度，对数据进行偏最小二乘法判别分析，考察位点对于个体的鉴定效果，结果表明每个个体均具有独特的基因型，个体间可以被很好地区分，该研究证明利用 SSR 标记技术可以正确区分不同个体的牛肉。Zhao[50] 等利用 SNP 标记技术研究中国清真牛肉的可追溯性，采集 7 个不同品种的中国清真牛的血液和肉样，品种包括西门塔尔牛、利木赞牛、新疆黑牛、郏县红牛、鲁西黄牛、南阳黄牛、日本黑牛，提取血液和肉样的 DNA，进行 SNPs 选择和基因分型分析，初步选择了 59 个 SNP 标记进行研究，结果表明 59 个 SNP 标记的基因分型率为 93.2%，其中有 4 个位点未检测到，计算其余 55 个 SNP 标记的等位基因频率，最终选择 36 个 SNP 标记用于追溯牛肉，该研究证明利用 SNP 标记技术可以区分不同个体的牛肉。

在利用 DNA 技术溯源牛肉产地方面，Negrini[51]等采集意大利、法国、西班牙、丹麦、荷兰、瑞士、英国的牛肉，其中包括红牛、西门塔尔牛、安格斯、利木赞牛等 24 个品种，采用 90 个独立的 SNP 标记进行基因分型，结合贝叶斯统计，结果表明英国牛肉的判别正确率是 97%，西班牙牛肉的判别正确率是 90%，意大利牛肉的判别正确率是 89%，法国牛肉的判别正确率是 88%，瑞士牛肉的判别正确率是 78%，总体的判别正确率是 90%，该研究证明利用 SNP 标记技术结合贝叶斯统计可以对牛肉的产地进行鉴定。

DNA 技术简单、快速，目前有关 DNA 技术的研究报道都证实了 DNA 溯源的可行性。DNA 序列稳定，易于保存，易于取材，对于追溯建库等具有独特的优势，并且 DNA 存在于任何组织的细胞中，不受分割的影响，不受动物发育期和器官的影响。但这项技术在实际应用过程中许多问题并未得到解决，例如采集样本库时工作量大，产品经历的环节多，对有效分子标记的选择，受技术和成本的限制等。DNA 分析技术应用于牛肉产地溯源和真实性研究的总结见表 2-2。

表 2-2　DNA 分析技术应用于牛肉产地溯源和真实性研究的总结

研究内容	技术	物种/品种/产地	时间	文献
物种鉴别	实时荧光定量 PCR	牛、猪、绵羊	2013	[37]
物种鉴别	双重 PCR	牛、羊、猪、马、鸭	2014	[38]
物种鉴别	实时 PCR	牛、鸡	2015	[39]
物种鉴别	实时 PCR	牛、猪、鸡、鸭	2015	[40]
物种鉴别	实时 PCR	牛、猪、鸭	2019	[41]
物种鉴别	多重 PCR	水牛、牛	2015	[42]
物种鉴别	PCR	牛、水牛、山羊、绵羊、猪	2014	[43]
物种鉴别	多重 PCR	牛、猪、鸡、鸭	2019	[44]
品种鉴别	SNP	郏县红牛、南阳牛、秦川牛、鲁西牛、草原红牛、荷斯坦奶牛	2011	[45]
品种鉴别	SSR、SNP	韩牛、非韩牛	2014	[46]
品种鉴别	AFLP	日本黑牛和荷斯坦牛	2006	[47]
品种鉴别	SSR	日本黑牛、安多牦牛、利木赞牛、郏县红牛、鲁西黄牛、南阳黄牛	2017	[48]
个体鉴别	SSR	南阳黄牛、日本和牛、安多牦牛和鲁西黄牛、郏县红牛、利木赞牛	2018	[49]
个体鉴别	SNP	西门塔尔牛、利木赞牛、新疆黑牛、郏县红牛、鲁西黄牛、南阳黄牛、日本黑牛	2018	[50]
产地溯源	SNP	意大利、法国、西班牙、丹麦、荷兰、瑞士、英国	2008	[51]
产地溯源	SNP	韩国、美国	2010	[52]

2.2.3　光谱技术

光谱分析是一种低成本、快速、非破坏性的溯源技术，因此经常被用于牛肉的掺假和溯源研究中。目前，红外光谱、拉曼光谱、高光谱成像技术在牛肉的产地溯源与真实性的研究中均有一定的应用[53]。红外光谱中主要应用近红外光谱和傅里叶红外光谱进行牛肉的产地溯源研究。不同地域来源或不同品种的牛肉受气候、环境、地质等因素的影响，其化学成分的组成和结构存在一定的差异，从而形成不同红外特征吸收峰，与已知或标准样品的光谱图进行比较可进行牛肉的产地溯源和真实性的鉴定。拉曼光谱技术主要获得分子振动或转动的信息，在用于分子结构的探测上有很大优势，对 C=C、C≡C、C≡N 等不饱和键敏感度很高，它的原理是以激光为发射源，当入射光子与样品分子发生剧烈的碰撞时，这部分光的频率与入射光的频率会产生差异，从而形成不同的拉曼光谱[54]。高光谱成像技术是一种光谱技术与图像技术相结合的综合检测技术，在紫外到近红外的光谱范围内，以几十至数百个波长同时对物体连续成像，使物体的空间信息和光谱信息能够同步获得[55,56]。

应用光谱技术能够区分牛肉与其他物种的肉，比如鸡肉[57-60]、羊肉[61]、猪肉[62-65]、马肉[66,67]。Cozzolino[68]等采集牛肉样品 100 份、羊肉样品 140 份、猪肉样品 44 份和鸡肉样品 48 份，在 400～2 500nm 的范围采集样品的近红外光谱，并建立了主成分分析和偏最小二乘回归模型，对不同肉类品种进行了识别，结果表明模型对样品的分类正确率为80％以上，该研究证明近红外光谱可以客观、快速的鉴定牛肉和其他物种的肉。光谱技术对掺入不同比例其他物种肉的掺假牛肉也可以进行鉴定，Boyaci[69]等采集了 31 份牛肉样品和 18 份马肉样品，并在牛肉样品中掺入 0％、25％、50％、75％等不同比例的马肉样品，提取肉中的脂肪，采集拉曼光谱，对光谱进行预处理后建立模型，并用 4 份马肉样品和 6 份牛肉样品对模型进行验证，对数据进行主成分分析，结果表明所有的肉类样品均可以实现成功分类，该研究证明利用拉曼光谱和化学计量学相结合的方法可以快速鉴定掺假的牛肉。牛肉和鸭肉都是红色的，很难用肉眼辨别掺假，为了鉴别掺入鸭肉的掺假牛肉，Jiang[70]等采集新鲜的牛肉和鸭肉样品，用绞肉机将样品绞碎，将鸭肉按照 0～100％的比例掺入牛肉中制成掺假样品，另外制取纯鸭肉和纯牛肉样品作为对照样品，采集掺假样品和对照样品的高光谱图像，利用偏最小二乘回归法和主成分回归分别建立了掺杂水平与样品光谱数据之间的定量模型，并对模型进行评价，结果表明高光谱技术可以区分掺假牛肉。

不同品种牛肉的品质和口感存在很大的差异，但肉品性状和颜色极为相似，肉眼很难区分，目前仍有用低质量牛肉假冒高品质牛肉的现象，因此对不同品种的牛肉进行鉴别成为当前牛肉产业发展亟须解决的问题。高光谱成像技术作为一种新型无损的检测技术，得到了广泛的应用，王彩霞[71]等采集了荷斯坦奶牛、秦川牛和西门塔尔牛三个品种的牛肉，然后进行高光谱图像的采集，对原始光谱进行预处理，建立偏最小二乘判别模型、K 最近邻模型及支持向量机模型进行鉴别分析，并对模型进行预测，结果表明偏最小二乘判别模型、K 最近邻模型及支持向量机模型的校正集与预测集的判别正确率均大于 90％，其中支持向量机模型的校正集与预测集的判别准确率最高，分别为 100％、98.82％，该研究证明高光谱成像技术能够鉴别不同品种的牛肉。

为了完善牛肉产地溯源的技术体系，光谱技术对不同产地牛肉的溯源也在积极地研究中，研究较多的是近红外光谱技术，刘海峰[72]等采集了山西平遥牛肉、安徽颍州牛肉和四川黑牛肉各 300 份，将样品进行近红外光谱的采集，对光谱进行预处理，建立模型，并利用模型对额外的 20 份样品进行判别分析，结果表明 20 份被鉴别的样品中仅有 1 份未通过，该研究证明利用近红外光谱技术可以对牛肉的产地进行鉴别。傅里叶变换红外光谱也可以应用于鉴别牛肉的产地，李勇[73]等采集中国吉林省榆树市、贵州省安顺市、宁夏回族自治区同心县、河北省张北县的牛肉样品 58 份，选 40 份牛肉样品建模，18 份牛肉样品用于验证模型的准确度，将样品进行脱脂、干燥和粉碎，用傅里叶变换红外光谱仪采集牛肉样品的近红外光谱，对数据进行主成分分析、聚类分析、判别分析并建立了判别牛肉产地来源的傅里叶变换红外光谱定性分析模型，结果显示不同地区的牛肉样品平均近红外光谱存在差异，利用模型对 18 个独立样品进行产地判别，判别准确率 100%，该研究证明应用傅里叶变换红外光谱分析技术可准确追溯牛肉的产地来源。

近红外光谱技术作为一种绿色的分析技术，具有快速、简便、精确、经济、无损、无污染等优点，但该技术也存在一定的缺陷，灵敏度低，对微量物质不敏感，不能用于痕量分析，光谱重叠严重，谱带复杂。拉曼光谱分析方法与传统方法比较具有诸多优势，样品制备简单，所需样品量少，检测时间短，对于液体物质（尤其含水物质）的检测分析，拉曼光谱有着独有的优势。然而拉曼光谱分析技术也有缺陷，在应用时最大的问题就是荧光背景的干扰，拉曼光谱峰会产生严重的重叠现象，对于所有的生物体都有一定强度的荧光效应，所以拉曼测试中经常伴有严重的荧光效应，加大了数据分析的难度，甚至会掩盖我们所需的拉曼峰，并且拉曼散射面积小，传统的拉曼检测信号较弱，不利于后续信息的提取和分析[74]。高光谱成像技术作为一种新型无损检测技术，具有超多波段、光谱分辨率高等优势，在肉品分析领域得到了广泛的应用，但高光谱成像仪精密度高，价格昂贵，大量的原始图片数据使得高光谱成像技术很难进行在线和实时应用。光谱技术应用于牛肉产地溯源和真实性研究的总结见表 2-3。

表 2-3　光谱技术应用于牛肉产地溯源和真实性研究的总结

研究内容	技术	物种/品种/产地	波长范围（nm）	时间	文献
物种鉴别	近红外	牛、鸡	1 000~2 500	2013	[57]
物种鉴别	近红外	牛、鸡	900~1 920	2016	[58]
物种鉴别	高光谱	牛、鸡	400~1 000	2016	[59]
物种鉴别	高光谱	牛、鸡	900~1 700	2019	[60]
物种鉴别	近红外	牛、羊	1 100~2 300	2019	[61]
物种鉴别	近红外	牛、猪	833~2 632	2011	[62]
物种鉴别	高光谱	牛、猪	420~1 000	2015	[63]
物种鉴别	高光谱	牛、猪	440~700	2015	[64]
物种鉴别	近红外	牛、猪	800~2 778	2019	[65]
物种鉴别	拉曼光谱	牛、马	500~5 000	2014	[66]
物种鉴别	高光谱	牛、马	400~1 000	2015	[67]
物种鉴别	高光谱	牛、鸭	9 881~26 316	2019	[70]

研究内容	技术	物种/品种/产地	波长范围（nm）	时间	文献
物种鉴别	近红外	牛、羊、猪、鸡	400～2 500	2004	[68]
物种鉴别	拉曼光谱	牛、马	5 000～50 000	2014	[69]
物种鉴别	高光谱	牛、鸭	9 881～26 316	2019	[70]
品种鉴别	高光谱	荷斯坦奶牛、秦川牛、西门塔尔牛	400～1 000	2019	[71]
产地溯源	近红外	山西、四川、安徽	1 000～2 500	2017	[72]
产地溯源	近红外	吉林、贵州、宁夏、河北	1 000～2 500	2009	[73]
产地溯源	近红外	内蒙古、陕西、河南	950～1 650	2011	[75]

2.2.4　电子鼻技术

电子鼻技术简单、快捷、成本低、重复性好，引起了国内外很多学者的关注。它是一种主要由气路流量控制系统、不同种类的传感器阵列、信息采集及处理系统组成的仿生检测系统。传感器阵列和信号处理系统相当于人的嗅觉细胞和大脑，气味分子经传感器产生信号传送到处理系统进行识别得到结果[76,77]。由于电子鼻具有感官评价和常规分析仪器所无法比拟的优点，如今越来越广泛地应用于牛肉的掺假鉴别和牛肉的产地溯源研究中。

电子鼻技术可以检测掺入猪肉的掺假牛肉[78,79]。Zhang[80]等将猪肉按 0%、20%、40%、60%、80%、100%的比例加入牛肉中搅拌均匀作为掺假的牛肉样品，使用电子鼻对掺假牛肉样品进行检测，采用平均值法和 K 均值聚类分析法提取电子鼻响应信号的特征值，对数据进行主成分分析和判别分析，通过偏最小二乘、多元线性回归和 BP 神经网络建立定量模型，结果表明 K 均值聚类分析法能更全面地反映电子鼻响应信号的特征值，判别分析能更好地对掺假牛肉进行定性检测，该研究证明应用电子鼻技术检测掺入猪肉的掺假牛肉具有一定的可行性。Dong[81]等采集牛肉、猪肉和鸭肉样品，将猪肉和鸭肉样品按 0%、10%、20%、30%、40%、100%的比例掺入到牛肉中，使用电子鼻技术对掺入不同比例的猪肉和鸭肉的牛肉样品进行检测，对数据进行主成分分析和线性判别分析，结果表明电子鼻技术能稳定地反映出掺入不同比例猪肉、鸭肉的牛肉中挥发性物质信息的变化，并且能够很好地区分开，该研究证明利用电子鼻技术可以检测掺入猪肉、鸭肉的掺假牛肉。电子鼻技术也可以检测掺入鸡肉的掺假牛肉，Zhou[82]等采集猪肉、鸡肉和牛肉样品，将猪肉和鸡肉样品按 0%、10%、20%、30%、40%、50%、60%、70%、80%、90%、100%的比例分别掺入到牛肉中作为掺假的牛肉样品，利用电子鼻对样品进行检测，对所获得的数据进行线性判别分析和主成分分析，结果表明电子鼻能够有效地区分出掺入猪肉、鸡肉的牛肉样品，当掺入猪肉、鸡肉的比例从 0 增加到100%时，线性判别分析图中的数据分布呈现出线性规律，该研究证明电子鼻技术可以鉴定掺入猪肉、鸡肉的掺假牛肉样品，并且线性判别分析方法的效果明显优于主成分分析方法。

在鉴定不同品种的牛肉方面，Pardo[83]等采集皮埃蒙特牛、利木赞牛、阿根廷牛三种不同的牛肉样品 150 份，并使用电子鼻仪器进行检测，对所获得的数据进行主成分分析和偏最小二乘判别分析，结果表明在主成分分析图中，埃蒙特牛、利木赞牛、阿根廷牛三种不同的牛肉样品可以清楚地进行区分，再将 150 份样品平均分成两组，一部分用于建立主成分分析和回归模型，另一部分用于模型检验，结果表明利用模型鉴定三种牛肉样品的判别正确率为 100%，该研究证明电子鼻技术可以鉴定不同品种的牛肉。

电子鼻技术也被应用于牛肉的产地溯源，Soo[84]等采集韩国、新西兰和澳大利亚三个国家的牛肉样品，并用电子鼻对三个国家的牛肉样品进行检测，利用判别函数分析方法对地理来源进行判别，结果表明新西兰的牛肉样品与澳大利亚和韩国的牛肉样品可以明显区分开，澳大利亚的牛肉样品与韩国的牛肉样品有部分重叠，这是因为在韩国的牛肉中，有一部分是从澳大利亚带来的小牛，在韩国喂养 6 个月后按韩国的牛肉出售，所以不能明确区分，该研究为电子鼻技术溯源牛肉的产地提供了应用的可能性。为进一步研究电子鼻技术对牛肉产地的溯源，Jia[85]等提出一种用电子鼻鉴别牛肉来源的方法，首先使用不同来源的牛肉样品对电子鼻进行训练，以获得不同来源的牛肉的色谱图、雷达图和判别因子图，然后用经过训练的电子鼻检测待识别的牛肉样品，该方法测量速度快，分析结果客观，可以快速识别出不同来源的牛肉，且不会造成损失。

电子鼻检测技术的优点是成本低、不需要化学试剂，但电子鼻技术仍处于不断发展完善的阶段，硬件结构和识别算法与仿生特性还存在差距，检测肉品时灵敏度和识别率未达到满意效果，传感器阵列对环境要求高，未达到广泛应用的标准。有关电子鼻技术应用于牛肉产地溯源和真实性研究的总结见表 2-4。

表 2-4　电子鼻技术应用于牛肉产地溯源和真实性研究的总结

研究内容	物种/品种/产地	分析方法	时间	文献
物种鉴别	牦牛、牛、猪	主成分分析、判别因子分析、偏最小二乘分析	2011	[78]
物种鉴别	牛、猪	贝叶斯法	2017	[79]
物种鉴别	牛、猪	主成分分析、判别分析	2018	[80]
物种鉴别	牛、猪、鸭	主成分分析、线性判别分析	2018	[81]
物种鉴别	牛、猪、鸡	主成分分析、线性判别分析	2017	[82]
品种鉴别	皮埃蒙特牛、利木赞牛、阿根廷牛	主成分分析、偏最小二乘判别分析	2009	[83]
产地溯源	韩国、新西兰、澳大利亚	判别函数分析	2008	[84]

2.2.5　脂肪酸分析技术

脂肪酸是食品的固有属性，能为溯源提供有效的信息，脂肪酸的组成和含量均可作为鉴别的指标，牛肉中不同脂肪酸含量和比率与它所处环境的土壤、气候有关，同时也与饲料配比、饲养方式等因素密切相关，可以通过分析牛肉样品中脂肪酸的组成及含量特征进行溯源研究[86]。脂肪酸一般以甘油三酯的形式存在，需要将脂肪酸提取分离出来进行分析，目前对脂肪酸的分析方法较多，有气相色谱法、高效液相色谱法、薄层色谱法、傅里叶变换红外光谱法。

Lee[87]等采集了济州黑牛、韩牛和日本和牛共 62 份样品，济州黑牛和韩牛是在相同的农场和相同的饲养条件下饲养，并在济州岛屠宰，用气相色谱法测定不同品种牛肉中脂肪酸组成，共测定了 37 种脂肪酸，对数据进行方差分析和 Duncan 多重比较分析，结果表明棕榈酸在韩牛和济州黑牛之间表现出显著差异，韩牛中棕榈酸含量比济州黑牛的高，不同品种牛肉中油酸和亚油酸存在显著差异，济州黑牛中油酸含量最高，且济州黑牛中油酸和亚油酸含量均高于韩牛，该研究证明可以通过分析牛肉中脂肪酸含量对不同品种的牛肉进行溯源。

牛肉中饱和脂肪酸、单不饱和脂肪酸、多不饱和脂肪酸的含量和比率与饲料密切相关，已经广泛应用于鉴定不同饲养方式的牛肉[88-90]。Enser[91]等在英国和欧洲采集了饲喂牧草和饲喂谷类的牛肉样品，测定了牛肉中脂肪酸含量和组成，发现因两个地域喂养的饲料不同，$n-3$ 和 $n-6$ 多不饱和脂肪酸的含量差异很大，饲喂牧草的牛肉中 $n-3$ 多不饱和脂肪酸的含量高于饲喂谷类的牛，而饲喂谷类的牛肌肉中 $n-6$ 多不饱和脂肪酸的含量高于饲喂牧草的牛，饲喂谷类的牛的肌肉中 $(n-6)$ ∶ $(n-3)$ 比值为 15.6～20.1，饲喂牧草的牛肉中 $(n-6)$ ∶ $(n-3)$ 比值为 2.0～2.3，该研究证明可以通过测定脂肪酸的含量对不同饲养方式的牛肉进行鉴别。为了进一步研究脂肪酸分析技术对不同饲养方式的牛肉鉴别的可行性，Soliman[92]等采集了传统谷物喂养的牛肉样品和有机草料喂养的牛肉样品，从牛的肌肉组织中提取粗脂肪后，采用高效液相色谱仪测定牛肉样品中的脂肪酸，对数据进行主成分分析，结果表明有机草料喂养的牛肉样品中 Omega-6 与 Omega-3 的比值低于传统谷物喂养的牛肉样品，有机草料喂养的牛肉样品中 Omega-6 与 Omega-3 的比值为 1.6～2.8，传统谷物喂养的牛肉样品中 Omega-6 与 Omega-3 的比值为 9.3～13.5，在主成分分析图中，传统谷物喂养的牛肉样品和有机草料喂养的牛肉样品可以清楚地区分开，该研究证明脂肪酸分析技术可以对牛肉饲养方式进行鉴定。

利用牛肉中脂肪酸的组成和含量可以对牛肉进行产地溯源[93,94]。脂肪酸分析技术与多元统计方法结合是追溯牛肉地域来源很有前景的方法和工具，Cheng[95]等采集中国吉林、宁夏、贵州和河北的牛肉脂肪样品 61 份，采用气相色谱仪检测样品中脂肪酸组成及含量，对数据进行方差分析和 Duncan 多重比较分析，结果表明不同地域来源牛肉样品中脂肪酸组成及含量有显著差异，吉林和河北地区牛肉中饱和脂肪酸显著高于贵州和宁夏地区，宁夏地区牛肉中棕榈酸油酸（C16∶1）和油酸（C18∶1）均显著高于其他地区，贵州与河北地区牛肉中 a-亚麻酸（a-C18∶3）、二十碳五烯酸（C20∶5）和总含量（PUFA-n3）极显著高于吉林和宁夏地区，该研究证明不同地区的牛肉中脂肪酸组成和含量具有不同的特征。

脂肪酸分析技术因快捷、灵敏度高、成本低等优势将会是产地追溯中有前景的方法。但进行产地判别也存在一定的局限性，动物体中的脂肪酸组成和含量与饲料、基因、品种、年龄、加工和贮藏等因素有关系，导致对地域的判别效果不明显。因此用脂肪酸分析技术进行产地溯源时要考虑多种因素，而脂肪酸分析技术的影响因素的规律尚在探索阶段。有关脂肪酸分析技术应用于牛肉产地溯源和真实性研究总结见表 2-5。

表2-5　脂肪酸分析技术应用于牛肉产地溯源和真实性研究总结

研究内容	方法	品种/产地	时间	文献
品种鉴别	气相色谱法	济州黑牛、韩牛、日本和牛	2019	[87]
饲养方式	气相色谱法	北爱尔兰	2018	[88]
饲养方式	气相色谱法	欧洲	1998	[91]
饲养方式	液相色谱-电喷雾串联质谱法	加拿大	2016	[92]
产地溯源	气相质谱法	中国	2008	[93]
产地溯源	气相色谱法	中国	2012	[95]

2.2.6　标签技术

条码技术分为一维码、二维码和多维彩码三种技术，全球统一标识系统（EAN-UCC）是常见的一维码，二维码有Code One、MaxiCode、PDF417、QR Code、Data Matrix等几十种，生产商将动物养殖、屠宰、运输、加工、包装、销售等各个环节的信息编码成二维码，消费者可通过扫描二维码获取产品的信息[96,97]。多维彩码是第三代新型识别码，是由红、绿、蓝、黑4种颜色构成的彩色多维矩阵，赋予每个产品唯一的身份代码，随产品消费后失效，不会再次进入流通领域，具有高度的防伪能力。射频识别技术（RFID）是一种自动识别技术，适应于各种恶劣环境，由标签、阅读器、数据传输和处理系统构成[98]。

随着消费者意识的提高和政府对牛肉质量的监管，可追溯性成为牛肉行业的一项强制性要求，二维码技术已经成熟应用于西方发达国家，中国致力于二维码的研究并在试点成功应用，RFID产品正式应用于中国部分地区的牛肉。杨晓芬[99]设计并开发了一个牛肉信息共享系统，利用射频识别技术把牛肉在养殖场、屠宰场、加工工厂的重要信息记录下来，存入后台的数据库和每头牛所佩戴的RFID标签中，消费者和监管者通过标签可以查询到牛肉的相关信息，实现牛肉产品从养殖到销售的全程跟踪与追溯，保证了牛肉质量信息的公开与透明。高档牛肉在生产、加工、运输和储存过程中的实时监管和建立高档牛肉安全的溯源系统是改善牛肉质量问题的主要手段，赵鸿飞[100]等研究了高档牛肉的信息追溯系统，追踪高档牛肉养殖、屠宰、储存、销售过程中每一环节的详细信息，提出了高档牛肉的信息追溯系统的构架、信息传输方式和流程，消费者通过手机可以查询到牛肉的详细信息，满足消费者对产品的知情权，增加牛肉在生产加工过程中信息的透明度。Liang[101]等将牛肉从养殖到销售的每个环节的信息都存入到RFID标签和后台的数据库中，构建了一个牛肉供应链的追溯系统，并对系统进行试验，结果表明，系统的主要优点是业务间信息的有效共享和牛肉供应链的无间隙跟踪，大多数用户和消费者认为系统界面简单，使用非常方便。Feng[102]等将RFID技术与条形码相结合，开发和评价了牛肉追溯系统，首先通过调查，确定系统的需求、牛肉的运输流程以及系统的关键信息，然后提出了一个概念模型来描述供应链中可追溯性信息的获取、转换和传递过程，最后对系统进行了评价和优化，结果表明RFID牛肉追溯系统的主要优点是数据传输及时、准确，且效率高。除此之外，许多研究者利用标签技术设计了牛肉追溯系统[103-111]。

标签技术提高了食品溯源信息的采集效率，降低了错误率和相关费用，各个环节都可以进行准确的电子信息查询。一维码简单、成本低，二维码不仅价格低廉，而且储存容量大，容错能力强，有错误查验和更正功能，保密性强，可设置不同的安全级别，不依赖于数据库和通信网络。要实现真正的溯源，最大的问题在于如何保证采集食品供应环节信息的准确性和真实性，保证每个环节紧密联系，形成一个完整的溯源链条，此外大量信息的录入，需要人力、财力的支持。一维码现阶段应用较多，但数据承载量小，达不到溯源信息存储与传递的要求。RFID 信息承载量大，识别快速准确，在溯源统中应用前景好，但推广还存在一些问题，成本较高，无法大规模应用于大众食品。关于标签技术应用牛肉产地溯源和真实性研究总结见表 2-6。

表 2-6　标签技术应用牛肉产地溯源和真实性研究总结

研究内容	技术	时间	文献
产地溯源	RFID	2016	［99］
产地溯源	RFID	2015	［100］
产地溯源	RFID	2015	［101］
产地溯源	RFID	2013	［102］
产地溯源	RFID	2010	［103］
产地溯源	RFID	2009	［104］
产地溯源	物联网技术	2013	［105］
产地溯源	RFID、EPC	2014	［106］
产地溯源	物联网、DNA 识别技术	2017	［107］
产地溯源	RFID、二维码技术	2018	［109］

2.3　研究趋势

牛肉产地溯源与真实性研究的文章数量随年份的变化如图 2-1 所示，1993—2001 年，牛肉产地溯源与真实性研究的文章数量较少，可能是当时没有发生过重大牛肉安全事件，人们对牛肉食用安全的意识较弱，对牛肉的产地溯源与真实性研究较少。2001 年后，牛肉产地溯源与真实性研究的文章数量逐渐增长，可能是 1996 年英国爆发"疯牛病"，此后在欧洲、美洲、亚洲也相继发现该病，造成了巨大的经济损失和社会恐慌，各个国家陆续建立了管理法规，实施以预防、控制和追溯为特征的牛肉溯源管理体系，人们增强了牛肉食用安全意识，越来越多的研究者开始进行牛肉产地溯源与真实性的研究。随着人们对食品的关注由温饱问题转变为食品健康问题，牛肉安全越来越被人们重视，2001—2019 年在牛肉产地溯源与真实性研究中发表的文章数量逐渐增长，其中 2007—2010 年发表的文章数量增长最多。

六种溯源技术在牛肉产地溯源与真实性研究中的应用现状如图 2-2 所示。稳定同位

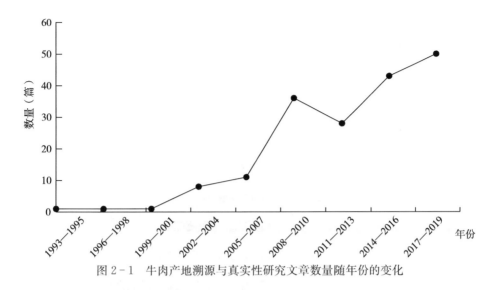

图 2-1 牛肉产地溯源与真实性研究文章数量随年份的变化

素技术在牛肉产地溯源与真实性研究中的比例为 26%，大量研究表明，稳定同位素技术是溯源牛肉产地和鉴别牛肉饲养方式的有效方法。DNA 技术在牛肉产地溯源与真实性研究中的比例与稳定同位素技术相等，大部分生命体中都有 DNA 的存在，其作为遗传信息的携带体，包含了丰富的物种特异性信息。DNA 鉴定的主要方法是 PCR，随着 PCR 检测技术不断发展和完善，DNA 技术已经成为成熟、广泛的掺假牛肉的检测技术。标签技术在牛肉产地溯源与真实性研究中的比例为 19%，标签技术的比例较高的原因可能是标签技术比其他技术简单，应用起来比较容易。光谱技术，如近红外光谱、高光谱成像、拉曼光谱等，作为快速、无损检测技术在鉴别掺假的牛肉方面也有很好的应用前景，但是光谱技术在牛肉产地溯源与真实性研究中的应用比例小于稳定同位素技术和 DNA 技术，原因可能是需要建立分析模型，在线检测精度不高等。脂肪酸分析技术的比例为 7%，没有得到广泛应用，可能是脂肪酸易受储存环境、品种及年龄等的影响，利用脂肪酸技术进行分析时，需要考虑多种不确定因素。与其他溯源技术相比，电子鼻技术占比最小，还没有得到最大程度的利用，相信随着传感器技术的进步，电子鼻的功能必将日益增强，并逐步从实验室走向生产线，走向实用化，将具有更广阔的应用前景。

关于牛肉产地溯源与真实性研究的文章发表在 100 多个期刊上，大部分为英文期刊，少数为中文期刊。在牛肉产地溯源与真实性研究中排名前十的期刊如图2-3，这些期刊突出了牛肉产地溯源与真实性研

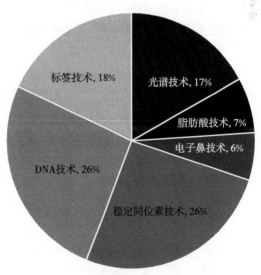

图 2-2 六种分析技术在牛肉产地溯源与真实性研究中的应用

究作为产业和科学主题的价值，分别是 Food Chemistry、Meat Science、Food Control、Scientia Agricultura Sinica、Food Science、Rapid Communications in Mass Spectrometry、Journal of Food Science and Technology-Mysore、Journal of Agricultural and Food Chemistry、Journal of Agricultural Science、Science & Technology of Food Industry。

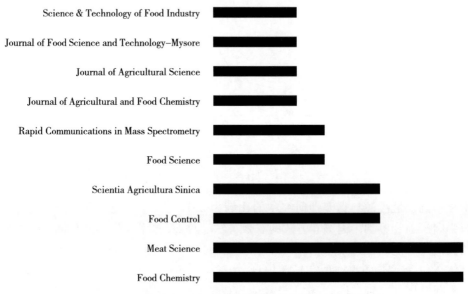

图 2-3　在牛肉产地溯源与真实性研究中排名前十的期刊

2.4　结论

　　尽管应用于牛肉产地溯源和真实性研究的技术在不断完善，但目前还没有一种技术可以完全独立且准确地应用于牛肉的溯源管理。每种技术都有各自的优点和缺点，在实际应用的过程中可以根据每种技术的优缺点，扬长避短，多种技术相结合，再结合我国牛肉的生产特点，实施最大范围的全程可追溯管理。相信随着消费者意识的增强和国家对牛肉安全的重视，牛肉溯源系统的发展将越来越完善，溯源技术将朝着快速化、精准化、微量化、多样化和标准化的方向发展。

典型案例一

　　采用稳定同位素和多元素分析方法，对我国不同省份的牛肉样品进行了研究。测定了脱脂牛肉样品中碳、氮同位素组成及 23 种元素的含量。结果表明，山东、黑龙江的牛肉与西藏牛肉中 $\delta^{13}C$ 差异显著，脱脂牛肉中 18 种元素含量也有显著差异。对牛肉中的稳定同位素数据和多元素含量进行了多元分析，包括主成分分析（PCA）和判别分析（DA），DA 的分类正确率为 100%，交叉验证率为 100%。本研究证明，用稳定同位素和多元分析相结合的方法可以确定中国牛肉的地理来源。

1.1 实验材料与方法

1.1.1 样品信息

本实验对在四个不同地理位置饲养的 69 头牛进行了研究。这些牛在当地农场饲养了至少 12 个月，然后被屠宰，所有的牛都大约 2 岁。为了避免季节变化的影响，在同一时间采集了大多数牛的样本。这些样品来源的详细信息见表 1。

表 1 牛肉样品信息

地区	经度（°）	纬度（°）	海拔（m）	年平均温度（℃）	饲料种类	采样时间	样本量
山东菏泽	115	35	50	13.5	玉米	2011.07	16
黑龙江哈尔滨	125	45	128	3.6	玉米	2011.08	14
云南昆明	102	25	1 890	15.0	C_3、C_4 牧草	2011.10	15
西藏安多	90	32	4 800	−2.8	C_3 牧草	2011.10	24

1.1.2 样品制备

牛肉样品（50g）冷冻干燥 24h，并使用陶瓷剪刀剪碎，用乙醚在索氏提取仪中提取 6h。用玛瑙杵和研钵重新研磨脱脂牛肉样品，并在−20℃下储存，直到分析。

1.1.3 样品分析

碳氮稳定同位素分析。将牛肉样品和标准物质称重到锡杯中，然后依次引入元素分析仪（德国 Thermo Finnigan，Flash 2000）。样品中的碳和氮元素在 1 020℃燃烧转化为 CO_2 和 NOx，生成的 NOx 在 650℃下通过铜丝还原成 N_2。氦气以 90mL/min 的流速流动，将气体通过 Confo Ⅲ转移到同位素质谱仪（Delta plus，Thermo），同时测定样品的碳、氮稳定同位素组成。根据公认的国际标准，氮和碳同位素数据以千分之 δ 表示：δ（‰）＝［($R_{样品}$−$R_{标准}$）/$R_{样品}$］×1 000，其中 $R_{样品}$ 和 $R_{标准}$ 分别为样品和标准物质的同位素比值。碳同位素以维也纳 Pee-Dee-belinite（VPDB）标准为基础，氮同位素以空气氮标准为基础，用 USGS24 标准（$\delta^{13}C_{PDB}$＝−16.0‰）标定参考工作气体 CO_2，用 IAEA N1 标准（$\delta^{15}N_{air}$＝0.4‰）标定参考工作气体 N_2。C 和 N 的分析精度均为 0.2‰。

矿物元素分析。利用 MARS（CEM 公司）微波消解系统对牛肉微波消解。将 0.2g 脱脂牛肉样品、10mL 65％硝酸和 1mL 过氧化氢溶液（31％）添加到聚四氟乙烯消化管中，通过逐步增加功率至 1 600W 和温度至 210℃消化 40min。消解后的溶液用超纯水稀释至 50mL，储存在塑料瓶中，然后进行分析。采用电感耦合等离子体质谱（ICP-MS，X 系列 2，Thermo-Fisher，America）测定了牛肉中 23 种元素（Be、Na、Mg、K、Ca、Ti、V、Mn、Fe、Co、Ni、Cu、Zn、Ga、Se、Rb、Sr、Zr、Mo、Sn、Sb、Ba 和 Bi）。鸡肉标准物质（GBW 10018）由中国地球物理地球化学勘查院提供，用于计算回收率和准确度。经上述消解工艺和电感耦合等离子体质谱分析，鸡肉标准物质中各元素的回收率和相对标准偏差（RSD）分别大于 90％和小于 10％（一式三份），表明整个分析方法对元素分析是准确的。对每个样品取三份进行分析，并使用外部标准溶液曲线进行量化。所有结果均为三次测量的平均值。采用 Ge、Y、Rh、Pt 等内标确保仪器的稳定性。当内标 RSD＞5％时，重新测定样品。

1.1.4 统计分析

采用 SPSS 16.0 软件包对数据进行统计分析，对每个元素进行方差分析，在方差分析中，当 F 值显著时，采用 Duncan 多重比较来确定各个区域之间的显著差异。为了降低数据集的维度，用较少的变量描述系统的所有变化，采用主成分分析（PCA）方法。第一主成分（PC1）描述最大可能变化，第二主成分占第二多，以此类推。判别分析（DA）也被用来评价不同来源的牛肉是否能被分析参数所区分。通过对全部 69 个牛肉数据集的逐步分析，选出最显著的变量，并评价模型对各参数的预测能力。预测能力表示为正确分类样本相对于整个数据集的百分比。

1.2 结果与讨论

1.2.1 不同地区脱脂牛肉稳定同位素含量的差异

牛肉样品中的碳、氮稳定同位素组成如图 1 所示。黑龙江省（HLJ）和山东省（SD）牛肉样品中 $\delta^{13}C$ 值分别为 $-15.9‰\sim-11.0‰$ 和 $-17.0‰\sim-11.2‰$，而西藏（TB）和云南（YN）牛肉样品中 $\delta^{13}C$ 值较低，分别为 $-23.9‰\sim-24.5‰$ 和 $-14.18‰\sim-19.9‰$，因为牛肉中的 $\delta^{13}C$ 值高度依赖于日粮组成，尤其是 C_3 和 C_4 植物原料的比例。这四个地区牛的饲料有显著差异，例如，山东省和黑龙江省位于中国东部，那里玉米是主要农作物之一，牛主要以 C_4 植物玉米为饲料，而稻草、大豆和小麦只占饲料的小部分；云南地处中国西南部，牛同时饲喂 C_3 和 C_4 草；西藏气候特殊，海拔高达 4 800m，西藏牛主要饲喂 C_3 草。如图 1 所示，这四个地区所有牛肉样品中的氮同位素比值均较均匀，在 $2.8‰\sim5.7‰$ 的范围内，来自耕地和牧场的样本之间存在显著差异。日粮和地域是影响牛组织中 $\delta^{15}N$ 值的主要因素，山东和黑龙江的牛以谷类饲料为主，云南的牛以牧草为主，用作饲料的谷类作物是在合成氮基肥料的帮助下生长的，这可能导致谷类中的 $\delta^{15}N$ 值较低。西藏牛肉中 $\delta^{15}N$ 值在四个地区中最低，这可能是因为直接利用大气氮的豆科牧草（如三叶草）是安多县的主要牧草。

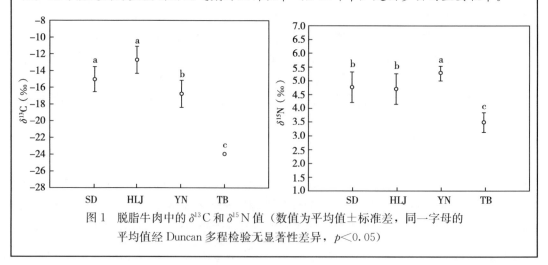

图 1　脱脂牛肉中的 $\delta^{13}C$ 和 $\delta^{15}N$ 值（数值为平均值±标准差，同一字母的平均值经 Duncan 多程检验无显著性差异，$p＜0.05$）

1.2.2 不同地区脱脂牛肉多元素含量的差异

方差分析表明，脱脂牛肉中 23 种元素（Na、Mg、K、Ca、Ti、V、Mn、Fe、Co、Ni、Cu、Zn、Se、Rb、Sr、Zr、Mo 和 Ba）中，有 18 种元素在 4 个区域之间存在显著差异（表 2）。邓肯多重比较表明，每个区域都有一个特征元素含量指纹，因为它们从当地环境中保留下来可以提供特定地点的地理概况。土壤的多元素指纹因环境和地理因素的不同而不同，这些元素在食物链中的迁移也已经被发现并且量化。山东的牛肉样品中 Mn 和 Sr 含量在四个区域中最高，因为菏泽市位于黄河中东部平原的一段，土壤中某些元素（Mn 和 Sr）含量高于其他三个地点。黑龙江样品中 Na、Se 和 Zr 的含量最高，哈尔滨市的土壤中某些元素（Na 和 Zr）含量高于其他三个地点，并且由于该地区是主要的作物生产区，某些必需元素如钙和硒很容易在土壤中积累。云南省土壤中某些元素（Ti、Ni）含量高于全国平均水平，导致云南牛肉中 Ti、Ni 等元素的积累。西藏的地理位置和气候都很特殊，安多县发现了丰富的铁、锌、铜、钼等矿产资源，因此西藏样品中 K、Fe、Cu、Co、Zn、Ba、Mo 含量较高。根据这些差异，采用多元素分析法可以对我国牛肉样品按产地进行分类。

表 2 脱脂牛肉样品中 18 种元素的平均元素浓度及标准偏差

元素	山东	黑龙江	云南	西藏
Na（mg/kg）	2 321±407[b]	3 152±31 526[a]	2 116±306[b]	2 246±167[b]
Mg（mg/kg）	881±43[b]	842±24[c]	973±34[a]	992±37[a]
Ca（mg/kg）	289±31[b]	366±22[a]	322±41[a]	266±27[b]
K（mg/kg）	14 730±1 004[c]	15 990±132[b]	15 890±114[b]	18 248±876[a]
Ti（mg/kg）	127±4[b]	135±9[b]	146±11[a]	140±19[a]
V（μg/kg）	21.5±4.4[a]	20.3±3.5[a]	13.5±2.4[c]	19.9±5.6[b]
Mn（μg/kg）	397±92[a]	185±58[d]	215±41[c]	303±48[b]
Fe（mg/kg）	59.9±6.7[c]	62.5±3.9[b]	59.1±3.1[c]	99.9±7.5[a]
Co（μg/kg）	5.50±0.5[b]	3.99±0.55[c]	3.49±0.17[d]	6.14±0.37[a]
Ni（μg/kg）	503±89[c]	384±50[d]	744±120[a]	610±94[b]
Cu（μg/kg）	1 348.10±766.29[b]	1 272.66±72.34[c]	1 218.59±238.44[c]	1 747.40±433.13[a]
Zn（mg/kg）	95.56±9.3[c]	123.8±25.4[b]	83.8±10.7[c]	159.9±9.6[a]
Rb（mg/kg）	31.9±5.2[a]	22.0±2.7[b]	29.2±2.7[a]	12.5±1.9[c]
Se（μg/kg）	239±24[b]	257±26[a]	219±31[c]	155±15[d]
Sr（mg/kg）	3.10±0.50[a]	2.16±0.25[c]	2.84±0.73[b]	1.22±0.23[d]
Zr（μg/kg）	13.4±8.0[c]	77.6±5.3[a]	39.3±5.1[c]	46.4±5.7[b]
Mo（μg/kg）	51.1±11.2[c]	79.2±6.0[b]	78.2±5.6[b]	96.1±11.9[a]
Ba（μg/kg）	170±40[b]	112±25[d]	144±28[c]	289±18[a]

注：表中数值为平均值±标准偏差，同一行上标的不同字母表示数据之间具有显著性差异（$p < 0.05$）。

1.2.3 主成分分析和判别分析

利用主成分分析法分析了这四个地区脱脂牛肉样品中的两种稳定同位素和18种元素（图2）。前四个因素解释了总变异性的77%。$\delta^{13}C$、Fe、Cu、Zn、Mo 和 $\delta^{15}N$ 的值在第一个 PC 上的权重最大（解释了31.5%的变异性），使得西藏样品与其他产地的样品可以区分。Na、Ca 和 Se 在第二 PC 中占主导地位（解释了25.1%的变异性），因此黑龙江样品可以与其他样品分离。Ni 和 Ti 含量在第三 PC 上表现出最大的重量（解释了14.9%的变异性），云南样品可以被识别。PC4 中以 Cu 和 Co 为主，PC5 中以 Rb 和 Sr 为主，PC6 中以 Zr 为主。为了更好地了解各元素的判别效果，对脱脂牛肉样品进行了两种稳定同位素和18种元素组成的线性判别分析。选择8种元素（$\delta^{13}C$‰、$\delta^{15}N$‰、Mg、K、Mn、Zn、Se 和 Zr）采用逐步判别法建立分类模型，原始判别率为100%，交叉验证率为100%（表3），表明该分类模型能很好地区分不同地区的样本。

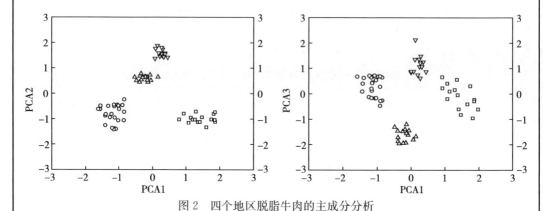

图2 四个地区脱脂牛肉的主成分分析

注：（□）山东；（○）西藏；（△）云南；（▽）黑龙江。

表3 不同地区牛肉样品分类及正确分类率

	地区	山东	黑龙江	云南	西藏	总计
原始正确率 数量	山东	16				16
	黑龙江		14			14
	云南			15		15
	西藏				24	24
正确率（%）		100	100	100	100	100
交叉正确率 数量	山东	16				16
	黑龙江		14			14
	云南			15		15
	西藏				24	24
正确率（%）		100	100	100	100	100

1.3　结论

对不同产地的牛肉进行了 IRMS 和 ICP-MS 分析，研究表明，我国不同地区的牛肉样品具有典型的稳定同位素及多元素特征，主要是基于当地饲料中稳定同位素组成及土壤的矿物元素组成。经过主成分分析和线性判别分析后，可以确定牛肉的地理来源。

典型案例二

利用多同位素分析技术对牛肉进行分析已得到广泛的认可，但稳定同位素比值测定的前处理方法仍没有统一的标准。通常对肉类样品进行干燥和脱脂。因此，需要一种快速的样品制备方法，为利用稳定同位素技术研究牛肉提供参考。我们采用 t 检验对传统前处理方法和快速前处理方法制备的牛肉样品中 $\delta^{13}C$ 和 $\delta^{15}N$ 值进行了比较。研究发现，两种前处理方法制备的牛肉样品中 $\delta^{13}C$ 和 $\delta^{15}N$ 值无显著性差异（$p >$ 0.05），因此，对牛肉进行稳定同位素分析时，快速前处理方法是可行的。我们采集了 6 个国家的牛肉，采用快速前处理方法制备牛肉样品，并利用元素分析-同位素比值质谱法（EA-IRMS）测定了 6 个国家牛肉样品中 $\delta^{13}C$、$\delta^{15}N$、δD 和 $\delta^{18}O$ 值，对稳定同位素数据进行了主成分分析（PCA）、判别分析（DA）和偏最小二乘判别分析（PLS-DA）。结合稳定同位素数据和化学计量学方法的模型正确地确定了来自不同国家牛肉的产地，初始验证率为 96.6%，交叉验证率为 95.9%。结果表明，采用多稳定同位素分析法对不同国家的牛肉进行痕量分析时，快速前处理方法可成功地用于牛肉样品的制备。

2.1　实验材料与方法

2.1.1　制备方法 A：传统样品制备方法

传统样品制备方法的方案如图 1（A）所示。从加拿大采集了 10 份黑仔安格斯牛肉样品。牛肉样品（50g）冻干 48h，在球磨机中研磨，用石油醚（沸点：40～60℃）在索氏装置中提取粉状组织 8h 以去除脂质，牛肉样品在通风柜中风干过夜（12h），在球磨机中研磨，对脱脂干物质进行称重并制备用于同位素分析。

2.1.2　制备方法 B：快速样品制备方法

快速样品制备方法如图 1（B）所示。采集 10 份牛肉样品（加拿大黑阿伯丁安格斯），在每份样品的四角和中间设置采样点，从每个采样点的上层、中层和底层各取 1g，每个牛肉样品为 15g。牛肉样品在 50℃下干燥 25h 直至称重前后的重量差不超过 2mg。牛肉样本随后在球磨机中研磨。将氯仿：甲醇（2：1，v/v）以 1：5（样品：溶液）的比例加入离心管中的样品中，盖子紧闭；样品在涡流混合器中搅拌 10min；然后以 5 000r/min 离心 5min，去除上清液并丢弃；溶剂清洗重复两次。将脱脂牛肉样品置于 50℃的干燥箱中 12h。在球磨机中研磨。对脱脂干物质进行称重并制备用于同位素分析。在制备方法 B 中优化了三步反应，并对 10 个平行样品进行了分析。

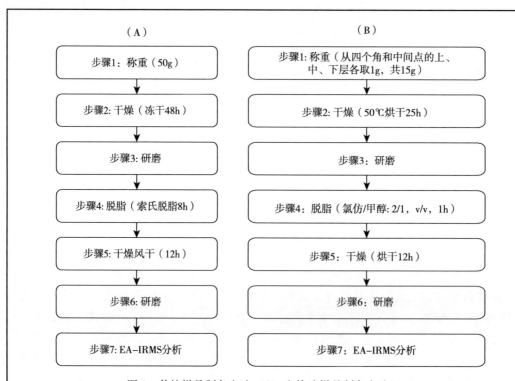

图1 传统样品制备方法（A）和快速样品制备方法（B）

注：这两种制备方法有七个步骤，传统制样方法的制样时间为68h，快速制样方法的制样时间为38h。

2.1.3 样品采集和预处理

我们采集了来自中国（$n=42$）和进口国阿根廷、巴西、加拿大、新西兰和乌拉圭（$n=250$；每个国家50个样品）的牛小腿样品。6个国家的牛肉样本资料见表1。用方法B处理所有牛肉样品。

表1 6个国家牛肉样品信息

国家	采样时间	地点	种类	样本量
加拿大	2018	阿尔伯塔	安格斯	50
阿根廷	2018	布宜诺斯艾利斯	安格斯	50
乌拉圭	2018	萨尔托	安格斯	50
新西兰	2018	马纳瓦图-旺加努伊	安格斯	50
巴西	2018	马托格罗索	印度牛	50
中国	2018	山东	鲁西黄牛	42

2.1.4 样品分析

碳氮稳定同位素分析。将牛肉样品和标准物质称重到锡杯中，然后依次引入元素分析仪（德国 Thermo Finnigan，Flash 2000）。样品中的碳和氮元素在1 020℃燃烧转化为 CO_2 和 NOx，生成的 NOx 在650℃下通过铜丝还原成 N_2，在50℃下通过气相色谱柱分离，然后气体被转移到 Conflo Ⅳ（德国 Thermo Fisher）界面和同位素比值质谱仪（德国 Thermo Fisher Delta Ⅴ Advantage）中。对于 $\delta^{13}C$ 值，IA-R006 和 IAEA-CH-7 进行两点标准化；USGS43 作为质控；对于 $\delta^{15}N$ 值，USGS62 和 IAEA-600 进行两点标准化；USGS43 为质控。

氢氧稳定同位素分析。将牛肉样品和标准物质称重到银杯中，然后依次导入元素分析仪。样品在 1 380℃ 下燃烧，生成的 CO 和 H_2 气体在 65℃ 下由 GC 柱分离。然后将这些气体转移到 Conflo Ⅳ 界面和同位素比值质谱仪中。CBS 和 KHS 用于 δD 值的两点标准化，B2205 用于质控。用 CBS 和 B2205 进行 $\delta^{18}O$ 值的两点校正，用 KHS 进行质控。

$\delta^{13}C$、$\delta^{15}N$、δD 和 $\delta^{18}O$ 同位素值以 δ（‰）表示，与公认的国际标准维也纳 Pee Dee Belemnite（VPDB）、空气和维也纳标准平均海水（VSMOW）作为标准，采用两点标准化方法，通过标准物质标定稳定同位素比值。

2.1.5 统计分析

采用 SPSS 22.0 软件包对数据进行统计分析，采用 t 检验对两种前处理方法处理的牛肉样品中的稳定同位素比值进行比较。采用邓肯多重检验方法，对来自不同国家的牛肉样品进行单因素方差分析（ANOVA），以确定其稳定同位素比值的显著差异。主成分分析从所有变量中提取有用的判别信息。用判别分析法测定牛肉样品的判别准确度。将来自各国的牛肉样本按 3:1 的比例随机分为训练集和测试集，以验证所建立的偏最小二乘判别分析模型的准确性；预测能力用正确分类样本占总数据集的百分比表示。

2.2 结果与讨论

2.2.1 两种样品制备方法的区别

我们优化了快速样品制备方法中的步骤 2、4 和 5。在步骤 2 中，牛肉样品在 50℃ 下干燥 6h、12h、14h、16h、18h、20h、22h、24h 和 25h，当称重前后的重量差不超过 2mg 时，干燥时间为 25h（图 2）。在步骤 4 中，将样品置于离心管中，并添加氯仿:甲醇（2:1，v/v），我们在涡旋离心后收集沉淀，涡旋离心的次数为 2、3、4 和 5 次。当旋涡离心次数为 3 次及以上时，脂肪提取率为 12.8%（图 3）。在步骤 5 中，将脱脂牛肉样品放入 50℃ 的干燥箱中，干燥 2h、4h、6h、8h、10h 和 12h，在干燥 12h 后，称重前后的重量差小于 2mg（图 4）。表 2 显示了采用两种样品制备方法处理的牛肉样品中 $\delta^{13}C$ 和 $\delta^{15}N$ 值的 t 检验结果，结果表明，两种方法处理的牛肉样品中 $\delta^{13}C$ 和 $\delta^{15}N$ 值无显著性差异（$p > 0.05$）。与传统的样品制备方法相比，快速样品制备方法所需时间缩短了 30h，且所需样品的重量仅为 15g，比传统制样法少。快速样品预处理方法中的提取设备是常用的，而传统的样品预处理方法需要索氏仪。因此，快速样品预处理方法更易于推广，更适合于进口牛肉原产地的快速鉴定，为牛肉的快速通关提供了潜在的技术手段。

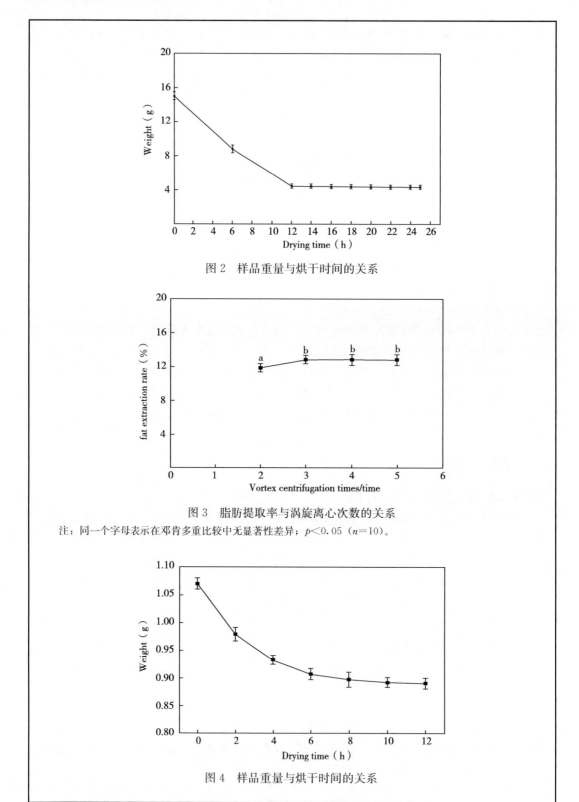

图 2　样品重量与烘干时间的关系

图 3　脂肪提取率与涡旋离心次数的关系

注：同一个字母表示在邓肯多重比较中无显著性差异；$p < 0.05$（$n=10$）。

图 4　样品重量与烘干时间的关系

表 2　脱脂牛肉的平均值和标准偏差（$N=10$）

方法	$\delta^{13}C$（‰）	$\delta^{15}N$（‰）
传统样品前处理方法	-14.95 ± 1.71	7.00 ± 0.40
快速样品前处理方法	-14.56 ± 1.22	7.11 ± 0.54
P	0.61	0.67

2.2.2　6个国家牛肉样品中稳定同位素比值的差异

新西兰牛肉样品中 $\delta^{13}C$ 值为 $-26.99‰\pm0.25‰$，明显低于其他五个国家的牛肉样品（图 5）。碳同位素组成因牛的饲料类型而异，新西兰陆地面积的 1/2 是天然牧场，饲料以 C_3 牧草为主，C_3 植物导致牛肉 $\delta^{13}C$ 值低于 C_4 植物（如玉米）。其他国家牛肉中 $\delta^{13}C$ 值在 $-11.50‰$ 到 $-16.38‰$ 之间，表明牛饲料中含有较高比例的 C_4 植物。$\delta^{15}N$ 值也可根据动物的饮食和生产所处的区域条件而变化，中国牛肉中 $\delta^{15}N$ 值最低（$4.52‰\pm1.06‰$）（图 6），这可能是由于使用化肥来种植植物，在牛饲料中使用豆科植物可以直接固定大气中的氮，也导致较低的 $\delta^{15}N$ 值；在植物生长中使用更多的有机肥料会导致阿根廷、新西兰、乌拉圭牛肉中的 $\delta^{15}N$ 值较高。动物组织中氢、氧同位素比值主要由动物摄入的水的氢、氧同位素组成决定，水的同位素模式则由离海的距离、纬度、海拔的差异所控制。从不同国家采集的牛肉中 δD 值没有规律性变化（图 7）。巴西和乌拉圭的牛肉样品中 $\delta^{18}O$ 值明显高于阿根廷和新西兰等高纬度国家的牛肉样品中 $\delta^{18}O$ 值（图 8），因为大气降水同位素随纬度变化，低纬度国家大气降水中 $\delta^{18}O$ 值较高，而在地理位置更为多样化的大国，如加拿大和中国，它们的差异更大，因此，两国牛肉中 $\delta^{18}O$ 值变化普遍较大。因此，使用同位素进行牛肉的地理鉴别，应考虑多个稳定同位素。

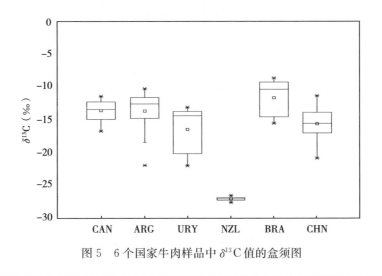

图 5　6个国家牛肉样品中 $\delta^{13}C$ 值的盒须图

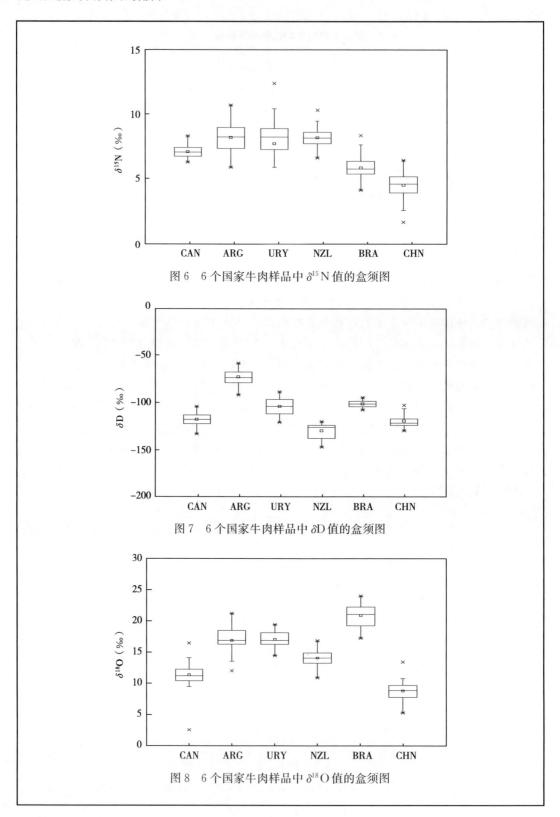

图 6 6 个国家牛肉样品中 $\delta^{15}N$ 值的盒须图

图 7 6 个国家牛肉样品中 δD 值的盒须图

图 8 6 个国家牛肉样品中 $\delta^{18}O$ 值的盒须图

2.2.3 主成分分析、判别分析和偏最小二乘判别分析

用主成分分析法分析了这 6 个国家牛肉样品中的四种稳定同位素数据（图 9）。前两个 PC（即 PC1 和 PC2）分别贡献了 44％和 31％，包含用于分类的大多数有效信息。6 个国家的主成分分析得分图可以分为四个区域：新西兰牛肉（三角形）、加拿大牛肉（四点星）和中国牛肉（五点星）大部分是分开的；但阿根廷牛肉（圆圈）、巴西牛肉（方框）和乌拉圭牛肉（倒三角形）重叠，这种重叠很可能是因为这些国家彼此相邻，拥有相似的作物和气候。使用线性判别分析，获得了满意的分类结果，原始分类的准确率为 96.6％，交叉验证的准确率为 95.9％（表 3）。通过 PLS-DA 模型将每个国家的测试集样本（空心符号）区分到不同的国家，以测试模型的准确性（图 10），该模型具有良好的拟合性，尽管阿根廷（圆圈）和巴西（方框）仍部分重叠。对测试集和训练集的判别准确率进行总结（表 4），结果表明，中国和新西兰的牛肉样本被正确地分为相应的组，乌拉圭牛肉样本的判别准确率最低，但训练集和测试集的判别准确率仍分别高达 84.21％和 91.67％。因此，该分类模型能很好地区分 6 个国家的牛肉样品。

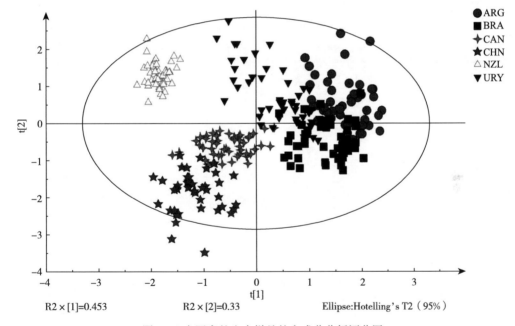

图 9 6 个国家的牛肉样品的主成分分析评分图

表 3 牛肉样品的鉴别准确度

国家	阿根廷	巴西	加拿大	中国	新西兰	乌拉圭	总计
样本量	50	50	50	42	50	50	292
原始正确率（％）	96.0	94.0	96.0	100	100	94.0	96.6
交叉正确率（％）	96.0	94.0	96.0	100	100	90.0	95.9

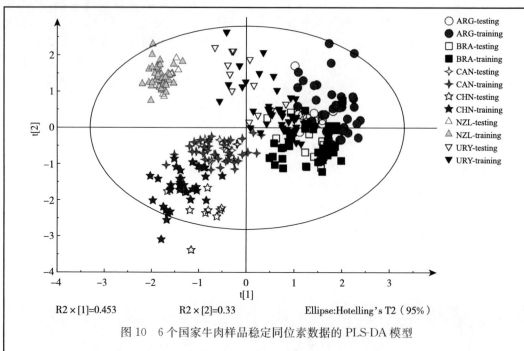

R2×[1]=0.453 R2×[2]=0.33 Ellipse:Hotelling's T2（95%）

图10 6个国家牛肉样品稳定同位素数据的 PLS-DA 模型

表4 PLS-DA 模型对牛肉样品的判别精度

数据集	国家	样本量	准确率（%）	阿根廷	巴西	加拿大	中国	新西兰	乌拉圭
训练集	阿根廷	38	97.37	37	0	0	0	0	1
	巴西	38	92.11	0	35	0	0	0	3
	加拿大	38	94.74	0	0	36	0	0	2
	中国	31	100	0	0	0	31	0	0
	新西兰	38	100	0	0	0	0	38	0
	乌拉圭	38	84.21	1	4	0	0	1	32
测试集	阿根廷	12	100	12	0	0	0	0	0
	巴西	12	91.67	0	11	0	0	0	1
	加拿大	12	100	0	0	12	0	0	0
	中国	11	100	0	0	0	11	0	0
	新西兰	12	100	0	0	0	0	12	0
	乌拉圭	12	91.67	0	0	1	0	0	11

2.3 结论

本研究提出了一种快速简便的牛肉样品前处理方法，并利用四个稳定同位素比值（$\delta^{13}C$、$\delta^{15}N$、δD 和 $\delta^{18}O$）的多元分析（PCA、DA 和 PSLDA）建立的化学计量模型确定了不同国家牛肉的来源。因此，通过多元素稳定同位素分析快速追踪不同国家牛肉时，快速前处理方法是一种有效的方法，在牛肉快速通关方面具有应用潜力。

参 考 文 献

[1] O'Neil K. U. S. beef industry faces new policies and testing for mad cow disease [J]. California Agriculture, 2005, 59 (4): 203 - 211.

[2] Passantino A. The current EU rules on bovine electronic identification systems: State of the art and its further development [J]. Archiv Fur Tierzucht-Archives of Animal Breeding, 2013, 56 (1): 344 - 353.

[3] Claus J. Registration system in each EU country, in Image of Cattle Sector and Its Products [M] //J Boyazoglu, Editor. Wageningen Academic Publishers: Wageningen, 2003: 7 - 12.

[4] Verbeke W, Ward R W, Avermaete T. Evaluation of publicity measures relating to the EU beef labelling system in Belgium [J]. Food Policy, 2002, 27 (4): 339 - 353.

[5] Niiyama Y. Traceability systems in food chain: The present status in EU and the subjects of introduction in Japan [J]. Natural Resource Economics Review, Kyoto University, 2002 (8): 105 - 130.

[6] Sugiura K, Onodera T. Cattle traceability system in Japan for bovine spongiform encephalopathy [J]. Veterinaria Italiana, 2008, 44 (3): 519 - 526.

[7] Bailey P J, Britt A G. Electronic identification and tracking of cattle in Victoria, Australia [M] // Performance Recording of Animals: State of the Art, 2000. Wageningen: Wageningen Academic Publishers, 2001.

[8] Beer M. NLIS- "the real deal" [C] //Southern beef update 2003, NSW Agriculture Agricultural Institute, Wagga Wagga, Australia, 6 November 2003, J Wilkins, Editor. NSW Agriculture: Orange, Australia, 2003: 1 - 6.

[9] Rajic A, Waddell L A, Sargeant J M, et al. An overview of microbial food safety programs in beef, pork, and poultry from farm to processing in Canada [J]. Journal of Food Protection, 2007, 70 (5): 1286 - 1294.

[10] Stanford K, Stitt J, Kellar J A, et al. Traceability in cattle and small ruminants in Canada [J]. Revue Scientifique Et Technique De L Office International Des Epizooties, 2001, 20 (2): 510 - 522.

[11] 李香庭. 我国食用农产品质量安全追溯制度完善研究 [D]. 烟台: 烟台大学, 2019.

[12] 李妹. 中国食用农产品追溯法律制度研究 [D]. 北京: 首都经济贸易大学, 2018.

[13] 闫晓刚, 张芳毓, 刘臣, 等. 我国牛肉溯源体系发展情况、存在问题及解决措施 [J]. 吉林畜牧兽医, 2011, 32 (10): 7 - 10.

[14] Hegerding L, Seidler D, Danneel H J, et al. Oxygenisotope-ratio-analysis for the determination of the origin of beef [J]. Fleischwirtschaft, 2002, 82 (4): 95 - 100.

[15] Boner M, Forstel H. Stable isotope variation as a tool to trace the authenticity of beef [J]. Analytical and Bioanalytical Chemistry, 2004, 378 (2): 301 - 310.

[16] Nakashita R, Suzuki Y, Akamatsu F, et al. Stable carbon, nitrogen, and oxygen isotope analysis as a potential tool for verifying geographical origin of beef [J]. Anal Chim Acta, 2008, 617 (1 - 2): 148 - 152.

[17] Nakashita R, Suzuki Y, Korenaga T, et al. Stable Isotope Analysis for Tracing the Geographical Origin of Beef [J]. Bunseki Kagaku, 2009, 58 (12): 1023 - 1028.

[18] Heaton K, Kelly S D, Hoogewerff J, et al. Verifying the geographical origin of beef: The application of multi-element isotope and trace element analysis [J]. Food Chemistry, 2008, 107 (1):

506 - 515.

[19] Horacek M，Min J-S. Discrimination of Korean beef from beef of other origin by stable isotope measurements [J]. Food Chemistry，2010，121（2）：517 - 520.

[20] Yanagi Y，Hirooka H，Oishi K，et al. Stable carbon and nitrogen isotope analysis as a tool for inferring beef cattle feeding systems in Japan [J]. Food Chemistry，2012，134（1）：502 - 506.

[21] Bahar B，Harrison S M，Moloney A P，et al. Isotopic turnover of carbon and nitrogen in bovine blood fractions and inner organs [J]. Rapid Communications in Mass Spectrometry，2014，28（9）：1011 - 1018.

[22] 孙丰梅，石光雨，王慧文，等. 稳定同位素碳、氮、氧在牛肉产地溯源中的应用 [J]. 江苏农业科学，2012，40（7）：275 - 278.

[23] 郭波莉，魏益民，潘家荣，等. 碳、氮同位素在牛肉产地溯源中的应用研究 [J]. 中国农业科学，2007（2）：154 - 161.

[24] 刘泽鑫. 关中地区牛肉产地同位素溯源技术的研究 [D]. 无锡：江南大学，2008.

[25] Guo B L，Wei Y M，Simon K D，et al. Application of stable hydrogen isotope analysis in beef geographical origin traceability [J]. Chinese Journal of Analytical Chemistry，2009，37：1333 - 1336.

[26] Liu X，Guo B，Wei Y，et al. Stable isotope analysis of cattle tail hair：A potential tool for verifying the geographical origin of beef [J]. Food Chemistry，2013，140（1 - 2）：135 - 140.

[27] 郭波莉. 牛肉产地同位素与矿物元素指纹溯源技术研究 [D]. 北京：中国农业科学院，2007.

[28] Zhao Y，Zhang B，Chen G，et al. Tracing the geographic origin of beef in China on the basis of the combination of stable isotopes and multielement analysis [J]. Journal of Agricultural and Food Chemistry，2013，61（29）：7055 - 7060.

[29] Zhao S，Zhang H，Zhang B，et al. A rapid sample preparation method for the analysis of stable isotope ratios of beef from different countries [J]. Rapid Communications in Mass Spectrometry，2020.

[30] 郭波莉，魏益民，潘家荣，等. 牛不同组织中稳定性碳同位素组成及变化规律研究 [J]. 中国农业科学，2006，39（9）：1885 - 1890.

[31] Sun F，Wang H，Shi G，et al. Relationship of stable carbon isotope concentration in diet and tissues of beef cattle [J]. Acta Prataculturae Sinica，2012，21（2）：205 - 211.

[32] 周九庆，郭波莉，魏益民，等. 牛肉中稳定碳、氮同位素组成在加工前后的变化研究 [C]. 南京：科技与产业对接——中国食品科学技术学会第十届年会暨第七届中美食品业高层论坛，2013.

[33] 包小平. 牛肉典型加工过程中稳定同位素指纹的分馏效应 [D]. 北京：中国农业科学院，2019.

[34] Heaton K，Kelly S D，Hoogewerff J，et al. Verifying the geographical origin of beef：The application of multi-element isotope and trace element analysis [J]. Food Chemistry，2008，107（1）：506 - 515.

[35] Zhou J，Guo B，Wei Y，et al. Effect of processing on stable carbon isotopic composition in beef [J]. Scientia Agricultura Sinica，2014，47（5）：977 - 983.

[36] Felmer D R，Sagredo D B，Chavez R R，et al. Implementation of a molecular system for traceability of beef based on microsatellite markers [J]. Chilean Journal of Agricultural Research，2008，68（4）：342 - 351.

[37] Xu Y，Dong K，Huang K，et al. PCR on adulteration detection of pork，beef and mutton [J]. Journal of Agricultural Biotechnology，2013，21（12）：1504 - 1508.

[38] 杨冬燕，杨永存，李浩，等. 双重 PCR 鉴别牛、羊肉掺假 [J]. 中国卫生检验杂志，2014，24（23）：3379 - 3382.

［39］ Hu Z，Song L，Jiang J，et al. Real-time PCR method for quantitative detection of chicken blending in beef［J］. Journal of Food Safety and Quality，2015，6（2）：550－554.

［40］ 陈涓涓，赵晨，宋帆，等. 牛肉及其制品中肉类掺假的荧光 PCR 鉴别体系优化［J］. 福州大学学报（自然科学版），2015，43（5）：688－695.

［41］ 马慧娟. PCR 法鉴别市售牛肉及其制品中的掺假情况分析［J］. 食品安全导刊，2019（26）：76－77.

［42］ Oliveira A C d S d，Ferreira B C A，Cardoso G V F，et al. Evaluation of a multiplex PCR for detection of a fraud in theminced beef meat by adding buffalo meat［J］. Revista do Instituto Adolfo Lutz，2015，74（4）：371－379.

［43］ Kumar D，Singh S P，Karabasanavar N S，et al. Authentication of beef，carabeef，chevon，mutton and pork by a PCR-RFLP assay of mitochondrial cytb gene［J］. Journal of Food Science and Technology-Mysore，2014，51（11）：3458－3463.

［44］ Qin P，Qu W，Xu J，et al. A sensitive multiplex PCR protocol for simultaneous detection of chicken，duck，and pork in beef samples［J］. Journal of Food Science and Technology-Mysore，2019，56（3）：1266－1274.

［45］ 刘俊霞. 中国六个牛品种 CCK，PP 基因 SNPs 检测及其与生长性状相关分析［D］. 石河子：石河子大学，2011.

［46］ Heo E-J，Ko E-K，Seo K-H，et al. Comparison of the microsatellite and single nucleotide polymorphism methods for discriminating among Hanwoo（Korean Native Cattle），imported，and crossbred beef in Korea［J］. Korean Journal for Food Science of Animal Resources，2014，34（6）：763－768.

［47］ Sasazaki S，Imada T，Mutoh H，et al. Breed discrimination using DNA markers derived from AFLP in Japanese beef cattle［J］. Asian-Australasian Journal of Animal Sciences，2006，19：1106－1110.

［48］ Zhao J，Zhu C，Xu Z，et al. Microsatellite markers for animal identification and meat traceability of six beef cattle breeds in the Chinese market［J］. Food Control，2017，78：469－475.

［49］ 赵杰. 基于 SNP 和 SSR 标记的牛肉产品溯源鉴定技术研究与应用［D］. 北京：中国农业科学院，2018.

［50］ Zhao J，Chen A，You X，et al. A panel of SNP markers for meat traceability of Halal beef in the Chinese market［J］. Food Control，2018，87：94－99.

［51］ Negrini R，Nicoloso L，Crepaldi P，et al. Traceability of four European Protected Geographic Indication（PGI）beef products using Single Nucleotide Polymorphisms（SNP）and bayesian statistics［J］. Meat Science，2008，80（4）：1212－1217.

［52］ Shim J-M，Seo D-W，Seo S，et al. Discrimination of Korean Cattle（Hanwoo）with imported beef from USA based on the SNP markers［J］. Korean Journal for Food Science of Animal Resources，2010，30（6）：918－922.

［53］ Guo P，Liu S，Yang K，et al. Progress in food safety detection using chromatographic techniques，spectroscopic techniques，and biological detection technology［J］. Journal of Food Safety and Quality，2015，6（8）：3217－3223.

［54］ Wang W T，Zhang H，Yuan Y，et al. Research progress of raman spectroscopy in drug analysis［J］. Aaps Pharmscitech，2018，19（7）：2921－2928.

［55］ Ma J，Sun D W，Pu H B，et al. Advanced techniques for hyperspectral imaging in the food industry：Principles and recent applications［C］. M P Doyle，D J McClements，Editors. Annual Review of

Food Science and Technology，2019 Vol 10：197 - 220.

[56] Iqbal A，Sun D W，Allen P. An overview on principle，techniques and application of hyperspectral imaging with special reference to ham quality evaluation and control [J]．Food Control，2014，46：242 - 254.

[57] Alamprese C，Casale M，Sinelli N，et al. Detection ofminced beef adulteration with turkey meat by UV-vis，NIR and MIR spectroscopy [J]．Lwt-Food Science and Technology，2013，53 (1)：225 - 232.

[58] Alamprese C，Amigo J M，Casiraghi E，et al. Identification and quantification of turkey meat adulteration in fresh，frozen-thawed and cookedminced beef by FT-NIR spectroscopy and chemometrics [J]．Meat Science，2016，121：175 - 181.

[59] Kamruzzaman M，Makino Y，Oshita S. Rapid and non-destructive detection of chicken adulteration inminced beef using visible near-infrared hyperspectral imaging and machine learning [J]．Journal of Food Engineering，2016，170 (8 - 15).

[60] 何鸿举，朱亚东，王魏，等．高光谱成像技术结合线性回归算法快速预测鸡肉掺假牛肉 [J]．食品工业科技，2019：1 - 10.

[61] Lopez-Maestresalas A，Insausti K，Jaren C，et al. Detection of minced lamb and beef fraud using NIR spectroscopy [J]．Food Control，2019，98：465 - 473.

[62] Zhao H，Tan H，Shi H，et al. Identification of pork and beef by Near Infrared Spectroscopy [J]．Chinese Agricultural Science Bulletin，2011，27 (26)：151 - 155.

[63] Kamruzzaman M，Makino Y，Oshita S. Hyperspectral imaging in tandem with multivariate analysis and image processing for non-invasive detection and visualization of pork adulteration inminced beef [J]．Analytical Methods，2015，7 (18)：7496 - 7502.

[64] 刘卫东，毛晓婷，金怀洲，等．利用成像光谱仪识别猪肉和牛肉 [J]．中国计量学院学报，2015，26 (2)：177 - 181，193.

[65] Bai J，Li J，Zou H，et al. Qualitative and quantitative detection of pork in adulterated beef patties based on near infrared spectroscopy [J]．Food Science，2019，40 (8)：287 - 292.

[66] Boyaci I H，Temiz H T，Uysal R S，et al.，Discrimination of beef and horsemeat by taking the advantage of Raman spectroscopy [R]．Abstracts of Papers of the American Chemical Society，2014. 1.

[67] Kamruzzaman M，Makino Y，Oshita S，et al. Assessment of visible near-infrared hyperspectral imaging as a tool for detection of horsemeat adulteration in minced beef [J]．Food and Bioprocess Technology，2015，8 (5)：1054 - 1062.

[68] Cozzolino D，Murray I. Identification of animal meat muscles by visible and near infrared reflectance spectroscopy [J]．Lebensmittel-Wissenschaft Und-Technologie-Food Science and Technology，2004，37 (4)：447 - 452.

[69] Boyaci I H，Temiz H T，Uysal R S，et al. A novel method for discrimination of beef and horsemeat using Raman spectroscopy [J]．Food Chemistry，2014，148：37 - 41.

[70] Jiang H，Wang W，Zhuang H，et al. Hyperspectral imaging for a rapid detection and visualization of duck meat adulteration in beef [J]．Food Analytical Methods，2019，12 (10)：2205 - 2215.

[71] 王彩霞，王松磊，贺晓光，等．基于可见/近红外高光谱成像技术的牛肉品种鉴别 [J]．食品工业科技，2019，40 (12)：241 - 247.

[72] 刘海峰，高浩，花锦，等．近红外光谱技术在牛肉产地鉴别中的应用 [J]．养殖与饲料，2017

（9）：3-5.

［73］李勇，魏益民，潘家荣，等．基于 FTIR 指纹光谱的牛肉产地溯源技术研究［J］．光谱学与光谱分析，2009，29（3）：647-651.

［74］Wellner N. Fourier transform infrared（FTIR）and Raman microscopy：Principles and applications to food microstructures［M］//V J Morris，K Groves. Food microstructures：Microscopy，measurement and modelling. Cambridge，UK：Woodhead Publishing Ltd.，2013：163-191.

［75］Cai X，Guo B，Wei Y，et al. Analysis on characteristics of near infrared spectra of beef according to regions and feeding periods［J］. Scientia Agricultura Sinica，2011，44（20）：4272-4278.

［76］Jia W S，Liang G，Wang Y L，et al. Electronic noses as a powerful tool for Assessing Meat Quality：A mini review［J］. Food Analytical Methods，2018，11（10）：2916-2924.

［77］Li Y X，Liang X J，Ni Y Y，et al. Progress in the application research of electronic nose for drinks aroma evaluation［R］. Proceedings of the Fourth International Symposium on Viticulture and Enology，2005.

［78］Jia H，Lu Y，He J，et al. Recognition of yak meat，beef and pork by electronic nose［J］. Transactions of the Chinese Society of Agricultural Engineering，2011，27（5）：358-363.

［79］Wijaya D R，Sarno R，Daiva A F，et al. Electronic nose for classifying beef and pork using naive bayes［C］. 2017 International Seminar on Sensors，Instrumentation，Measurement and Metrology，2017：104-108.

［80］Zhang J，Zhang S，Zhang L，et al. Recognition of beef adulterated with pork using electronic nose combined with statistical analysis［J］. Food Science，2018，39（4）：296-300.

［81］Dong F，Zhu X，Zha E. Application of electronic nose in identification of adulterated beef roll［J］. Science & Technology of Food Industry，2018，39（4）：219-221，227.

［82］Zhou X，Li Q，Zha E. The application of electronic nose in adulterated minced beef identification［J］. Science & Technology of Food Industry，2017，38（4）：73-76，80.

［83］Cornale P，Barbera S. Discrimination of beef samples by electronic nose and pattern recognition techniques［R］//M Pardo，G Sberveglieri，Editors. Preliminary Results，in Olfaction and Electronic Nose，Proceedings，2009：267-270.

［84］Soo N B，임채란，손희진，et al. Discrimination of geographical origin of beef using electronic nose based on mass spectrometer［J］. Korean Journal of Food Science and Technology，2008，40（6）：717-720.

［85］Jia W，Zhang S，Han P，et al. Method for identifying origin of beef using electronic nose，involves placing beef sample into trained electronic nose to obtain identification value of beef sample to be identified，and identifying origin of beef［R］. Beijing Res Cent Agric Standards & Testi，2019.

［86］Xie Y，Xie J，Li P，et al. Research status and progress of fatty acid analysis methods in beans［J］. Food and Machinery，2016，32（12）：213-217.

［87］Lee S-H，Kim C-N，Ko K-B，et al. Comparisons of beef fatty acid and amino acid characteristics between Jeju Black Cattle，Hanwoo，and Wagyu Breeds［J］. Food Science of Animal Resources，2019，39（3）：402-409.

［88］Kennedy P C，Dawson L E R，Lively F O，et al. Effects of offering lupins/triticale and vetch/barley silages alone or in combination with grass silage on animal performance，meat quality and the fatty acid composition of lean meat from beef cattle［J］. Journal of Agricultural Science，2018，156（8）：1005-1016.

［89］ Salami S，O'Grady M，Luciano G，et al. Inclusion of dried corn gluten feed in a concentrate supplement for grass silage-fed steers improves the fatty acid profile of beef ［J］. Journal of Animal Science，2018，96：62－63.

［90］ Salami S，O'Grady M，Luciano G，et al. Fatty acid composition and antioxidant potential of beef from steers fed corn or wheat dried distillers' grains in a supplement to grass silage ［J］. Journal of Animal Science，2018，96：284－284.

［91］ Enser M，Hallett K G，Hewett B，et al. Fatty acid content and composition of UK beef and lamb muscle in relation to production system and implications for human nutrition ［J］. Meat Science，1998，49（3）：329－341.

［92］ Soliman L C，Andrucson E M，Donkor K K，et al. Determination of fatty acids in beef by liquid chromatography-electrospray ionization tandem mass spectrometry ［J］. Food Analytical Methods，2016，9（3）：630－637.

［93］ Ming Y，Long H，Yongli W E N，et al. Analysis of muscle fatty acid composition of different Breed Yaks and Yellow Cattles in Sichuan by GC-MS ［J］. Food Science，2008，29（3）：444－449.

［94］ 朱喜艳，曹旭敏，武田博. 青海牦牛与日本牛动物性食品脂肪酸含量比较分析 ［J］. 青海畜牧兽医杂志，2005（4）：16－17.

［95］ Cheng B，Guo B，Wei Y，et al. Analysis of fatty acid compositions and content of beef from different geographical origins ［J］. Acta Agriculturae Nucleatae Sinica，2012，26（3）：517－522.

［96］ Kong H，Li J. Application review of the global identification system（EAN·UCC System）in the traceability of the food safety supply chain ［J］. Food Science，2004，25（6）：188－194.

［97］ Bai H，Zhou G，Hu Y，et al. Traceability technologies for farm animals and their products in China ［J］. Food Control，2017，79：35－43.

［98］ Kumar P，Reinitz H W，Simunovic J，et al. Overview of RFID technology and its applications in the food industry ［J］. Journal of Food Science，2009，74（8）：R101－R106.

［99］ 杨晓芬. 基于 RFID 的牛肉产品安全追溯系统 ［J］. 电子世界，2016（18）：49.

［100］ 赵鸿飞，杨莉，王琳. 基于 RFID 技术的高档牛肉物流信息追溯系统研究 ［J］. 物流工程与管理，2015，37（7）：108－110.

［101］ Liang W，Cao J，Fan Y，et al. Modeling and implementation of cattle/beef supply chain traceability using a distributed RFID-based framework in China ［J］. Plos One，2015，10（10）.

［102］ Feng J，Fu Z，Wang Z，et al. Development and evaluation on a RFID-based traceability system for cattle/beef quality safety in China ［J］. Food Control，2013，31（2）：314－325.

［103］ 施亮，傅泽田，张领先. 基于 RFID 技术的肉牛养殖质量安全可追溯系统研究 ［J］. 计算机应用与软件，2010，27（1）：40－43.

［104］ 黎安. 基于 RFID 的农产品跟踪与追溯体系的研究 ［D］. 南京：南京农业大学，2009.

［105］ 尚玉新. 基于物联网技术的肉类品质安全监管平台设计与实现 ［D］. 泰安：山东大学，2013.

［106］ Liang W，Cao J，Fan Y，et al. Modeling and traceability system of beef supply chain based on RFID and EPC global network ［J］. Jiangsu Journal of Agricultural Sciences，2014，30（6）：1512－1518.

［107］ 丁同，王仲根，汪强，等. 基于物联网及 DNA 识别技术的牛肉溯源系统的研究 ［J］. 物联网技术，2017，7（1）：18－20.

［108］ Yang X，Zhang W，Song Q. Beef quality and safety traceability system based on RFID technology ［J］. Journal of Chemical and Pharmaceutical Research，2014，6（11）：866－872.

［109］Foster T P，Schweihofer J P，Grooms D L，et al. Comparison of beef traceability in serial and parallel fabrication systems using RFID and two-dimensional barcodes ［J］. Translational Animal Science，2018，2 (1)：101－110.

［110］Wang H，Wei X，Shi D，et al. Living code technology based beetle food safety traceability anti-counterfeiting method，involves scanning QR code by using consumer terminal，and obtaining identity document information of beef cattle from cloud server ［R］. Shenzhen Joyhome Technology CO LTD (SHEN-Non-standard)，2018.

［111］Fan B，Qian J，Wu X，et al. Improving continuous traceability of food stuff by using barcode-RFID bidirectional transformation equipment：Two field experiments ［J］. Food Control，2019，98：449－456.

第三章　羊肉溯源分析技术研究进展

3.1　引言

　　羊肉由于脂肪少、肉嫩多汁、容易消化等特点颇受消费者的欢迎，且在羊肉食用方面，没有宗教和文化的禁忌，因此羊肉是世界各国人民重要的蛋白质来源之一。据统计，2019 年前三季度全国羊出栏 21 781 万只，比上年同期增加 544 万只，增长 2.6%；羊肉产量 330 万 t，增加 7 万 t，增长 2.3%，9 月底全国羊存栏 31 264 万只，同比增加 363 万只，增长 1.2%[1]。作为肉羊生产的领导者，中国对羊肉的供应有着巨大的市场潜力。但是目前中国肉羊产业的主体为散养户居多，养殖规模小，肉羊产业组织管理标准化程度低，市场流通较为混乱，羊肉产业链的可追溯性制度尚未成熟，存在着一些安全隐患，使得羊肉造假问题频繁发生，羊肉的安全性与可追溯性逐渐受到国内外人们的关注。地理标志产品是指产自特定地域，所具有的质量、声誉或其他特性取决于该产地的自然因素和人文因素，经审核批准以地理名称进行命名的产品，并进行地域专利保护[2]。我国地域辽阔，家畜品种资源丰富，经长期培育和选育，形成了许多地方良种，如内蒙古自治区的苏尼特羊肉、乌珠穆沁羊肉、宁夏盐池滩羊，甘肃的民勤羊肉等[3]。地标羊肉都因当地得天独厚的地理环境以及传统的饲养方式而有着各自的特色。近年来各地区都施行了一些相关措施来保护特色羊肉产品[4]。建立一套羊肉可追溯体系是解决羊肉安全问题，保护地理标志产品的有效方法之一。

3.2　分析技术在羊肉产地溯源与真实性研究中的进展

3.2.1　稳定同位素技术

　　肉羊生长过程中稳定同位素组成与其饲养方式有着重要的联系[5-8]。Devincenzi[9] 等研究了羔羊肉中氮同位素的比例与豆类日粮量之间的关系，用 4 种不同比例的新鲜苜蓿饲料饲喂 9 只公羔羊，结果显示，随着苜蓿日粮比例的增加，肉中 $\delta^{15}N$ 值呈线性下降，并且将饲喂 75% 与 0% 苜蓿日粮的羔羊区分开来，正确分类率为 85.3%。

　　动物在生长过程中受环境及食用植物的影响，生物体内携带着一定的地理信息，对产地溯源有重要意义。国外学者在羊肉产地溯源方面做了相关研究[10,11]，Erasmus[12] 等对来自 7 个不同植被类型养殖场的脱脂肉中稳定同位素比值（$^{13}C/^{12}C$ 和 $^{15}N/^{14}N$）进行了测定，对数据进行方差分析与判别分析，结果自由州农场羔羊肉中 $\delta^{13}C$ 值显著高于其余的 6 个农场，原因是该地区食用的是 C_4 植物，其余地区主要食用苜蓿和卡鲁灌木，鲁恩斯农场羊肉中 $\delta^{15}N$ 值最低，因为鲁恩斯农场的饲料是豆科草本植物苜蓿，食用苜蓿植物后羊肉中 $\delta^{15}N$ 值降低。通过判别分析，肉类样品正确分配率为 97.62%，验证模型的正确分配率为 96.43%。此结果证实了使用稳定同位素比率分析作为羊肉产地区分的工具有一定的潜力。2018 年，Erasmus[13] 等进一步测定了不同地区南非羔羊脱脂肉稳定同位素比值（$^{13}C/^{12}C$ 和 $^{15}N/^{14}N$），研究发现鲁恩斯与汉坦卡鲁地区羊肉中 $\delta^{13}C$ 值最低，这与 C_3 植物（苜蓿和卡鲁灌木）的存在有关，卡鲁北部、纳米比亚和布什曼兰羊肉中 $\delta^{13}C$ 值最高，这可能是由于膳食中 C_4 植物比例较高所致。中卡鲁、纳米比亚和汉坦卡鲁羊肉中 $\delta^{15}N$ 值最高，而鲁恩斯羊肉中 $\delta^{15}N$ 最低，使用判别分析的原产地分类（卡鲁地区与非卡鲁地区），结果估计模型和验证模型的正确率分别为 95% 和 90%，由此说明，IRMS 法对羔羊肉具有足够的溯源能力。Mekki[14] 等对突尼斯西北部 4 个地区的羊肉进行了稳定同位素测定，结果在同一木本草场中，从低海拔地区费尔南达获得的羊肉中 δD 和 $\delta^{18}O$ 高于海拔较高地区的肉类；在同一草本牧场中，以大豆为饲料的朱明地区 $\delta^{15}N$ 较低；费尔南达和艾因代拉希姆地区离海最近且具有高含量的 $\delta^{34}S$ 值，因此 $\delta^{34}S$ 值可用于判断距离海洋的距离。Piasentier[15] 等对 6 个欧洲国家的羔羊肉进行了分析，结果在相同饲养方式下，$\delta^{15}N$ 值在不同国家有显著性差异。

相比之下，我国利用稳定同位素对羊肉进行产地溯源的研究开始时间较晚，2016 年 Sun[16] 等用 IRMS 法测定了我国 5 个地区羔羊肉和羊毛样品中碳、氮、氢同位素组成，探讨了它们在羊肉地理来源划分上的潜力，结果表明不同地区羔羊组织中 $\delta^{13}C$、$\delta^{15}N$、δD 值差异显著，$\delta^{13}C$ 值与羔羊饲料呈极显著正相关，δD 值与羔羊饮水呈显著正相关。此外，羔羊肌肉中 $\delta^{13}C$、$\delta^{15}N$ 和 δD 值均与羊毛样品高度相关，羊肉和羊毛中 C、N、H 同位素组合分类正确率分别为 88.9% 和 83.8%。王燕[17] 测定了内蒙古东西部 12 个农牧业旗县绵羊的瘦肉样品中 $\delta^{13}C$ 和 $\delta^{15}N$ 值，用 $\delta^{13}C$ 和 $\delta^{15}N$ 值进行二维投射和聚类分析，呼伦贝尔和锡林郭勒放牧绵羊肉与西部区四子王旗、和林县和达拉特旗舍饲绵羊肉可以 100% 的分开。这些结果表明，稳定同位素能有效地鉴别羊肉的地理来源。

稳定同位素分析技术具有样品前处理简单、取样量少、检测精度高和分析速度快等特点。但稳定同位素技术也有一些重要的制约因素，如从热带地区进口的羔羊的碳同位素特征可能与那些在温带地区以玉米为基础食物密集喂养的动物相同[18]。使用碳和氮同位素进行肉类地理分配的一个潜在缺点是两者在很大程度上都受到饲料的影响，碳同位素组成主要反映动物饲料组成，饲料的更换和混用常常会掩盖地域来源信息；肉中 ^{15}N 的丰度同时受到气候条件和氮肥施用的影响，会导致试验结果不稳定。有关稳定同位素技术应用于羊肉产地溯源和真实性研究的总结见表 3-1。

表 3-1　稳定同位素技术应用于羊肉产地溯源和真实性研究总结

研究内容	指　　标	产地	时间	文献
饲料类型	$\delta^{13}C$、$\delta^{15}N$、δD、$\delta^{18}O$、$\delta^{34}S$	意大利	2013	[5]
饲料类型	$\delta^{13}C$、$\delta^{15}N$	意大利	2008	[6]
饲料类型	$\delta^{13}C$	爱尔兰	2010	[7]
饲料类型	$\delta^{13}C$、δD、$\delta^{18}O$、$\delta^{34}S$	爱尔兰	2011	[8]

（续）

研究内容	指　标	产地	时间	文献
饲料类型	$\delta^{15}N$	法国	2014	[9]
产地溯源	$\delta^{13}C$、$\delta^{15}N$	意大利	2005	[10]
产地溯源	$\delta^{13}C$、$\delta^{15}N$、δD、$\delta^{34}S$	法国、爱尔兰、英国、意大利等	2007	[11]
产地溯源	$\delta^{13}C$、$\delta^{15}N$	南非	2016	[12]
产地溯源	$\delta^{13}C$、$\delta^{15}N$	南非	2018	[13]
产地溯源	$\delta^{13}C$、$\delta^{15}N$、δD、$\delta^{18}O$、$\delta^{34}S$	突尼斯	2016	[14]
产地溯源	$\delta^{13}C$、$\delta^{15}N$	法国、希腊、意大利、西班牙、英国、冰岛	2003	[15]
产地溯源	$\delta^{13}C$、$\delta^{15}N$、δD	中国	2016	[16]
产地溯源	$\delta^{13}C$、$\delta^{15}N$	中国	2018	[17]

3.2.2　DNA 分析技术

DNA 普遍存在于生物体的大多数细胞中，可以从同一个体的任意部位样品中获得相同信息，且利用核酸进行分析不易因食品加工而中断，DNA 分析更敏感更可靠。建立基于 DNA 条形码技术检测方法可作为一种简单、快速、有效的分子鉴定技术，可以直接应用于羊肉掺假检验[19-23]。田晨曦[24]等通过提取生鲜牛肉、羊肉、猪肉和鸭肉基因组 DNA，按一定比例进行预混合，构建牛肉掺猪肉、羊肉掺猪肉、牛肉掺鸭肉和羊肉掺鸭肉 4 种掺假模型，进行 PCR 扩增和测序比对，建立动物源性食品的掺假判别方法，结果显示 28 个样品中，89% 的样品与产品标签标识的成分相符。李婷婷[25]等制备了羊肉掺假鉴别快速荧光定量 PCR 芯片，并通过模拟掺假样品（在羊肉中掺入猪肉、鸡肉、鸭肉、鼠肉成分）检测芯片的性能，从与荧光定量 PCR 结果对比可知，基于芯片的快速荧光定量 PCR 检测方法可准确检测 5 种动物源性成分，满足了羊肉掺假快速鉴别的要求。Li[26]等建立了一种新的基于参考引物的实时 PCR 方法，用于山羊肉中掺杂猪肉的定量检测，从参考样品的标准曲线外推未知样品，从而确定未知样品中山羊肉的含量，得到山羊肉含量的线性关系（$R^2=0.9929$），另外扩增了模拟样品来验证方法的准确性，结果平均回收率为 108.74%，结果表明该方法具有较高的准确度。DNA 技术在区分羊肉与其他肉类方面也取得了很好的效果，何玮玲[27]等使用 DNeasy 试剂盒提取法、SDS 蛋白酶 K 法和 CTAB-蛋白酶 K 法分别提取肉类中总 DNA，通过比较提取效率和纯度，确定提取肉类中总 DNA 的方法；基于动物线粒体细胞色素 b 基因的差异性位点，设计两组各 5 条长度不同的多重 PCR 引物，建立并优化多重 PCR 反应体系，通过电泳检测扩增产物分子量差异实现猪、牛、羊和鸡 4 种肉类的快速鉴别。此外，利用多重 PCR 方法可以一次性对山羊、绵羊、水貂、海狸鼠和鸭肉进行鉴别[28]。Stasio[29]等对桑布卡纳（Sambucano）羊进行了分析，目的是开发一种能够证明其传统产品桑布卡纳羊起源的遗传系统，结果显示一组 14 个 SSR 被认为是一种有效的工具，可以从基因上区分桑布卡纳羊和其他易混的品种，这种遗传可追溯性系统在本地小型绵羊品种中易于实现，并在意大利肉类认证框架中得到推荐。

采用 DNA 技术对羊肉进行溯源准确、可靠，但到目前为止，它很少在绵羊身上实施，特别是在鲜肉行业。羊个体进行 DNA 身份识别的成本较高，因此，在我国分子技术可追溯性系统仍然难以实现，但是可以优先应用于一些大型养殖场。DNA 条形码的有效性与可获得的参考序列密切相关，而这些参考序列需要由世界各国的科学家们共同努力开发，增加数据库中可供参考的信息，建立一个可靠的共享数据库，从而补充参考 DNA 序列的数据信息。有关 DNA 分析技术应用于羊肉产地溯源和真实性研究的总结见表 3-2。

表 3-2　DNA 分析技术应用于羊肉产地溯源和真实性研究总结

研究内容	技　　术	物种/品种	时间	文献
物种鉴别	多重荧光 PCR	羊、猪、马、牛、鸭	2015	[19]
物种鉴别	实时荧光 PCR	羊、猪、鸡	2015	[20]
物种鉴别	微滴式数字 PCR	羊、猪	2018	[21]
物种鉴别	多重 PCR	猪、羊、鸵鸟、马、牛	2019	[22]
物种鉴别	LAMP	羊、猪	2018	[23]
物种鉴别	PCR	牛、羊、猪、鸭	2016	[24]
物种鉴别	荧光定量 PCR	羊、猪、鸡、鸭、鼠	2018	[25]
物种鉴别	实时 PCR	羊、猪	2019	[26]
物种鉴别	多重 PCR	猪、牛、羊、鸡	2012	[27]
物种鉴别	多重 PCR、荧光定量 PCR	山羊、绵羊、水貂、海狸鼠、鸭	2015	[28]
品种鉴别	SSR	桑布卡纳羊和其他易混的品种	2017	[29]

3.2.3　近红外光谱技术

近红外光是光谱范围在 780～2 526nm 的介于可见光和中红外光之间的电磁波，通过采集光谱信息并借助化学计量法进行建模，通过各个光谱反映样品中有机物的组成成分与含量，再利用有机物成分与含量的不同来进行溯源。习惯上又划分为短波近红外区（780～1 100nm）和长波近红外区（1 100～2 500nm）[30]。近红外光谱技术（Near Infrared Spectroscopy，缩写为 NIRS）使用时需结合主成分分析、偏最小二乘回归、线性判别分析和神经网络模型等多种化学计量学方法提取有效光谱信息，建立判别模型，处理方法不同结果也不同。

不同产地来源的羊肉，因其生长环境、气候、土壤、水质等的不同，导致羊肉中蛋白质、脂肪、碳水化合物、水分等成分的组成和含量存在较大差异，而这些成分的差异可反映在近红外光谱上。孙淑敏[31]等对来自内蒙古自治区 3 个牧区及重庆市和山东省菏泽市 2 个农区共 99 份羊肉样品进行近红外光谱扫描，利用主成分分析结合线性判别分析，以及偏最小二乘判别分析法对光谱数据进行了分析，建立了羊肉产地来源的定性判别模型，结果显示 5 个地区羊肉的近红外光谱有显著差异，其中农区和牧区之间的差异最为明显，主成分分析结合线性判别分析法的判别效果为 91.2%，优于偏最小二乘判别分析法的判别效果（76.7%），此结果表明近红外光谱结合化学计量学方法可有效用于羊肉产地溯源。张宁[32]等采用近红外光谱结合 SIMCA 建立了山东济宁市、河北大厂县、内蒙古临河市、宁夏银川市 4 个产地的羊肉产地溯源模型，结果显示，在 1% 的显著水平下，4 个产地校正集模型对未知样本的识别率分别为 95%、100%、100%、100%；其验证集模型的识别率分别为 100%、83%、100%、92%。此研究表明，近红外光谱技术作为一种羊肉产地的溯源方法是切实可行的。另外，近红外光谱技术通常与高光谱成像技术结合进行羊肉产地溯源，王靖[33]等采用近红外结合高光谱成像技术采集宁夏银川、固原、盐池的绵羊后腿样本的光谱数据，对光谱采用 SNV、MSC 等进行预处理，结合偏最小二乘回归分析法及 K 最近邻分类算法建立特征波段下的判别模型，综合对比模型效果，最优模型的校正集正确率为 90.48%，预测集正确率为 84.21%。证明利用近红外结合高光谱成像技术对羊肉产地溯源是可行的。

近红外光谱技术由于具有简便、无损、快速等特点，在羊肉掺假分析方面应用日益增多[34,35]，Lopez-Maestresalas[36]等利用近红外光谱技术对羊肉、牛肉和羊肉掺牛肉样品进行鉴定，采用多元化学计量学方法对数据进行前处理，验证集的分类率在 78.95%～100% 之间，研究结果表明，用近红外光谱对纯肉和掺假肉进行鉴别是可行的。近几年的研究结果表明，近红外光谱技术在羊肉与其他肉类的区分中也有一定的发展潜力。Cozzo-lino[37]利用近红外光谱对牛肉、羔羊肉、猪肉和鸡肉进行鉴定，建立了主成分分析和虚拟偏最小二乘回归模型，结果模型判别率为 80%，证实了近红外光谱是一种快速的肉品鉴定方法。Qiao[38]等采集了牛肉、羊肉、猪肉的近红外高光谱图像，利用主成分分析提取特征波长，采用 Fisher 线性判别法建立判别函数对肉种类进行识别，判别正确率为 87.50%，除此之外，还将 3 种不同肉品样本的切片拼接在一个界面上，用 NIR 高光谱成像系统进行扫描，获取的高光谱数据进一步验证了判别模型的有效性，近红外高光谱成像技术可作为一种有效、快速、无损的红肉鉴别方法。

近红外光谱也用于羊肉的品种鉴别中，王培培[39]采用线性判别分析与偏最小二乘法建立了不同品种羊肉的近红外光谱鉴别模型，其中线性判别分析模型对训练集样品的正确判别率为 78.4%，交叉验证正确率为 75.4%；采用偏最小二乘法建立单一品种羊肉的近红外光谱鉴别模型正确判别率较高，取阈值为 ±0.5 时，模型的正确判别率均可达到 100%；当取阈值为 ±0.3 时，模型的正确鉴别率可达到 80% 以上，证实了近红外光谱技术可用于不同品种羊肉的快速鉴别。

近红外光谱能够在短时间内受到广泛关注，主要是因为近红外光谱技术可通过光谱信息获得样品内部品质特性，只能测定含有 C—H 键、N—H 键、O—H 键等共价化合键的物质，有效提高检测的准确性。另外，近红外光谱仪器检测过程中对样品的要求不是很高，在检测之前只需将样品粉碎，这在一定程度上增加了检测效率，并降低了成本，并且该方法检测速度较快，一般来说检测的过程只需要几秒钟，减少了检测时间[40]。但近红外检测灵敏度较低，对微量物质不敏感，此外，要建立稳定可靠的近红外产地溯源与真实性判别模型，需要收集大量样本建立模型和进行验证，这也需要投入一定的人力、物力和财力。有关近红外光谱技术应用于羊肉产地溯源和真实性研究的总结见表 3-3。

表 3 - 3　近红外光谱技术应用于羊肉产地溯源和真实性研究总结

研究内容	光谱预处理方式	波长范围（nm）	产地/物种/品种	时间	文献
产地溯源	2nd Der、MSC	950～1 650	中国	2011	[31]
产地溯源	MSC	800～2 500	中国	2008	[32]
产地溯源	SGS、SNV、MSC	900～1 700	中国	2018	[33]
物种鉴别	1st Der	800～3 000	羊、猪	2019	[34]
物种鉴别	MSC、SNV	1 000～2 500	羊、猪、鸭	2015	[35]
物种鉴别	SNV、MSC、1st Der、2nd Der	1 100～2 300	羊、牛	2019	[36]
物种鉴别	SNV	1 000～2 500	牛、羊、猪	2016	[38]
品种鉴别	1st Der、MSC、SNV	1 000～1 799	藏羊、滩寒杂交羊、杜泊羊、苏尼特羊、乌寒杂交羊、晋中绵羊	2012	[39]

3.2.4　气相色谱技术

气相色谱技术（gas chromatography，GC）在对含有气体混合物、存在易挥发性的液体以及固体检测中有很好的检测效果，能够在较短时间内对比较复杂的混合物进行分离，并快速对物质进行分析，分辨率高，检测更灵敏，现在已经成为应用于食品质量检测领域中最广泛、最普遍的一种检测技术[41]。目前，气相色谱技术在羊肉中常应用于脂肪酸的测定，因为羊肉中的脂肪酸对羊肉品质而言意义重大，它直接关系着羊肉的气味及营养价值。羊肉区别于其他畜禽肉的最大特点是羊肉具有独特的膻味。人们对于羊膻味的态度各有不同，而造成羊肉膻味的"元凶"就是脂肪酸，所以对羊肉中脂肪酸的研究非常必要[42]。羊肉中脂肪酸的组成是影响肉品质的主要因素，因此研究羔羊脂肪酸对提高肉品质具有重要意义。羊肉中的营养、风味、化学组成等都会随着月龄的增长而变化，其中包括脂肪酸的变化，测定羊肉中脂肪酸的含量对鉴别羊的饲养方式及掺假分析有重要意义，且对居民营养膳食摄取量具有指导作用。

近年来，草场退化造成的草原载畜力不足和国家退牧还草政策的实施使得很多地区由传统放牧模式向舍饲模式转变。不同饲养方式对羊体脂肪沉积、脂肪酸组成和肉中挥发性物质都有影响[43-47]。Margetin[48]等研究了法国小羔羊在圈养和放养中肌内脂肪的脂肪酸组成，结果发现，放养的羔羊含有较高比例的多不饱和脂肪酸（PUFA）、亚油酸（CLA）、必需脂肪酸（essential fatty acids，EFA）和较低比例的饱和脂肪酸（SFA），从营养和人类健康角度来看，来自放养的羔羊肉更有利，更推荐用于消费。张灿[49]等研究了典型草原放牧欧拉羊肌肉中的脂肪酸含量，得出天然放牧的欧拉羊肌肉中 n-6/n-3 比值较低，更符合人类健康的需求。袁倩[50]等利用气相色谱-质谱法和实时荧光定量聚合酶链式反应法，测定不同饲养方式下 12 月龄的苏尼特羊股二头肌脂肪酸组成和脂肪代谢相关基因表达差异，并研究两者间相关关系，结果表明放牧组羊肉单不饱和脂肪酸、多不饱和脂肪酸中 α-亚麻酸、共轭亚油酸、二十碳五烯酸和二十二碳六烯酸相对含量均显著高于舍饲组；放牧条件下股二头肌二酰基甘油酰基转移酶、激素敏感酯酶、脂肪酸脱氢酶 2 基因表达量均显著高于舍饲组，股二头肌的固醇调节元件结合蛋白基因表达量显著低于舍饲条件。从脂肪酸的角度来讲，放牧条件下羊肉肌肉营养价值更高，今后可通过调控脂肪酸代谢相关基因表达来改善舍饲羊营养品质。

此外，有学者研究了调整羊的饲料类型是否可以改变羊肉中脂肪酸的比例，从而改善肉质。Fan[51]等研究了高能量日粮中添加藻类对集约化饲养绵羊脂代谢的影响，将羔羊分为对照组和补藻组，结果显示补充微藻降低了羔羊中肝脏和肌肉中的脂肪、血清胆固醇和油酸含量，增加了顺式-9、反式-11CLA、EPA 和 DHA，并且藻类的补充也改变了脂质代谢相关基因的表达。侯川川[52]等研究了不同饲粮类型对育肥湖羊肌肉脂肪酸和氨基酸组成的影响，分别饲喂传统精粗饲粮＋舔砖、全混合饲粮、粗料＋精料颗粒料，结果发现全混合饲粮可显著增加育肥湖羊肌肉中不饱和脂肪酸和必需氨基酸含量，降低饱和脂肪酸的比例，改善肉品质，提升羊肉的营养食用价值。Gomez-Cortes[53]等分别使用浓缩谷类和豆粕、亚麻荠属植物、纤维浓缩物（如大豆壳、麦麸等）去饲喂羔羊，饲喂 42d 后测定羔羊肌肉内脂肪的脂肪酸含量，测定结果表明饲喂纤维浓缩物的羊肉中 11-反-十八碳烯酸、瘤胃酸和 α-亚麻酸含量最高，从营养健康角度来看改善羔羊肉质是有利的。毛培春[54]等研究了林间不同类型草地对小尾寒羊的放牧效果，草地类型分别为板栗园林间天然草地与在板栗园林间建植紫花苜蓿和鸭茅人工混播草地，结果显示，林间人工混播草地放牧组在屠宰性能方面，胴体质量、净肉质量和眼肌面积较高，在营养成分方面，粗脂肪、灰分、必需氨基酸、总脂肪酸、饱和脂肪酸和 n-3 多不饱和脂肪酸含量分别明显高于林间天然草地放牧组，林间人工混播草地放牧小尾寒羊可提高其屠宰性能，改善其肉品质和营养成分。可见，通过调控不同饲粮来改善羊肉品质与风味是可行的。

目前，气相色谱法大多应用于油类掺假鉴别中[55-57]，在羊肉掺假鉴别中的研究较少，Chen[58]等建立一种快速、无损分析肉中挥发性有机成分的顶空进样气相色谱-离子迁移谱联用方法，结合化学计量学方法构建快速分类模型以区分牛肉、羊肉和鸡肉样品，结果表明，GC-IMS 三维指纹谱可有效表征不同肉类之间的气味差异信息，用主成分分析和线性判别分析鉴别肉的种类具有可行性，采用前 2 个主成分能达到 98.3% 的正确率，仅有 1 个牛肉样品被误判成羊肉样品。此外，气相色谱法在羊肉掺假鉴别中通常与电子鼻共同使用来联合验证。Wang[59]等采用电子鼻和气相色谱—质谱（GC-MS）对羊肉中掺鸭肉进行了鉴别，采用线性回归、Fisher 线性判别分析和多层感知神经网络对电子鼻信号进行定性和定量分析，利用 GC-MS 共检测到 27 种挥发性有机化合物（VOC），不同样品显示出不同的 VOC 谱，用 PLS 建立了电子鼻与 GC-MS 数据的相关关系，结果表明，GC-MS 检测到的主要化合物含量与电子鼻传感器的响应高度相关。此外，以宁夏小尾寒羊为研究对象，将熟化的鸭肉按不同比例掺入到羊肉中制作成掺假肉样，利用电子鼻和 GC-MS 对肉样进行快速检测，将数据建立偏最小二乘模型回归方程的决定系数均高于 0.950，得到传感器的响应值与气相色谱—质谱结果具有较高的相关性[60,61]。不同品种的羊肉，口感和营养成分也不同，通过检测脂肪酸含量还可以区分不同品种的羊肉，例如小尾寒羊、苏尼特羊、滩羊[62,63]。

气相色谱法具有分辨率高、检测灵敏、检测速度快等特点，在检测中通常与其他质检技术配合使用。但是气相色谱法不能对组分直接进行定性，需用已知物或已知数据与相应的色谱峰进行对比，或与其他方法（如质谱、光谱）联用，才能获得确定的结果。有关气相色谱技术应用于羊肉产地溯源和真实性研究的总结见表3-4。

表3-4 气相色谱技术应用于羊肉产地溯源和真实性研究总结

研究内容	产地/物种/品种	时间	文献
饲养方式	中国	2018	[43]
饲养方式	英国	2000	[44]
饲养方式	意大利	2007	[45]
饲养方式	中国	2018	[46]
饲养方式	中国	2018	[47]
饲养方式	法国	2018	[48]
饲养方式	中国	2019	[50]
饲料类型	中国	2019	[51]
饲料类型	西班牙	2019	[53]
饲料类型	中国	2017	[54]
物种鉴别	牛、羊、鸡	2019	[58]
物种鉴别	羊、鸭	2019	[59]
物种鉴别	羊、鸭	2017	[60]
物种鉴别	羊、鸭	2016	[61]
品种鉴别	小尾寒羊、苏尼特羊	2018	[62]
品种鉴别	滩羊	2019	[63]

3.2.5 矿物元素指纹图谱技术

矿物元素被认为是一项有效的食品产地溯源指标，主要是寻找与地域有关的特征元素。地域环境中的土壤、水、食物矿物元素组成及含量都有其各自的特征图谱，动物不断从所生活的环境累积各种矿物元素，因此不同地域来源的生物体中矿物元素含量与当地环境中的矿物元素有较强的相关性，也具有典型的指纹特征。通过测定动物体内矿物元素的组成和含量差异可鉴别其产地来源[64]。检测矿物元素含量的仪器有原子吸收光谱仪（AAS）、原子荧光光谱仪（AFS）和电感耦合等离子体质谱仪（ICP-MS）等。其中 ICP-MS 由于检测精度高、检出限低、灵敏度高、检测速度快、可同时检测多种元素的特点，在食品产地溯源方面的应用日益增加。目前，矿物质指纹溯源技术已广泛应用于大米[65]、葡萄酒[66]、牛肉[67]、蜂蜜[68]等产地溯源。

肉羊体内矿物元素受其生活环境的影响，同时也受自身代谢及饲料组成的影响。目前国内外对于应用矿物元素对羊肉进行产地溯源与真实性鉴别中的研究较少。Sun[69]等利用 ICP-MS 分析了我国 3 个牧区和 2 个农业区羊肉样品中 25 种矿物元素的含量，并进行了主成分分析和线性判别分析，结果脱脂羊肉中 21 种元素在农区与牧区间存在显著差异，选取 12 种元素建立分类模型，并用交叉验证进行了评价，分类结果总体正确率为 93.9%，交叉验证率为 88.9%。此外，还对农牧区的羊肉样品进行了 100% 的分类。这些结果证明了多元素指纹图谱作为鉴定我国羊肉产地指标的有效性。ICP-MS 也被用来测定中国内蒙古自治区阿拉善盟、锡林郭勒盟和呼伦贝尔市 3 个牧区，及重庆市和山东省菏泽市 2 个农区脱脂羊肉和土壤样品中 17 种矿物元素，结果显示羊肉中矿物元素含量在地域间存在明显差异，农区元素含量普遍高于牧区；脱脂羊肉中 Ca、Zn、Be、Ni、Fe、Ba、Sb、Mn 和 Se 9 种矿物质元素含量的地域差异与土壤相关，它们对农牧区的正确判别率达 90% 以上，对 5 个地域的正确判别率在 70%～100% 之间，结果表明矿物元素对羊肉产地溯源是可行的[70]。随后，刘美玲[71]等针对内蒙古自治区的羊肉在盟市间进行了产地鉴别与物种区分的研究，采集测定了内蒙古 10 个旗县蒙古绵羊肉 77 份、鄂温克旗牛肉 6 份及马肉 5 份中的 22 种常量和微量矿物质元素，同时进行主成分分析和统计分析，结果表明蒙古绵羊肉样品的微量元素谱有显著的地区差异，地处呼伦贝尔草原及其延伸的鄂温克旗和西乌旗蒙古绵羊肉与其他旗县有显著差别，鄂温克旗蒙古绵羊肉、牛肉和马肉的矿物质元素谱有明显的物种差异，进一步证明以矿物质元素谱进行产地溯源和物种鉴别是可行的。马梦斌[72]选取陕西省定边县、宁夏盐池县、内蒙古自治区鄂托克前旗、甘肃省环县滩羊肉为试验样品，采用 ICP-MS 测定了样品中 25 种矿物元素含量，结合方差分析解析滩羊肉中矿物元素含量特征。结果表明，滩羊肉中 17 种矿物元素含量在地域间存在显著差异（$p < 0.05$），对 17 种矿物元素含量进行主成分分析、判别分析，筛选出 Ca、P、Cr、Mn、Ni、Cu、Se、Rb、Mo 和 Sn 10 项元素指标，建立了滩羊肉产地有效判别模型。

动物组织中的矿物元素组成不是一定不变的，会受到动物饲料中的自然沉积和元素补充的影响[73]。如在饲养过程中，会根据羊的生长情况进行补饲，强化饲料的不同，将会影响羊自身携带的地理特征元素的含量，影响产地溯源的判别。此外，Cd、Pd、Zn 等一些重金属元素仅在肝脏、肾脏等内脏器官中积累，肌肉中则积累较少，只测定肉中矿物质含量不能够准确判定其地理环境[64]，并且矿物元素测定前处理与分析费用较高，对样本处理要求较高。在后续研究中，筛选出受饲料添加及人为活动影响较低、稳定可靠的矿物质元素指标，可提高羊肉产地溯源的能力，对建立羊肉产地溯源的矿物元素指纹图谱至关重要[18]。有关矿物元素指纹图谱技术应用于羊肉产地溯源和真实性研究的总结见表 3-5。

表 3-5　矿物元素指纹图谱技术应用于羊肉产地溯源和真实性研究总结

研究内容	技术	产地/物种/品种	时间	文献
产地溯源	电感耦合等离子体质谱法	中国	2011	[69]
产地溯源	电感耦合等离子体质谱法	中国	2012	[70]
产地溯源	电感耦合等离子体质谱法	中国	2017	[71]
物种鉴别	电感耦合等离子体质谱法	羊、牛、马	2017	[71]
产地溯源	电感耦合等离子体质谱法	中国	2019	[72]

3.3　研究趋势

　　近年来，主要应用稳定同位素技术、DNA 技术、近红外光谱技术、气相色谱技术、矿物元素指纹图谱技术对羊肉产地溯源与真实性研究的文章数量随年份的变化如图 3-1 所示，从 2009 年开始，羊肉溯源与真实性判别研究呈增长趋势，2011 年后研究数量增长迅速，近两年文章发表数量达最高，可见近几年人们对羊肉产地与真实性关注密切。

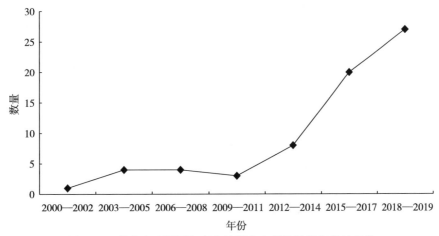

图 3-1　羊肉产地溯源与真实性研究文章数量随年份的变化

　　溯源技术在食品溯源与真实性判别中应用广泛，不同的溯源技术有着不同的优势与特点。五种溯源技术在国内外羊肉产地溯源与真实性判别中的应用比例见图 3-2。气相色谱技术、DNA 溯源技术、稳定同位素技术在羊肉产地溯源与真实性判别中应用所占比例较多，占比超 70%。气相色谱技术较高的比例是因其在饲养方式鉴别中应用较多，DNA 溯源技术因其判别准确、特异性强等特点而应用较多，在应用比例中占接近 1/4，稳定同位素溯源技术在近几年开始得到人们的广泛关注与研究，虽近红外溯源技术与矿物质溯源技术应用较少，但在今后溯源技术的联合应用中定将发挥重要作用。

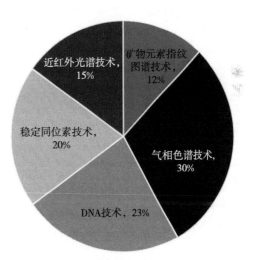

图 3-2　五种分析技术在羊肉产地溯源与真实性研究中的应用

3.4　结论

　　这五种溯源技术结合不同化学计量学方法有效应用于羊肉产地溯源或真实性识别中，

每种技术具有特有的优势与缺点，在今后研究中可根据羊肉样品特性或研究目的选择合适的溯源技术。溯源技术不同，检测指标和基本原理也不同，但关键是探寻不同地域来源羊肉的特异性地理指纹信息。羊品种较多、养殖区域较散，地理指纹信息受到地理环境的变化及羊自身代谢等因素的影响，以及每种溯源技术自身的局限性，目前没有任何一种技术能够完全独立应用于产地溯源和真实性判别中，指纹溯源技术需大量样本来验证溯源技术的准确性并采集信息建立模型和数据库。

我国对产地溯源与真实性判别研究起步较晚，且在羊肉中应用研究较少，这就需要在今后的研究中，持续发展更成熟的技术应用，集中于这些技术在化学计量分析中的应用潜力，改变以往单一同位素指标判别，更趋向于多种同位素组合判别，从简单的差异性分析趋向于结合化学计量学技术分析，建立羊肉指纹图谱，以提供更多的产地环境信息和提高溯源准确率，进行更细致深入的研究，推动对羊肉产品的产地溯源、质量监控和地理性标志羊肉的保护。

参 考 文 献

[1] 中华人民共和国国家统计局. 国家数据 [EB/OL]. (2016-03-11). http：//data. stats. gov. cn/easyquery. htm? cn=C01. [2017-06-02].

[2] 靳延平，白音，王建龙. 开展肉羊追溯体系建设促进肉羊产业转型升级 [J]. 当代畜禽养殖业，2017 (7)：3-4.

[3] 中国畜牧兽医报. 内蒙古：建立肉羊可追溯体系 [J]. 猪业观察，2013 (10)：76-76.

[4] 史梦媛，赵智宏. "盐池滩羊"地理标志品牌建设研究 [J]. 农业科学研究，2018，39 (3)：61-65.

[5] Biondi L，D'Urso M G，Vasta V，et al. Stable isotope ratios of blood components and muscle to trace dietary changes in lambs [J]. Animal，2013，7 (9)：1559-1566.

[6] Moreno-Rojas J M，Vasta V，Lanza A，et al. Stable isotopes to discriminate lambs fed herbage or concentrate both obtained from C-3 plants [J]. Rapid Communications in Mass Spectrometry，2008，22 (23)：3701-3705.

[7] Harrison S M，Monahan F J，Moloney A P，et al. Intra-muscular and inter-muscular variation in carbon turnover of ovine muscles as recorded by stable isotope ratios [J]. Food Chemistry，2010，123 (2)：203-209.

[8] Harrison S M，Schmidt O，Moloney A P，et al. Tissue turnover in ovine muscles and lipids as recorded by multiple (H，C，O，S) stable isotope ratios [J]. Food Chemistry，2011，124 (1)：291-297.

[9] Devincenzi T，Delfosse O，Andueza D，et al. Dose-dependent response of nitrogen stable isotope ratio to proportion of legumes in diet to authenticate lamb meat produced from legume-rich diets [J]. Food Chem，2014，152：456-461.

[10] Sacco D，Brescia M A，Buccolieri A，et al. Geographical origin and breed discrimination of Apulian lamb meat samples by means of analytical and spectroscopic determinations [J]. Meat Science，2005，71 (3)：542-548.

[11] Camin F，Bontempo L，Heinrich K，et al. Multi-element (H，C，N，S) stable isotope character-

istics of lamb meat from different European regions [J]. Analytical and Bioanalytical Chemistry, 2007, 389 (1): 309 – 320.

[12] Erasmus S W, Muller M, van der Rijst M, et al. Stable isotope ratio analysis: A potential analytical tool for the authentication of South African lamb meat [J]. Food Chem, 2016, 192: 997 – 1005.

[13] Erasmus S W, Muller M, Butler M, et al. The truth is in the isotopes: Authenticating regionally unique South African lamb [J]. Food Chem, 2018, 239: 926 – 934.

[14] Mekki I, Camin F, Perini M, et al. Differentiating the geographical origin of Tunisian indigenous lamb using stable isotope ratio and fatty acid content [J]. Journal of Food Composition and Analysis, 2016, 53: 40 – 48.

[15] Piasentier E, Valusso R, Camin F, et al. Stable isotope ratio analysis for authentication of lamb meat [J]. Meat Science, 2003, 64 (3): 239 – 247.

[16] Sun S, Guo B, Wei Y. Origin assignment by multi-element stable isotopes of lamb tissues [J]. Food Chemistry, 2016, 213: 675 – 681.

[17] 王燕. 内蒙古绵羊肉碳氮稳定同位素产地溯源可行性 [D]. 呼和浩特: 内蒙古农业大学, 2018.

[18] Franke B M, Gremaud G, Hadorn R, et al. Geographic origin of meat-elements of an analytical approach to its authentication [J]. European Food Research and Technology, 2005, 221 (3 – 4): 493 – 503.

[19] 杨冬燕, 韦梅霞, 杨永存, 等. 多重荧光 PCR 鉴别羊肉掺假 [J]. 食品安全质量检测学报, 2015, 6 (2): 555 – 562.

[20] 姜洁, 宋丽萍, 郭森, 等. 应用实时荧光 PCR 技术量化检测羊肉中猪源性和鸡源性成份 [J]. 食品安全质量检测学报, 2015, 6 (9): 3701 – 3707.

[21] 陈晨, 张岩, 李永波, 等. 微滴式数字 PCR 对肉制品中羊肉和猪肉定量分析 [J]. 现代食品科技, 2018, 34 (1): 221 – 226, 194.

[22] Al-Taghlubee D, Misaghi A, Shayan P, et al. Comparison of two multiplex PCR systems for meat species authentication [J]. Journal of Food Quality and Hazards Control, 2019, 6 (1): 8 – 15.

[23] 张英. 鉴定羊肉中掺杂猪肉的 LAMP 检测方法的优化及应用 [J]. 黑龙江畜牧兽医, 2018 (9): 222 – 224, 254.

[24] 田晨曦, 周巍, 王爽, 等. 基于 DNA 条形码技术常见肉类掺假鉴别技术的研究 [J]. 现代食品科技, 2016, 32 (8): 295 – 301.

[25] 李婷婷, 张桂兰, 王之莹, 等. 羊肉掺假鉴别快速荧光定量 PCR 芯片制备及应用研究 [J]. 生物技术进展, 2018, 8 (6): 522 – 529.

[26] Li T T, Jalbani Y M, Zhang G L, et al. Detection of goat meat adulteration by real-time PCR based on a reference primer [J]. Food Chemistry, 2019, 277: 554 – 557.

[27] 何玮玲, 张驰, 杨静, 等. 食品中 4 种肉类成分多重 PCR 的快速鉴别方法 [J]. 中国农业科学, 2012, 45 (9): 1873 – 1880.

[28] 王思伟, 利用多重 PCR 和荧光定量 PCR 对羊肉进行定性定量鉴定方法的建立 [D]. 保定: 河北农业大学, 2015.

[29] Di Stasio L, Piatti P, Fontanella E, et al. Lamb meat traceability: The case of Sambucana sheep [J]. Small Ruminant Research, 2017, 149: 85 – 90.

[30] 任广鑫. 基于近红外分析技术的红茶成分分析与产地识别的研究 [D]. 合肥: 安徽农业大学, 2012.

[31] 孙淑敏, 郭波莉, 魏益民, 等. 近红外光谱指纹分析在羊肉产地溯源中的应用 [J]. 光谱学与光谱

分析, 2011, 31 (4): 937-941.

[32] 张宁, 张德权, 李淑荣, 等. 近红外光谱结合SIMCA法溯源羊肉产地的初步研究 [J]. 农业工程学报, 2008, 24 (12): 309-312.

[33] 王靖, 丁佳兴, 郭中华, 等. 基于近红外高光谱成像技术的宁夏羊肉产地鉴别 [J]. 食品工业科技, 2018, 39 (2): 250-254, 260.

[34] 白京, 李家鹏, 邹昊, 等. 近红外特征光谱定量检测羊肉卷中猪肉掺假比例 [J]. 食品科学, 2019, 40 (2): 287-292.

[35] 张玉华, 孟一, 姜沛宏, 等. 近红外技术对不同动物来源肉掺假的检测 [J]. 食品工业科技, 2015, 36 (3): 316-319, 334.

[36] Lopez-Maestresalas A, Insausti K, Jaren C, et al. Detection of minced lamb and beef fraud using NIR spectroscopy [J]. Food Control, 2019, 98: 465-473.

[37] Cozzolino D, Murray I. Identification of animal meat muscles by visible and near infrared reflectance spectroscopy [J]. Lebensmittel-Wissenschaft Und-Technologie-Food Science and Technology, 2004, 37 (4): 447-452.

[38] Qiao L, Peng Y K, Chao K L, et al. Rapid discrimination of main red meat species based on near-infrared hyperspectral imaging technology [C] //M S Kim, K Chao, B A Chin, Editors. Sensing for Agriculture and Food Quality and Safety Viii, 2016, Spie-Int Soc Optical Engineering: Bellingham.

[39] 王培培. 基于近红外光谱的不同品种绵羊肉鉴别及品质检测技术研究 [D]. 北京: 中国农业科学院, 2012.

[40] 青丹, 张娜, 李玉静. 现代近红外光谱方法在食品检测中的应用 [J]. 现代食品, 2018 (13): 103-105.

[41] 李锁艳. 气相色谱技术在食品安全检测中的应用 [J]. 食品安全导刊, 2018 (27): 146.

[42] 杨晶. 不同月龄不同部位羊肉中共轭亚油酸的含量及脂肪酸成分的分析 [D]. 呼和浩特: 内蒙古农业大学, 2014.

[43] 王柏辉, 杨蕾, 罗玉龙, 等. 饲养方式对苏尼特羊肠道菌群与脂肪酸代谢的影响 [J]. 食品科学, 2018, 39 (17): 1-7.

[44] Fisher A V E M, Richardson R I, Wood J D, Nute G R, Kurt E, Sinclair L A, Wilkinson R G. Fatty acid composition and eating quality of lamb types derived from four diverse breed production systems [J]. Meat Science, 2000: 55: 141-147.

[45] Vasta V, Ratel J, Engel E. Mass spectrometry analysis of volatile compounds in raw meat for the authentication of the feeding background of farm animals [J]. Journal of Agricultural and Food Chemistry, 2007, 55 (12): 4630-4639.

[46] 闫祥林, 任晓镁, 刘瑞, 等. 饲养方式对新疆多浪羊肉品质的影响 [J]. 食品科学, 2018, 39 (15): 80-87.

[47] 杨蕾. 饲养方式对苏尼特羊脂肪组织中脂肪酸沉积的影响及机理研究 [D]. 呼和浩特: 内蒙古农业大学, 2018.

[48] Margetin M, Oravcova M, Margetinova J, et al. Fatty acids in intramuscular fat of Ile de France lambs in two different production systems [J]. Archives Animal Breeding, 2018, 61 (4): 395-403.

[49] 张灿, 李鹤琼, 余忠祥, 等. 自然放牧方式下欧拉羊羊肉中矿物元素、脂肪酸及氨基酸含量分析 [J]. 中国畜牧杂志, 2019: 1-12.

[50] 袁倩, 王柏辉, 苏琳, 等. 两种饲养方式对苏尼特羊肉脂肪酸组成和脂肪代谢相关基因表达的影

响 [J]. 食品科学, 2019, 40 (9): 29-34.

[51] Fan Y X, Ren C F, Meng F X, et al. Effects of algae supplementation in high-energy dietary on fatty acid composition and the expression of genes involved in lipid metabolism in Hu sheep managed under intensive finishing system [J]. Meat Science, 2019, 157: 9.

[52] 侯川川, 马莲香, 邱家凌, 等. 饲粮类型对育肥湖羊肌肉脂肪酸和氨基酸组成的影响 [J]. 中国畜牧杂志, 2010: 1-11.

[53] Gomez-Cortes P, Galisteo O O, Ramirez C A, et al. Intramuscular fatty acid profile of feedlot lambs fed concentrates with alternative ingredients [J]. Animal Production Science, 2019, 59 (5): 914-920.

[54] 毛培春, 田小霞, 李杉杉, 等. 林间草地放牧对小尾寒羊屠宰性能、肉品质和营养成分的影响 [J]. 河南农业科学, 2017, 46 (10): 132-136, 142.

[55] Othman A, Goggin K A, Tahir N I, et al. Use of headspace-gas chromatography-ion mobility spectrometry to detect volatile fingerprints of palm fibre oil and sludge palm oil in samples of crude palm oil [J]. BMC Research Notes, 2019, 12 (229): (16 April 2019).

[56] Wang L, Lin C, Zhu T, et al. Identification and application of peanut oil adulterated with peanut oil essence by GC-MS [J]. China Oils and Fats, 2018, 43 (7): 141-144.

[57] Qi A, Zhou X, Lei C, et al. Construction of discriminant models for four edible animal oils based on gas chromatography-mass spectrometry with chemometrics [J]. Journal of Instrumental Analysis, 2018, 37 (8): 955-961.

[58] Chen T, Wu Z, Wang Z, et al. Identification of meat species by gas chromatography-ion mobility spectrometry and chemometrics [J]. Journal of Chinese Institute of Food Science and Technology, 2019, 19 (7): 221-226.

[59] Wang Q, Li L, Ding W, et al. Adulterant identification in mutton by electronic nose and gas chromatography-mass spectrometer [J]. Food Control, 2019, 98: 431-438.

[60] 王绪, 李璐, 王佳奕, 等. 电子鼻结合气相色谱-质谱法对宁夏小尾寒羊肉中鸭肉掺假的快速检测 [J]. 食品科学, 2017, 38 (20): 222-228.

[61] 李璐. 电子鼻结合 GC-MS 对羊肉掺假鸭肉的快速检测 [D]. 杨凌: 西北农林科技大学, 2016.

[62] 罗玉龙, 王柏辉, 赵丽华, 等. 苏尼特羊和小尾寒羊的屠宰性能、肉品质、脂肪酸和挥发性风味物质比较 [J]. 食品科学, 2018, 39 (8): 103-107.

[63] 马丽娜, 马青. 滩羊与小尾寒羊不同部位羊肉脂肪酸组成的对比分析 [J]. 畜牧与饲料科学, 2019, 40 (4): 1-6.

[64] 孙淑敏. 羊肉产地指纹图谱溯源技术研究 [D]. 杨凌: 西北农林科技大学, 2012.

[65] Qian L, Lu B, Wang Y, et al., Mineral analyzing technology based rice origin place identification method, involves analyzing characteristics of mineral content raw rice of different places, and identifying and testing raw rice of different places by determining module [J]. Univ Heilongjiang Bayi Agric (Uyon-C).

[66] Wu H, Tian L, Chen B, et al. Verification of imported red wine origin into China using multi isotope and elemental analyses [J]. Food Chemistry, 2019, 301.

[67] 郭波莉, 魏益民, 潘家荣, 等. 多元素分析判别牛肉产地来源研究 [J]. 中国农业科学, 2007 (12): 2842-2847.

[68] Hernandez O M, Fraga J M G, Jimenez A I, et al. Characterization of honey from the canary islands: Determination of the mineral content by atomic absorption spectrophotometry [J]. Food

Chemistry，2005，93（3）：449 – 458.

[69] Sun S M，Guo B L，Wei Y M，et al. Multi-element analysis for determining the geographical origin of mutton from different regions of China ［J］. Food Chemistry，2011，124（3）：1151 – 1156.

[70] 孙淑敏，郭波莉，魏益民，等 . 基于矿物元素指纹的羊肉产地溯源技术 ［J］. 农业工程学报，2012，28（17）：237 – 243.

[71] 刘美玲，郭军，高玎玲，等 . 内蒙古蒙古绵羊肉矿物质元素谱特征 ［J］. 肉类研究，2017，31（9）：25 – 31.

[72] 马梦斌 . 基于矿物质元素指纹特征的滩羊肉产地溯源方法研究 ［D］. 银川：宁夏大学，2019.

[73] Sun H，Fu X，Wang M，et al. Effect of feeding level of Suaeda glauca hay on mineral elements in muscle and organ tissues of lambs ［J］. Acta Prataculturae Sinica，2013，22（4）：346 – 350.

第四章 鸡肉溯源分析技术研究进展

4.1 引言

　　鸡肉肉质细腻、蛋白质含量比例较高、容易被人体吸收利用，有增强体力、强壮身体的作用，并且鸡肉中的磷酯类对人体生长发育有重要作用，是膳食结构中脂肪和磷脂的重要来源之一，深受消费者喜爱，是我国肉制品市场的第二大消费品，也是世界肉制品市场上的佼佼者[1]。自2008年以来，世界鸡肉消费需求及鸡肉产量均出现稳步上涨的态势。2019年我国鸡肉以1 380万t的产量超过巴西、欧盟位居世界第二位，仅次于美国。然而，国内食品生产经营者的法律意识和卫生意识还比较淡薄，农兽药、饲料添加剂滥用等现象十分普遍，导致鸡肉中药物与抗生素等有害物质残留严重[2]，例如有些地区消费者有消费"三黄鸡"的习惯，一些不法生产者为了迎合消费者的心理，就在饲料中超标添加色素添加剂，并且声称这种颜色鲜亮的产品是由饲料中的玉米引起的，导致消费者对食品质量失去了信心。我国于1996年在广东省首次发现高致病性禽流感病毒H5N1，并发现多种禽流感病毒变异；2013年，新型禽流感H7N9暴发，民众谈"鸡"色变，活禽交易市场被关闭，大量家禽遭到捕杀，经济损失惨重，对国内肉鸡产业的持续发展造成了障碍，自此食品安全这个世界性问题开始被国内民众所关注[3]。

　　保障肉鸡质量安全是一个烦琐而复杂的工程，因为影响鸡肉品质的因素有很多，首先品种是影响鸡肉品质的关键因素，品种不同，肉色、嫩度、氨基酸等的含量也不一样，并且随着肉鸡日龄的增长，鸡肉的品质也会有所变化[4]。饲料是影响鸡肉品质的最直接因素，日粮营养成分不仅影响鸡的生长，而且关系到胴体肉品质[5]。饲养方式不同，肉鸡的活动量也不一样，使得鸡肉的品质有很大的差异，自由放养的肉鸡品质比笼养的有所提高，主要体现在肌肉剪切力、肌肉系水力与肉色等，且自由放养的鸡肉粗蛋白含量要高于笼养，粗脂肪含量低于笼养与平养，人体必需氨基酸与鲜味氨基酸的含量要高于笼养养殖[6]。此外，环境因素、宰后处理等都会影响鸡肉的品质。产地溯源是安全追溯制度的重要组成部分，它能够在疫情发生时有效找到源头，为控制疫情传播、有效召回并销毁产品提供依据[7]。目前，应用于鸡肉产地溯源和真实性研究的技术主要有稳定同位素技术、DNA技术、光谱技术、矿物元素指纹图谱技术和脂肪酸分析技术、氨基酸分析技术。综述这些溯源技术在鸡肉产地溯源与真实性判别中的应用进展，为实现鸡肉质量安全追溯提供了一定的参考，有助于促进食品追溯制度的建立与完善，保证食品安全。

4.2 分析技术在鸡肉产地溯源与真实性研究中的进展

4.2.1 稳定同位素技术

　　通过对鸡肉、饲料和饮水中δ^{13}C、δ^{15}N、δ^{34}S、δ^{18}O和δD值的测定，可以实现对肉

鸡产地的追溯。孙丰梅[8]等应用稳定同位素技术测定了来自山东、北京、广东、湖南的4个省份的鸡肉样品中粗蛋白、饲料和当地饮水中的$\delta^{13}C$、$\delta^{15}N$、δD和$\delta^{34}S$值，结果表明，这四种稳定同位素比值在不同地区的鸡肉中均有显著差异，对鸡肉样品产地鉴别率可以达到100%。由于动物体内的稳定同位素受多方面的影响，单一使用稳定同位素技术或许不能获得理想的结果，需要结合其他技术进行分析。Zhao[9]等测定了黑龙江、山西、江西和福建的鸡肉样品中$\delta^{13}C$、$\delta^{15}N$值以及12种矿物质元素（Na、Mg、K、Ca、Al、Ti、Fe、Cu、Zn、Se、Rb和Ba）含量，结果表明，样品中$\delta^{13}C$、$\delta^{15}N$均有显著性差异，稳定同位素结合矿物质元素进行分析，判别率得到显著提升，原始正确率100%，交叉验证率100%（详见本章典型案例一）。Rees[10]等测定了5个国家（中国、巴西、智利、泰国、阿根廷）鸡肉样品中$\delta^{13}C$、$\delta^{15}N$、δD值和18个矿物元素含量，通过化学计量学分析对88.3%的鸡肉来源进行了正确判别。同时，鸡肉碳稳定同位素比值可以表明饲料中玉米成分的含量，这可以用来区分以玉米为主要饲料的南美、泰国和中国等地家禽。Pelicia[11]等将600只1日龄肉鸡分为6组，分别在7、14、21、28、35d进行测定不同生长阶段的胸肌、胸骨、胫骨、腿部肌肉、肠黏膜、血液、血浆和羽毛样本中$\delta^{13}C$值，实验结果表明，除胫骨和血液外，其他组织在第一周代谢率较高，年轻动物的组织代谢速度更快，随着肉鸡年龄增长，新陈代谢也会减慢；胸骨、胫骨和羽毛的代谢率随年龄增长而降低；血浆和肠黏膜的代谢率在所有测定期相对较高，我们在采用稳定同位素追溯鸡肉产地时，要考虑到这些影响因素。稳定同位素比值还可以用于品种的鉴别。王耀球[12]等分析了清远地区4种不同品种鸡的鸡胸、鸡翅和鸡腿中$\delta^{13}C$、$\delta^{15}N$值的差异，测定结果表明，清远阳山鸡3个部位中$\delta^{13}C$、$\delta^{15}N$值都是最高的，说明此方法对小范围内鸡肉品种的鉴定具有一定的作用。

对鸡肉稳定同位素的研究还集中于饲料类型的确定。王慧文[13]等通过分析鸡肉中$\delta^{13}C$和δD值、饲料中$\delta^{13}C$值、水中$\delta^{18}O$值，发现鸡肉与饲料中$\delta^{13}C$呈正相关，鸡肉中δD与饮水中$\delta^{18}O$呈正相关。欧盟委员会第1906/90号法规（EEC）规定，在大多数育肥期内，标记为玉米饲料的家禽必须食用至少含有50%（wt/wt）玉米的饲料。玉米作为C_4植物，其$\delta^{13}C$比值高于C_3植物，因此，如果将玉米添加到家禽饲料中，则会导致鸡组织中^{13}C含量的增加。王慧文[14]等通过严格控制日粮中玉米的比例，研究了鸡饲料中玉米的比例对其体内碳和氮稳定同位素组成的影响，发现鸡肉中$\delta^{13}C$值与日粮中玉米的比例高度相关，然而$\delta^{15}N$值则相关性不大。Rhodes[15]等的研究也发现碳稳定同位素可用于区分玉米饲养的鸡肉和非玉米饲养的鸡肉，鸡的脂肪和蛋白质中碳同位素比值随日粮中玉米添加量的增加呈线性变化，蛋白质中$\delta^{13}C$值表明，非玉米日粮鸡中$\delta^{13}C$值平均为-24.68‰，玉米日粮鸡中$\delta^{13}C$值平均为-20.67‰。玉米饲养的鸡肉中^{13}C含量较多，并且是恒定的，可以作为鸡的饲料状况指标。

关于鸡的饲料类型中稳定同位素的研究，另一个重要领域是饲料中动物副产品成分。牛肉骨粉广泛应用于动物饲料中，直到一些国家爆发牛海绵状脑病。碳、氮同位素比值可作为肉仔鸡日粮中动物副产物含量的分析工具。当饲料中牛肉骨粉的比例从0%增加到8%时，碳稳定同位素比值从-18.74‰增加到-17.15‰，氮同位素比值从1.65‰增加到2.52‰，因此可以通过稳定同位素比值分析在肉鸡日粮中可以追踪牛肉骨粉[16]。欧盟实施追溯系统，禁止进口来自同一物种动物的副产品，例如在鸡饲料中添加家禽内脏粉。Oliveira[17]等使用不同组织的碳、氮同位素比值追踪了家禽内脏粉在日粮中的含量，结果表明，^{13}C 和 ^{15}N 的富集程度随家禽内脏粉含量的增加而增加，4％家禽内脏粉及以上水平包合物处理的龙骨和胫骨中 $\delta^{13}C$ 和 $\delta^{15}N$ 值与对照组不同。碳氮稳定同位素比值的使用是肉仔鸡日粮中微量有机质包合物的一种替代方法，因为它能够追踪低于巴西家禽业通常采用的家禽内脏粉水平。通过对碳氮稳定同位素的分析，当家禽内脏粉占整个饲养阶段的一部分时，或当它替代严格的蔬菜饮食（甚至长达35d）时，可以追踪家禽内脏粉在肉鸡饲养中的使用[18]。

　　谷仓饲养鸡和自由放养鸡组织的 $\delta^{13}C$ 和 $\delta^{15}N$ 比值可以反映与饲养方式密切相关的日粮差异，对饲喂玉米大豆日粮、磨碎玉米日粮的谷仓饲养鸡和120d自由放养鸡进行研究，发现玉米大豆日粮饲喂的谷仓饲养鸡的 $\delta^{13}C$ 和 $\delta^{15}N$ 值不随年龄变化，其稳定同位素组成反映了其日粮组成，磨碎玉米日粮饲喂的谷仓饲养鸡和自由放养的鸡 $\delta^{13}C$ 和 $\delta^{15}N$ 值随年龄变化而变化，反映出 C_4 的优势，自由放养鸡中 $\delta^{15}N$ 值显著高于谷仓饲养鸡，可能是由于摄入了动物蛋白，这是可用于区分两组的主要差异[19]。为了探讨有机鸡肉和常规鸡肉的差异，Lv[20]等对北京常规农场、北京有机农场、吉林有机农场3个鸡场的鸡肉进行了碳氮稳定同位素比值和12种矿质元素（Na、Mg、K、Ca、V、Fe、Co、Ni、Cu、Rb、Ba、Pb）含量测定，有机组的脱脂鸡肉中碳氮稳定同位素比值高于常规组，北京有机鸡肉中碳氮稳定同位素比值低于吉林有机鸡肉；除 Mg 外，脱脂鸡肉中矿物元素含量差异显著（$p < 0.05$）；对稳定同位素比值和多元素分析数据进行主成分分析（PCA），可以对有机组和常规组进行清晰的分类，因此，碳氮稳定同位素与矿物元素的结合，不仅可以提高有机鸡的识别率，而且可以区分不同产地的有机鸡（详见本章典型案例二）。林涛[21]等探究了鸡中铅同位素与相关元素在有机养殖和常规养殖中的差异性，以探讨有机鸡样品溯源的可能性，相同品种的鸡分别采用有机养殖和常规养殖2种不同的饲养方式，利用电感耦合等离子体质谱分别对有机鸡和普通鸡样品中铅同位素比值和相关元素含量进行测定，方差分析结果表明，铅同位素比值 $^{204}Pb/^{206}Pb$ 和 P、Zn、Fe、Mn、Mg、Ca、Cu、Na、K 元素含量具有显著性差异；通过判别分析所得模型的初始分组正确率为100.0％，交叉验证正确率为90.0％，利用铅同位素比值（$^{204}Pb/^{206}Pb$）、相关元素（P、Zn、Fe、Mn、Mg、Ca、Cu、Na、K）含量能够对有机鸡进行有效溯源识别，研究结果可为有机鸡的鉴别提供新的方法。

　　稳定同位素技术具有区分鸡肉地理来源及饲养方式的重要作用。在测定鸡肉稳定同位素比值时，要尽量取相同部位的鸡肉，因为稳定同位素比值会受取样部位代谢速度的影响，而目前对同位素在肉鸡体内的分馏效应的机理了解不够深入。此外，动物年龄、品种等对利用稳定同位素技术溯源鸡肉产地也有一定的影响。在今后的研究中，要考虑到多种因素存在的情况，还可以辅助其他溯源手段，例如矿物元素指纹图谱技术，提高鸡肉产地溯源的判别率，达到准确判别的效果。有关稳定同位素技术应用于鸡肉产地溯源和真实性研究的总结见表4-1。

表 4-1　稳定同位素技术应用于鸡肉产地溯源和真实性研究总结

研究内容	指标	产地/品种	时间	文献
产地溯源	$\delta^{13}C$、$\delta^{15}N$、δD、$\delta^{34}S$	中国	2008	[8]
产地溯源	$\delta^{13}C$、$\delta^{15}N$、矿物元素含量	中国	2016	[9]
产地溯源	$\delta^{13}C$、$\delta^{15}N$、δD、矿物元素含量	中国、巴西、智利、泰国、阿根廷	2016	[10]
品种鉴别	$\delta^{13}C$、$\delta^{15}N$	清远阳山鸡、周心鸡、三黄鸡、麻鸡	2008	[12]
饲料类型	$\delta^{13}C$、$\delta^{15}N$、δD、$\delta^{18}O$	中国	2008	[13]
饲料类型	$\delta^{13}C$、$\delta^{15}N$	中国	2009	[14]
饲料类型	$\delta^{13}C$	英国	2010	[15]
饲料类型	$\delta^{13}C$、$\delta^{15}N$	巴西	2007	[16]
饲料类型	$\delta^{13}C$、$\delta^{15}N$	巴西	2010	[17]
饲料类型	$\delta^{13}C$、$\delta^{15}N$	巴西	2012	[18]
饲料类型、饲养方式	$\delta^{13}C$、$\delta^{15}N$	巴西	2012	[19]
饲养方式、产地溯源	$\delta^{13}C$、$\delta^{15}N$、矿物元素含量	中国	2017	[20]
饲养方式	$^{204}Pb/^{206}Pb$、矿物元素含量	中国	2018	[21]

4.2.2　DNA 分析技术

　　DNA 技术因其灵敏度高、特异性强、成本低等优点而受到人们的广泛关注。其中 PCR 是目前最成熟的分子技术，用于肉制品物种鉴定。在 PCR 方法对肉质源性的鉴定中，大多数研究都针对猪、牛、羊肉之间的鉴别，而对禽肉中鸡、鸭等的鉴别研究较少。段庆梓[22]等在 Cyt-b（细胞色素 b）基因序列上确定了鸡肉和鸭肉的特异性引物，并进行了相应引物比例的 PCR 扩增，能够同时扩增样品中所含的鸡肉和鸭肉成分，可检测出混合样品中鸡、鸭肉的比例最低为 10%。Li[23]等将物种扩大到了 4 种，设计了鸡、鸭、火鸡、鸵鸟的 PCR 特异性寡核苷酸引物，通过序列比较，根据线粒体细胞色素基因的核苷酸变异，产生种特异性引物序列，火鸡、鸵鸟、鸡、鸭的 PCR 扩增产物大小为 217、330、516 和 820bp，通过调整 PCR 条件和引物浓度，成功地对 4 种禽肉进行了同时鉴定，为禽肉制品的检测提供了有效的手段。张晶鑫[24]等以线粒体 16S rRNA 基因序列为靶位点设计鸡、鸽、鹌鹑特异性引物，以常见畜禽肉（包括羊肉、牛肉、猪肉、兔肉、鸽肉、鹌鹑肉、鸡肉、鸭肉、鹅肉等）DNA 为模板，进行 PCR 扩增和特异性检测，结果表明，筛选的引物能够有效地对动物源性成分进行检测，方便简洁，可快速鉴别畜禽肉食品中含有的鸡源性、鸽源性、鹌鹑源性成分。PCR 技术不仅可以对物种进行定性分析，而且也可以用于不同物种成分的量化分析。胡智恺[25]等对样品中牛源性成分和鸡源性成分的量化分析，通过应用荧光实时定量 PCR 方法对四种不同掺混比例的牛鸡瘦肉混合样本中牛源性成分和鸡源性成分所占的质量百分比进行分析，对照检测结果与理论值发现，检测值与理论值之间的绝对误差可以控制在 5% 以内，量化研究结果基本准确。环介导等温扩增（LAMP）是一种新型核酸扩增技术，其灵敏度高、特异性强、操作简单，也被应用于肉源性检测。2010 年，Ahmed[26]等使用 LAMP 和 DEP（disposable electrochemical printed，DEP）芯片快速鉴别了加工猪肉、鸡肉和牛肉中肉源性。2014 年，Cho[27]等设计了 LAMP 引物组，并根据退火曲线分析产生的独特退火温度区分靶基因，对 8 种肉类（牛、猪、马、山羊、绵羊、鸡、鸭和火鸡）进行物种鉴别，结果发现每个物种都有自己独特的退火温度。

AFLP 标记（扩增片段长度多态性）可以通过选用少量效率高的引物组合，在较短的时间内获得覆盖全基因组的 AFLP 标记，不受组织和器官种类、发育阶段、环境条件等诸多因素的影响，特别适用于种质资源的遗传多样性分析[28]。胡小芬[29]等利用 15 对 AFLP 引物组合，检测了江西 8 个地方鸡种、1 个培育品种和 1 个以色列隐性白羽鸡种 DNA 的遗传变异，计算了 10 个鸡种的遗传相似系数，8 个江西地方鸡种及培育鸡种景德黄鸡聚成一大类，以色列隐性白羽鸡另聚成一类，实验结果表明，江西省地方鸡种和引进品种之间的亲缘关系较远，形态学相似和地理分布相近的地方鸡种亲缘关系最近。高玉时[30]等利用 6 对 AFLP 引物组合对我国 12 个地方鸡种和引进鸡种隐性白羽鸡进行了遗传检测，统计了每个引物组合在各个品种中检测到的多态性条带和特异性条带，计算了 13 个鸡种的遗传相似系数和遗传距离，并据此构建了 UPGMA 聚类关系图，分析了所研究鸡种的遗传关系，结果表明，鸡种间的遗传相似系数及聚类结果与各个鸡种的地理分布、现实状况相吻合，从而表明 AFLP 指纹用于我国地方鸡种的遗传多态性分析、品种鉴定及品种间亲缘关系分析是可行的。

在基因组中平均每 10~30 kb 就存在一个微卫星位点，微卫星标记（SSR）适合于个体识别、结构、亲缘关系等方面的研究[31]。吴信生[32]采用 29 个微卫星标记分析了 12 个地方鸡品种等位基因频率、基因杂合度、平均基因杂合度、多态信息含量和群体间的亲缘关系，有的微卫星等位基因只在某个地方鸡品种中检测到，如 MCW248 微卫星座位上的 217 bp 只出现在丝羽乌骨鸡，MCW183 微卫星座位上的 310 bp 为藏鸡所独有，这些等位基因可能是相应地方鸡品种的特征性等位基因，为我国地方鸡品种资源的评价、保护和利用提供了理论依据；研究还发现我国 12 个地方鸡品种有 59 个基因是欧洲鸡种（系）所没有的，其中在 LE1234 微卫星座位上就有 17 个基因，表明我国地方鸡品种与欧洲鸡种（系）在遗传基础上存在一定的差异，可以利用这种差异对不同品种的鸡肉进行溯源。微卫星可有效地进行基因鉴定与系谱分析，并可估算群体间的遗传距离，从基因上区分不同的品种，在山东[33]、贵州[34]、重庆[35]、广西[36]等地的地方鸡品种的遗传多样性分析中都有应用。Sartore[37]等采用 19 个微卫星标记分析了意大利皮埃蒙特两个地方品种鸡 Bionda Piemontese 和 Bianca di Saluzzo 的遗传变异，并将它们与一些商业品系进行比较，结果发现，这两个品种具有遗传独特性，且能和商业品系区分开。因此，微卫星分析是一个可靠的追踪工具。

目前，DNA 技术鉴别禽肉类依旧以 PCR 为主，因为 PCR 技术可以实现基因水平上对动物源性成分的定量分析，但是只能局限于实验室中，无法满足市场上快速、简便鉴别的要求。LAMP 技术是一门新兴的分子生物学检测技术，操作简单、快速省时，但其原理复杂、实验设计要求高、引物设计复杂、扩增的靶序列长度需控制在 300 bp 以下。AFLP 具有高度可靠性和操作简便性，但是对模板反应表现迟钝、谱带可能发生错配与缺失、成本相对较高。微卫星 DNA 数量多，具有丰富的多态性，检测容易、准确性高，主要用于从基因上鉴别鸡肉的品种及地理分布，但是非损伤性获取样品进行检测存在一定的困难，引物扩增可能出现无效等位基因，导致结果无法使用等，以上特点需要实验人员应用这些技术时多加注意。有关 DNA 技术应用于鸡肉产地溯源和真实性研究的总结见表 4-2。

表 4-2　DNA 技术应用于鸡肉产地溯源和真实性研究总结

研究内容	方法	物种/产地/品种	时间	文献
物种鉴别	多重 PCR	鸡、鸭	2014	[22]
物种鉴别	PCR	鸡、鸭、火鸡、鸵鸟	2015	[23]
物种鉴别	PCR	鸽、鹌鹑、鸡	2016	[24]
物种鉴别	多重实时 PCR	牛、鸡、猪	2019	[38]
物种鉴别	荧光实时定量 PCR	牛、鸡	2015	[25]
物种鉴别	LAMP 和 DEP 芯片	猪、鸡、牛	2010	[26]
物种鉴别	LAMP	牛、猪、马、山羊、绵羊、鸡、鸭、火鸡	2014	[27]
品种鉴别	AFLP	8 个江西地方鸡种、1 个培育品种、以色列法国隐性白羽鸡	2004	[29]
品种鉴别	AFLP	中国 12 个地方鸡种、法国隐性白羽鸡	2007	[30]
品种鉴别	SSR	中国 12 个地方鸡种	2004	[32]
品种鉴别	SSR	5 个山东地方鸡种、1 个外来鸡种（安卡黄鸡）和 1 个外省地方鸡种（广西黄鸡）	2003	[33]
品种鉴别	SSR	12 个贵州地方鸡种、1 个引入鸡种	2006	[34]
品种鉴别	SSR	3 个重庆地方鸡种	2012	[35]
品种鉴别	SSR	9 个广西地方鸡品种	2019	[36]
品种鉴别	SSR	意大利两个地方品种鸡 Bionda Piemontese、Bianca di Saluzzo 和一些商业品系	2014	[37]

4.2.3　氨基酸与脂肪酸分析技术

氨基酸分析主要是用于测定鸡肉中蛋白质、肽及氨基酸组成或含量，从而对鸡的不同品种[39,40]及饲养方式[41]进行区分。杨娴婧[42]等测定了玫瑰冠鸡、良凤黄鸡和科宝肉鸡的胸肌和腿肌中的氨基酸，在相同组织、相同性别的前提下，无论是氨基酸总量还是必需氨基酸含量，地方鸡种玫瑰冠鸡、良凤黄鸡均高于商品鸡种科宝肉鸡；研究还表明，玫瑰冠鸡、科宝肉鸡的氨基酸总量、必需氨基酸含量均为母鸡高于公鸡；良凤黄鸡胸肌中氨基酸总量、必需氨基酸含量均为母鸡高于公鸡，但其腿肌中的氨基酸总量、必需氨基酸含量均为母鸡低于公鸡，性别对氨基酸总量和必需氨基酸含量的影响目前还未得到统一的结论，其可能与鸡的品种、年龄、遗传背景以及公母鸡本身代谢强度差异有关。左丽娟[43]等对枸杞园放养乌骨鸡和饲料笼养乌骨鸡的含量进行了测定分析，研究发现放养乌骨鸡鸡肉中除蛋氨酸、胱氨酸和脯氨酸外，其他氨基酸含量均高于饲料组，且放养乌骨鸡肉中必需氨基酸评分也更接近联合国粮农组织提出的理想模式。不同产地对鸡肉氨基酸含量也有显著影响。黄岛平[44]等通过 L-8800 型全自动氨基酸分析仪测定 12 批不同产地红毛鸡总氨基酸的含量，发现不同产地的红毛鸡均含有丰富的氨基酸，具有较高的药用价值，但含量随产地不同而异。

鸡肉脂肪酸的组成受日粮的营养水平及脂肪酸组成影响很大。夏中生[45]等对广西黄鸡分别饲喂五种含不同油脂的日粮发现，肌肉组织脂肪酸的组成充分反映了饲粮油脂的脂肪酸组成，通过在饲粮中添加不同油脂可产生富含特定长链不饱和脂肪酸的鸡肉。张辉[46]等报道，日粮中添加3％的植物油，鸡肉中的亚油酸和亚麻酸的含量都会明显提高。鸡肝和脂肪组织中$\omega-3$多不饱和脂肪酸相对百分含量随着饲粮中花粉添加量的增加而增加[47]。国内很多学者采用气相色谱技术测定了鸡肉的脂肪酸组成与含量，测定结果并不一致，但都认为品种间大部分脂肪酸的含量有显著性差异。申杰[48]等分析了湖北两个地方鸡品种洪山鸡、江汉鸡与科宝500白羽肉鸡胸肌脂肪酸含量，地方鸡多不饱和脂肪酸和必需脂肪酸含量显著高于科宝500白羽肉鸡，表明地方鸡具有更为优良的肉质风味。

氨基酸和脂肪酸作为常用的鸡肉品种鉴别指标，经常被一起测定。肖千钧[49]等分别测定了永兴黄鸡、长沙黄鸡、雪峰乌骨鸡、海佩科鸡及其杂种胸肌中氨基酸、脂肪酸含量及肌纤维特性，研究发现，各鸡种在胸肌氨基酸、脂肪酸和胸肌纤维直径方面均存在不同程度的差异，尤其以谷氨酸、亚油酸、亚麻油酸含量在不同鸡种间差异较大。李建军[50]等对石岐黄鸡和AA肉鸡的游离氨基酸和脂肪酸进行测定，证实石岐黄鸡所有游离氨基酸及总游离氨基酸含量均显著低于AA肉鸡，石岐黄鸡中多数脂肪酸含量、总不饱和脂肪酸的含量及总不饱和脂肪酸比例均显著高于AA肉鸡，特别是对肉鸡风味形成具有重要作用的C18：2和C20：3不饱和脂肪酸。巨晓军[51]等分别选取同日龄、同饲养条件下的快大型鸡（隐性白羽肉鸡、安卡鸡）和地方品种鸡（文昌鸡、北京油鸡、清远麻鸡）作为研究素材，比较了不同品种肉鸡氨基酸和脂肪酸含量的差异，研究表明，清远麻鸡的必需氨基酸、非必需氨基酸、鲜味氨基酸、甜味氨基酸、总氨基酸含量均显著高于其他品种；隐性白羽肉鸡、安卡鸡的饱和脂肪酸含量显著高于其他品种；选取9和17周龄的隐性白羽肉鸡研究了不同饲养周期对氨基酸和脂肪酸含量的影响，发现隐性白羽肉鸡9周龄胸肌的非必需氨基酸、鲜味氨基酸、饱和脂肪酸、必需脂肪酸含量显著高于17周龄，因此，不同品种肉鸡的脂肪酸、氨基酸含量差异较大，并且在研究不同品种氨基酸、脂肪酸含量差异时，要考虑到饲养周期的影响。

有机成分分析技术能够快速、准确地对鸡肉进行产地溯源、品种鉴别。但是鸡肉中的氨基酸和脂肪酸组成和含量不仅受饲料和基因的影响，还与动物的品种、性别和饲养周期有关，致使利用有机成分进行鸡肉产地溯源和真实性研究时具有一定的难度和缺陷。此外，动物有机成分组成和含量受加工工艺和贮存条件等因素影响较大，致使它们对地域的判别效果不明显[52]。因此，利用有机成分分析进行动物源性食品产地溯源时，需要考虑多种因素。有关氨基酸与脂肪酸分析技术应用于鸡肉产地溯源和真实性研究的总结见表4-3。

表4-3　氨基酸与脂肪酸分析技术应用于鸡肉产地溯源和真实性研究总结

研究内容	指标	方法	产地/品种	时间	文献
品种鉴别	氨基酸	分光光度法	9个江西地方品种、以色列隐性白羽鸡	2001	[39]
品种鉴别	氨基酸	氨基酸分析仪	青爪乌鸡、珍珠鸡、贵妃鸡、大白鸡、黄麻鸡	2019	[40]

（续）

研究内容	指标	方法	产地/品种	时间	文献
品种鉴别	氨基酸	氨基酸分析仪	玫瑰冠鸡、良凤黄鸡、科宝肉鸡	2018	[42]
饲养方式	氨基酸	氨基酸分析仪	中国	2018	[41]
饲养方式	氨基酸	氨基酸分析仪、荧光分光光度法	中国	2009	[43]
产地溯源	氨基酸	氨基酸分析仪	中国	2012	[44]
饲料类型	脂肪酸	气相色谱法	中国	2003	[45]
饲料类型	脂肪酸	气相色谱法	中国	2004	[46]
饲料类型	脂肪酸	气相色谱法	中国	2014	[47]
品种鉴别	脂肪酸	气相色谱法	洪山鸡、江汉鸡、科宝 500 白羽肉	2014	[48]
品种鉴别	氨基酸、脂肪酸	气相色谱法	永兴黄鸡、长沙黄鸡、雪峰乌骨鸡、海佩科鸡、引进鸡种海佩科及其杂种	2001	[49]
品种鉴别	氨基酸、脂肪酸	气相色谱法	石岐黄鸡、AA 肉鸡	2003	[50]
品种鉴别	氨基酸、脂肪酸	高效液相色谱法、高效气相色谱法	隐性白羽肉鸡、安卡鸡、文昌鸡、北京油鸡、清远麻鸡	2018	[51]

4.2.4 矿物元素指纹图谱技术

矿物元素是基体的基本组成成分，动物自身不能合成，须从环境中摄取，因此肉鸡体内的矿物元素受土壤、水和空气等环境因素的影响，且与饲料和自身代谢密切相关，是一种有效的产地溯源指标。Franke[53]等对来自瑞士、法国、德国、匈牙利、巴西和泰国的25 个鸡胸肉样本中 72 种元素进行分析，结果表明，不同产地鸡胸肉中砷、钠、铷、铊含量有显著差异，其中砷和铊含量差异极显著（$p < 0.01$），泰国鸡胸肉中的砷含量最高，因为泰国一些地区的饮用水砷含量高于世界卫生组织规定的砷污染标准 0.01mg/L，并且泰国属于沿海国家，鱼粉是家禽日粮的常见组成部分，而海鱼中砷的浓度很高；法国鸡肉中铊含量显著高于其他三个国家鸡肉，法国一些原油中也显示出相对较高的铊含量，与豆制品不同，油菜作为法国的主要油料作物，出口的程度更低，在肉鸡的饲料中经常出现，使得鸡肉中慢慢积累铊，饲料的这种差异在肉类中得到反映。

矿物元素指纹图谱技术还可以对不同品种的肉鸡进行区分。尚柯[54]等研究泰和乌鸡、杂交乌鸡和市售白羽肉鸡中 11 种微量矿物质元素的含量，发现泰和乌鸡和杂交乌鸡肌肉中铁、铜、铬、硒元素的含量均高于白羽肉鸡，且有显著差异。白婷[55]等利用 15 种微量元素指纹图谱区分国家地理标志产品黑水凤尾鸡与市售白羽肉鸡，Mn、Sr、Mo、Cs、Ag 含量存在显著性差异，凤尾鸡中 Mn、Sr、Ag 含量显著高于白羽肉鸡，而凤尾鸡中 Mo、Cs 含量则低于白羽肉鸡，其中 Mn、Mo、Cs 这三种元素可将两个品种 100% 区分开。余成蛟[56]等研究了青脚麻鸡、北京油鸡、380 肉杂鸡、广西窑鸡样品中 Cu、Fe、Zn、Mn 四种微量元素含量，4 个品种中 Cu 含量差异显著，Cu 在青脚麻鸡中的含量最高；Mn 元素在广西窑鸡中含量最高，显著高于其他 3 个品种；Fe 和 Zn 含量差异均不显著。同时还发现 Fe 在不同部位肉样中含量差异显著，Cu、Zn 和 Mn 在不同部位肉样中含量差异不显著。所以在利用微量元素指纹图谱溯源鸡肉时，也应注意取样部位的影响。

放养鸡体内微量元素的含量受到地理环境、土壤及植物等影响，而笼养鸡的饲料中由于添加了矿物元素，鸡肉中的矿物元素含量明显高于放养鸡体内微量元素的含量，因此可以利用矿物元素指纹图谱技术区分不同饲养方式下的鸡肉。陈铁桥[57]等用火焰原子吸收分光光度法研究了不同饲养条件下海兰蛋鸡的肉、心、肝和蛋中 11 种矿物元素含量，结果表明笼养蛋鸡的蛋清、蛋黄中的 Ca、P 含量明显高于自由放养蛋鸡，笼养蛋鸡的鸡肉、鸡心、鸡肝及鸡蛋中微量元素含量也明显高于放养蛋鸡。根据以上分析，单纯就微量元素而言，笼养鸡或规模化养鸡场的鸡和鸡蛋要比自由放养或农户散养的鸡和鸡蛋营养价值高，更能满足人体内微量营养素的需要，对提高人体的免疫力、增强体质具有很好的保健作用。

我国利用矿物元素指纹图谱技术对鸡肉产地溯源的研究尚处于初级阶段，鸡肉的特征矿物元素数据库尚未建立。鸡肉中矿物元素含量受多种因素的影响，使鸡肉的产地溯源较为复杂。譬如在饲养过程中，主要食用混合饲料，且每批饲料的来源不确定，影响了对鸡肉产地的判别[58]。并且有些污染元素如镉、铅、锌等只在肾脏、肝脏等器官中累积，而在肌肉中累积较少，因此在取样时，要注意部位的选择[59]。随着矿物元素指纹图谱技术在鸡肉产地及真实性研究中的应用日益增加，矿物元素指纹图谱技术的应用前景将更加广阔。有关矿物元素指纹图谱技术应用于鸡肉产地溯源和真实性的研究总结见表 4-4。

表 4-4 矿物元素指纹图谱技术应用于鸡肉产地溯源和真实性研究总结

研究内容	方　法	产地/品种	时间	文献
产地溯源	电感耦合等离子体高分辨质谱法	瑞士、法国、德国、匈牙利、巴西、泰国	2007	[53]
品种鉴别	电感耦合等离子体质谱法	泰和乌鸡、杂交乌鸡、白羽肉鸡	2017	[54]
品种鉴别	电感耦合等离子体质谱法、电感耦合等离子体发射光谱法	黑水凤尾鸡、白羽肉鸡	2018	[55]
品种鉴别	原子荧光光谱法、原子吸收光谱法	青脚麻鸡、北京油鸡、380 肉杂鸡、广西窑鸡	2018	[56]
品种鉴别	电感耦合等离子体发射光谱法	肖山鸡、白耳鸡、狼山鸡、乌骨鸡、油鸡、白羽鸡（♂）×肖山鸡（♀）、肖山鸡（♂）×白耳鸡（♀）	1998	[60]
饲养方式	火焰原子吸收分光光度法	中国	2010	[57]

4.2.5　光谱技术

光谱分析快速、低廉、对样品没有破坏性，经常被用于肉制品的掺假和溯源研究中。光谱技术中，近红外光谱分析技术是近年来发展起来的新型定性、定量的分析技术。肉鸡饲养过程中，生长环境、饲料种类和喂养方式等均会影响鸡肉中的脂肪含量、脂肪酸的组成、肌肉的结构、蛋白质的组成与含量，这些差异会在近红外光谱图中反映出来，因此利用近红外光谱技术可以溯源不同产地的鸡肉。史岩[61]等采用近红外光谱技术对辽宁大连、河北遵化、潍坊坊子、潍坊昌邑、潍坊诸城 5 个产地的 100 个鸡肉样本进行扫描，对这些样本的近红外光谱进行主成分分析、聚类分析，建立了鸡肉产地溯源的定性判别模型，经二阶求导和矢量归一化预处理后，5 个地区鸡肉的近红外光谱图有显著差异，鸡肉样本的主成分空间分布位于不同的区域，聚类分析树状图中不同产地也各自聚为一类，利用来自 5 个产区的 30 个独立样本对模型进行验证，识别率和拒绝率均为 100%，此结果表明近红外光谱分析技术可准确、快速追溯鸡肉的产地来源。近红外技术不仅可以成功对生鸡肉进行产地溯源，对加工后的熟鸡肉也可以溯源。孙潇[62]等选择来自昌邑新昌、牟平仙坛、莱阳春雪、亚太中慧四个产地的 180 只同鸡龄同部位鸡肉样本，分别采用蒸、煮、微波三种方式加工后，经预处理粉碎过筛，利用近红外光谱技术对鸡肉样本进行近红外扫描，并对近红外光谱进行聚类分析、主成分分析，针对三种加工方式分别建立鸡肉产地溯源的定性判别模型，以探究加工后鸡肉产地溯源的可行性，原始光谱经二阶求导和矢量归一化预处理后，鸡肉经加工处理后，仍能够通过聚类分析法提取有效光谱信息，将不同产地鸡肉区分开，判别正确率均高于90%，鸡肉样本的主成分空间分布位于不同的区域，利用四个产区的独立样本经相同处理后对模型进行验证，识别正确率可达 90%～95%，可见近红外光谱分析技术对加工鸡肉制品的产地溯源具有可行性。

近红外技术还可以对不同物种肉和不同品种鸡肉进行鉴别，研究人员调研了鸡肉掺入其他类肉品中鉴别的可能性。Cozzolino[63]等采集了 400～2 500nm 波段下均质后不同动物来源肉品样本（46 个鸡肉、100 个牛肉、44 个猪肉、140 个羊肉）的光谱数据，采用主成分分析结合 PLSR 建立定性判别模型，结果显示整体判别正确率高于 85%。类似的，Alfar[64]等研究了 900～1 500nm 波段下近红外光谱数据结合 SVM 分类算法对于猪、牛、鸡肉样品的鉴别，总体预测集准确率达到了 86.67%。可以看出，近红外技术在动物来源肉类辨别方面取得了很好的判别效果，结果令人满意。为了检测鸡肉中是否有不同品种偷梁换柱、以次充好的现象存在，向灵孜[65]等利用近红外技术结合聚类分析技术对土鸡和肉鸡进行判别，模型预测判别准确率达 100%。龚艳[66]等研究了近红外技术鉴别 AA 肉鸡、京海黄鸡和狼山鸡的可行性，验证集准确率可达 97.7%。

高光谱成像技术融合了光谱与图像两种信息，可对样本形态结构及化学成分进行同步检测，能够实现肉类差异的准确识别，为不同饲养方式下鸡肉种类识别提供参考。杨晓忱[67]等以宁夏地区杂交肉用型红羽鸡为研究对象，利用高光谱成像技术在 400～1 700nm 波段及 900～1 700nm 波段分别对散养、笼养及平养 3 种不同饲喂方式的鸡肉进行分类识别，选择（MSC-SG）-PCA-LDA 方法分别对 3 种不同饲养方式鸡肉进行分析，分类准确率达到 96.88% 及 99.08%。

近红外技术作为快速、无损、实时、环保的一项极具潜力的检测技术，在鸡肉品质方面研究多数取得了可接受的检测结果。但由于不同研究鸡肉品种、类型（整肉、碎肉、均质肉）实验条件等的不同，以及光谱采集有限区域是否能够代表鸡肉品质等问题的影响，不同研究成果的结果差异还较大[68]。近红外技术与高光谱等技术进行集成分析，通过结合光谱及图像数据提升判别的准确率是光谱技术在肉制品溯源及掺假研究中的趋势。有关光谱技术应用于鸡肉产地溯源和真实性研究的总结见表 4 − 5。

表 4 − 5　光谱技术应用于鸡肉产地溯源和真实性研究总结

研究内容	方法	产地/物种/品种	波长范围（nm）	时间	文献
产地溯源	近红外	中国	780～2 500	2014	[61]
产地溯源	近红外	中国	1 428～2 500	2015	[62]
物种鉴别	近红外	鸡、牛、猪、羊	400～2 500	2004	[63]
物种鉴别	近红外	猪、牛、鸡	900～1 500	2016	[64]
品种鉴别	近红外	肉鸡、土鸡	850～1 050	2014	[65]
品种鉴别	近红外	AA 肉鸡、京海黄鸡、狼山鸡	1 000～1 500	2015	[66]
饲养方式	高光谱	中国	400～1 700	2015	[67]

4.3　研究趋势

应用溯源技术对鸡肉的来源追踪研究并不是很多。以"鸡肉"和"溯源"为关键词进行国内外文献的搜索，如图 4 − 1 所示，2000 年以前，对鸡肉的溯源研究几乎没有，2000 年以后，随着各种禽流感的暴发，消费者意识到关注鸡肉来源的重要性，研究人员开始重视对鸡肉的溯源研究，鸡肉溯源的研究逐年增多。在这些研究中，数量排名前 10 位的国家如图 4 − 2 所示。中国鸡肉产量现居世界第二位，研究数量最多。巴西、欧盟国家、美国的鸡肉产量也位居前列，因此对鸡肉的产地溯源也有研究，但是数量较少。未来随着人们对鸡肉质量安全的日益关注，利用溯源技术对鸡肉进行追踪的研究将会越来越多。

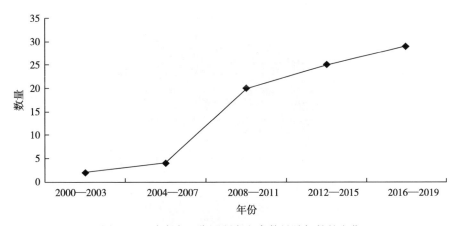

图 4 − 1　鸡肉产地溯源研究文章数量随年份的变化

五种溯源技术在鸡肉产地溯源与真实性研究中的应用现状如图 4 − 3 所示。DNA 技术

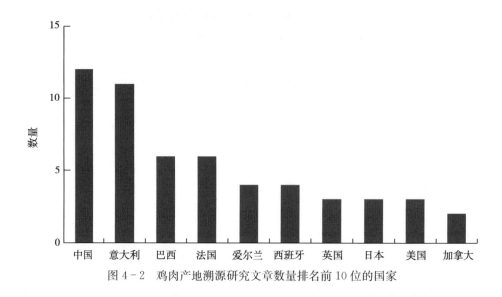

图 4-2　鸡肉产地溯源研究文章数量排名前 10 位的国家

　　灵敏度高、特异性强、成本低，已经成为广泛用于不同品种鸡肉鉴别的检测技术，在鸡肉产地溯源与真实性研究中的比例为 28%。稳定同位素技术、氨基酸与脂肪酸指纹图谱技术的比例均为 24%，因为鸡肉中的稳定同位素、氨基酸、脂肪酸的含量容易受到地理环境、饲养方式、饲料类型的影响，可以用于鸡肉的溯源研究。光谱技术在鸡肉溯源及真实性研究方面的应用占比 13%，并没有前面三种技术多，可能是由于受光谱采集有限区域是否能够代表鸡肉品质等问题的影响，不同研究成果的结果差异还较大，所以并不普及，占比最少的是矿物元素指纹图谱技术，仅 11%，因为有些污染元素在不同的器官含量不同，目前对这些元素在体内的分馏机制了解不够深入，影响了矿物元素指纹图谱技术在鸡肉产地溯源和真实性研究中的应用。

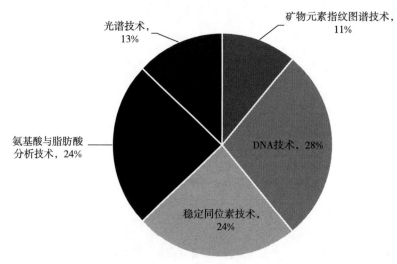

图 4-3　五种分析技术在鸡肉产地溯源与真实性研究中的应用

4.4　结论

　　鸡肉作为我国肉制品市场的第二大消费品，其质量安全受到人们的广泛关注，因此我国对鸡肉的溯源研究也较多。但是有关其产地溯源的研究也仅处于初级阶段，因为鸡肉的溯源参数不仅受饲料、动物代谢、土壤地质、气候、加工等多种因素的影响，还与鸡的品种、性别和饲养周期、取样部位有关，产地鉴别难度大，尤其是小区域样本。在今后的研究中，要考虑到多种因素存在的情况，还可以将多种溯源技术结合，完善鸡肉样品数据库的建立，提高鸡肉产地溯源的判别率，达到更准确地判别效果。

典型案例一

　　本研究通过对黑龙江、山西、江西和福建省的鸡肉样品中碳氮两种稳定同位素比值和 12 种矿物元素含量分析，追溯鸡肉的地理来源。结果表明，与单独使用矿物元素数据相比，两种数据的结合提高了鸡肉的分类正确率。本研究表明，应用稳定同位素和多元素分析方法，可以对鸡肉的来源进行分类，是追踪鸡肉地理来源的有效工具。

1.1　实验材料与方法

1.1.1　样品信息

　　2013 年 8 月从黑龙江省哈尔滨市（HLJ）采集了 10 只鸡的胸肌样本，2013 年 7 月，从山西省大同市（SX）采集 10 只鸡样本，2013 年 5 月在江西省南昌市（JX）采集鸡样本 10 份，2013 年 6 月，从福建省厦门市（FJ）采集了 10 份鸡样本。所有被分析的肉样本都是从左胸肌采集的。地点的详细地理描述见表 1。

表 1　鸡肉样品信息

地　区	经度（°）	纬度（°）	海拔（m）	年平均温度（℃）	采样时间	样本量
黑龙江省哈尔滨市（HLJ）	115	35	128	3.6	2013.08	10
山西省大同市（SX）	125	45	1 200	6.4	2013.07	10
江西省南昌市（JX）	102	25	22	28.0	2013.05	10
福建省厦门市（FJ）	90	32	200	21.0	2013.06	10

1.1.2　样品制备

　　采集 50g 鸡胸肉样品进行冻干，以 10g 肉为原料，用索氏提取法脱脂，乙醚浸提 6h，将脱脂鸡肉放入磨碎机中研磨，并在 −20℃ 下保存。

1.1.3　样品分析

　　碳氮稳定同位素比值分析。碳氮稳定同位素分析是通过元素分析——稳定同位素质谱仪进行的。简单地说，该仪器是一个元素分析仪（Flash 2000）和 IRMS（Delta V，Thermo）通过 Conflo Ⅲ连接。碳元素和氮元素在 960℃ 转化为 CO_2 和 NOx，然后生成的 NOx 通过铜丝还原成 N_2。载气氦气流量设定为 100mL/min。氮和碳同位素数据以千分之 δ 表示：$\delta(‰)=[R_{样品}/R_{标准}-1]\times1\,000$，其中 $R_{样品}$ 和 $R_{标准}$ 分别为样品和标准物质的同位素比值。碳同位素以维也纳 Pee-Dee-belinite（VPDB）标准为基础，氮同位素以空气氮标准为基础。用 USGS24 标准（$\delta^{13}C_{PDB}=-16.0‰$）标定参考工作气体 CO_2，用 IAEA-600 标准（$\delta^{15}Nair=1‰$）标定参考工作气体 N_2。C 和 N 的分析精度均为 0.15‰。

元素分析。采用电感耦合等离子体质谱法（ICP-MS，X Series 2，Thermo Fisher）对元素进行分析。标准物质（GBW 10018）由中国地球物理与地球化学勘探研究所提供，用于计算回收率和准确度。经消解和电感耦合等离子体质谱分析，发现鸡肉标准物质中各元素的回收率和相对标准偏差（RSD）分别高于 90% 和低于 10%（一式三份），表明整个分析方法对元素分析是有效的。每个样本的分析一式三份，并使用外部标准分析进行量化[69]。

1.1.4　统计分析

用 SPSS 22.0 对数据进行统计分析。采用 Kruskal-Wallis 检验作为非参数比较，对所有参数进行显著性分析。采用主成分分析对不同来源的样本进行聚类分析，判别分析筛选区分不同产地鸡肉样品的关键因素，并建立每个地点的模型。判别分析检查了四组之间的差异。采用逐步分析的方法，建立模型，避免数据的过拟合，采用交叉验证程序对模型进行评估。

1.2　结果与讨论

1.2.1　不同地区脱脂鸡肉稳定同位素含量的差异

不同地区鸡肉样品中碳氮稳定同位素比值分析结果如图 1a 所示。各地区样品鸡肉样品中碳稳定同位素比值存在显著性差异。碳同位素比值大小顺序为福建省＞黑龙江省＝山西省＞江西省。在我国，饲料一般由当地生产厂家生产，因此饲料的成分主要取决于当地农作物的生产，鸡肉样品的元素组成与其产地环境密切相关。肉类中 $\delta^{13}C$ 值与饲料成分密切相关，特别是与 C_3 和 C_4 植物材料成分密切相关。在本研究中，采集的鸡肉样本中 $\delta^{13}C$ 值范围为 $-17.5‰$ 至 $-15.7‰$，表明饲料的主要成分是玉米，一种 C_4 植物。由于江西是中国最大的大米生产地，鸡的饲料中大米含量较高，因此江西的鸡肉中 $\delta^{13}C$ 值低于其他地方的样品。不同地区的鸡肉中 $\delta^{15}N$ 值也明显不同，与碳同位素比值相比，所有鸡肉样品的氮同位素比值变化范围较大（图 1b），从 1.8‰ 到 4.2‰ 不等，黑龙江的鸡肉样品 $\delta^{15}N$ 值范围为 2.9‰～3.5‰，山西样品 $\delta^{15}N$ 值范围为 3.5‰～4.2‰，福建样品 $\delta^{15}N$ 值范围为 2.7‰～3.1‰，江西样品中 $\delta^{15}N$ 值最低，范围为 1.8‰～2.5‰，这是由于用于饲料的作物是通过施用化肥种植的，这导致通过同化将输送给动物的植物中 $\delta^{15}N$ 值从 $-3‰$ 到 3‰，含有豌豆和大豆的饲料直接利用大气氮，使得 $\delta^{15}N$ 的正值较小，这都是江西鸡肉样品中 $\delta^{15}N$ 值最低的原因。总的来说，$\delta^{13}C‰$ 和 $\delta^{15}N‰$ 的范围与以前的报道相似[70]，碳氮稳定同位素的组合能够将江西样品与其他样品区分开来。然而，来自其他三个地点的样本不能很好地区分（图1c）。

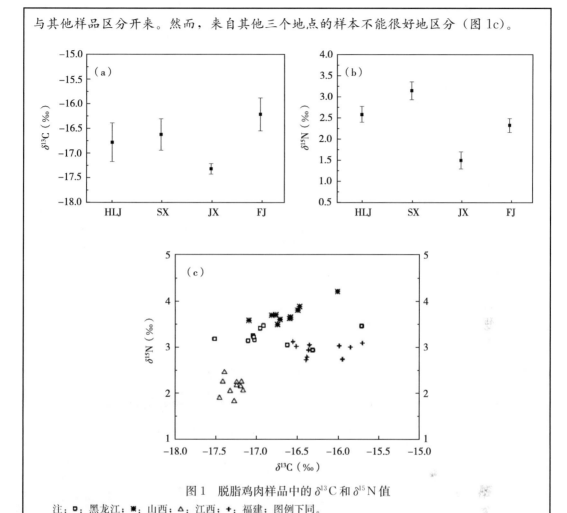

图1　脱脂鸡肉样品中的 δ^{13}C 和 δ^{15}N 值

注：□：黑龙江；＊：山西；△：江西；＋：福建；图例下同。

1.2.2　不同产地鸡肉中的多元素含量的差异

不同产地脱脂鸡肉样品中 Na、Mg、K、Ca、Al、Ti、Fe、Cu、Zn、Se、Rb、Ba 等12种元素含量不同（表2）。各区域样品具有典型的元素组成。在4个产地中，黑龙江鸡肉中 Rb 含量最高；山西鸡肉中的 Al 和 Cu 含量最高；福建鸡肉中 Ca、Ba 和 Zn 含量最高；江西鸡肉中的 Na、K、Fe 和 Se 含量最高，由于南昌是江西省水稻主产区，化肥的累积效应，导致植物中 Fe、Se 等元素含量较高，这些元素在植物中的积累可以通过饲料转移到鸡身上，使得江西样品中 Fe、Se 等元素的含量高于其他地区。山西、福建和江西鸡肉中 Cu、Zn 和 K 的含量分别最高，这是因为这三个地方土壤中含有较高的铜、钾和锌。如图2a所示，通过矿物元素的主成分分析，可以部分区分来自四个省份的鸡样品，其中黑龙江鸡样品可以与来自其他三个地点的鸡样品明显分离。然而，用矿物特征很难区分山西、江西和福建的鸡肉样品。

表2 鸡肉中矿物质含量

元素	黑龙江	山西	江西	福建
Na（mg/kg）	1 134±109	1 167±147	1 231±154	1 011±119
Mg（mg/kg）	1 093±42	1 144±50	1 169±40	1 086±56
Ca（mg/kg）	148±10	245±24	172±27	273±37
K（mg/kg）	13 182±389	13 207±261	14 084±704	11 033±927
Al（mg/kg）	2.09±0.32	15.92±2.49	7.22±2.91	9.50±4.03
Ti（mg/kg）	27.22±0.91	27.56±2.22	28.5±0.91	25.34±1.60
Fe（mg/kg）	12.06±2.75	5.19±3.89	30.81±5.41	25.31±5.38
Cu（mg/kg）	1.24±0.14	2.32±0.93	1.18±0.22	1.23±0.20
Zn（mg/kg）	23.03±2.24	24.22±1.93	24.56±1.98	28.07±2.24
Rb（mg/kg）	37.11±2.77	15.51±2.89	28.78±2.63	29.8±2.07
Se（μg/kg）	341.88±19.7	529.81±67.03	592.63±47.17	521.31±104.2
Ba（μg/kg）	56.09±7.95	235.72±98.59	133.91±49.44	251.72±63.92

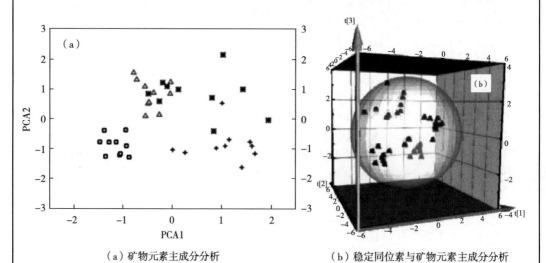

（a）矿物元素主成分分析 　　　　　（b）稳定同位素与矿物元素主成分分析

图2 四个地区脱脂鸡肉样品的主成分分析图

1.2.3 主成分分析和判别分析

使用主成分分析法分析了两种稳定同位素比值和12种元素含量（图2b）。前四个主成分可以解释总变异的74.9%。PC1解释了30.0%的变异性，主要由δ^{13}C和Ca组成，因此福建样品可以与其他样品区分开来。PC2解释了Na、Fe和Se的浓度，因此江西样品能够被区分。在PC3和山西样品中，δ^{15}N和Cu所占权重最大，山西的样品被表征。与单独使用矿物元素数据相比，这两种方法的结合显著地改进了不同地理来源的鸡肉样品的分类。利用SPSS软件，基于两种稳定同位素和12种元素对不同地区鸡肉进行了判别分析（图3），进一步得到了判别模型的5个参数（δ^{13}C、δ^{15}N、K、Zn

和 Rb）。最后，得到了满意的分类结果，总正确分类率为 100%，交叉验证率为 100%（表 3）。

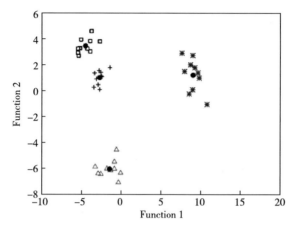

图 3 对鸡肉样品的稳定同位素和微量元素数据判别分析得到的前两个判别函数的交叉图

表 3 不同地区鸡肉样本的分类及正确率

			预测组			
		黑龙江	山西	江西	福建	总计
原始验证率	数量					
	黑龙江	10				10
	山西		10			10
	江西			10		10
	福建				10	10
	%	100	100	100	100	100
交叉验证率	数量					
	黑龙江	10				10
	山西		10			10
	江西			10		10
	福建				10	10
	%	100	100	100	100	100

1.3 结论

在本研究中，稳定同位素（C 和 N）与矿物元素的结合确实改善了不同产地鸡肉样品的分类。研究表明，元素的选择是重要的，并决定了样品是否可以鉴别。碳稳定同位素比值与饲料的 C_3、C_4 植物原料组成密切相关。$\delta^{15}N$ 是化肥和饲料施用量的指标。矿物元素的含量反映了区域环境条件。因此，稳定同位素与矿物元素的结合，可以从理论上提高不同产地鸡肉样品的鉴别能力。本研究表明，利用同位素和多元素分析方法确定鸡的地理来源是可能的，这是追踪家禽地理来源的有效工具。

典型案例二

本研究的目的是探讨有机体系和常规体系下鸡肉的差异。对北京常规农场、北京有机农场、吉林有机农场的鸡肉进行了蛋白质、脂肪含量、12种矿物元素（Na、Mg、K、Ca、V、Fe、Co、Ni、Cu、Rb、Ba、Pb）含量和碳氮稳定同位素比值的测定。结果，两个有机农场的鸡比常规农场的鸡含有更多的蛋白质。有机农场脱脂鸡肉中碳氮稳定同位素比值高于常规农场。除Mg外，脱脂鸡肉中矿物元素含量差异显著（$p<0.05$）。对稳定同位素比值和多元素分析数据进行主成分分析（PCA），通过主成分分析可以对有机鸡肉和常规鸡肉进行区分，也可以对鸡肉进行产地溯源。

2.1 实验材料与方法

2.1.1 样品信息

从超市收集了90份鸡胸肌肉样品，其中30份鸡肉样品来自北京有机农场（BO：40°N，116°E），30份鸡肉样品来自吉林有机农场（JO：43°N，126°E），30份鸡肉样本来自北京常规农场（BC：40°N，116°E）。有机鸡肉通过了欧盟有机认证程序（ECOCERT SA）和中国有机食品认证中心（COFCC）的认证，选择的样本在−20℃下冷冻保存直到分析。

2.1.2 样品制备

采集150g鸡胸肉样本在离子水中通过三次连续冲洗进行表面净化，并在−20℃的温度下储存，直到冻干。然后，用乙醚在索氏提取器中对干肉去脂6h，脱脂干物质在研钵中研磨并通过100目筛进行筛选，并在−20℃下保存。

2.1.3 样品分析

碳氮稳定同位素比值分析。碳氮稳定同位素分析是通过元素分析——稳定同位素质谱仪进行的。碳和氮元素在960℃下转化为CO_2和NOx，生成的NOx通过铜丝还原成N_2。载气氦气流速设定为100mL/min。碳氮同位素数据以千分之δ表示：$\delta(‰) = [R_{样品}/R_{标准}-1]×1\,000$，其中$R_{样品}$和$R_{标准}$分别为样品和标准物质的同位素比值。碳同位素以维也纳Pee-Dee-belinite（VPDB）标准为基础，氮同位素以空气氮标准为基础。根据内部工作标准（猪肉去脂蛋白）、国际标准物质校准USGS42（西藏人头发）和IAEA-CH-6（蔗糖）校正$\delta^{13}C$值，USGS43（印度人头发）和USGS40（L-谷氨酸）校正$\delta^{15}N$值。C和N的分析精度均为0.15‰。

元素分析。称取0.2g脱脂鸡肉干物质样品，用10mL 65% HNO_3和1mL 30% H_2O_2溶液消化，加入聚四氟乙烯消化管中，并通过逐步提高功率增加至1 600W、温度增加至210℃持续消化40min。消解后的溶液用超纯水稀释至50mL，并在分析前储存在塑料瓶中。采用电感耦合等离子体质谱（ICP-MS，X Series 2，Thermo Fisher）测定了12种元素（Na、Mg、K、Ca、V、Fe、Co、Ni、Cu、Rb、Ba和Pb）。鸡肉标准物质（GBW 10018）由中国地球物理地球化学勘查院提供，用于计算回收率和准确度。使用空白样品和加标回收样品验证该方法，经上述消解工艺和电感耦合等离子体质谱分析，标准物质中各元素的回收率和相对标准偏差（RSD）分别大于90％和小于10％，表明整个分析方法对元素分析是有效的。对每个样品进行一式三份分析，并使用外部标准分析进行量化。所有结果均表示为三次测量的平均值。

2.1.4　统计分析

采用 SPSS 22.0 进行统计分析，单因素方差分析（ANOVA）对有机产品和常规产品进行了比较，采用主成分分析法对不同来源的样本进行聚类分析。

2.2　结果与讨论

2.2.1　脱脂鸡肉稳定同位素含量的差异

鸡肉样品的碳氮稳定同位素值如图 1 所示，差异显著，清楚地区分了不同饲养方式脱脂鸡肉样本。有机和常规系统膳食成分之间稳定同位素组成的差异可能会导致鸡肉同位素组成的改变。对于碳同位素比值，鸡肉组织的碳同位素比值与饲料中 C_3 和 C_4 植物的比例有关[71]。Bahar[72] 等人也发现有机体系的牛肉中 $\delta^{13}C$ 值比传统体系牛肉中的 $\delta^{13}C$ 值低，因为前者的饲料富含 C_3 植物。在本研究中，吉林有机农场的脱脂鸡肉中 $\delta^{13}C$ 值为 $-15.36\pm0.28‰$，高于北京常规农场（$-19.43\pm0.37‰$）和北京有机农场（$-18.06\pm0.34‰$），可以推断吉林省的鸡主要以 C_4 植物玉米为饲料，C_3 植物只占饲料的一小部分，吉林省是我国重要的农业生产基地，玉米是吉林省的主要农作物之一，因此吉林省鸡饲喂的 C_4 植物玉米比北京鸡多。化肥会降低植物体内 $\delta^{15}N$ 值，使其转化为鸡饲料，并在鸡体内出现。此外，豆科植物的觅食或豆科饲料的喂养会降低鸡的 $\delta^{15}N$ 值，北京常规农场脱脂鸡肉样品中 $\delta^{15}N$ 值最低（$2.39\pm0.19‰$），说明北京常规农场使用的饲料在种植时被广泛应用。

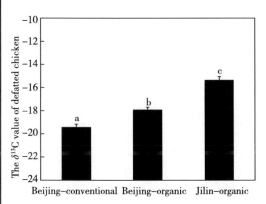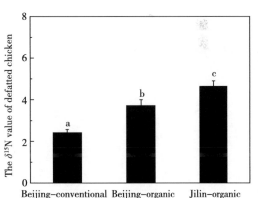

图 1　三组鸡肉样品中的 $\delta^{13}C$ 和 $\delta^{15}N$ 值（值是平均值±STD）

2.2.2　脱脂鸡肉中多元素含量的差异

多元素（Na、Mg、K、Ca、V、Fe、Co、Ni、Cu、Rb、Ba 和 Pb）的分析结果见表 1。除 Mg 外，其余元素在三种不同体系中的鸡肉样品中均有显著差异（$p<0.05$）。有机组中 Na、Ca、Fe、Co、Ni、Cu、Ba 等 7 种元素含量均高于常规组。两种有

机体系鸡肉中 K 含量（北京有机农场为 12 238±8 321mg/kg，吉林有机农场为 12 589±562mg/kg）差异不显著，但均显著低于北京常规农场（14 977±630mg/kg）。与有机组相比，北京常规农场鸡肉样品的 V 含量最高。铜和钙在促进生长和抗氧化系统中起着重要作用。铜和钙作为有机系统中鸡的必要的营养素，通过户外进入来支持其抵抗外部环境的免疫系统，而传统的饲养系统，在饲料中添加铜和钙的浓度容易超过生理要求，过量的铜和钙不能被鸡吸收。有机组鸡肉中的铁含量高于常规组，可能是放牧时，有机物中肝铁浓度的显著升高与土壤消耗有关[73]。土壤和该地区草的可利用性促进鸡从北京有机系统中每日额外摄入 Pb 和 Ni，因此，饲料、土壤是造成不同农场矿质元素差异较大的原因。

表 1　三组鸡肉样品中的元素浓度

元素	北京常规农场		北京有机农场		吉林有机农场	
	平均值	STD	平均值	STD	平均值	STD
Na	2 542[a]	180	2 875[ab]	360	2 631[b]	251
Mg	1 257	44.8	1 254	170	1 187	72
K	14 977[b]	630	12 238[a]	8 321 N	12 589[a]	562
Ca	224.6[a]	19.05	651[b]	296	289[a]	61
V	48.43[c]	4.98	41.79[b]	5.49	36.7[a]	4.09
Fe	23.70[a]	1.89	28.5[b]	3.19	25.0[ab]	6.51
Co	7.58[a]	0.97	12.5[b]	2.85	15.6[c]	4.42
Ni	196.57[a]	41.81	464[b]	120	345[ab]	74
Cu	1 360[a]	146	2 442[b]	600	1 807[b]	341
Rb	25.16[a]	3.28	22.3[a]	5.6	29.9[b]	3.30
Ba	1 856[a]	89	2 102[b]	512	1 995[ab]	179
Pb	85.3[a]	8.27	100.3[b]	13.7	13.784[a]	13

2.2.3　主成分分析

为了区分鸡肉样品与有机和常规系统，基于鸡肉样品中 12 种矿物元素进行主成分分析。如图 2 所示，包括两个成分的散点图表明，可以通过元素数据将有机鸡肉与常规鸡肉区分开，但是有机样品的地理来源很难确定。结合稳定同位素和矿物元素进一步进行了主成分分析（图 3 和图 4），可以将这三个组区分开，有机组的样品与常规组样品完全分离。第一主成分（PC1）的最高载荷是 K 和 δ^{15}N 的载荷（图 3）。PC1 将有机鸡肉样品与常规样品分离，第二主要成分（PC2）主要负载有 δ^{13}C、V、Pb 和 Ca，PC2 可以区分北京有机鸡肉样品和吉林有机鸡肉样品（图 5），因此多元素分析和稳定同位素分析相结合，能够提高不同地理来源的鸡肉的可追溯性。

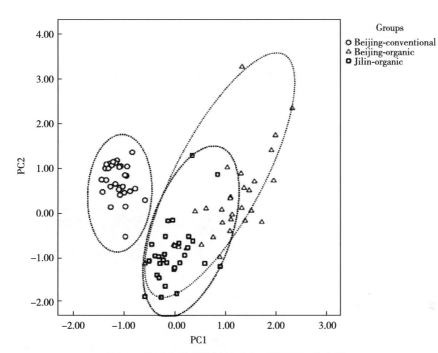

图 2　基于多元素数据的鸡肉二维 PCA 散点图

注：○：北京常规组；△：北京有机组；□：吉林有机组。

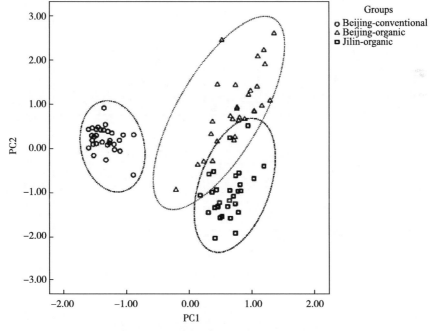

图 3　基于稳定同位素和多元素数据的鸡肉二维 PCA 散点图

注：○：北京常规组；△：北京有机组；□：吉林有机组。

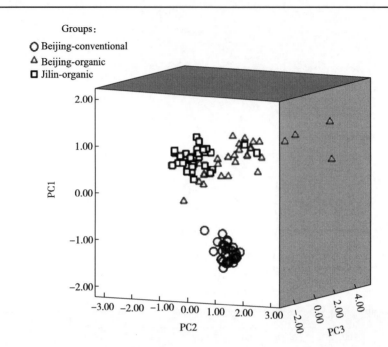

图 4 基于稳定同位素和多元素数据的鸡肉三维 PCA 散点图

注：○：北京常规组；△：北京有机组；□：吉林有机组。

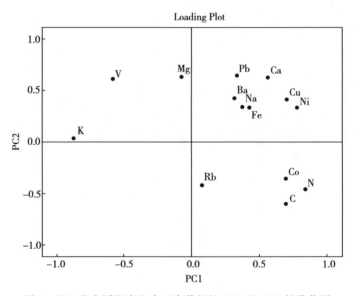

图 5 基于稳定同位素和多元素数据的 PC1 和 PC2 的载荷图

2.3 结论

实验结果表明，有机鸡肉和传统鸡肉中的稳定同位素比值和矿物质元素等差异是显而易见的。与传统鸡肉相比，有机鸡肉中矿物元素含量更高。此外，研究还表明，有机组的鸡在饲料中饲喂了更多的 C_4 植物，其 ^{13}C 含量较高，而常规组的饲料中则包含了更多的合成肥料。这项研究揭示了有机系统和常规系统之间的鸡肉差异。在将来的工作中，研究人员可以参考此数据，通过结合 IRMS 和 ICP-MS 区分有机鸡和常规鸡。

参 考 文 献

[1] 曹佳，杨青龙，王敏，等. 出口冷冻鸡肉产品安全模式的探讨 [J]. 农业工程技术：农产品加工，2007 (11)：38-40.

[2] 费威. 我国肉鸡供应链食品安全分析及对策研究 [J]. 河北科技大学学报（社会科学版），2013 (1)：13-19.

[3] 战红特. 我国食品安全监管问题研究 [D]. 长春：长春理工大学，2014.

[4] 张琳静. 影响鸡肉品质的因素分析 [J]. 畜牧兽医科技信息，2019，505 (1)：137-138.

[5] 张海峰，白杰. 日粮各种添加成分对鸡肉品质影响的研究进展 [J]. 肉类研究，2011 (4)：57-60.

[6] 高承芳. 饲养方式对鸡蛋、鸡肉品质的影响 [J]. 畜牧兽医科技信息，2019 (10)：16-17.

[7] Peres B，Barlet N，Loiseau G，et al. Review of the current methods of analytical traceability allowing determination of the origin of foodstuffs [J]. Food Control，2007，18 (3)：228-235.

[8] 孙丰梅，王慧文，杨曙明. 稳定同位素碳、氮、硫、氢在鸡肉产地溯源中的应用研究 [J]. 分析测试学报，2008，27 (9)：925-929.

[9] Zhao Y，Zhang B，Guo B，et al. Combination of multi-element and stable isotope analysis improved the traceability of chicken from four provinces of China [J]. Cyta-Journal of Food，2016，14 (2)：163-168.

[10] Rees G，Kelly S D，Cairns P，et al. Verifying the geographical origin of poultry：The application of stable isotope and trace element (SITE) analysis [J]. Food Control，2016，67：144-154.

[11] Pelicia V C，Araujo P C，Luiggi F G，et al. Estimation of the metabolic rate by assessing carbon-13 turnover in broiler tissues using the stable isotope technique [J]. Livestock Science，2018，210：8-14.

[12] 王耀球，卜坚珍，于立梅，等. 不同品种、不同部位对鸡肉质构特性与同位素的影响 [J]. 食品安全质量检测学报，2008，9 (1)：87-92.

[13] 王慧文，杨曙明，程永友. 鸡肉中稳定同位素组成与饲料和饮水关系的研究 [J]. 分析科学学报，2008，24 (1)：47-50.

[14] 王慧文，孙丰梅，杨曙明. 日粮中玉米含量对肉鸡碳·氮同位素组成的影响 [J]. 安徽农业科学，2009 (3)：1094-1095.

[15] Rhodes C N，Lofthouse J H，Hird S，et al. The use of stable carbon isotopes to authenticate claims that poultry have been corn-fed [J]. Food Chemistry，2010，118 (4)：927-932.

[16] Carrijo A S，Pezzato A C，Ducatti C，et al. Traceability of bovine meat and bone meal in poultry by stable isotope analysis [J]. Brazilian Journal of Poultry Science，2006，8 (1)：63-68.

[17] Oliveira R P，Ducatti C，Pezzato A C，et al. Traceability of poultry offal meal in broiler feeding using isotopic analysis (delta C-13 and delta N-15) of different tissues [J]. Brazilian Journal of Poultry Science，2010，12 (1)：13-20.

[18] Cruz V C，Araujo P C，Sartori J R，et al. Poultry offal meal in chicken：Traceability using the technique of carbon（C-13/C-12）-and nitrogen（N-15/N-14）-stable isotopes［J］. Poultry Science，2012，91（2）：478 - 486.

[19] Coletta L D，Pereira A L，Coelho A A D，et al. Barn vs. free-range chickens：Differences in their diets determined by stable isotopes［J］. Food Chemistry，2012，131（1）：155 - 160.

[20] Lv J，Zhao Y. Combined stable isotopes and multi-element analysis to research the difference between organic and conventional chicken［J］. Food Analytical Methods，2017，10（2）：347 - 353.

[21] 林涛，刘兴勇，邵金良，等. 应用铅同位素比值和元素含量分析法识别有机鸡样品真实性［J］. 食品科学技术学报，2018（6）：101 - 106.

[22] 段庆梓，尚柯，张玉，等. 多重 PCR 法用于鸡、鸭肉源性的鉴定［J］. 食品研究与开发，2014，35（5）：100 - 103.

[23] Li J，Hong Y，Kim J H，et al. Multiplex PCR for simultaneous identification of turkey, ostrich, chicken, and duck［J］. Journal of the Korean Society for Applied Biological Chemistry，2015，58（6）：887 - 893.

[24] 张晶鑫，樊艳凤，唐修君，等. 利用 PCR 技术鉴别畜禽肉中禽源性成分研究［J］. 湖北农业科学，2016，55（15）：4021 - 4023.

[25] 胡智恺，宋丽萍，姜洁，等. 实时定量 PCR 法对牛肉中鸡源性成份的量化检测［J］. 食品安全质量检测学报，2015，6（2）：550 - 554.

[26] Ahmed M U，Hasan Q，Hossain M M，et al. Meat species identification based on the loop mediated isothermal amplification and electrochemical DNA sensor［J］. Food Control，2010，21（5）：599 - 605.

[27] Cho A-R，Dong H-J，Cho S. Meat species identification using loop-mediated isothermal amplification assay targeting species-specific mitochondrial DNA［J］. Korean Journal for Food Science of Animal Resources，2014，34（6）：799 - 807.

[28] 赵静，单雪松. 扩增片段长度多态性（AFLP）在动物遗传育种中的应用进展［J］. 家畜生态学报，2004，25（4）：177 - 178.

[29] 胡小芬，高军，艾华水，等. 江西地方鸡种的 AFLP 多态性及其群体遗传关系［J］. 农业生物技术学报，2004，012（6）：662 - 667.

[30] 高玉时，屠云洁，钱勇，等. 地方鸡种与隐性白羽鸡遗传变异的 AFLP 指纹［J］. 中国兽医学报，2007，027（2）：274 - 278.

[31] 盛岩，郑蔚虹，裴克全，等. 微卫星标记在种群生物学研究中的应用［J］. 植物生态学报，2002，zl（26）：119 - 126.

[32] 吴信生. 利用微卫星技术分析中国部分地方鸡品种遗传多样性及其与生产性能的关系［D］. 扬州：扬州大学，2004.

[33] 陈红菊，岳永生，樊新忠，等. 利用微卫星标记分析山东地方鸡品种的遗传多样性［J］. 遗传学报，2003，30（9）.

[34] 张勇，郭荣华，简承松，等. 利用微卫星标记分析贵州地方鸡种的遗传多样性及亲缘关系［J］. 畜牧兽医学报，2006，037（012）：1274 - 1281.

[35] 赵献芝，王阳铭，李静，等. 重庆地方鸡微卫星遗传多样性研究［J］. 黑龙江畜牧兽医，2012（6）：58 - 61.

[36] 杨秀荣，蒋和生，徐文文，等. 广西地方鸡品种群体遗传结构及其遗传关系分析［J］. 中国家禽，2019，41（3）：12 - 15.

［37］Sartore S，Soglia D，Maione S，et al. Genetic traceability of two local chicken populations，Bianca di Saluzzo and Bionda Piemontese，versus some current commercial lines［J］. Italian Journal of Agronomy，2014，9（4）：176－181.

［38］Kim M-J，Kim H-Y. A fast multiplex real-time PCR assay for simultaneous detection of pork，chicken，and beef in commercial processed meat products［J］. Lwt-Food Science and Technology，2019，114：6.

［39］舒希凡，吾豪华，钟新福，等. 江西地方鸡种肌肉氨基酸含量的测定与分析［J］. 猪业科学，2001，018（1）：19－21.

［40］李维红，高雅琴，杨晓玲，等. 不同品种鸡肉氨基酸质量及风味分析［J］. 湖北农业科学，2019，58（21）：137－140.

［41］潘爱銮，蒲跃进，张昊，等. 不同养殖模式下双莲鸡肌肉氨基酸含量分析［J］. 中国家禽，2018，040（15）：52－55.

［42］杨娴婧，韩雨轩，王海亮，等. 不同品种鸡肌肉营养价值及风味的研究［J］. 中国家禽，2018，40（2）：9－14.

［43］左丽娟，韩玲，赵莉，等. 枸杞园放养乌骨鸡鸡肉营养成分的分析［J］. 甘肃农业大学学报，2009，44（5）：25－29.

［44］黄岛平，覃强，李力，等. 不同产地红毛鸡（Centropus sinensis）氨基酸成分的分析［J］. 氨基酸和生物资源，2012，34（1）：42－44.

［45］夏中生，邹彩霞，卢洁，等. 饲喂不同油脂对黄羽肉鸡肌肉组织中脂肪酸组成的影响［J］. 畜牧与兽医，2003，35（7）：13－16.

［46］张辉，丁保安，吴华，等. 蛋鸡日粮中添加植物油对肝脏和鸡肉中 C－18 系列脂肪酸含量的影响［J］. 青海畜牧兽医杂志，2004，34（3）：1－2.

［47］谢霖霖，越耿，杨维仁，等. 饲粮中添加不同水平油菜花粉对蛋黄和鸡肉组织脂肪酸组成的影响［J］. 食品安全质量检测学报，2014，5（7）：2039－2047.

［48］申杰，潘爱銮，蒲跃进，等. 不同品种鸡胸肌脂肪酸组成分析［J］. 湖北农业科学，2014，53（23）：5805－5808.

［49］肖千钧，蒋隽，燕海峰，等. 几个鸡种肉质特性的比较研究［J］. 湖南畜牧兽医，2001（6）：3－4.

［50］李建军，文杰，陈继兰，等. 品种和日龄对鸡肉滋味呈味物及香味前体物含量的影响［J］. 畜牧兽医学报，2003，34（6）：548－553.

［51］巨晓军，束婧婷，明章，等. 不同品种、饲养周期肉鸡肉品质和风味的比较分析［J］. 动物营养学报，2018，30（6）：2421－2430.

［52］余玮玥，黄冬梅，李学辉，等. 化学分析技术在动物源性食品产地溯源中的应用［J］. 农产品质量与安全，2018（1）：59－66.

［53］Franke B M，Haldimann M，Reimann J，et al. Indications for the applicability of element signature analysis for the determination of the geographic origin of dried beef and poultry meat［J］. European Food Research and Technology，2007，225（3－4）：501－509.

［54］尚柯，米思，李侠，等. 泰和乌鸡、杂交乌鸡与市售白羽肉鸡的营养成分比较研究［J］. 肉类研究，2017，031（12）：11－16.

［55］白婷，蔡浩洋，邓银华，等. 基于微量元素指纹图谱对黑水凤尾鸡进行产地溯源的研究［J］. 中国测试，2018，044（009）：57－62，74.

［56］余成蛟，雒林通，万红玲，等. 生态放养鸡鲜肉中有害重金属和微量元素的检测及分析［J］. 国外畜牧学——猪与禽，2018，038（010）：66－69.

[57] 陈铁桥，谭运华，郭立宇，等 . 不同饲养条件下海兰蛋鸡的肉心肝蛋中部分矿物质含量分析 [J].动物医学进展，2003，024（5）：81-83.

[58] 孙淑敏，郭波莉，魏益民，等 . 动物源性食品产地溯源技术研究进展 [J]. 食品科学，2010（3）：295-299.

[59] Franke B M，Gremaud G，Hadorn R，et al. Geographic origin of meat—elements of an analytical approach to its authentication [J]. European Food Research & Technology，2005，221（3-4）：493-503.

[60] 陈国宏，吴信生，王克华，等 . 中国地方鸡种肌肉微量元素含量比较研究 [J]. 黑龙江畜牧兽医，1998（5）：1-2.

[61] 史岩，赵田田，陈海华，等 . 基于近红外光谱技术的鸡肉产地溯源 [J]. 中国食品学报，2014，014（12）：198-204.

[62] 孙潇，史岩 . 近红外光谱技术对加工后鸡肉产地溯源的研究 [J]. 现代食品科技，2015，31（6）：315-321.

[63] Cozzolino D，Murray I. Identification of animal meat muscles by visible and near infrared reflectance spectroscopy [J]. Lebensmittel-Wissenschaft Und-Technologie-Food Science and Technology，2004，37（4）：447-452.

[64] Alfar I J，Khorshidtalab A，Akmeliawati R，et al. Towards authentication of beef，chicken and lard using micro near-infrared spectrometer based on support vector machine classification [J]. ARPN Journal of Engineering and Applied Sciences，2016，11（6）：4130-4136.

[65] 向灵孜，郭培源 . 近红外光谱分析技术在鸡肉分类检测中的应用 [J]. 食品科学技术学报，2014，032（006）：66-71.

[66] 龚艳，汤晓艳，王敏，等 . 近红外光谱法对鸡肉品种的快速无损鉴别 [J]. 食品科学，2015，36（16）：148-152.

[67] 杨晓忱，龚小梅，贺晓光，等 . 不同饲养方式下鸡肉的高光谱识别研究 [J]. 农业科学研究，2015，36（4）：12-18.

[68] 姜洪喆，王伟，杨一，等 . 近红外光谱分析技术在鸡肉品质检测中的应用研究进展 [J]. 食品安全质量检测学报，2017，8（11）：4298-4304.

[69] Zhao Y，Zhang B，Chen G，et al. Tracing the geographic origin of beef in China on the basis of the combination of stable isotopes and multielement analysis [J]. Journal of Agricultural and Food Chemistry，2013，61（29）：7055-7060.

[70] Fengmei S，Huiwen W，Shuming Y，Application of carbon，nitrogen，sulfur and hydrogen stable isotope in chicken origin traceability [J]. Journal of Instrumental Analysis，2008，925-929.

[71] Rogers K M. Stable isotopes as a tool to differentiate eggs laid by caged，barn，free range，and organic hens [J]. Journal of Agricultural and Food Chemistry，2009，57（10）：4236-4242.

[72] Bahar B，Schmidt O，Moloney A P，et al. Seasonal variation in the C，N and S stable isotope composition of retail organic and conventional irish beef [J]. Food Chemistry，2008，106（3）：1299-1305.

[73] Rey-Crespo F，Miranda M，López-Alonso M. Essential trace and toxic element concentrations in organic and conventional milk in NW Spain [J]. Food & Chemical Toxicology，2013，55：513-518.

第五章　猪肉溯源分析技术研究进展

5.1　引言

猪肉被认为是脂肪酸、蛋白质和矿物质等营养物质的重要来源，随着生活水平的不断提高和保健意识的逐渐增强，猪肉安全问题已受到越来越多的关注和重视。2018 年 8 月 3 日，我国首例非洲猪瘟疫情在辽宁沈阳爆发，随后疫情在全国范围内迅速扩散。截至 2019 年 10 月 16 日，全国已有 31 个省份城市共发生 157 起疫情，累计扑杀生猪 119.2 万头[1]。由于猪肉消费量大，猪肉质量和安全对国家的整体食品安全有重大影响。2019 年我国生猪存栏量下降 27.5%，猪肉产量下降 21.3%，价格上涨 42.5%，占食品价格涨幅的一半多。受猪肉价格上涨影响，其替代品肉类价格也存在一定上涨，给消费者生活带来了较大的影响。一些猪肉供应商以低品质的猪肉冒充高价值猪肉，猪肉及其制品屡屡出现质量和产地真实性的问题，其行为严重损害了消费者的利益，更会引发一系列的问题。猪肉供应链中涉及的主体较多，包括饲料供应商、养殖场、检疫监管、屠宰加工厂、物流运输、零售商、消费者。每个环节均有各自的防疫漏洞，包括违法交易、操作处理不规范等问题。一旦发生问题，需要对供应链上涉及的企业逐个排查从而追踪，并且部分企业未实现信息电子化，增加了追查难度和追查时间。中国政府把食品安全作为民生的重中之重，制定了许多政策，特别是有关设计可追溯系统的政策，以提高居民的健康和对相关政策的满意度。例如，在 2015 年、2016 年和 2017 年连续三年的时间里，1 号文件都强调了要建立一个全面的可追溯和监督服务平台。此外，《中华人民共和国食品安全法》第四十二条还指出，国家正在建立食品安全追溯体系。习近平总书记指出要尽快构建全国统一的农产品和食品安全信息追溯平台。猪肉的信息来源是影响消费者选择的一个重要因素。猪肉地理真实性的认定是保护消费者免受假冒伪劣产品侵害的必要条件。因此市场迫切需要建立猪肉的真实性溯源识别方法，维护市场的公平竞争，保障消费者生命健康安全。目前，应用于猪肉产地溯源和真实性研究的技术有稳定同位素技术、矿物元素指纹图谱技术、DNA 分析技术、光谱技术、质谱技术、脂肪酸分析技术、电子鼻技术、标签技术等。

5.2　分析技术在猪肉产地溯源与真实性研究中的进展

5.2.1　稳定同位素技术

人们普遍认为有机猪肉比普通猪肉更健康、更安全，因此消费者愿意为其支付更高的价格。有机猪肉作为一种高价值产品，在各个国家备受消费者和监管者的关注。由于有机猪肉成本高，市场上的有机猪肉的价格一般都高于普通猪肉的价格。关于有机猪肉与普通猪肉的鉴别研究很少，很容易使消费者受到欺诈，建立一种有效的有机猪肉与普通猪肉的鉴别方法仍然是一个迫切而重要的需求。在动物肉蛋白质中，碳和氮稳定同位素的比值在很大程度上取决于它们的饮食，稳定同位素技术可作为鉴别有机猪肉与普通猪肉的潜在工具，本课题组[2]等研究了不同饲养方式的猪毛发、血液、脱脂肉等组织的碳、氮同位素特征，实验发现，有机饲养的猪毛发、血液、脱脂肉等组织的碳、氮同位素比值均高于传统饲养，对有机猪肉与普通猪肉的碳、氮同位素比值进行判别分析，结果达到了100%的正确分类，此外，还研究了有机猪肉和普通猪肉碳、氮稳定同位素比值的变化，结果表明，除了1月和2月的三个星期外，有机猪肉的$\delta^{13}C$值均高于传统猪肉，有机猪肉的$\delta^{15}N$值也均高于传统猪肉，因此，碳氮同位素比值分析对有机猪肉的鉴别具有重要意义，为有机猪肉的检测提供了依据，有望减少假冒有机猪肉的发生。为了进一步鉴别有机猪肉，本课题组[3]还测定了中国4个地区有机和普通猪肉样品中4种稳定同位素比值（$\delta^{13}C$、$\delta^{15}N$、δD和$\delta^{18}O$）和7种元素（K、Na、Mg、Ca、Fe、Cu和Se）的含量，采用主成分分析和正交偏最小二乘判别分析对猪肉中稳定同位素比值和多元素含量进行了分析，结果表明，我国4个产地有机猪肉氮稳定同位素比值均高于同一地区的普通猪肉，而有机猪肉碳稳定同位素比值和7种矿质元素（K、Na、Mg、Ca、Fe、Cu、Se）含量均低于普通猪肉，说明猪肉中元素含量与饲养方式有很大关系。

猪肉来源的真实性一直是全世界消费者关注的焦点，稳定同位素技术在猪肉的真实性和产地溯源中起着非常重要的作用。世界上每一个国家或地区都有不同的纬度和气候条件，动物的不同饮食取决于其栖息地的土壤类型，通过稳定同位素，肉产品可以与动物的饮食联系起来，并最终与动物的来源联系起来。Shin[4]等收集来自韩国和丹麦、德国、法国、西班牙、加拿大和墨西哥的37份猪肉样品，测定猪肉的$\delta^{13}C$、$\delta^{15}N$、δD、$\delta^{18}O$和$^{87}Sr/^{86}Sr$值，结果表明猪肉样品中$^{87}Sr/^{86}Sr$比值范围较大，从0.707 79到0.712 45不等，加拿大样品的$\delta^{18}O$和δD值最低，主要是由于纬度效应，欧洲和加拿大样品的$\delta^{13}C$值低于韩国和墨西哥样品，这取决于饲料是否由C_3或C_4植物组成，欧洲和加拿大样品的$\delta^{15}N$值远高于其他样品，这可能是由于饲料的$\delta^{15}N$值所致。为了更详细地验证多同位素和多变量统计方法的结合是否是确定猪肉地理来源的有效方法，Park[5]等通过稳定同位素和矿物元素研究了韩国、加拿大、智利、德国、墨西哥、西班牙、美国的猪肉，实验分析了不同国家的346份猪肉样品。实验结果显示，韩国、智利和美国样本的$\delta^{13}C$值存在显著差异，加拿大猪肉的$\delta^{15}N$值最高，而韩国猪肉的$\delta^{15}N$值最低，判别分析结果表明，微量元素含量和稳定同位素比值对地理起源的判别准确率为100%。有关稳定同位素技术应用于猪肉产地溯源和真实性研究的总结见表5-1。

表5-1　稳定同位素技术应用于猪肉产地溯源和真实性研究的总结表

内容	时间	地区/品种	指标	文献
饲养方式	1999	伊比利亚	碳、氮	[6]
饲养方式	2013	波兰	碳、氮	[7]
饲养方式	2016	中国	碳、氮	[2]
饲养方式	2016	中国	碳、氮	[8]

（续）

内容	时间	地区/品种	指标	文献
饲养方式、产地	2020	中国	碳、氮、氢、氧、矿物元素	[3]
产地	2013	韩国、欧洲、美国	碳、氮	[9]
产地	2018	韩国、加拿大、墨西哥、丹麦、法国、西班牙、德国	碳、氮、氢、氧、锶	[4]
产地	2018	韩国、加拿大、智利、德国、墨西哥、西班牙、美国	碳、氮、矿物元素	[5]

5.2.2 DNA 分析技术

猪肉掺假已成为包括加工、流通和餐饮在内的整个肉类供应链中的一个热点问题，由于不同肉类之间价格差异造成的经济利益诱惑，非法肉类生产商可能会试图用低品质猪肉代替高价值猪肉，甚至用不可食用的肉类（如老鼠肉、狐狸肉）代替猪肉。猪肉掺假和其他食品欺诈一样，直接威胁了消费者健康、削弱了企业声誉并破坏贸易秩序和公平竞争。针对猪肉掺假严重的现状，迫切需要一种快速、可靠的检测方法，Kim[10]等开发了一种基于 TaqMan®探针的快速多重实时聚合酶链式反应检测方法，可在 40min 内同时检测猪肉、鸡肉和牛肉，用 20 种动物鉴定了该方法的特异性，未发现交叉污染。在食品安全快速检测领域，快速性和可靠性是两个最重要的指标，检测方法越可靠、速度越快，越容易应用于实际测试，检测方法的快速性主要体现在检测时间短、检测步骤少、结果分析简单，检测方法的可靠性主要体现在检测限较低、稳定性较高、对实际样品验证更准确，因此，快速多重实时 PCR 方法可以方便、快速地检测出猪肉、鸡肉和牛肉，在猪肉产地溯源和真实性研究中具有广阔的前景。

建立猪肉的溯源体系，可以实现对猪肉制品的可追溯管理，从而为消费者提供产品有关的详细信息，包括养殖、运输、屠宰、分割、销售等各个环节，大大加强了政府相关部门对肉制品质量安全监管的力度。生物体的 DNA 存在于其任何组织的细胞中，而且个体的 DNA 序列具有特异性（同卵双生除外）和稳定性，因此不受动物被分割的影响，通过鉴别个体 DNA 特征能够准确地识别动物个体，因此 DNA 技术被用于肉产品的溯源中，DNA 溯源技术需要借助分子标记体现个体基因组序列的差异。当前被认为是最具应用潜力的分子标记是 SNP 标记，吴潇[11]等采集 233 份不同个体的猪肉，检测了 33 个单核苷酸多态性标记的遗传多样性，通过杂合度计算筛选出 6 个 SNP 标记可用于猪肉产品 DNA 溯源，进一步在屠宰场采样进行溯源模拟实验，结果表明筛选的 18 个 SNP 标记（6 个新 SNP 标记结合已有的 12 个 SNP 标记）能有效区分 100 头猪个体，随机抽取的 10 个个体的组织样品都能通过基因型比对找到对应的个体，为早日建立猪肉产品的 DNA 溯源系统提供了技术参考。

DNA 技术还可以区分不同品种的猪肉，吴华莉[12]等选择 13 个基因的 15 个 SNP 作为候选标记位点，采用 RFLP-PCR 方法对杜洛克猪、长白猪和大白猪种进行检测。结果表明：每个 SNP 位点 3 个猪种中所显示的多态性分布是不同的，其中 SNP12 和 SNP3 虽然位于 PSMB10 基因上，但两个位点之间不存在遗传连锁现象，相互独立，因此二者都可作为 3 个猪肉产品的有效溯源标记。有关 DNA 分析技术应用于猪肉产地溯源和真实性研究的总结见表 5 - 2。

表 5 - 2　DNA 分析技术应用于猪肉产地溯源和真实性研究的总结表

内容	技术	物种/品种/产地	时间	文献
物种	PCR	猪、鸡	2010	[13]
物种	quantitative Tetraplex real-time PCR	猪、牛	2017	[14]
物种	multiplex real-time PCR	猪、鸡、牛	2019	[10]
物种	multiplex PCR	猪、狗、鸡、牛、马、驴、狐狸、兔	2019	[15]
物种	multiplex PCR	猪、羊、鸡、鸭、猫、鼠	2019	[16]
物种	Heptaplex PCR	猪、牛、鸡、猫、狗、鱼	2019	[17]
物种	duplex SYBR-Green real-time PCR	猪、牛	2019	[18]
物种	single tube quadruplex PCR	猪、牛、羊、鸡	2019	[19]
物种	Droplet digital PCR	猪、牛、马、羊、鸡	2020	[20]
物种	real-time PCR	猪、鸡、牛	2020	[21]
物种	PCR	猪、羊、牛、鸡、鹅、鸭、马、兔	2020	[22]
物种	PCR	猪、牛	2020	[23]
物种	SYBR Green real-time PCR	猪、羊、牛、鸡、鹿、虾	2020	[24]
物种	Loop Mediated Isothermal Amplification PCR	猪、羊、牛、鸡	2020	[25]
品种	RFLP-PCR	杜洛克猪、大白猪、长白猪	2017	[12]
品种	PCR	野猪、家猪	2019	[26]
个体	SNP	猪	2017	[11]

5.2.3　电子鼻技术

肉类掺假在一些零售市场是一个普遍存在的问题，而肉类物种鉴定是一个全球关注的主要问题，Nurjuliana[27]等采用电子鼻和气相色谱-质谱联用仪对猪肉、牛肉、羊肉、鸡肉和肉制品的挥发性成分进行了研究，对数据进行主成分分析，结果表明主成分分析能够将猪肉与其他肉类和香肠进行区分，电子鼻对肉的风味检测具有足够的选择性和灵敏度，电子鼻的分析时间不到 1min，所需样品不到 5g，为猪肉的真实性检测提供了快速、准确、低成本和环保的工具。Wijaya[28]等提出一个易于使用且低成本的电子鼻系统，能够判断牛肉和猪肉，电子系统采用 Arduino 微控制器和由八个金属氧化物半导体气体传感器组成的传感器阵列，在模式分类中，先用朴素贝叶斯分类器，再用最小最大幅度标度法对新鲜牛肉和猪肉进行分类，实验结果表明，电子鼻系统在不增加加热装置的情况下，能够区分纯牛肉和纯猪肉，该系统在交叉验证的基础上，对牛肉和猪肉的分类准确率达到75%，掺假肉类的检测具有广阔的发展前景，需要强大的多类分类器对混合肉进行建模，未来还应发展更先进的电子鼻信号处理方法，进一步的系统开发有助于确保猪肉类的质量和纯度，这对猪肉的产地溯源和真实性研究非常重要。

在所有的感官特性中，味道被认为是最重要的，猪肉因其口感细腻、营养成分丰富和独特风味等感官特性而深受消费者欢迎，风味是消费者判断猪肉质量最重要的感官属性之一，主要与挥发性化合物的生成有关。Han[29]等采用气相色谱-质谱和电子鼻对藏猪、三门峡猪、杜洛克猪三个不同品种的水煮猪肉进行定性鉴别，共鉴定出 61 种挥发性成分，其中 25 种为水煮猪肉中的气味活性成分，7 种气味活性物质（己醛、壬醛、1-辛-3-醇、二甲基二硫、庚醛、2-戊基呋喃和 2-乙基呋喃）是造成水煮猪肉整体风味的主要因素，对数据进行主成分分析、聚类和偏最小二乘判别分析，结果表明，三种品种猪的水煮肉均能清晰地分辨出 12 种气味活性物质，被确定为潜在的风味标记物，气相色谱-嗅觉质谱和电子鼻结合化学计量学分析是鉴别和鉴定 3 个品种水煮猪肉的有效方法，有可能成为评价不同品种猪肉的一种可行方法。

中国腌制猪蹄的历史可以追溯到几千年前，腌猪腿是中国历史文化遗产和非物质文化遗产的一部分，因其质地细腻、色泽鲜艳、风味浓郁等鲜明的感官特征而深受中国消费者的喜爱，Han[30]等采用气相色谱-质谱/嗅觉仪和电子鼻研究大红门、稻香村、恒惠通、天府浩四个地方品牌腌制猪蹄的挥发性成分，共鉴定出 62 种挥发性成分，其中 24 种因其气味活性值大于 1 而被认为是气味活性成分，测定了 9 种气味活性物质作为鉴别腌制猪肉的潜在风味标志物，对数据进行主成分分析和偏最小二乘判别分析，结果表明腌制的猪肉明显分为三组，研究结果表明，气相色谱-质谱/嗅觉仪和电子鼻法鉴别不同品牌腌制猪肉挥发性成分具有可行性，为猪肉的产地溯源和真实性研究提供了可靠的方法。有关电子鼻技术应用于猪肉产地溯源和真实性研究的总结见表 5-3。

表 5-3　电子鼻技术应用于猪肉产地溯源和真实性研究的总结

研究内容	分析方法	物种/品种/产地	时间	文献
物种	主成分分析法	猪、牛、羊、鸡	2011	[27]
物种	朴素贝叶斯法	猪、牛	2017	[28]
品种	主成分分析、凝聚层次聚类、偏最小二乘判别分析	藏猪、三门峡猪、杜洛克猪	2020	[29]
产地	主成分分析、偏最小二乘判别分析	大红门、稻香村、恒惠通、天府浩	2019	[30]

5.2.4　脂肪酸分析技术

有机猪肉与普通猪肉相比，有机猪肉更为鲜嫩，风味更佳，营养更丰富。尽管市场上有机猪肉产品数量和品牌众多，但鱼龙混杂，假冒伪劣现象时有发生。依靠给猪加装耳标进行溯源，当有机猪肉产品与标签不符时，其真实性就无法得到确认，但可以利用猪肉特定的成分进行真实性溯源，如脂肪酸因子溯源识别技术。猪的饱和脂肪酸和单不饱和脂肪酸在体内合成，且不易受膳食变化的影响，而多不饱和脂肪酸亚油酸（C18：2n6c）和α-亚麻酸（C18：3n3）在体内不能合成，能够反映出膳食的改变，而 n-6 和 n-3 系列长链脂肪酸（C20-C22）可以分别从它们的膳食前体亚油酸和α-亚麻酸中合成，也能间接反映出膳食组成和含量。王凯强[31]采集北京的有机猪肉和普通猪肉样品，通过优化前处理方法与检测条件，用气相色谱法测定有机猪肉和普通猪肉里脊的脂肪酸，对数据结果进行主成分分析，建立了有机猪肉溯源模型，且对模型进行判别分析，结果表明，测定的 21 种脂肪酸中，有机猪肉和普通猪肉中的 15 种脂肪酸差异显著，提取的三个主成分，其累加贡献率为 75.73%，PCA 图中有机猪肉与普通猪肉可以清楚区分开，判别分析正确率为 100%，表明利用脂肪酸技术对有机猪肉进行溯源是可靠的。伊比利亚猪种是在伊比利亚半岛西部和南部的一个独特生态系统中以放牧的方式进行饲养的，随着消费者对来自"伊比利亚"的优质猪肉产品的需求增加，大量猪肉以配方饲料饲养，为了使消费者不受欺骗，Recio[32]等测定伊比利亚猪肉的脂肪酸，发现棕榈酸、硬脂酸、油酸和亚油酸可以区分来自不同饲养方式的猪肉产品。

不同来源的油脂在脂肪酸特性上存在显著差异，这意味着脂肪可以成为鉴别脂质样品中不同物种的潜在参数，Pu[33]等收集了鱼粉、猪、家禽、牛、羊肉骨粉等 53 份样品，并用气相色谱法测定 37 种脂肪酸，对数据集进行主成分分析和偏最小二乘判别分析，结果表明，除了对牛的鉴别外，不同物种可以根据脂肪酸化合物进行清晰的分类，利用脂肪酸分析技术可以鉴别不同的物种，同时为溯源猪肉的真实性提供依据。

脂肪是中国猪肉中最重要的营养成分之一，不同产地的猪具有不同的特点，例如，藏猪是中国特有的高原猪品种，与其他家养猪相比，它们具有更强的抗病性、更好的肉质，但生长速度较慢。近年来，西藏猪肉的稀缺性和典型的感官特性越来越受到消费者的关注，Mi[34]等采用液相色谱-串联质谱和多元统计的方法，分别测定了西藏、吉林、三门峡黑猪 5 个部位的脂肪，对数据进行偏最小二乘判别分析，结果表明西藏、吉林、三门峡三个地区的猪肉脂肪组分为三组，建立 PLS-DA 模型使猪肉样品的分类准确率达到 91.1%，研究发现，61 种甘油酯、17 种甘油磷脂、4 种甾醇脂、2 种鞘脂、3 种聚酮、7 种脂肪酰和 6 种丙烯醇脂等 100 个变量对藏、吉、三门峡猪肉具有很高的鉴别潜力，脂质组分析和多元统计相结合是鉴别中国国产猪肉的一种有前途的方法。有关脂肪酸分析技术应用于猪肉产地溯源和真实性研究的总结见表 5-4。

表 5-4 脂肪酸分析技术应用于猪肉产地溯源和真实性研究总结

研究内容	方法	产地/品种/物种	时间	文献
饲养方式	气相色谱-同位素比值质谱法	伊比利亚	2013	[32]
饲养方式	气相色谱法	北京	2015	[31]
物种	气相色谱法	猪、鱼、家禽、牛、羊	2016	[33]
产地	液相色谱-串联质谱	西藏、吉林、三门峡	2019	[34]

5.2.5 矿物元素指纹图谱技术

猪体内矿物元素的含量受到地理环境、土壤及植物等影响，可以利用矿物元素技术区分不同产地的猪肉，Kim[35]等采用电感耦合等离子体发射光谱和电感耦合等离子体质谱测定了 29 种矿物元素，对韩国、美国、德国、奥地利、荷兰、比利时的 323 份猪肉样品的地理来源真实性进行了调查，结果表明，微量元素可用于准确鉴定来自不同国家的猪肉，对数据进行线性判别分析，97% 的猪肉样品可以得到正确的分类，因此，矿物元素技术可用于溯源不同产地的猪肉。齐婧[36]等采集了四川巴山的青峪黑猪肉、山东莱芜黑猪肉和北京黑六猪肉三种不同地域来源的地理标志猪肉，用电感耦合等离子体质谱对三种不同地域来源的地理标志猪肉中 33 种矿物元素含量进行测定，通过对比偏最小二乘法判别分析、正交偏最小二乘判别分析、支持向量机、朴素贝叶斯、决策树和神经网络六种分类模型，得出正交偏最小二乘判别分析和决策树分类模型较适合基于矿物元素技术对猪肉产地进行溯源，通过元素含量筛选，排除猪肉样品中含量低于或接近检出限的元素，筛选出 13 个元素进行研究，其中 Na、Fe、Co、Cu、Zn、Se、Rb、Sr 共 8 种元素在地域之间差异显著，矿物元素技术在我国地理标志猪肉产地溯源领域中具有长远的应用前景。

普通农场猪饲料中往往是添加了矿物质的商业饲料，而有机农场的猪饲喂的是有机饲料，饲养方式在很大程度上决定了猪的矿物元素组成，可以利用矿物元素技术区分不同饲养方式下的猪肉，Zhao[37]等研究了 13 种有机和普通农场猪肉中的矿物元素含量，结果表明有机猪肉和普通肉中常量元素（Na、K、Mg、Ca）和部分微量元素（Ni、Fe、Zn、Sr）的含量差异不显著，有机猪肉中的铬、锰、铜微量元素含量均显著高于普通猪肉，有机和传统猪肉中的铬元素分别为 $808\mu g/kg$ 和 $500\mu g/kg$，有机和传统猪肉中的锰元素分别为 $695\mu g/kg$ 和 $473\mu g/kg$，有机和传统猪肉中的铜元素分别为 $1.80mg/kg$ 和 $1.49mg/kg$，说明在有机体系和传统体系中猪的矿物质含量存在显著差异，利用矿物元素技术可以实现有机猪肉的鉴别。

矿物元素技术还可以对不同品种的猪肉进行区分，王军一[38]等对沂蒙黑猪与"杜长大"三元猪的背最长肌微量元素含量进行了分析，结果表明沂蒙黑猪背最长肌肌肉中矿物元素含量较"杜长大"三元猪丰富，其中铁、锌、硒含量显著高于"杜长大"三元猪。有关矿物元素指纹图谱技术应用于猪肉产地溯源和真实性研究的总结见表 5-5。

表 5-5　矿物元素指纹图谱技术应用于猪肉产地溯源和真实性研究总结

内容	时间	地区/品种	文献
产地	2017	韩国、美国、德国、奥地利、荷兰、比利时	[35]
产地	2019	中国	[39]
产地	2020	中国	[36]
品种	2008	野猪、家猪	[40]
品种、饲养方式	2017	巴马香猪、长白猪	[41]
品种	2018	沂蒙黑猪、三元猪	[38]
饲养方式	2016	中国	[37]

5.2.6　光谱技术

近红外技术与高光谱等技术通过结合光谱及图像数据提升判别的准确率是光谱技术在肉制品掺假研究中的趋势，猪肉、牛肉和羊肉通常是人们首选的动物蛋白来源，Qiao[42]等研究高光谱成像技术对牛肉、羊肉和猪肉三种主要红肉的鉴别，将三种不同的肉类样品切成大约一致的切片，拼接在一个界面上进行扫描，在获取了肉类样品的高光谱图像后，对采集到的图像进行了校正和区域的选择，在光谱分析之前采用标准正态变分校正的光谱预处理方法来降低光散射和随机噪声，最后利用主成分分析方法提取特征波长，采用 Fisher 线性判别法建立 Fisher 判别函数，对肉进行识别，为了提高模型的覆盖率，所有样本都是从不同批次中采集的，结果表明，高光谱成像技术可以作为一种有效、快速、无损的猪肉鉴别方法。Garrido-Novell[43]等利用高光谱成像技术将 40 份猪肉、40 份家禽和 40 份鱼粉在 1 000～1 700nm 范围内的分析，随后建立偏最小二乘判别分析模型，然后使用由 45 个样本（15 份猪肉、15 份家禽和 15 份鱼粉）组成的外部验证集对模型进行测试，结果表明，83％的样品得到正确分类，可见光谱技术对猪肉的真实性溯源具有可行性。

按基因型和饲养制度，伊比利亚猪的个体胴体分为四个官方质量类别，Horcada[44]等采用一种便携式近红外光谱仪器对伊比利亚猪的四个解剖部位（活体动物皮、胴体表面、鲜肉和皮下脂肪样品）进行扫描，获得光谱，根据近红外光谱在胴体表面和皮下脂肪中的测量结果，能正确地将 75.9％和 73.8％的胴体分类，此外，利用新鲜肉和皮下脂肪样品的光谱，根据饲养制度对 93.2％和 93.4％的胴体进行了正确分类，说明手持近红外光谱装置可成功地将伊比利亚猪的胴体按饲养制度进行分类，为伊比利亚猪胴体的官方质量分类控制提供支持。有关光谱技术应用于猪肉产地溯源和真实性研究的总结见表 5 - 6。

表 5 - 6　光谱技术应用于猪肉产地溯源和真实性研究总结

研究内容	方法	产地/物种	时间	文献
物种	近红外高光谱成像	牛、羊、猪	2016	[42]
物种	拉曼光谱	猪、鸡	2018	[45]
物种	近红外高光谱成像	猪、鸡、鱼	2018	[43]
物种	近红外反射光谱	猪	2020	[46]
饲养方式	近红外光谱	伊比利亚	2020	[44]

5.2.7　质谱技术

Mi[47]等利用液相色谱质谱研究藏猪肉和杜洛克猪肉分化的关键蛋白，分别在西藏和杜洛克猪肉的 5 个切块（肩、臀、腰、胫、腹）中，共鉴定出 91 个和 116 个差异表达蛋白，利用化学计量学方法，鉴定了 68 种对藏猪肉和杜洛克猪肉有鉴别意义的蛋白质，证明了利用差异蛋白质组学来分析藏猪肉和杜洛克猪肉的可行性。

Pavlidis[48]等通过微生物和顶空固相微萃取结合气相色谱-质谱分析牛肉、猪肉和混合肉糜（70％牛肉和 30％猪肉）样品，对数据进行主成分分析和偏最小二乘判别分析，将数据集的 70％用于模型校准，30％用于模型预测，在模型校准期间，99％、100％和100％的样本分别被正确分类为牛肉、猪肉和混合肉样本，鉴定出的挥发性成分中，戊醛、己醛、癸醛、壬醛、苯甲醛、反式-2-己烯醛、反式-2-庚烯醛、反式-2-辛烯醛和 1-辛烯-3-酮与猪肉呈显著正相关，表明研究所采用的挥发性组分分析方法可作为肉类样品鉴别和分类的手段。

公猪异味是一种由脂肪组织中的吲哚和雄烯酮积聚引起的气味，公猪异味的发生会引起消费者不良反应，从而导致养猪业的经济损失，Verplanken[49]等采用快速蒸发电离质谱法快速检测猪颈部脂肪中的公猪异味，对数据进行正交偏最小二乘判别分析，得到的正交偏最小二乘判别分析模型对母猪、公猪的分类准确率分别为99%和100%，为确保猪肉食用安全和提高质量提供了一种有前途的技术。有关质谱技术应用于猪肉产地溯源和真实性研究的总结见表5-7。

表5-7　质谱技术应用于猪肉产地溯源和真实性研究总结

内容	方法	物种/品种	时间	文献
物种	顶空固相微萃取-气相色谱质谱联用	牛肉、猪肉	2019	[48]
品种	液相色谱质谱/质谱联用	藏猪、杜洛克猪	2019	[47]
性别	快速蒸发电离质谱法	公猪、母猪	2017	[49]

5.2.8　标签技术

目前，猪肉质量安全问题包括：人们在生猪养殖过程中滥用兽药导致残留超标，猪肉在加工过程中添加对人体有害的添加剂，猪肉及其制品在运输和销售过程中存在二次污染，这些都严重危及消费者的健康，要保证猪肉及制品安全，就必须严格把关养殖、屠宰、加工、运输和销售等各个环节，形成完善的猪肉溯源系统。随着射频识别技术（RFID）技术与现有的互联网系统相结合，基于RFID技术的猪肉溯源系统将成为一种必然趋势，Chen[50]等设计了一种基于二维码和RFID技术的移动式猪肉质量安全追溯系统，首先，通过文献检索和实地观察，对猪肉供应链中的业务流程和系统中的关键追溯信息进行评价，然后设计了一种基于二维条码和RFID技术的猪肉追溯系统，包括消费者、监督员、市场摊主在内的任何人都可以使用微信、支付宝等具有二维码扫描功能的软件对二维码进行扫描，查询肉类信息，包括主要相关实体信息和质量安全信息，最后将吉林省作为试点实施系统，试点结果令人满意，2018年初，追溯体系在吉林省全面推广应用，截至2018年12月中旬，吉林省共有54家生猪屠宰企业纳入系统，实现县级以上定点屠宰场100%覆盖，系统包括2 041个农民、13个大型农场、805个经纪人和2 410个经销商，系统包含报到登记信息48 897条，出栏信息369 416条，生猪交易1 059 911头，生猪交易过程直接涉及6 527人，应用成果得到了吉林省政府主要领导和农业农村部领导的一致认可，2018年7月16日，《农民日报》头版刊登了系统建设和应用成果，引起了全国的关注。构建猪肉安全追溯系统势在必行，不仅是建设和谐社会、提高人民生活质量的要求，也是农业生产企业参与全球竞争，应对绿色技术壁垒的需要。乳猪肉是撒丁岛的特色肉制品，由于非洲猪瘟，该岛的猪肉生产系统受到出口限制，为了保护其原产地和品牌，Cappai[51]等通过在传统的生产过程中引入先进的技术工具，对传统系统与RFID＋DNA系统进行了评估，并对成本进行了比较，根据研究的结果，可以将RFID＋DNA系统引入乳猪生产的传统工艺中，用于撒丁岛乳猪肉的原产地和品牌的保护。

近场通信，简称NFC，是智能手机或平板电脑等设备之间的一种非接触式通信形式。RFID技术具有远距离读取标签的优点，使得 RFID 在产品运输和分销管理方面优于近场通信（NFC）。但是，NFC智能手机广泛普及，消费者和小型农场和食品生产商使用智能手机应用程序方便快捷，也表明了使用 NFC 智能手机可以实现食品链的可追溯性。Pigini[52]等人设计了基于 NFC 标签的复杂识别系统，系统在猪肉生产过程的所有阶段累积数据，收集整个猪肉供应链的信息，追踪系统生成的数据通过 Android 智能手机上的应用程序收集在云数据库中，消费者可以通过公开的 Android 应用程序访问这些信息，这项工作的目的是跟踪食品加工过程中产生的信息，不仅可以追溯猪肉的原产地，而且还可以提高和优化生产。有关标签技术应用猪肉产地溯源和真实性研究的总结见表 5-8。

表5-8 标签技术应用猪肉产地溯源和真实性研究总结

研究内容	技术	时间	文献
产地溯源	RFID	2005	[53]
产地溯源	RFID	2007	[54]
产地溯源	RFID、二维码	2009	[55]
产地溯源	RFID	2009	[56]
产地溯源	RFID、条形码	2010	[57]
产地溯源	RFID、条形码	2011	[58]
产地溯源	RFID	2014	[59]
产地溯源	RFID	2014	[60]
产地溯源	RFID	2014	[61]
产地溯源	RFID	2015	[62]
产地溯源	RFID	2016	[63]
产地溯源	NFC	2017	[52]
产地溯源	RFID	2017	[64]
产地溯源	RFID	2018	[51]
产地溯源	RFID	2018	[65]
产地溯源	RFID	2018	[66]
产地溯源	RFID	2018	[67]
产地溯源	RFID	2019	[68]
产地溯源	RFID	2019	[69]
产地溯源	二维码	2020	[50]

5.3 研究趋势

八种溯源技术在猪肉产地溯源与真实性研究中的应用现状如图 5-1 所示。标签技术在猪肉产地溯源与真实性研究中的比例为 30%，标签技术比例较高的原因可能是标签技术简单易控，应用起来比较灵活。DNA 技术在猪肉产地溯源与真实性研究中的比例为 25％，DNA 技术比例较高的原因可能是大部分生命体中都有 DNA 的存在，且 DNA 较稳定，可以更好地对猪肉进行溯源。稳定同位素技术在猪肉产地溯源与真实性研究中的比例为 12％，大量研究表明，稳定同位素技术是溯源猪肉产地和鉴别有机猪肉的有效方法。矿物元素技术在猪肉产地溯源与真实性研究中的比例为 9％，可能是矿物元素的影响因素较多，在现实研究中控制唯一变量较难，并且目前对矿物元素在体内的分馏机制了解还不够深入。光谱技术通过构建精确度高、稳定性好的数学模型，可在不破坏样品完整性和无须样品前处理的前提下，实现猪肉产地溯源，光谱技术在猪肉产地溯源与真实性研究中的比例为 7％，光谱技术应用比例小的原因可能是光谱重叠严重，谱带复杂。电子鼻技术和脂肪酸分析技术的比例均为 6％，没有得到广泛应用，可能是电子鼻技术还处于发展完善的阶段，硬件结构和识别算法与仿生特性还存在差距，未达到广泛应用的标准，脂肪酸易受储存环境、品种及年龄等的影响，影响因素的规律尚在探索阶段，导致对地域的判别效果不明显。质谱技术作为一种新型的手段在猪肉产地溯源与真实性研究中的比例最小为 5％。

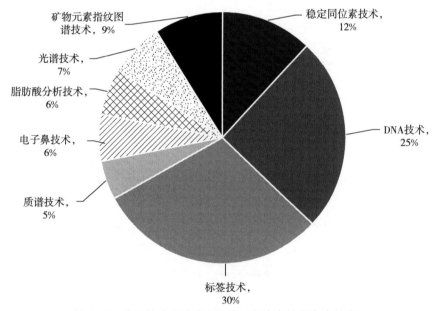

图 5-1　分析技术在猪肉产地溯源与真实性研究中的应用

　　应用溯源技术对猪肉的来源追踪研究并不是很多。如图 5-2 所示，1999 年以前，对猪肉的溯源研究几乎没有，2006 年以后，消费者意识到关注猪肉来源的重要性，研究人员开始重视对猪肉的溯源研究，猪肉溯源的研究开始逐年增多。

　　关于猪肉产地溯源与真实性研究的文章发表在 50 多个期刊上，大部分为英文期刊，少数为中文期刊。在猪肉产地溯源与真实性研究中排名前五的期刊如图 5-3 所示，分别是 Meat Science、Food Chemistry、Food Control、Journal of Agricultural and Food Chemistry、Food Research International。

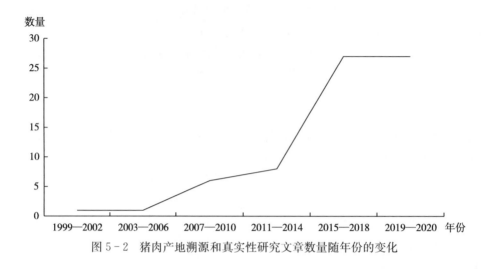

图 5-2　猪肉产地溯源和真实性研究文章数量随年份的变化

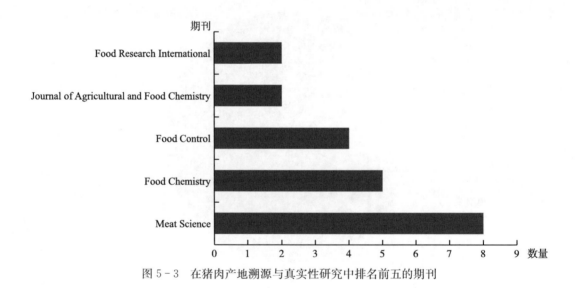

图 5-3　在猪肉产地溯源与真实性研究中排名前五的期刊

5.4　结论

　　猪肉安全问题是现代人们日益关注的焦点，通过建立溯源体系可以有效保障猪肉的安全。近几年，对猪肉的溯源研究越来越多，不同的分析技术在猪肉产地溯源和真实性研究中已取得了阶段性的成果，可以根据各种技术手段的适用性，辅助其他产地溯源手段，提高产地溯源的判别率，同时采用多种数学方法进行统计分析，以达到准确判别的效果。今后可以将研究重点转为实际应用，更深入研究多种复杂因素存在的情况下如何进行判别，通过获取更多的数据集，构建系统的猪肉溯源数据。

典型案例一

本研究通过对不同饲养方式的猪肉样品中 13 种矿物元素含量进行分析，探讨有机体系和传统体系猪肉的差异。结果表明，有机猪肉和传统猪肉中常量元素（Na、K、Mg、Ca）和部分微量元素（Ni、Fe、Zn、Sr）的含量差异不显著。有机猪肉中的铬、锰、铜微量元素含量均显著高于普通猪肉，有机和传统猪肉中的铬元素分别为 808μg/kg 和 500μg/kg，有机和传统猪肉中的锰元素分别为 695μg/kg 和 473μg/kg，有机和传统猪肉中的铜元素分别为 1.80mg/kg 和 1.49mg/kg。本研究表明，在有机体系和传统体系中饲养的猪的矿物质含量存在显著差异，利用判别分析等方法，可以实现有机猪肉的鉴别。

1.1　实验材料与方法

1.1.1　样品信息

所选的生猪是从 200 个杂交种中选出的 50 个样本，公猪和母猪的比例各占一半。所有猪从出生到断奶（一个月）都以相同的方式饲养。断奶一周后，将 50 头猪随机分成两组，分别饲喂两种不同的日粮：传统日粮和有机日粮（表 1）。有机饲料中均不含生长促进剂和抗生素。在本试验条件下，传统饲养方式每头猪的室内面积为 1.5m²，有机饲养系统每头猪的室内面积为 1.5m²，室外面积为 3m²，室外环境除了石头外，还充满了泥土和草。有机农场至少 8 年没有种植任何作物，以保证没有化肥和杀虫剂。有机和传统饲养的猪都被喂养了 7 个月，饮食和饮水都是充足的。在有机饲养方式下的生猪每天在室外可以活动 4~6h。所有的肉样都是从左侧取背最长肌，立即移到 −20℃ 冷冻，直至分析。

表 1　有机和传统日粮的组成

成分	有机日粮	传统日粮
玉米（%）	75	70
豆粕（%）	25	20
浓缩饲料（%）	0	10
氯化钠（%）	0.3	0.3

1.1.2　样品制备

从背最长肌中取约 50g 样品，在冷冻干燥机中冻干 1d。然后用乙醚在索氏提取器中脱脂 6h，得到蛋白质。提取后，在粉碎机中研磨脱脂干物质并在 −20℃ 下储存。对有机饲料和传统饲料进行研磨，并过 100 目筛进行筛选。

1.1.3　样品分析

利用 MARS（CEM 公司）微波消解仪对猪肉微波消解后。将 0.2g 猪肉、10mL

65%硝酸和1mL过氧化氢溶液（31%）添加到聚四氟乙烯消化管中，通过逐步将功率增加到 1 600W 和温度增加到 210℃ 消化 40min。消解后的溶液用超纯水稀释至 50mL，储存在塑料瓶中，然后进行分析。采用电感耦合等离子体质谱（ICP-MS，X 系列 2，Thermo-Fisher，America）测定了猪肉中 13 种元素（Na、Mg、K、Ca、Cr、Mn、Fe、Ni、Cu、Zn、Se、Rb、Sr）。鸡肉标准物质（GBW 10018）由中国地球物理地球化学勘查院提供，用于计算回收率和准确度。经上述消解工艺和电感耦合等离子体质谱分析，鸡肉标准物质中各元素的回收率和相对标准偏差（RSD）分别大于 90% 和小于 10%（一式三份），表明整个分析方法对元素分析是有效的。并使用标准曲线分析进行量化。所有结果均表示为三次测量的平均值。采用 Ge、Y、Rh、Pt 等内标确保仪器的稳定性。当内标 RSD>5% 时，重新测定样品。

1.1.4 统计分析

采用 SPSS 22.0 软件包对数据进行统计分析。采用 T 检验分析有机猪肉与传统猪肉之间的显著差异，当 $p<0.05$ 时，认为有机猪肉与传统猪肉之间的差异是显著的。在多元分析之前，元素数据标准化，用 SIMCA-P 11.5 进行偏最小二乘判别分析（PLS-DA）。评价不同饲养制度下的猪肉是否可以用这些参数来区分，提取主成分对两组进行分类。对所有数据集进行逐步分析，选出最有意义的变量。

1.2 结果

有机与传统饲料中元素的浓度见表 2。结果表明，有机体系与传统体系中饲料元素含量存在较大差异。有机饲料中 Mg、Ca、Cr、Mn、Fe、Cu、Zn、Se、Rb、Sr 值均显著低于传统饲料（$p<0.05$）。就 Na、K、Ni 而言，有机饲料与传统饲料相比，差异无显著性（$p>0.05$）。如表 3 所示，饲养方式对猪肉元素含量有显著影响。有机猪肉中的几种微量元素含量均显著高于传统猪肉（$p<0.05$）：Cr（有机和传统猪肉分别为 $808\mu g/kg$ 和 $500\mu g/kg$）、Mn（$695\mu g/kg$ 和 $473\mu g/kg$）和 Cu（$1.80mg/kg$ 和 $1.49mg/kg$）。有机猪肉中 Se 和 Rb 的含量比普通猪肉低近 50%。就 Na、Mg、K、Ca、Fe、Ni、Zn 和 Sr 的值而言，不同饲养方式的猪肉之间没有差异（$p>0.05$）。为了区分并筛选特征元素，对猪肉样品的 13 种元素组成进行了 PLS-DA 分析。如图 1 所示，图中表明这两组样品可以清楚地进行分类。如图 2 所示，计算出五种元素（Rb、Se、Cr、Cu、Mn）具有较高的 VIP 值，同时，有机猪肉和普通猪肉中这五种元素有显著差异。

表 2 有机体系与传统体系饲料中矿物元素的浓度

元素	有机饲料	传统饲料
Na（mg/kg）	1 023±36.9	1 421±144
Mg（mg/kg）	1 509±50.2[a]	2 574±163[b]
K（mg/kg）	7 813±338	8 290±363

（续）

元素	有机饲料	传统饲料
Ca（mg/kg）	573±27.6[a]	7 357±382[b]
Cr（mg/kg）	1.43±0.08[a]	2.59±0.18[b]
Mn（mg/kg）	11.9±0.74[a]	83.2±6.97[b]
Fe（mg/kg）	153±20.0[a]	376±21.0[b]
Ni（mg/kg）	1.96±0.15	1.89±0.43
Cu（mg/kg）	4.25±0.08[a]	159±10.8[b]
Zn（mg/kg）	23.2±0.65[a]	144±13.8[b]
Se（μg/kg）	53.5±8.95[a]	398±180[b]
Rb（mg/kg）	6.43±0.42[a]	12.0±0.58[b]
Sr（mg/kg）	3.03±0.14[a]	8.51±0.62[b]

表 3　有机体系与传统体系猪肉中矿物元素的浓度

元素	有机饲料	传统饲料
Na（mg/kg）	1 343±198	1 426±356
Mg（mg/kg）	942±118	958±188
K（mg/kg）	15 046±2 389	14 369±3 023
Ca（mg/kg）	127±45.7	145±79.8
Cr（μg/kg）	808±371[a]	500±216[b]
Mn（μg/kg）	695±340[a]	473±199[b]
Fe（mg/kg）	22.6±7.1	18.9±8.8
Ni（μg/kg）	267±154	301±219
Cu（mg/kg）	1.80±0.43[a]	1.49±0.35[b]
Zn（mg/kg）	50.8±14.9	49.1±10.9
Se（μg/kg）	151±58.2[a]	291±87.2[b]
Rb（mg/kg）	21.9±3.67[a]	39.5±7.96[b]
Sr（μg/kg）	214±138	213±142

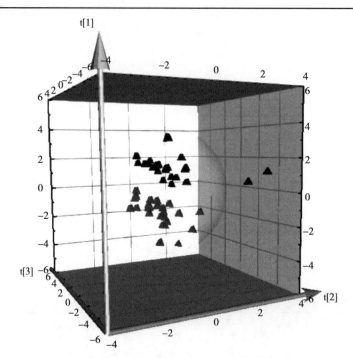

图 1 有机养殖场和传统养殖场猪肉中元素的偏最小二乘判别分析图

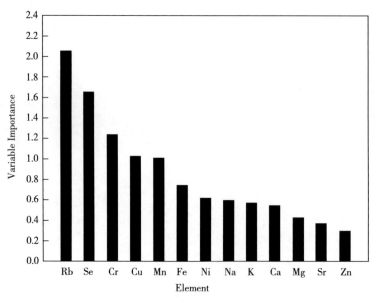

图 2 根据 SIMCA-P 软件计算的 13 个元素的 *VIP* 值

1.3 讨论

商业浓缩饲料通常由矿物、复合维生素、氨基酸、复合酶、石灰石、磷酸钙和植物油组成。与有机饲料相比，传统浓缩饲料中的矿物质元素浓度普遍较高。与有机饲料相比，传统饲料中钙含量显著升高，这是浓缩饲料含有大量磷酸钙和石灰石的结果。两种饲料的 ICP-MS 分析结果也表明，Cr、Rb 和 Sr 的含量存在差异，反映了石灰石和沸石粉在传统饲料中的添加量。

有机猪肉和普通猪肉中的微量元素含量见表 3，Fe 和 Mn（添加到矿物质补充剂中的元素，因此在传统饲料中的含量高于有机饲料）在传统猪肉中的含量较高。有机猪肉中 Mn 含量（695μg/kg）高于传统猪肉（473μg/kg），但传统日粮中 Mn 含量（83.2mg/kg）明显高于有机体系（11.9mg/kg），有机猪的背膘厚度（1.90cm）明显低于普通猪肉（2.32cm），这可以用有机猪肉中 Mn 含量较低来解释。

有机猪肉中 Cr（808μg/kg）和 Cu（1.80mg/kg）的含量显著高于传统猪肉（分别为 500μg/kg 和 1.49mg/kg）。有机猪每天有 4~6h 待在室外，所以有机猪比传统猪有更多的时间活动。尽管有机饲料中 Cr 的含量是传统饲料的一半，但有机猪肉中 Cr 的含量却高于传统饲料，这是因为有机猪具有较强的元素储备能力。在目前的传统养殖场中，过量的 Cu 不能被猪吸收。

1.4 结论

在本研究中，我们比较了有机和传统养殖场猪肉中的矿物元素含量。结果表明，有机猪肉与传统猪肉的大量元素含量差异不显著。然而，有机猪肉中 Cr、Mn 和 Cu 的含量高于传统猪肉，此外，我们还提供了一种通过多元数据统计分析来区分这两种猪肉的方法。

典型案例二

本研究测定了中国 4 个地区有机和传统猪肉样品中 4 种稳定同位素比值（$\delta^{13}C$、$\delta^{15}N$、δD 和 $\delta^{18}O$）和 7 种元素（K、Na、Mg、Ca、Fe、Cu 和 Se）的含量，通过稳定同位素和多种元素的联合分析，验证中国四个不同地区市场上购买的有机猪肉情况，采用主成分分析（PCA）和正交偏最小二乘判别分析（OPLS-DA）对猪肉中稳定同位素比值和多元含量进行了分析。该方法将有可能用来判断猪肉样本是否来自该地区和是否为有机猪肉，并为大范围验证有机农产品的真实性提供了可能。

2.1 实验材料与方法

2.1.1 样品信息

购买的有机猪肉来自中国承德、安庆、赤峰和长春四个城市。承德有机猪肉通过美国农业部国家有机认证，安庆有机猪肉通过杭州万泰认证有限公司认证，赤峰有机猪肉通过欧盟有机认证，长春有机猪肉通过北京五岳华夏有机食品认证。传统猪肉样品分别从承德、安庆、赤峰和长春的养殖场采集。各地区同时采集有机猪肉 20 头，传统猪肉 21 头。

2.1.2 样品制备

将 50g 猪肉样品冻干 24h，然后研磨。在索氏提取仪中用乙醚提取猪肉中的脂肪 6h。

然后进一步研磨蛋白质进行均质，并在-20℃下储存以进行下一步分析。

2.1.3 样品分析

碳氮氢氧稳定同位素分析。为了进行碳（$\delta^{13}C$）和氮（$\delta^{15}N$）分析，将脱脂蛋白粉末导入锡囊。样品和标准物质通过 Confo 依次引入同位素比值质谱仪中。δ（‰）符号用于表示国际标准测量的同位素组成。$\delta^{13}C$ 值与 VPDB 有关，$\delta^{15}N$ 值与大气有关，$\delta^{18}O$ 和 δD 值与 SMOW 有关。根据以下国际标准物质校准稳定同位素比值：USGS24 和 IAEA600 校准 $\delta^{13}C$ 值；USGS43 和 IAEA600 校准 $\delta^{15}N$ 值；USGS42 和 USGS43 校准 $\delta^{18}O$ 和 δD 值。O 的分析精度为 0.4‰，H 的分析精度为 3.0‰，C 和 N 的分析精度均为 0.2‰。

元素分析。利用 MARS（CEM 公司）微波消解仪对样品微波消解。将 0.2g 脱脂样品、10mL 65%硝酸和 1mL 过氧化氢溶液（31%）添加到聚四氟乙烯消化管中，通过逐步增加功率至 1 600W 和温度至 210℃消化 40min。消解后的溶液用超纯水稀释至 50mL，储存在塑料瓶中，然后进行分析。采用电感耦合等离子体质谱（ICP-MS，X 系列 2，Thermo-Fisher，America）测定了猪肉中 7 种元素（Na、K、Mg、Ca、Fe、Cu 和 Se），标准物质（GBW 10018）由中国地球物理地球化学勘查院提供。

2.1.4 统计分析

采用 SPSS 统计软件进行统计分析，并进行 t 检验。为了减少数据集的维数，用较少的变量描述系统的所有变异性，利用 SIMCA-P 软件包对稳定同位素或/和多元素进行了主成分分析（PCA）和正交偏最小二乘判别分析（OPLS-DA）。评价分析参数对猪肉的鉴别能力。根据 OPLS-DA 算法，选取有意义的变量。

2.2 结果

2.2.1 同一地区有机猪肉与传统猪肉的鉴别

传统猪肉样品的 $\delta^{13}C$ 值范围为-18.4‰～-15.1‰，有机猪肉样品的 $\delta^{13}C$ 值范围为-17.2‰～-14.7‰。可见，同一地区普通猪肉的 $\delta^{13}C$ 值普遍低于有机猪肉。

对于 $\delta^{15}N$，四个地区的传统猪肉样品的 $\delta^{15}N$ 值在 2.3‰到 2.7‰之间波动，而有机猪肉样品的 $\delta^{15}N$ 值在 2.6‰到 3.4‰之间波动。除安庆市外，其余 3 个地区的普通猪肉与有机猪肉差异显著。四个城市中，同一地区的传统猪肉与有机猪肉的最大差异在赤峰市（传统：2.4‰；有机：3.3‰），而安庆市的差异最小（传统：2.8‰；有机：2.9‰），同一地区有机猪肉的 $\delta^{15}N$ 值普遍高于普通猪肉。

传统猪肉中稳定同位素 H、O 与同一地区有机猪肉中稳定同位素 H、O 的比值不同。以承德、安庆、长春等地的传统猪肉为例，其 δD 值均低于有机猪肉。同样，承德、安庆、长春等地传统猪肉的 $\delta^{18}O$ 值普遍高于同一地区的有机猪肉。4 个区域中有 3 个区域的传统猪肉和有机猪肉的 δD 和 $\delta^{18}O$ 值存在显著差异，表明 δD 和 $\delta^{18}O$ 可能是区别传统猪肉和有机猪肉的关键稳定同位素。

2.2.2　有机猪肉与普通猪肉矿物元素的差异

　　四个地区的传统和有机猪肉中七种元素（Na、K、Mg、Ca、Fe、Cu 和 Se）的浓度如表 1 所示。用 t 检验法分析了同一地区普通猪肉和有机猪肉中这些元素的含量差异。传统猪肉中 K、Na、Mg、Ca 等常量元素含量显著高于有机猪肉。在微量元素（Fe、Cu 和 Se）中，除安庆、赤峰、长春等地的 Cu 外，传统猪肉在大多数情况下都高于有机猪肉。从表中可以看出，安庆市普通猪肉和有机猪肉中除 Fe、Cu 元素含量无显著差异外，其余地方普通猪肉和有机猪肉中同一元素含量均存在显著差异。

表 1　四个地区的传统猪肉和有机猪肉中的矿物元素浓度

	承德		安庆		赤峰		长春	
	传统猪肉	有机猪肉	传统猪肉	有机猪肉	传统猪肉	有机猪肉	传统猪肉	有机猪肉
Na (mg/kg)	3 115±1 320^a	1 487±172^b	1 465±198^a	1 235±133^b	3 421±567^a	1 287±160^b	1 701±434^a	1 249±171^b
Mg (mg/kg)	2 291±690^a	1 120±75^b	1 284±116^a	1 199±104^b	2 553±448^a	1 131±64^b	1 590±307^a	1 126±67.7^b
K (g/kg)	36.0±11.3^a	17.7±0.85^b	19.1±1.86^a	16.8±1.53^b	46.1±9.89^a	16.9±1.25^b	26.3±5.21^a	17.1±1.29^b
Ca (mg/kg)	314±46.5^a	144±25.5^b	235±27.3^a	146±32.8^b	497±91.1^a	149±46.6^b	416±123^a	152±38.9^b
Fe (mg/kg)	70.9±15.8^a	42.6±7.05^b	51.3±7.6^a	46.7±9.16^a	106±26^a	52.4±11.0^b	73.0±17.0^a	50.9±11.0^b
Cu (mg/kg)	8.48±4.77^a	2.05±0.40^b	2.41±1.98^a	2.98±1.95^a	2.11±0.61^b	3.14±0.63^a	20.2±9.47^a	3.19±1.29^b
Se (mg/kg)	0.52±0.11^a	0.23±0.05^b	0.50±0.10^a	0.40±0.05^b	0.54±0.14^a	0.17±0.04^b	0.38±0.08^b	0.75±0.15^a

2.2.3　同一地区传统猪肉和有机猪肉的主成分分析

　　通过稳定同位素比值和 7 种矿质元素含量的分析，对承德传统猪肉和有机猪肉进行聚类分析。结果表明，传统猪肉和有机猪肉在图 1 中可以完全区分。对于其他三个区域可以获得相同的结果。

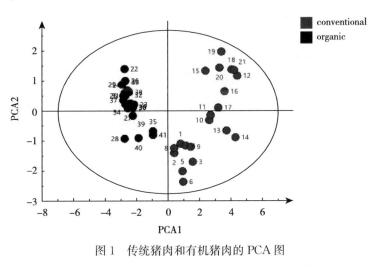

图 1　传统猪肉和有机猪肉的 PCA 图

2.2.4 猪肉的地理来源鉴定

传统猪肉和有机猪肉地理起源分类的 OPLS-DA 结果分别如图 2 所示。有机猪肉的分类优于传统猪肉。如图 2A 所示，不同深浅的圆圈重叠，说明传统猪肉的区别不是很令人满意。图 2B 表明了有机猪肉的四个产地来源的完全识别。因此，有机猪肉的产地鉴别明显优于传统猪肉。

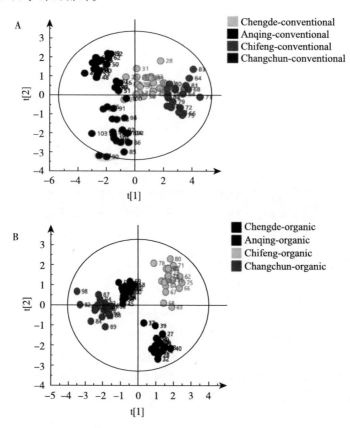

图 2　传统猪肉和有机猪肉的 OPLS-DA 图

2.2.5 商品有机猪肉的实用鉴别

图 3A 显示了用四个稳定同位素比值区分传统猪肉和有机猪肉的结果，这表明两组样品仅用稳定同位素分离不开。如图 3B 所示，根据猪肉中七种矿物质元素的浓度，传统猪肉和有机猪肉的分离也很差。相比之下，结合四种稳定同位素比值和七种矿物元素的浓度，可以很好地区分传统猪肉和有机猪肉（图 3C）。

所有传统猪肉样品和有机猪肉样品的线性判别分析（LDA）结果分别是通过四种稳定同位素比值（C、N、H 和 O）（表 2A）、七种元素浓度（Na、Mg、K、Ca、Fe、Cu 和 Se）（表 2B）和四种稳定同位素比值结合七种元素的浓度（表 2C）。如表 2A 所示，分组交叉验证分析的准确率为 81.7%。对 15 个传统猪肉和有机猪肉样品进行了错误分类，准确率分别为 82.1% 和 81.3%。在表 2B 中，分组交叉验证的准确率为 88.4%。对 18 份传统猪肉样品和 1 份有机猪肉样品进行了错误鉴定，准确率分别为

78.6％和98.8％。通过对猪肉中4种稳定同位素和7种元素含量的分析，交叉验证准确率达到98.8％（表2C），仅一个传统样品和一个有机猪肉样品判断错误。通过比较这三组数据，通过对猪肉中四种稳定同位素的分析结合七种元素的浓度更明确区分商品传统猪肉和有机猪肉。

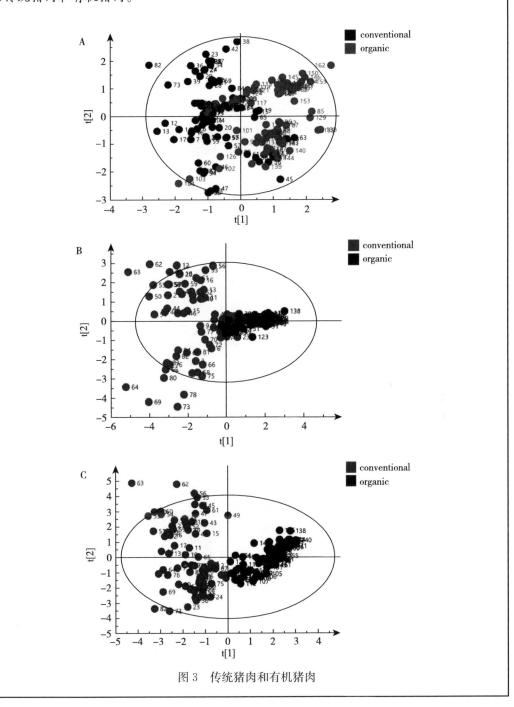

图3　传统猪肉和有机猪肉

表 2　四个地区传统猪肉和有机猪肉样品的线性判别分析表

	分组	传统猪肉	有机猪肉	总数
A 原始计数%	1	69	15	84
	2	15	65	80
	1	82.1	17.9	100
	2	18.8	81.3	100
交叉验证计数%	1	69	15	84
	2	15	65	80
	1	82.1	17.9	100
	2	18.8	81.3	100
B 原始计数%	1	67	17	84
	2	1	79	80
	1	79.8	20.2	100
	2	1.3	98.8	100
交叉验证计数%	1	66	18	84
	2	1	79	80
	1	78.6	21.4	100
	2	1.3	98.8	100
C 原始计数%	1	83	1	84
	2	1	79	80
	1	98.8	1.2	100
	2	1.3	98.8	100
交叉验证计数%	1	83	1	84
	2	1	79	80
	1	98.8	1.2	100
	2	1.3	98.8	100

2.3　讨论

在本研究中，发现传统猪肉的 $\delta^{13}C$ 值显著低于同一地区的有机猪肉，承德（河北）、安庆（安徽）、赤峰（内蒙古自治区）的主要农作物是小麦、水稻、油菜（C_3），这些地区的有机猪食用这些植物以降低 $\delta^{13}C$ 值；长春（吉林省，中国农业大省之一）以玉米为主要作物，玉米（C_4 株；$\delta^{13}C$ 值：从 $-14‰$ 到 $-12‰$）的 $\delta^{13}C$ 值高于 C_3 株（$\delta^{13}C$ 值：从 $-30‰$ 到 $-23‰$）。因此，长春市有机猪每天可能会多吃 C_4 植物，这也是该地区传统猪肉和有机猪肉的 $\delta^{13}C$ 值没有显著差异的原因。

承德、安庆、赤峰、长春四个地区的有机猪肉 $\delta^{15}N$ 值均高于同一地区的传统猪肉。这可能是因为在传统猪的现代生产体系中，其主要食物是传统的浓缩饲料，浓缩饲料的 $\delta^{15}N$ 值低于有机饲料。

本研究发现，除了安庆市猪肉的 $\delta^{18}O$ 值外，同一地区普通猪肉的 δD 和 $\delta^{18}O$ 值均显著高于有机猪肉，食草动物体内的 δD 和 $\delta^{18}O$ 值与生活地附近河水的 δD 和 $\delta^{18}O$ 值呈正相关，而食肉动物体内的 $\delta^{18}O$ 值则呈负相关。由于传统猪和有机猪食用的饲料和植物不同，它们消耗的水量也不同。我们的研究结果表明，同一地区的传统猪肉和有机猪肉的 δD 和 $\delta^{18}O$ 值是不同的，这也说明了 δD 和 $\delta^{18}O$ 值对于鉴别传统猪肉和有机猪肉是必不可少的。

在这项研究中，对于大量元素（K、Na、Mg 和 Ca）和微量元素（Fe、Cu 和 Se），猪肉中 K 和 Na 的浓度最高，其次是 Mg、Ca，最后是 Fe、Cu 和 Se。同一地区传统猪肉和有机猪肉中 Se 含量差异较大，传统猪肉中 Se 含量较高，说明 Se 是同一地理环境下区别有机猪肉和传统猪肉的必要元素。猪肉中的四种同位素比值与七种元素结合起来准确率为 98.8%，说明将矿物元素与稳定同位素结合是有机猪肉鉴别的最佳方法。

2.4　结论

本研究测定了猪肉中 4 种稳定同位素比值和 7 种矿物元素，以确定猪肉的地理来源和真实性。我国 4 个市场有机猪肉氮稳定同位素比值均高于同地区普通猪肉，而有机猪肉碳稳定同位素比值和 7 种矿物元素（K、Na、Mg、Ca、Fe、Cu、Se）含量均低于普通猪肉。由此推测，猪肉中各元素的含量与饲养方式和地理来源有很大关系。将猪肉中的 4 种稳定同位素与 7 种矿物元素结合起来，比仅用猪肉中的 4 种稳定同位素比值或 7 种矿物元素来确定猪肉的饲养方式和地理来源，是一种更为有效的方法。

典型案例三

研究了不同饲养方式下猪毛发、血液、脱脂肉等组织的碳、氮同位素特征，实验发现，有机饲养的猪毛发、血液、脱脂肉等组织的碳、氮同位素比值均高于传统饲养，对有机猪肉与普通猪肉的碳、氮同位素比值进行判别分析，结果达到了 100% 的正确分类，此外，还研究了有机猪肉和普通猪肉碳、氮稳定同位素比值的变化，结果表明，除了一月和二月的三个星期外，有机猪肉的 $\delta^{13}C$ 值均高于传统猪肉，有机猪肉的 $\delta^{15}N$ 值均高于传统猪肉，因此，碳氮同位素比值分析对有机猪肉的鉴别具有重要意义，为有机猪肉的检测提供了依据，有望减少假冒有机猪肉的发生。

3.1　实验材料与方法

3.1.1　样品信息

实验 1：从 200 个杂交种中选出 50 头猪。将 1 月龄猪随机分为有机饲养和传统饲养两组。有机养殖按国家《有机农业标准》（GB/T 19630）的要求运行。传统猪和有机猪的日粮成分如表 1 所示。有机饲料中无合成肥料和杀虫剂。在本试验中，传统和有机饲养的室内面积为每头猪 1.5m²，而有机饲养系统的室外面积为每头猪 3m²。在有机体系中饲养的猪每天有 4~6h 的户外活动。在有机和传统饲养体系中饲养的猪喂养 7 个月，饮食和饮水充足。猪是在一家商业屠宰场屠宰的，生猪在屠宰前一天被运到屠宰场，并在那里过夜，可以自由饮水。电休克后按传统方式屠宰猪，从左侧各取背最长肌，立即移至－20℃冷冻处做进一步分析。在屠宰前从活猪身上采集毛发，并从屠宰场屠宰的猪身上采集血样，与肉类相同的方式保存。

实验2：从北京四家大型超市采集了有机猪肉和传统猪肉样本。其中一家抽样超市是沃尔玛超市，另外三家超市是家乐福超市。这些肉保存在0～4℃的温度下。每家超市都会收集一块新鲜的背最长肌（约500g）作为有机或传统猪肉。在每一个抽样日，在4个超市购买一个传统和一个有机生产的猪肉品牌。每两周采集一次样品，有机和传统猪肉样品总数为192份。分析前，采集的样品在－20℃下冷冻。

表1　有机和传统日粮的组成

成分	有机日粮	传统日粮
玉米（g/kg）	7	7.5
豆粕（g/kg）	2	2.5
浓缩饲料（g/kg）	1	—
氯化钠（g/kg）	0.03	0.03
$\delta^{13}C$（‰）	－15.93±0.05	－18.07±0.11
$\delta^{15}N$（‰）	－0.87±0.20	0.01±0.28

3.1.2　样品制备

将肌肉样品（约50g）切成薄片，并冷冻干燥24h，将干燥的样品粉碎并在索氏提取仪中用乙醚脱脂6h，此后，将干燥的蛋白质团碾碎并在－20℃下保存，直到分析。用蒸馏水清洗头发样品并在60℃下在烤箱中干燥，将干净的头发浸泡在甲醇和氯仿的2∶1混合溶液中2h，然后用蒸馏水清洗，重复上述步骤两次，将头发剪成1～2mm的长度。血液样本在冷冻干燥机中冷冻24h，研磨成粉末，然后将粉末在二氯甲烷中浸泡1h进行脱脂，除去二氯甲烷，风干粉末，然后保存在真空包装袋中。对有机饲料和传统饲料进行研磨，并用100目筛进行筛选，过滤后的饲料保存在真空包装袋中，直到分析。

3.1.3　样品分析

将猪肉样品和国际标准物质称重到锡杯中，然后依次引入元素分析仪（德国 Thermo Finnigan，Flash 2000）。样品中的碳和氮元素在1 020℃燃烧转化为 CO_2 和 NOx，然后生成的 NOx 在650℃下通过铜丝还原成 N_2。氦气以90mL/min的流速流动，将气体通过Confo Ⅲ转移到同位素质谱仪（Delta plus，Thermo），同时测定样品的碳、氮稳定同位素组成。根据公认的国际标准，氮和碳同位素数据以千分之 δ 表示：$\delta（‰）=［（R_{样品}-R_{标准}）/R_{样品}］×1\,000$，其中 $R_{样品}$ 和 $R_{标准}$ 分别为样品和标准物质的同位素比值。碳同位素以维也纳 Pee-Dee-belinite（VPDB）标准为基础，氮同位素以空气氮标准为基础，用USGS24标准（$\delta^{13}C_{PDB}=-16.0‰$）标定参考工作气体 CO_2，用IAEA N1标准（$\delta^{15}N_{air}=0.4‰$）标定参考工作气体 N_2。C和N的分析精度均为0.15‰。

3.1.4 统计分析

统计分析采用 SPSS 22.0windows 软件包。通过 T 检验分析有机与传统样品之间的差异,并用判别分析法对有机与传统样品进行了评价。预测能力表现为正确分类样本相对于整个数据集的百分比。

3.2 结果

图 1 显示了实验 1 中有机和传统样品组织中碳和氮同位素比值的结果。经 T 检验,除头发碳同位素比值外,有机组织的平均碳、氮同位素比值均显著高于传统组织($p<0.05$)。图 2 显示了三种组织中碳和氮同位素比值的散点图。根据稳定同位素比值,无论组织来源如何,有机饲养系统和传统饲养系统的样品均可分为两组。同时,数据还表明,与毛发和血液相比,肉是区分有机和传统饲养系统产品的更好材料,总的正确分类率在 92% 以上,支持了肉类中碳、氮稳定同位素比值是鉴别有机产品的最佳指标的结论。

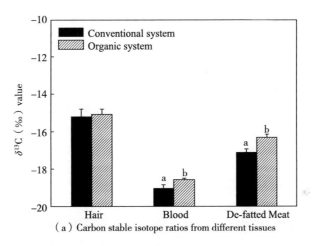

(a) Carbon stable isotope ratios from different tissues

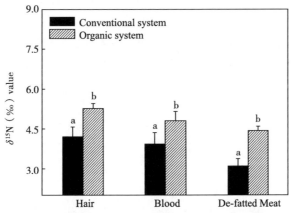

(b) Nitrogen stable isotope ratios from different tissues

图 1 有机组织和传统组织中碳和氮同位素比值

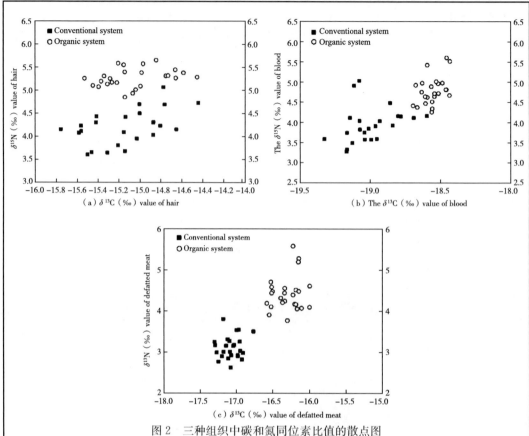

图 2　三种组织中碳和氮同位素比值的散点图

　　碳稳定同位素组成的月份变化如图 3a 所示。在有机猪肉中，碳稳定同位素比值的月份变化范围为 −14.97‰ 至 −18.26‰，而传统猪肉的碳稳定同位素比值的月份变化值为 −15.85‰ 至 −20.30‰。结果表明，除了 1 月第一周、第二周和 2 月第一周这三周外，有机猪肉的碳同位素值均高于传统猪肉。氮稳定同位素组成的月份变化图 3b 显示了有机猪肉和传统猪肉氮同位素组成的月份变化。有机猪肉中 $\delta^{15}N$ 的年平均值为 2.87‰～4.41‰，而 $\delta^{15}N$ 的年平均值为 2.08‰～4.02‰。按月分组的 $\delta^{15}N$ 数据也表明，有机猪肉全年的 $\delta^{15}N$ 值均高于传统猪肉。

3.3　讨论

　　实验 1 中，毛、血、肉等有机组织的碳、氮稳定同位素比值均高于传统样品。有机猪在室外活动 4～6h，高浓度 $\delta^{13}C$ 的植物（−15.156‰±0.654‰）和土壤（−11.581‰±1.133‰）有助于提高组织中的 $\delta^{13}C$。实验 1 中，有机猪的各组织中的 $\delta^{15}N$ 值均显著高于传统猪，$\delta^{15}N$ 值可以作为判断有机猪肉真实性的重要指标，因为有机饲养场不使用任何化肥。有机与传统样品的 $\delta^{15}N$ 值之差最大的是脱脂肉（1.31‰）。在比较有机和传统组织的 $\delta^{13}C$ 值时，脱脂肉中的差异最大（0.80‰），也表明脱脂肉是研究有机产品鉴定的理想来源。为了确定稳定碳、氮同位素是否适用市场上有机猪肉的鉴定，我们

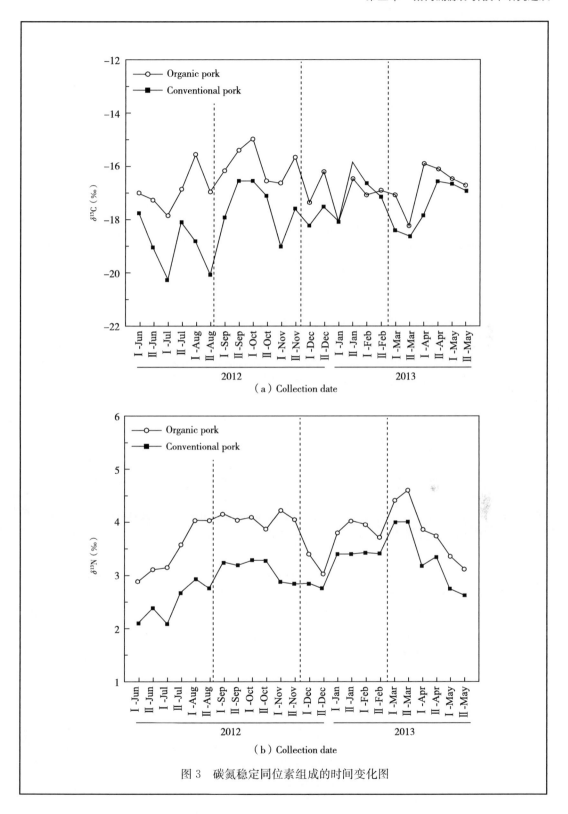

图 3　碳氮稳定同位素组成的时间变化图

在一年的调查中收集了有机和传统猪肉样品（实验2）。一年内采集的所有样品中，除了1月第一周、第二周和2月第一周这三周外，其余样品的碳、氮比均高于传统猪肉。传统猪肉的$\delta^{13}C$值比有机猪肉的$\delta^{13}C$值变化更大。冬季（1月至3月）观察到的有机猪肉的$\delta^{13}C$值较低，这反映了室内饲养情况下，即动物无法从室外获得土壤和C_4草（如禾本科和莎草科），它们（室外的土壤和C_4草）的$\delta^{13}C$高于传统饲料。在应用稳定同位素分析鉴定猪肉时，需要考虑可能的季节变化，需要结合其他一些技术。

3.4 结论

综上所述，碳氮同位素比值分析对有机猪肉的鉴别具有重要意义。为有机猪肉的检测提供了一个很好的分析技术，有望减少假冒有机猪肉的发生。

参 考 文 献

［1］黄文礼，郑瑜琦. 区块链技术铸造食品供应链防火墙［J］. 探索，2020（Z1）：136－137.

［2］Zhao Y，Yang S M，Wang D H. Stable carbon and nitrogen isotopes as a potential tool to differentiate pork from organic and conventional systems ［J］. Journal of the Science of Food and Agriculture，2016，96（11）：3950－3955.

［3］Zhao Y，Tu T，Tang X，et al. Authentication of organic pork and identification of geographical origins of pork in four regions of China by combined analysis of stable isotopes and multi-elements ［J］. Meat science，2020，165：108129.

［4］Shin W J，Choi S H，Ryu J S，et al. Discrimination of the geographic origin of pork using multi-isotopes and statistical analysis ［J］. Rapid Communications in Mass Spectrometry，2018，32（21）：1843－1850.

［5］Park Y M，Lee C M，Hong J H，et al. Origin discrimination of defatted pork via trace elements profiling，stable isotope ratios analysis，and multivariate statistical techniques ［J］. Meat Science，2018，143：93－103.

［6］Gonzalez-Martin I，Gonzalez-Perez C，Hernandez Mendez J，et al. Use of isotope analysis to characterize meat fromIberian-breed swine ［J］. Meat science，1999，52（4）：437－41.

［7］Malec-Czechowska K，Wierzchnicki R. A study of stable isotope composition of chosen foodstuffs from the polish market ［J］. Nukleonika，2013，58（2）：323－327.

［8］林涛，刘兴勇，杨东顺，等. 基于铅同位素的有机猪肉溯源研究［J］. 分析试验室，2016，35（03）：323－326.

［9］Kim K S，Kim J S，Hwang I M，et al. Application of stable isotope ratio analysis for origin authentication of pork ［J］. Korean Journal for Food Science of Animal Resources，2013，33（1）：39－44.

［10］Kim M J，Kim H Y. A fast multiplex real-time PCR assay for simultaneous detection of pork，chicken，and beef in commercial processed meat products ［J］. Lwt-Food Science and Technology，2019，114：6.

［11］吴潇，吕贝贝，王金斌，等. SNP标记用于猪肉产品DNA溯源［J］. 食品科学，2017，38（24）：278－282.

［12］ 吴华莉，涂尾龙，曹建国，等 . 基于 RFLP-PCR 的猪肉溯源技术研究 ［J］. 上海农业学报，2017，
33（6）：57－62.

［13］ Sentandreu M A，Fraser P D，Halket J，et al. A proteomic-based approach for detection of chicken
in meat mixes ［J］. Journal of Proteome Research，2010，9（7）：3374－3383.

［14］ Hossain M A M，Ali M E，Sultana S，et al. Quantitative tetraplex real-time polymerase chain reac-
tion assay with TaqMan probes discriminates cattle，buffalo，and porcine materials in food chain
［J］. Journal of Agricultural and Food Chemistry，2017，65（19）：3975－3985.

［15］ Liu W W，Tao J，Xue M，et al. A multiplex PCR method mediated by universal primers for the
identification of eight meat ingredients in food products ［J］. European Food Research and Technolo-
gy，2019，245（11）：2385－2392.

［16］ Li J C，Li J P，Xu S G，et al. A rapid and reliable multiplex PCR assay for simultaneous detection of
fourteen animal species in two tubes ［J］. Food Chemistry，2019，295：395－402.

［17］ Hossain M A M，Uddin S M K，Sultana S，et al. Heptaplex polymerase chain reaction assay for the
simultaneous detection of beef，buffalo，chicken，cat，dog，pork，and fish in raw and heat-treated
food products ［J］. Journal of Agricultural and Food Chemistry，2019，67（29）：8268－8278.

［18］ Rachmadhani，Warisman M A，Suryani，et al. In-house validation and calibration of pork detection
using duplex SYBR-Green I real-time PCR approach ［J］. International Food Research Journal，
2019，26（2）：509－516.

［19］ Balakrishna K，Sreerohini S，Parida M. Ready-to-use single tube quadruplex PCR for differential
identification of mutton，chicken，pork and beef in processed meat samples ［J］. Food Additives and
Contaminants Part a-Chemistry Analysis Control Exposure & Risk Assessment，2019，36（10）：
1435－1444.

［20］ Basanisi M G，La Bella G，Nobili G，et al. Application of the novel droplet digital PCR technology
for identification of meat species ［J］. International Journal of Food Science and Technology，2020，
55（3）：1145－1150.

［21］ Batule B S，Seok Y，Kim M-G. An innovative paper-based device for DNA extraction from processed
meat products ［J］. Food chemistry，2020，321：126708.

［22］ Yin R，Sun Y，Wang K，et al. Development of a PCR-based lateral flow strip assay for the simple，
rapid，and accurate detection of pork in meat and meat products ［J］. Food chemistry，2020，
318：126541.

［23］ Wu H，Qian C，Wang R，et al. Identification of pork in raw meat or cooked meatballs within 20 min
using rapid PCR coupled with visual detection ［J］. Food Control，2020，109：7.

［24］ Tan L L，Ahmed S A，Nga S K，et al. Rapid detection of porcine DNA in processed food samples
using a streamlined DNA extraction method combined with the SYBR Green real-time PCR assay ［J］.
Food Chemistry，2020，309：8.

［25］ Girish P S，Barbuddhe S B，Kumari A，et al. Rapid detection of pork using alkaline lysis-Loop Medi-
ated Isothermal Amplification（AL-LAMP）technique ［J］. Food Control，2020，110：6.

［26］ Kaltenbrunner M，Mayer W，Kerkhoff K，et al. Differentiation between wild boar and domestic pig
in food by targeting two gene loci by real-time PCR ［J］. Scientific Reports，2019，9：11.

［27］ Nurjuliana M，Man Y B C，Hashim D M，et al. Rapid identification of pork for halal authentication
using the electronic nose and gas chromatography mass spectrometer with headspace analyzer ［J］.
Meat Science，2011，88（4）：638－644.

[28] Wijaya D R，Sarno R，Daiva A F，et al. Electronic nose for classifying beef and pork using naive bayes [C]. 2017 International Seminar on Sensors，Instrumentation，Measurement and Metrology，2017，104 - 108. New York：Ieee.

[29] Han D，Zhang C H，Fauconnier M L，et al. Characterization and differentiation of boiled pork from Tibetan，Sanmenxia and Duroc x (Landrac x Yorkshire) pigs by volatiles profiling and chemometrics analysis [J]. Food Research International，2020，130：11.

[30] Han D，Mi S，Zhang C H，et al. Characterization and discrimination of Chinese marinated pork hocks by volatilecompound profiling using solid phase microextraction gas chromatography-mass spectrometry/olfactometry，electronic nose and chemometrics [J]. Molecules，2019，24 (7)：20.

[31] 王凯强. 基于脂肪酸及~1H-NMR 特征标志物的有机猪肉溯源技术研究 [D]. 北京：中国农业科学院，2015.

[32] Recio C，Martin Q，Raposo C. GC-C-IRMS analysis of FAMEs as a tool to ascertain the diet of Iberian pigs used for the production of pork products with high added value [J]. Grasas Y Aceites，2013，64 (2)：181 - 190.

[33] Pu Q K，Han L J，Liu X. A new approach for species discrimination of different processed animal proteins based on fat characteristics [J]. European Journal of Lipid Science and Technology，2016，118 (4)：576 - 583.

[34] Mi S，Shang K，Li X，et al. Characterization and discrimination of selected China's domestic pork using an LC-MS-based lipidomics approach [J]. Food Control，2019，100：305 - 314.

[35] Kim J S，Hwang I M，Lee G H，et al. Geographical origin authentication of pork using multi-element and multivariate data analyses [J]. Meat Science，2017，123：13 - 20.

[36] 齐婧，李莹莹，姜锐，等. 基于矿物元素指纹分析中国地理标志猪肉的产地溯源 [J]. 现代食品科技，2020，36 (3)：267 - 274，55.

[37] Zhao Y，Wang D H，Yang S M. Effect of organic and conventional rearing system on the mineral content of pork [J]. Meat Science，2016，118：103 - 107.

[38] 王军一，王月静，江科，等. 沂蒙黑猪与三元猪肉质微量元素、氨基酸组成分析 [J]. 猪业科学，2018，35 (2)：133 - 134.

[39] 池福敏，次顿，谭占坤，等. 不同产地藏猪肉矿物元素含量差异分析 [J]. 现代食品，2019 (11)：126 - 129.

[40] 魏刚才，谢红兵，常新耀，等. 野猪肉和家猪肉中 Ca、Cu、Fe 和 Zn 的测定及比较 [J]. 光谱实验室，2008 (6)：1140 - 1142.

[41] 刘莹莹，徐嘉易，苗晋峰，等. 饲粮营养水平对不同品种猪机体矿物元素沉积的影响 [J]. 营养学报，2017，39 (3)：275 - 279.

[42] Qiao L，Peng Y K，Chao K L，et al. Rapid discrimination of main red meat species based on near-infrared hyperspectral imaging technology [C]. Kim，Chao，Chin，Editors. Sensing for Agriculture and Food Quality and Safety Viii，2016. Spie-Int Soc Optical Engineering：Bellingham.

[43] Garrido-Novell C，Garrido-Varo A，Perez-Marin D，et al. Using spectral and textural data extracted from hyperspectral near infrared spectroscopy imaging to discriminate between processed pork，poultry and fish proteins [J]. Chemometrics and Intelligent Laboratory Systems，2018，172：90 - 99.

[44] Horcada A，Valera M，Juarez M，et al. Authentication of Iberian pork official quality categories using a portable near infrared spectroscopy (NIRS) instrument [J]. Food chemistry，2020，318：126471.

［45］ Broadhurst C L，Schmidt W F，Nguyen J K，et al. Continuous gradient temperature raman spectros-copy of unsaturated fatty acids： Applications for fish and meat lipids and rendered meat source identi-fication ［C］. Kim，Chao，Chin，et al.，Editors. Sensing for Agriculture and Food Quality and Safety X，2018. Spie-Int Soc Optical Engineering：Bellingham.

［46］ Mabood F，Boque R，Alkindi A Y，et al. Fast detection and quantification of pork meat in other meats by reflectance FT-NIR spectroscopy and multivariate analysis ［J］. Meat Science，2020，163：6.

［47］ Mi S，Li X，Zhang C H，et al. Characterization and discrimination of Tibetan and Duroc x （Land-race x Yorkshire） pork using label-free quantitative proteomics analysis ［J］. Food Research Interna-tional，2019，119：426－435.

［48］ Pavlidis D E，Mallouchos A，Ercolini D，et al. A volatilomics approach for off-line discrimination of minced beef and pork meat and their admixture using HS-SPME GC/MS in tandem with multivariate data analysis ［J］. Meat Science，2019，151：43－53.

［49］ Verplanken K，Stead S，Jandova R，et al. Rapid evaporative ionization mass spectrometry for high-throughput screening in food analysis： The case of boar taint ［J］. Talanta，2017，169：30－36.

［50］ Chen T B，Ding K F，Hao S K，et al. Batch-based traceability for pork： A mobile solution with 2D barcode technology ［J］. Food Control，2020，107：9.

［51］ Cappai M G，Rubiu N G，Pinna W. Economic assessment of a smart traceability system （RFID plus DNA） for origin and brand protection of the pork product labelled "suinetto di Sardegna" ［J］. Com-puters and Electronics in Agriculture，2018，145：248－252.

［52］ Pigini D，Conti M. NFC-based traceability in the food chain ［J］. Sustainability，2017，9 （10）：20.

［53］ Spiessl-Mayr E，Wendl G，Zahner M，et al. Electronic identification （RFID technology） for im-provement of traceability of pigs and meat ［M］//Precision Livestock Farming'05，ed. Cox. Wa-geningen：Wageningen Academic Publishers，2005：339－345.

［54］ Xiong B H，Luo Q Y，Yang L，et al. A solution in tracking and traceability of Tianjin's pork pro-duction chain from farm to table ［M］//Progress of Information Technology in Agriculture，e-d. Zhao. Beijing：China Agricultural Science & Technology Press，2007：333－339.

［55］ Ma C G. Pork Efficient Security Production Traceability System Based on J2EE ［M］//Jiang，Jun. Proceedings of the Second International Conference on Modelling and Simulation. Liverpool：World Acad Union-World Acad Press，2009：101－106.

［56］ Zhao D A，Teng C F，Wang X W，et al. Design of traceability system for pork safety production based on RFID ［C］. Icicta：2009 Second International Conference on Intelligent Computation Tech-nology and Automation，Vol Iii，Proceedings. Los Alamitos：Ieee Computer Soc，2009：562.

［57］ Yi Y，Ke Z，Yi C，et al. An implementation of intelligent monitoring system for food processing ［C］. 2010 8th World Congress on Intelligent Control and Automation. New York：Ieee，2010：4225－4230.

［58］ Luo Q Y，Xiong B H，Geng Z，et al. A study on pig slaughter traceability solution based on RFID ［M］. Li，Liu，Chen，Editors. Computer and Computing Technologies in Agriculture Iv，Pt 3. Springer-Verlag Berlin：Berlin，2011：710.

［59］ Ji W S，Zhang F C，Guo H. Pig slaughtering traceability system based on RFID and ZigBee technolo-gy ［M］//Zhixian，Guiran，Zhen，Editors. Proceedings of the International Conference on Logistics，Engineering，Management and Computer Science. Atlantis Press：Paris，2014：1019‑1023.

［60］Zhang H Y，Chen X. Quality traceability system of meat products based on RFID ［M］//Yun，Min，Li，et al.，Editors. Research on Food Packaging Technology. Trans Tech Publications Ltd：Durnten‑Zurich，2014：481‑485.

［61］Wang Z T，Lin Y P. The research and application of pork traceability system based on RFID ［M］//Lu，Zhang，Editors. Advances in Mechatronics，Automation and Applied Information Technologies，Pts 1 and 2. Trans Tech Publications Ltd：Durnten‑Zurich，2014：1724‑1728.

［62］Zhao H D，Zhang Y，Zhang A H. Study on a traceability system design based on MAS & RFID for pork supply chain management. Liss 2013 ［M］//Zhang，Zhang，Liu，et al. Berlin：Springer‑Verlag Berlin，2015：1035‑1040.

［63］曹振丽，胡西厚，雷国华，等. 基于物联网与云计算的猪肉安全追溯平台的设计与实现 ［J］. 农业网络信息，2016（10）：65‑68.

［64］王南南. 基于数据库应用的猪肉制品溯源与预警系统 ［J］. 时代农机，2017，44（1）：73‑74.

［65］熊易华，赵守香. 基于 GS1 标准的猪肉追溯系统研究 ［J］. 轻工科技，2018，34（1）：30‑31，91.

［66］顾洪玮，张鑫玥，秦雪，等. 猪肉可追溯系统的构建 ［J］. 黑龙江农业科学，2018（5）：46‑49.

［67］王红艳. 基于 RFID 技术的猪肉安全溯源系统开发与应用 ［J］. 经济研究导刊，2018（15）：73‑74.

［68］张志明，李建荣，王辉. 基于 RFID 的猪肉生产全程可追溯平台研究与实现 ［J］. 现代牧业，2019，3（2）：17‑21.

［69］魏雅. 猪肉溯源系统的设计与研究 ［J］. 现代盐化工，2019，46（5）：77‑78.

第六章　乳制品溯源分析技术研究进展

6.1　引言

牛奶含有丰富的营养物质如蛋白质、乳糖和矿物质等，是人体钙的最佳来源。牛奶功能特性也比较丰富多样，如增强机体免疫力等[1,2]。在新中国成立 70 周年之际，中国奶业协会发布了《中国的奶业》白皮书，全面叙述了中国奶业经历 70 年艰苦奋斗所取得的巨大成就。2018 年牛奶产量 3 075 万 t，中国规模以上乳品加工企业 587 个，全国大中型乳品加工企业占企业总数的 79%。2018 年我国乳品进出口总额突破 100 亿美元，2019 年全国乳制品销量更加大幅增长，成为全球最大的乳品新兴市场[3,4]。随着食品跨国界和跨地区流通越来越频繁、牧草资源和饲料价格上涨，市场上出现奶制品良莠不齐的现象。2008年发生的"三聚氰胺"事件，反映了我国奶业发展中只求数量、忽视质量、监管缺失、法制建设滞后等问题。人们对牛奶质量安全的要求也变得更加严格，捍卫"舌尖上的安全"，保障我国食品的可追溯性尤为必要。为此，我国出台了严格的法律、法规及标准为乳制品行业保驾护航，并加大了对乳制品行业监管力度。2008 年为加强乳品质量安全监督管理，保证乳品质量安全，保障公众身体健康和生命安全，促进奶业健康发展，出台了《乳品质量安全监督管理条例》，规定生鲜乳和乳制品应当符合乳品质量安全国家标准，并对奶畜养殖者、生鲜乳收购者、乳制品生产企业和销售者等均做出具体规定[5]。随后出台的《奶业整顿和振兴规划纲要》以建设现代奶业为总目标，以全面加强质量管理和制度建设为核心，重点整顿乳制品生产企业和奶站、规范养殖，努力开创奶业发展新局面，并推动了奶品行业的质量安全和监管水平的全面提升[6]。2010 年，卫生部公布了《生乳》（GB 19301—2010）等 66 项新乳制品安全国家标准。食品产地溯源技术的研究有利于实施奶制品的原产地产品保护，保护特色食品，并在食品安全事件发生时，有利于快速追溯污染源头，实施有效召回，减少经济损失，保护消费者身体健康，实现"从农田到餐桌"的全程关注[7]。

6.2　分析技术在乳制品产地溯源与真实性研究中的进展

6.2.1　稳定同位素技术

对于不同的乳产品，同位素组成有一定差异，这是由于受到动物的饲喂体系、新陈代谢、原产地的土壤地质、环境等因素的影响[8]，乳制品稳定同位素组成会呈现出差异，因此稳定同位素组成可以反映乳品产地地理环境的信息。到目前为止，许多国家开展了对牛奶来源的研究[9]。2007 年，Crittenden[10] 等从澳大利亚和新西兰的七个乳业地区采集了牛奶样本，并对其 δ^{13}C、δ^{15}N、δ^{18}O、δ^{34}S、δ^{87}Sr 值进行了分析，每个地区的牛奶样本都显示了不同的同位素指纹特征，尤其是 $\delta^{18}O$ 和 $\delta^{13}C$ 值，符合各地区纬度和气候的同位素分馏模式，可见，同位素分析在确定澳大拉西亚产奶制品的地理来源方面具有很好的潜力。Luo[11]等采集了大洋洲、美洲、欧洲和亚洲大陆牛奶样品，分析了蛋白质中 $\delta^{13}C$ 和 $\delta^{15}N$ 值以及牛乳水中 δD 和 $\delta^{18}O$ 值，发现用 $\delta^{13}C$、$\delta^{15}N$、δD 和 $\delta^{18}O$ 值可以对这些地区的牛奶产地进行鉴别。稳定同位素不仅可以追溯不同国家间的牛奶来源，也可以追溯同一国家不同地区的牛奶来源。Chesson[12]等检测了美国不同地区的牛奶、市售牛奶、奶牛饮用水、自来水中的 δD 和 $\delta^{18}O$ 值，结果表明，产地的自来水解释牛奶中 δD 和 $\delta^{18}O$ 值是不足以表征奶源产地的，而牛奶和奶牛饮用水中 δD 和 $\delta^{18}O$ 值呈正相关关系，这表明氢、氧稳定同位素比值可以进行牛奶产地来源研究。Chung[13]等对韩国有机牛奶中 $\delta^{13}C$、$\delta^{15}N$、$\delta^{18}O$ 和 $\delta^{34}S$ 值进行了测定，并建立了判别模型，该模型在保宁、高昌和济州地区显示出良好的预测性，发现 $\delta^{13}C$ 值是最重要的影响因素。Garbaras[14]在夏季和冬季，在白俄罗斯的布雷斯特、戈梅尔、格罗德诺、明斯克和莫吉列夫地区采集了牛奶、水和饲料，测定了牛奶中 $\delta^{18}O$ 值、乳酪蛋白中蛋氨酸 $\delta^{34}S$ 值和特定乳组分中 $\delta^{13}C$ 和 $\delta^{15}N$ 值，其中牛奶中 $\delta^{18}O$ 值在不同地区发生了变化，而 $\delta^{13}C$ 值在夏季和冬季是不同的。此外，稳定同位素技术在马来西亚不同地区的牛奶溯源中也起到了重要的作用[15]。

稳定同位素组成由于与动物生长的环境、气候、土壤及食用的饲料有关，常作为奶酪产地溯源的关键参数。Camin[16]等对来自法国、意大利和西班牙三个国家奶酪中 C、N、H、O、S 稳定同位素比值进行了分析，发现酪蛋白和甘油中 $\delta^{13}C$ 与奶牛饲料中玉米的含量呈正相关，甘油中 $\delta^{18}O$ 值还与季节、温度、湿度等因素有关，利用稳定同位素比值对奶酪原产地进行判别分析，判别正确率高达 90% 以上。Pillonel[17]等通过采集瑞士和法国的拉克雷特奶酪，证明了 δD、$\delta^{13}C$、$\delta^{15}N$ 和 $\delta^{34}S$ 值作为区分拉克雷特奶酪原产地指示物的潜力，根据主成分分析图显示，这四种稳定同位素比值很好地表征了三个区域，即瑞士、法国西北和法国中东地区。除了对不同国家奶酪样品的鉴别，利用稳定同位素比值分析对邻近地理区域奶酪的可追溯性也有报道。Valenti[18]等研究表明碳、氢、氧、氮和硫稳定同位素比值的变化可以区分受保护原产地（PDO）区域内附近地区生产的奶酪；其中硫和氮稳定同位素比值提供了最好的鉴别效果（97.2% 的奶酪正确分类）。利用碳氮稳定同位素比值以及脂肪中的氧稳定同位素比值还可以区分来自意大利不同地区的牛羊奶酪[19]。稳定同位素技术也被应用到了黄油的产地溯源中。Rossmann[20]等采集了欧盟的不同国家及欧盟以外国家的黄油样品，测定了黄油中的 $\delta^{13}C$，黄油蛋白中的 $\delta^{13}C$、$\delta^{15}N$、$\delta^{34}S$ 和 $\delta^{87}Sr$ 值，以及黄油水中的 $\delta^{18}O$ 值，结果显示稳定同位素比值可以准确地判断出黄油的区域来源，其中 $\delta^{15}N$ 和 $\delta^{34}S$ 值在黄油产地鉴别中起到尤为重要的作用。

我国也开展了应用稳定同位素技术溯源不同产地的牛奶。明荔莉[21]等通过元素分析—稳定同位素质谱仪（EA-IRMS）建立了牛奶中碳稳定同位素检测方法，该方法的稳定性和准确性均达到了同位素比值测定的要求，结果表明不同产地、不同品牌的牛奶中 $\delta^{13}C$ 值差异显著。利用牛奶中稳定同位素比值可以确定牛奶的区域来源和季节效应，李鑫[22]等利用元素分析仪—稳定同位素质谱仪建立了原料乳粉中 $\delta^{13}C$ 和 $\delta^{15}N$ 值的检测方法，显示出良好的稳定性和重现性。$\delta^{13}C$ 值能直观地反映出原料乳粉地域和奶牛喂养方式的不同，可以作为原料乳粉产地来源的指示参数，而原料奶粉中 $\delta^{15}N$ 值的测定可以在健全产地数据库后起到初筛异常牛初乳的作用。不仅奶粉中的稳定同位素比值可以提供奶粉的产地信息，酪蛋白和脂肪酸中的稳定同位素比值也是重要的溯源标志指标。梁莉莉[23]等通过 EA-IRMS 技术测定了不同阶段的婴幼儿配方奶粉中酪蛋白的 $\delta^{15}N$ 和 $\delta^{13}C$ 值，研究发现 $\delta^{15}N$ 和 $\delta^{13}C$ 值与奶粉原产地具有相关性，且同一地区的婴幼儿配方奶粉中酪蛋白的碳、氮稳定同位素分布呈正相关，在不同地区则存在显著差异。苏静[24]以不同产地及适应不同人群的 15 种奶粉为研究对象，测定分析了脂肪酸的碳、氢稳定同位素比值，结果表明奶粉脂肪酸中 $\delta^{13}C$ 值差异在奶源的地域性上得到反映，长链脂肪酸中 δD 值也与地域特征有明显关系；随着碳链的延长，其 ^{13}C 同位素趋向贫化，^{2}H 同位素得到富集，两种同位素变化趋势正好相反。因此，脂肪酸的同位素组成可以作为奶粉中一个很好的标志指标，通过传递可靠的同位素信息来追踪奶粉的区域来源。

稳定同位素组成对来自不同地形特点的山区奶酪也有较好的区分效果。Bontempo[25]等研究了两种典型的山地奶酪中 H、C、N、O 稳定同位素比值，结果表明这些稳定同位素组成与产地的植被类型、地理条件、海拔高度有密切关系，其中 $\delta^{15}N$ 值与植被类型的关系更为密切，$\delta^{18}O$ 和 δD 值则与海拔高度更具有相关性。利用稳定同位素比值，可以在两个山区的两种不同类型的牧场中获得样品之间较好的区分度。

牛奶中的稳定同位素组成与饮食有着重要的相关性。$\delta^{13}C$ 值相对低的牛奶一般来自以草地为主的地区，而 $\delta^{13}C$ 值相对较高的牛奶则来自以农作物种植为主的地区。Konbbe[26]等对 6 个月不同饲养条件下取得的牛奶样品中碳、氮稳定同位素组成进行了分析，牛奶中 $\delta^{13}C$ 值取决于基于 C_3 或 C_4 植物的比例，草饲条件下牛奶中 $\delta^{13}C$ 值比玉米饲喂条件下牛奶中的 $\delta^{13}C$ 值低，两种喂食方式下，牛奶中 $\delta^{15}N$ 值差异小于 $\delta^{13}C$ 值，因为 $\delta^{15}N$ 值通常反映了不同地区不同农业条件（如不同的肥料）[27]。Camin[28]等以 2 个农场的奶牛为研究对象，以不同种类的 C_3 植物和不同数量的玉米为饲料，研究了饲料和牛奶的稳定同位素比值（$\delta^{13}C$、$\delta^{15}N$、$\delta^{18}O$、δD），结果表明，乳酪蛋白和脂类中 $\delta^{13}C$ 与玉米在动物日粮中的比例显著相关，但是牛奶中 $\delta^{18}O$ 值和酪蛋白中的 $\delta^{18}O$、δD 值和 $\delta^{15}N$ 值不仅受饲料中玉米含量的轻微影响，还与产地的地理气候和土壤特征以及日粮中新鲜植物或青贮饲料的存在有更密切的关系。

由于饲料组成对牛奶中碳稳定同位素比值具有重要影响，因此稳定同位素技术是鉴别有机牛奶等高价值牛奶的有效手段。Molkentin[29]等通过对碳稳定同位素比值的分析，可以完全区分有机奶和常规奶，对于传统饲养得到的牛奶，其脂肪的 $\delta^{13}C$ 值为 $-26.6‰$ 或者更高，而有机奶奶脂肪中 $\delta^{13}C$ 值低于 $-28.0‰$，这是由于传统农场的基本饲料由 60% 的玉米青贮组成，有机农场在放牧期间只使用少量的玉米青贮，而使用较高比例的草类（C_3 植物）[30]。稳定同位素技术也可以用于生鲜乳和复原乳的鉴别。Lin[31]等从不同季节的奶牛场采集牛奶和地下水样品，测定了 δD 和 $\delta^{18}O$ 值，研究了稳定同位素比值质谱法鉴别生乳和复原乳的可能性，结果表明，地下水配制的复原牛奶和生牛奶之间存在差异。

本课题组也应用稳定同位素技术对我国主要产区的牛奶进行了产地溯源，研究了泌乳期、采样时间和地理来源对牛奶样品稳定同位素比值的影响，研究发现，泌乳期对牛奶中 $\delta^{13}C$、$\delta^{15}N$、δD 和 $\delta^{18}O$ 值影响不显著，取样时间对牛奶中 $\delta^{13}C$、$\delta^{15}N$ 和 $\delta^{18}O$ 值有影响，

并且牛奶中 $\delta^{13}C$ 和 δ^5N 值存在高度显著的区域差异[32]（详见本章典型案例一）。

稳定同位素技术是基于同位素分馏的原理发展起来的一项技术，在食品产地溯源和真实性鉴别等方面是非常有效的分析工具。稳定同位素技术可以有效简化前处理过程，且结果具有很好的重现性，准确度高，所以在多个国家的奶制品产地溯源中都有应用，并且由于奶制品中稳定同位素组成与动物饮食有着重要的联系，稳定同位素技术也被应用于奶牛的喂养方式、饲料来源的研究。但是稳定同位素技术也有一定的局限性，除了饲料成分、物种、品种、动物代谢、气候、环境及采样季节都会导致乳制品中稳定同位素比值的变化，加工过程也会对乳制品同位素比值造成影响，使得产地鉴别难度大，尤其是小区域样本。因此利用稳定同位素技术溯源牛奶及奶制品，要考虑多种因素的影响。有关稳定同位素技术应用于乳制品产地溯源和真实性研究的总结见表 6-1。

表 6-1　稳定同位素技术应用于乳制品产地溯源和真实性研究总结

研究内容	指标	产地	时间	文献
产地溯源	$\delta^{13}C$、$\delta^{15}N$、$\delta^{18}O$、$\delta^{34}S$、$\delta^{87}Sr$	澳大利亚、新西兰	2007	[10]
产地溯源	$\delta^{13}C$、$\delta^{15}N$、δD、$\delta^{18}O$	大洋洲、美洲、欧洲、亚洲	2015	[11]
产地溯源	δD、$\delta^{18}O$	美国	2010	[12]
产地溯源	$\delta^{13}C$、$\delta^{15}N$、$\delta^{18}O$、$\delta^{34}S$	韩国	2020	[13]
产地溯源	$\delta^{13}C$、$\delta^{15}N$、$\delta^{18}O$、$\delta^{34}S$	白俄罗斯	2018	[14]
产地溯源	$\delta^{13}C$、$\delta^{15}N$、$\delta^{18}O$	马来西亚	2020	[15]
产地溯源	$\delta^{13}C$、$\delta^{15}N$、δD、$\delta^{18}O$、$\delta^{34}S$	法国、意大利、西班牙	2004	[16]
产地溯源	$\delta^{13}C$、$\delta^{15}N$、δD、$\delta^{34}S$	瑞士、法国	2004	[17]
产地溯源	$\delta^{13}C$、$\delta^{15}N$、δD、$\delta^{18}O$、$\delta^{34}S$	意大利	2017	[18]
产地溯源	$\delta^{13}C$、$\delta^{15}N$	意大利	2003	[19]
产地溯源	$\delta^{13}C$、$\delta^{15}N$、$\delta^{18}O$、$\delta^{34}S$、$\delta^{87}Sr$	不同欧盟国家及欧盟以外国家	2000	[20]
产地溯源	$\delta^{13}C$	中国	2019	[21]
产地溯源	$\delta^{13}C$、$\delta^{15}N$	中国	2013	[22]
产地溯源	$\delta^{13}C$、$\delta^{15}N$	中国	2015	[23]
产地溯源	$\delta^{13}C$、δD	中国	2017	[24]
产地溯源	$\delta^{13}C$、$\delta^{15}N$、δD、$\delta^{18}O$	意大利	2012	[25]
饲养方式	$\delta^{13}C$、$\delta^{15}N$	德国	2006	[26]
饲养方式	$\delta^{13}C$、$\delta^{15}N$、δD、$\delta^{18}O$	意大利	2008	[28]
真实性鉴别	$\delta^{13}C$、$\delta^{15}N$、$\delta^{34}S$	德国	2007	[29]
真实性鉴别	δD、$\delta^{18}O$	中国	2003	[31]
产地溯源	$\delta^{13}C$、$\delta^{15}N$、δD、$\delta^{18}O$	中国	2019	[32]

6.2.2　矿物元素指纹图谱技术

牛奶中的矿物元素种类非常丰富，除了钙以外，磷、铁、锌、铜的含量也很多，并且牛奶中的矿物质元素都是溶解状态，很容易消化吸收。钾、钠、钙、镁等矿物质元素对维持人体正常的生理机能起着重要的作用；铁、锰、铜、锌等微量元素在保护人体健康方面发挥着特殊的作用[33]。不同地域环境中矿物元素含量不同，动物从周围环境中吸收了各种矿物元素，使得其乳制品中矿物元素含量与环境中的矿物元素含量具有一定的相关性。因此矿物元素指纹图谱技术是确定乳制品地理来源的方法之一。

首次利用矿物元素研究乳制品的来源和品种是在 1995 年[34]。之后，矿物元素分析被逐渐应用于乳制品的研究。Dobrzanski[35]等测定了波兰下西里西亚和上西里西亚牛奶中38 种微量元素的含量，发现在上西里西亚地区的牛奶中碘、铷、铯、钨和钛含量较多，而在下西里西亚地区的牛奶中铝、钛、锰、镓、硒、锗、钴含量较多。Bilandžić[36]等从克罗地亚北部和南部地区收集了 157 份牛奶样本，用石墨炉原子吸收光谱法测定了样品中砷、镉、铜、汞、铅的含量，研究发现南部地区牛奶中镉和汞的含量明显高于北部地区的牛奶。利用矿物元素分析，对西班牙南部和北部地区的奶酪也进行了产地溯源研究，其判别正确率分别达到了 98.5% 和 98.9%[37,38]。矿物元素指纹图谱技术还可以区分不同国家的奶制品。Korenovska[39]等利用原子吸收光谱法测定了羊奶干酪中矿物元素含量，实现了斯洛伐克、波兰和罗马尼亚典型羊奶干酪 bryndza 的可追溯性研究，其中 Ba、Cu、Cr、Mg 和 Ni 可有效识别斯洛伐克 bryndza 干酪的大部分产地，Cr、Hg、Mn 和 V 作为原产地的最佳标记元素，能够成功区分斯洛伐克干酪、波兰干酪和罗马尼亚干酪。Suhaj[40]等采用原子吸收光谱法对欧洲 10 个国家的埃门塔尔干酪和埃达姆干酪中 Ba、Ca、Cr、Cu、Hg、K、Mg、Mn、Mo、Na、Ni、V 的含量进行了分析，产地判别正确率为 85.9%，不同品种奶酪分类正确率为 93%，交叉验证正确率分别为 86.4% 和 90%。除了来源外，哺乳期也可能影响牛奶及奶制品中元素的浓度。在整个泌乳期，牛奶中钾和钠的含量变化很大[41]。Sager[42]等也发现，布劳涅牛乳汁中 Cu 和 Mo 的含量在泌乳期有所增加。因此在利用矿物元素指纹图谱技术溯源奶制品时，泌乳期也是要考虑的因素。

利用矿物元素指纹图谱技术，也被用来区分不同物种的乳汁。Benincasa[43]等采集了12 头奶牛和 6 头水牛的乳汁，使用电感耦合等离子体质谱仪对乳汁进行了 16 种元素（P、S、K、Ca、V、Cr、Mn、Fe、Co、Zn、Ga、Rb、Sr、Mo、Cs 和 Ba）的含量分析，以区分两种牛的乳汁，研究发现，通过线性判别分析可以区分同一农场在相同环境和畜牧业条件下生产的两种牛奶。Chen[44]等利用电感耦合等离子体质谱法分析了我国牛、山羊、水牛、牦牛、骆驼奶中 17 种元素的含量，采用化学计量学方法对数据进行分析，主成分分析和因子分析突出了元素分布与物种之间的关系；LDA 模型正确地识别了大多数奶的类型，因此元素分析和化学计量学相结合可以用来区分不同物种的乳汁。高玎玲[45]从内蒙古自东向西 9 个旗县采集了奶牛、山羊、蒙古马和双峰驼四种家畜原奶样品共 79 份，检测了 23 种常量和微量元素，以 23 种常微量元素为指标集，PCA 分析显示不同物种、不同地区乳矿物质谱特征均差异显著，因此矿物质元素谱可以用于不同物种乳鉴别及产地溯源。

综上所述，利用矿物元素指纹分析技术对乳制品溯源掺假分析是可行的。矿物元素分析，更多的是多元素的全谱分析，进行综合评判，得到可靠的溯源信息。但是品种、气候、环境及采样时间都会导致不同地理来源的乳制品中微量元素的变化，加工工艺也会对乳制品中的矿物元素含量造成影响，对产地判别产生干扰，因此在利用矿物元素指纹图谱分析溯源乳制品时，要考虑多种因素的影响。有关矿物元素指纹图谱技术应用于乳制品产地溯源和真实性研究的总结见表6-2。

表6-2　矿物元素指纹图谱技术应用于乳制品产地溯源和真实性研究总结

研究内容	方法	产地/物种	时间	文献
产地溯源	电感耦合等离子体质谱法	波兰	2005	[35]
产地溯源	石墨炉原子吸收光谱法	克罗地亚	2011	[36]
产地溯源	火焰原子吸收分光光度法	西班牙	2010	[37]
产地溯源	火焰原子吸收分光光度法	西班牙	2012	[38]
产地溯源	原子吸收光谱法	斯洛伐克、波兰和罗马尼亚	2007	[39]
产地溯源	原子吸收光谱法	欧洲10个国家	2008	[40]
物种鉴别	电感耦合等离子体质谱法	奶牛、水牛	2008	[43]
物种鉴别	电感耦合等离子体质谱法	牛、山羊、水牛、牦牛、骆驼	2020	[44]
物种鉴别	火焰原子吸收分光光度法	奶牛、山羊、蒙古马和双峰驼	2017	[45]

6.2.3　脂肪酸分析技术

乳制品独特的品质及风味受到脂肪酸种类和浓度的影响[46]。影响乳制品中脂肪酸组成和含量的因素主要包括品种、饲养方式等，可以通过检测乳制品中脂肪酸的含量对乳制品进行溯源研究。

遗传导致的品种差异是影响脂肪酸含量的重要因素。利用脂肪酸分析技术可以区分不同品种的牛乳。Zegarska[47]等利用气相色谱法测定了相同的饲养条件下，低地黑白花红牛和波兰红牛中总脂肪酸分布，低地黑白花奶牛乳脂中长链饱和脂肪酸的比例显著高于波兰红牛乳脂，波兰红牛乳脂中单烯酸的比例显著高于低地黑白牛。Talpur[48]等评估了巴基斯坦红信德奶牛和白信德奶牛的乳脂肪酸组成和胆固醇含量，结果表明，两个品种不同脂肪酸含量存在显著差异，白信德奶牛产生的饱和脂肪酸含量高于红信德奶牛；与信德奶牛相比，泰国品种奶牛的单不饱和脂肪酸和多不饱和脂肪酸之和较低；信德奶牛的共轭亚油酸含量明显高于泰国品种奶牛。我国现存的不同品种奶牛乳中脂肪酸组成也有研究报道，内蒙古呼伦贝尔地区荷斯坦牛和三河牛乳中脂肪酸组成及含量显示，荷斯坦牛乳中饱和脂肪酸含量较高，而三河牛乳中不饱和含量显著高[49]。接彩虹[50]等比较了通辽地区饲养的荷斯坦牛和西门塔尔牛以及呼伦贝尔地区饲养的荷斯坦牛和三河牛牛乳中脂肪酸的组成及含量，结果荷斯坦牛乳中短链脂肪酸和中链脂肪酸含量较高，西门塔尔牛和三河牛乳中不饱和脂肪酸和共轭亚油酸含量较高。脂肪酸分析技术还可以用于不同物种乳汁的鉴别。韦升菊[51]等采集了广西3个不同品种水牛乳，并与相近胎次、相近泌乳月的本地荷斯坦奶牛、西门塔尔牛、娟姗牛进行比较，发现水牛乳中各种脂肪酸含量均极显著高于荷斯坦牛、西门塔尔牛和娟姗牛。

饲养方式对乳中脂肪酸组成和含量影响较大，放牧条件下牛乳中单不饱和脂肪酸、多不饱和脂肪酸、$\omega - 3$脂肪酸和共轭亚油酸含量较高，但舍饲条件下饱和脂肪酸含量较高[52,53]，这可能与放牧时饲料中草的含量显著增加、谷类浓缩物的含量显著降低有关。因此可以通过乳制品中脂肪酸含量判断奶牛的饲养方式。Collomb[54]等研究分析了瑞士有机牛奶与常规牛奶的脂肪酸组成，研究发现有机牛奶的多不饱和脂肪酸含量及共轭亚麻酸含量显著高于常规牛奶，而常规牛奶中单不饱和脂肪酸以及$\omega - 6$脂肪酸含量较高。

不同的日粮组成导致牛乳中脂肪酸组成及含量也不同[55,56]。饲料中添加富含长链不饱和脂肪酸的油脂可以提高奶牛乳脂中不饱和脂肪酸含量[57]。当奶牛的饲料由新鲜牧草变为青贮饲料时，牛奶中的C14：0、C16：0含量增加，而C18：0、C18：1及共轭亚油酸含量则减少[58]。Kudrna[59]等发现饲料中添加棕榈脂能使瘤胃挥发性脂肪酸含量降低，在添加了棕榈脂的基础上，再添加全葵花籽和膨化亚麻籽等植物油能够增加乳脂中不饱和脂肪酸和CLA的含量。杨炳壮[60]等也发现日粮中添加适量花生油能够提高水牛奶中CLA含量。泌乳期和采样时间也会造成牛乳中脂肪酸组成及含量的不同。泌乳期影响了几乎所有中链脂肪酸的含量[61]。Kgwatalala[62]等研究发现，从泌乳早期到泌乳中期，C10：1、C12：1、C14：1增加，相应的单不饱和脂肪酸也增加。Sharma[63]等比较了奶牛和水牛不同泌乳期乳汁中脂肪酸组成，发现泌乳中期短链脂肪酸含量高于泌乳早期和晚期，而不饱和脂肪酸含量在泌乳早期和中期低于泌乳后期。采样时间也是影响乳脂肪酸含量的重要因素，因为奶牛生存环境会随着时间变化，其中多不饱和脂肪酸含量随季节变化明显，春夏季含量最高、冬季最低；中短链脂肪酸的变化则与多不饱和脂肪酸相反，春夏季共轭亚油酸和亚麻酸含量分别比冬季高44％和30％[64]。双金[65]等采集了春夏秋冬4个季节的乳样，全面系统地研究了呼和浩特地区荷斯坦奶牛乳脂肪酸组成的季节变化，结果表明：乳中不饱和脂肪酸C14：1、C16：1和$\alpha - C18：3$含量表现出显著季节差异，7月份乳汁具有丰富的营养特性。

综上所述，脂肪酸分析技术在不同品种的乳品及高值牛奶的鉴别中发挥了重要的作用。但是选用脂肪酸技术鉴定乳制品，应当考虑到泌乳期及采样时间的影响，在采集样品时应对年龄、泌乳期、采样时间及日粮水平细化。有关脂肪酸分析技术应用于乳制品产地溯源和真实性研究的总结见表6-3。

表6-3 脂肪酸分析技术应用于乳制品产地溯源和真实性研究总结

研究内容	方法	产地/品种	时间	文献
品种鉴别	气相色谱法	低地黑白花红牛和波兰红牛	2001	[47]
品种鉴别	气相色谱法	巴基斯坦红信德奶牛、白信德奶牛和泰国品种奶牛	2008	[48]
品种鉴别	气相色谱法	荷斯坦牛、三河牛	2008	[49]
品种鉴别	气相色谱法	荷斯坦牛、西门塔尔牛、三河牛	2012	[50]
物种鉴别	气相色谱法	水牛、奶牛	2011	[51]
饲养方式	气相色谱法、高效液相色谱法	瑞士	2008	[54]
饲料组成	薄层色谱、气液色谱、高效液相色谱法	美国	2008	[55]

（续）

研究内容	方法	产地/品种	时间	文献
饲料组成	气液色谱法	美国	2010	[56]
饲料组成	气液色谱法	中国	2011	[57]
饲料组成	气液色谱法	荷兰	2004	[58]
饲料组成	气液色谱法	捷克	2008	[59]

6.2.4　DNA 分析技术

在乳制品行业中，掺假现象屡见不鲜，DNA 检测技术作为一种生物学方法应用于乳制品掺假鉴别。DNA 检测的主要方法是 PCR 技术，普通 PCR 技术主要利用特异性引物进行双重 PCR 检测，再用琼脂糖凝胶电泳分析，在凝胶成像分析系统观察结果[66,67]。Martin[68]等建立了一种 PCR 方法，针对 12S RNA 线粒体基因设计特异性引物，实现了对山羊奶、绵羊奶和牛奶的鉴别，其灵敏度可达 0.1%。Abdel-Rahman[69]等采用 PCR 技术扩增了骆驼和山羊卵泡刺激素受体（FSHR）基因的种特异性区（SSR），从鲜奶中提取 DNA，利用设计的物种特异性引物对扩增骆驼和山羊 FSHR 基因的特异性 DNA 序列，利用 FSHR 基因的种特异性区域，可以直接、快速地检测出骆驼奶和山羊奶的掺假。Hazra[70]等建立了一种基于 PCR 的方法来鉴定水牛乳中的牛乳，从牛奶中提取 DNA，选择了牛 mt-DNA（线粒体）D-环（置换）为靶点的特异性引物，对牛 DNA 进行标准化扩增，在从牛奶中分离的基因组 DNA 中，对引物的特异性进行了跨物种检测，可以敏感地检测到水牛奶中 5% 的牛奶水平。黎颖[71]等以双重 PCR 的方法分别对羊乳中掺入牛乳和水牛乳进行了检测，在羊乳及其制品中掺入牛乳的检测限为 1%，在巴氏杀菌羊乳、高温杀菌液态乳和干酪中的检测限为 5%，在酸乳中的检测限为 10%。Guo[72]等开发了一种基于物种特异性和物种保守性 TaqMan 探针的三重实时 PCR 技术，该技术可鉴定山羊奶和牛奶。

荧光定量 PCR 技术也是鉴定乳制品有效、可靠的方法。荧光定量 PCR 主要选取动物线粒体基因的特异性引物，以新鲜乳制品提取模板 DNA，建立了基于 DNA 结合染料的实时荧光定量 PCR 方法。Dalmasso[73]等建立了一种实时荧光定量 PCR 方法，以区分乳制品中的牛及水牛源性成分，可检测到混合奶中 2% 的牛奶成分，且无须任何 PCR 后操作。宋宏新[74]等选取牛、羊线粒体 12S rRNA 基因的特异性引物，以新鲜牛、羊乳样品提取模板 DNA，建立了基于 DNA 结合染料（sYBR Green I）的实时荧光定量 PCR 方法，用于羊乳制品中牛乳成分的掺假鉴别检测，结果表明，该方法最低可检出新鲜羊奶中掺入 2.5% 的牛乳成分。

LAMP 技术是由两对特异性引物，针对靶基因的 6 个不同区域进行特异性识别，在 DNA 聚合酶作用下，恒温条件进行链置换扩增的方法，也被应用到乳制品的掺假鉴别中。Deb[75]等应用 LAMP 法快速检测水牛奶样本中的牛奶成分，可以检测到混合奶中 5% 的牛奶成分，并通过 SYBR Green I 和 HNB 染料进行可视化，为快速、经济地检测水牛奶样品中的牛奶成分提供了一种有前途的新技术。李婷婷[76]等针对山羊的甘油醛-3-磷酸脱氢酶（GAPDH）基因和牛的线粒体基因（Cyt-b）分别设计 LAMP 引物，将山羊奶与牛奶按不同比例混合制备样品，进行 LAMP 扩增，灵敏度可达 1%。

PCR 检测方法拥有高特异性、高灵敏度的特点，检测限能达到 0.1% 的掺入检测比例，但是该方法要求相当高的操作技能、昂贵的设备，且需较长的前期准备和处理时间，不适宜快速检测。LAMP 技术是一种快速、设备要求低的 DNA 扩增诊断方法，可以在等温条件下快速扩增 DNA 片段并进行可视化观察，但是也有自己的局限性，LAMP 反应较易出现气溶胶而呈假阳性及 LAMP 反应的引物设计要求较高等，因此在利用 DNA 技术鉴别乳制品时，要根据实际情况选择合适的方法。有关 DNA 分析技术应用于乳制品产地溯源和真实性研究的总结见表 6-4。

表 6-4　DNA 分析技术应用于乳制品产地溯源和真实性研究总结

研究内容	技术	物种	时间	文献
物种鉴别	PCR	骆驼、山羊	2015	[69]
物种鉴别	PCR	水牛、奶牛	2018	[70]
物种鉴别	双重 PCR	羊、奶牛、水牛	2015	[71]
物种鉴别	三重实时 PCR	山羊、奶牛	2019	[72]
物种鉴别	实时荧光定量 PCR	水牛、奶牛	2011	[73]
物种鉴别	实时荧光定量 PCR	羊、奶牛	2018	[74]
物种鉴别	LAMP	水牛、奶牛	2016	[75]
物种鉴别	LAMP	山羊、奶牛	2018	[76]

6.2.5　多技术结合

轻元素的稳定同位素比值，结合一些矿物元素的含量，经常被一起用作研究乳制品来源的有力工具[77,78]。Pillonel[79]等用稳定同位素比值（$\delta^{13}C$、$\delta^{15}N$、$\delta^{18}O$、δD 和 $\delta^{87}Sr$）、矿物元素（Ca、Mg、Na、K、Cu、Mn、Mo、I）和放射性元素（^{90}Sr，^{234}U，^{238}U）分析了来自欧洲 6 个地区（奥尔高、布雷塔涅、芬兰、萨沃伊、瑞士和沃拉尔堡）的 20 种奶酪，获得了良好的分离效果。Nečemer[80]等利用 C、N、O、S 稳定同位素和矿物元素组成，对 2012 年和 2013 年 5、6、7 月采集的 124 份斯洛文尼亚牛奶和 30 份奶酪的样品来源进行了测定，研究发现 Cl、Zn、P、Ca 和 K 是最重要的参数，稳定同位素结合矿物元素，可将羊奶、羊乳酪与牛乳区分开来，预测准确率达到 95.2%。Magdas[81]等利用稳定同位素结合矿物元素，鉴别了罗马尼亚特兰西瓦尼亚三个地区奶酪的地理起源，判别准确率高达 92%，同时对奶酪原料乳的物种（奶牛、绵羊）的鉴别准确率达到 100%。

Molkentin[82,83]通过乳脂肪碳稳定同位素和脂肪酸的差异，对德国有机牛奶和常规奶进行识别，由于有机奶中 α-亚麻酸（C18：3ω3）和二十碳五烯酸（C20：5ω3）含量较高，所以脂肪酸可以将有机牛奶和传统牛奶全区别开来，而且有机奶 $\delta^{13}C$ 值显著低于常规奶 $\delta^{13}C$ 值，研究还发现，C18：3ω3 和 $\delta^{13}C$ 之间有明显的负相关性（$r=-0.92$）。

Renou[84]等利用同位素比率质谱法与核磁共振技术测定了来自不同地区（高山和平原）的牛奶中的δ^{18}O值、多不饱和脂肪酸、单不饱和脂肪酸和饱和脂肪酸的含量，结果表明，在平原和高山地区，牛奶中单不饱和脂肪酸和饱和脂肪酸没有显著差异；而^{18}O和^{2}H的富集明显不同；高山地区牛奶中多不饱和脂肪酸的含量明显高于平原地区，这是由于植物组成的差异而导致的。

游离氨基酸对于奶酪的香气和口感是至关重要的，它们是由奶酪成熟过程中复杂的蛋白质水解现象形成的。稳定同位素与游离氨基酸结合也可以用来鉴别不同地区的奶制品。Manca[85]采集了撒丁岛、西西里岛和阿普利亚的羊奶干酪，测定了酪蛋白中稳定同位素比值（δ^{13}C和δ^{15}N），并用高效液相色谱法测定了干酪样品中部分游离氨基酸比值（His/Pro、Ile/Pro、Met/Pro和Thr/Pro），应用主成分分析、聚类分析及线性判别分析方法进行多元数据处理，结果表明，对变量Ile/Pro、Thr/Pro、δ^{13}C和δ^{15}N进行线性判别分析后，样品的判别正确率达到了100%。

本课题组也利用多种技术结合对不同地区的牛奶样品进行了产地溯源。Xie[86]等用稳定同位素比值结合氨基酸含量、矿物元素含量等指标，对内蒙古自治区5个城市11个区县的牛奶样品进行了产地溯源，结果表明，氨基酸、稳定同位素和元素分析相结合是鉴别小区域牛奶的最佳选择，这三种分析方法的结合比单一分析方法更能有效地确定牛奶样品的地理来源，营养参数（如氨基酸）和地理参数（如稳定同位素和矿物元素）的结合为今后区域的食品产地鉴定提供依据提供了潜在的可能性（详见本章典型案例二）。有关几种技术结合应用于乳制品产地溯源和真实性研究的总结见表6-5。

表6-5　几种技术结合应用于乳制品产地溯源和真实性研究总结

研究内容	技术	产地/物种	时间	文献
产地溯源	稳定同位素技术、矿物元素指纹图谱技术	11个国家	2012	[77]
产地溯源	稳定同位素技术、矿物元素指纹图谱技术	欧洲6个地区	2003	[79]
产地溯源、物种鉴别	稳定同位素技术、矿物元素指纹图谱技术	斯洛文尼亚的山羊、绵羊、奶牛	2016	[80]
产地溯源、物种鉴别	稳定同位素技术、矿物元素指纹图谱技术	罗马尼亚的奶牛、绵羊	2019	[81]
饲养方式	稳定同位素技术、脂肪酸分析技术	德国	2009	[82]
饲养方式	稳定同位素技术、脂肪酸分析技术	德国	2010	[83]
产地溯源	稳定同位素技术、脂肪酸分析技术	法国	2004	[84]
产地溯源	稳定同位素技术、氨基酸分析技术	意大利	2001	[85]
产地溯源	稳定同位素技术、氨基酸分析技术、矿物元素指纹图谱技术	中国	2020	[86]

6.3　研究趋势

目前国内外开展了大量的针对奶及奶产品的溯源技术研究。以"牛奶"和"溯源"为关键词进行国内外文献的搜索，如图6-1所示，2000年以后，对牛奶的追溯研究有所增长，并且在过去几年中发表的文章数量最多。这可能是由于牛奶掺假事件的频繁发生，使得人们对牛奶的关注转向了"源头"，意识到了牛奶产地溯源的重要性。研究数量排名前10位的国家如图 6-2 所示。意大利位居前列，西班牙、法国、英国、德国也在前 10 位，因为这些国家生产的大多数乳制品被注册为 PDO、PGI 或 TSG。中国虽然是这一领域的新兴国家，排名却第二。美国动物产品产量居世界前列，所以研究数量也较多。这表明，随着食品贸易全球化对食品安全和人类健康造成严重威胁，利用溯源技术对牛奶进行追踪得到了越来越广泛的关注。

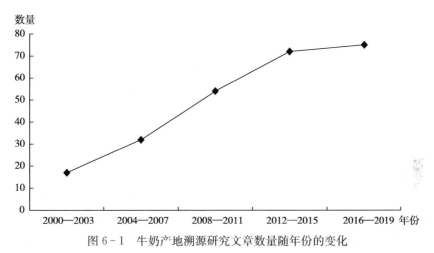

图 6-1 牛奶产地溯源研究文章数量随年份的变化

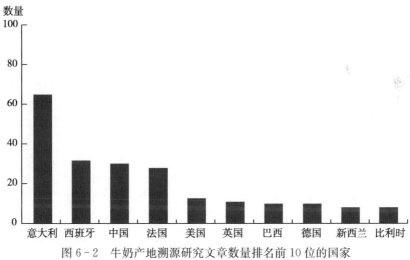

图 6-2 牛奶产地溯源研究文章数量排名前 10 位的国家

6.4 结论

乳制品作为半必需品在我国有着十分重要的地位。不同的乳制品中各种参数有较大差异，需要进一步扩大样本量进行深入研究探讨，而且这些参数受饲料、动物代谢、土壤地质、气候、加工等多种因素的影响，产地鉴别难度大，尤其是小区域样本。将多种技术相结合，进行真实样本数据库的建立，不断完善样本产地信息，从而得到更完整、更准确地判别结果，以实现乳制品小区域的产地精准溯源。随着各种分析技术不断发展，食品溯源系统不断完善，样本数据库的不断健全，相信我国乳制品行业将迎来发展新阶段。

典型案例一

利用元素分析仪—同位素比值质谱技术，对我国不同省份的牛奶样品进行了碳氮氢氧稳定同位素分析，研究了泌乳期、取样时间、产地对样品稳定同位素比值的影响。研究发现，三个泌乳期采集的牛奶中碳氮氢氧稳定同位素比值差异不显著，但取样时间对牛奶中的 $\delta^{13}C$、$\delta^{15}N$ 和 $\delta^{18}O$ 值有影响。同时，牛奶的 $\delta^{13}C$ 和 $\delta^{15}N$ 值存在显著的区域差异。因此，利用多元素稳定同位素比值分析，可以区分不同地区产的牛奶，区分的产地距离最短为 0.7km。

1.1 实验材料与方法

1.1.1 样品信息

实验 1：泌乳期。2014 年 7 月，从我国四个省份（河北、宁夏、陕西和内蒙古）、每个省两个奶牛场采集了牛奶样本共 120 份。这些牛奶样本是在三个不同的泌乳阶段收集的：早期（泌乳期：30～90d）、中期（泌乳期：120～180d）和晚期（泌乳期：210～270d）。牛奶样品信息见表 1。

表 1   实验 1 中牛奶样品信息

农场	省份	经度	纬度	海拔（m）	样本量
HB-TH	河北	117°27′42.96″	38°14′48.44″	9	15
HB-BH	河北	117°20′8.94″	38°14′54.08″	6	15
NX-LH	宁夏	106°19′6.44″	37°47′45.07″	1 161	15
NX-XQ	宁夏	106°18′38.68″	37°47′45.31″	1 160	15
SX-LJ	陕西	108°45′43.64″	34°37′42.69″	453	15
SX-NX	陕西	108°43′50.41″	34°37′26.53″	484	15
IM-XM	内蒙古	111°8′56.26″	40°41′42.41″	1 012	15
IM-MNH	内蒙古	111°10′34.57″	40°43′41.48″	1 048	15

实验 2：取样时间。在 3 月、7 月和 11 月分别从四个省份（天津、河北、江苏和内蒙古）、每个省两个奶牛场采集了牛奶样本共 120 份。牛奶样品信息见表 2。

实验 3：地理起源。为了研究地理来源对牛奶可追溯性的影响，对 160 份牛奶样品进行了稳定同位素测定（实验 1 中来自河北、宁夏、陕西和内蒙古的 120 份牛奶样品，实验 2 中来自天津、河北、江苏和内蒙古的 7 月份牛奶样品 40 份）。

表2　实验2中牛奶样品信息

农场	省份	经度	纬度	海拔（m）	样本量
TJ-NK	天津	116°49′55.66″	38°41′14.32″	9	15
TJ-FH	天津	116°53′15.48″	38°49′44.81″	5	15
HB-LM	河北	119°14′5.96″	39°53′39.94″	25	15
HB-ZL	河北	118°29′10.48″	39°59′24.68″	117	15
JS-ZX	江苏	119°22′46.34″	34°33′4.18″	4	15
JS-DX	江苏	119°22′37.2″	34°32′39.09″	3	15
IM-LM	内蒙古	119°45′32.95″	49°38′44.35″	662	15
IM-XC	内蒙古	120°4′42.58″	49°11′17.32″	620	15

1.1.2　样品制备

牛奶样品加工前在−20℃下冷冻。将50g（鲜重）样品冷冻干燥24h，然后磨为粉状。将氯仿∶甲醇（2∶1，v/v）溶液以1∶5（样品∶溶液）的比例加入离心管中的样品中，盖子紧闭。样品在涡流混合器中搅拌10min。然后将样品以5 000r/min的转速离心5min。将上清液除去并丢弃，再重复两次溶剂脱脂过程。用带小孔的膜密封样品，将样品冻干。

1.1.3　样品分析

$\delta^{13}C$ 和 $\delta^{15}N$ 分析。将牛奶样品和国际标准物质称重到锡杯中，然后依次引入元素分析仪（德国 Thermo Finnigan，Flash 2000）。反应器填料包含 0.85~1.7mm 粒状氧化铬、0.85~1.7mm 镀银粒状氧化钴和 4×0.5mm 细铜线。He 流量为 100mL/min，注氧速度为 175mL/min，注氧时间为 3s，注氧量为 8.75mL，He 稀释压力为 0.6 bar，CO_2 参考气压为 0.6bar，N_2 参考气压为 1.0 bar。样品在 960℃下燃烧，碳元素和氮元素转化为 CO_2 和 NOx，然后生成的 NOx 通过铜丝还原成 N_2，CO_2 和 N_2 在 50℃下通过 GC 柱分离。然后将气体转移到 Confo IV（德国 Thermo）和同位素比值质谱仪（德国 Thermo Delta V Advantage）中。使用 USGS40 和 B2159 两点校正 $\delta^{13}C$ 值，USGS43 为质量控制；USGS43 和 USGS40 两点校正 $\delta^{15}N$ 值，B2159 为质量控制。

δD 和 $\delta^{18}O$ 分析。将牛奶样品和国际标准物质称重到银杯中，然后依次引入元素分析仪（德国 Thermo 公司的 Flash 2000）。反应器填料由玻璃碳管反应器和银棉组成。He 流量为 100mL/min，He 稀释压力为 0.6bar，CO 参考气压为 0.4bar，H_2 参考气压为 0.4bar。样品在 1 380℃下燃烧，产生的 CO 和 H_2 气体通过 65℃的 GC 柱分离。然后气体转移到 Confo IV（德国 Thermo Finnigan）和同位素比率质谱仪（德国 Thermo Finnigan 的 Delta V Advantage）中。CBS 和 KHS 校正 δD 值，B2205 用于质量控制。CBS 和 B2205 标准用于 $\delta^{18}O$ 值的两点校准，KHS 标准用于质量控制。

同位素比值分析结果用 δ（‰）表示，δ（‰）$= [(R_{样品} − R_{标准})/R_{样品}] \times 1\,000$，其中 $R_{样品}$ 和 $R_{标准}$ 分别为样品和标准物质的同位素比值。碳同位素以维也纳 Pee-Dee-belinite（VPDB）标准为基础，氮同位素以空气氮标准为基础，氢和氧同位素以平均海水（SMOW）标准为基础。

1.1.4 统计分析

采用 SPSS 软件包对数据进行统计分析。采用 Duncan 检验进行差异显著性分析（$p<0.05$）。用三维偏最小二乘判别分析（PLSDA）区分每个牛奶样本的地理来源，从而确定交叉验证的准确性。

1.2 结果与讨论

1.2.1 泌乳期对同位素比值的影响

通对实验 1 中的牛奶样品进行稳定同位素比值分析，发现牛奶中 δ^{13}C、δ^{15}N、δD 和 δ^{18}O 值没有显著差异（图 1）。因此，泌乳期对牛奶样品的可追溯性没有影响。这与之前 Magdas[87] 等的研究结果不同。他们研究发现牛奶中的稳定同位素比值变化可能与泌乳期有关。造成这种差异的一个原因可能是研究中报告的采样时间与我们实验中的采样时间不同。此外，牛的品种也可能不同。而在之前的研究中，我们对相同的样本进行了泌乳期对脂肪酸组成、维生素 a 和氧化稳定性的影响研究，结果显示泌乳期对这些指标也没有影响[88]。

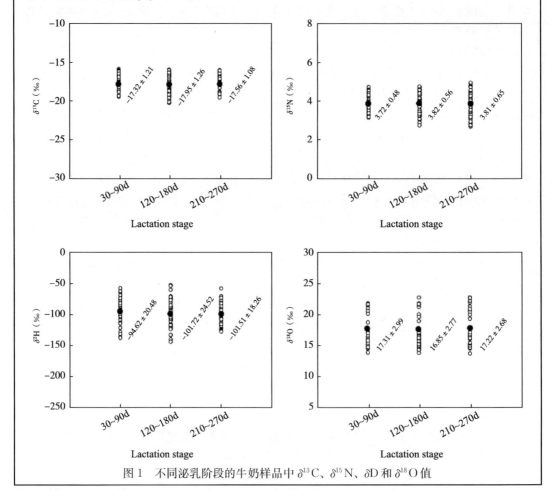

图 1　不同泌乳阶段的牛奶样品中 δ^{13}C、δ^{15}N、δD 和 δ^{18}O 值

1.2.2 采样时间对同位素比值的影响

通过对实验 2 中的牛奶样品进行稳定同位素比值分析，发现在不同的取样时间点，大多数省份的牛奶中四种稳定同位素比率是不同的（表 3 至表 6）。河北、内蒙古 11 月份采集的牛奶样品中 $\delta^{13}C$ 值明显高于 7 月份采集的奶样，这可能是由于 7 月份降水量和气温较高，导致 C_3 草丰富，而牛饲料主要以 C_3 草为主；随后，在 11 月份，玉米成为河北和内蒙古奶牛的主要饲料作物，玉米是一种 C_4 植物，能提高牛奶中的 $\delta^{13}C$ 值。7 月至 11 月，天津和江苏的牛奶样品中 $\delta^{13}C$ 值没有变化，这可能是由于取样年份夏季降水量较低，导致在 7 月份奶牛被补充饲喂 C_3 草（干草）和玉米。采样时间不同，大多数省份牛奶样品中 $\delta^{15}N$ 值也不同。天津、江苏两地 7 月份采集的牛奶中 $\delta^{15}N$ 值均低于 3 月份和 11 月份采集的奶样，这可能是因为在 7 月份，豆科植物是奶牛的主要饲料，豆科植物是 $\delta^{15}N$ 值较低的固氮植物[89]；另一个可能的原因是，在 11 月份，奶牛在草地上排尿和排便，然后反硝化，使得草地具有更高的 $\delta^{15}N$ 值。这与韩国有机牛奶中 $\delta^{15}N$ 随采样时间的变化相似[90]。对于 $\delta^{18}O$ 值，多数省份的牛奶样品在不同采集时间表现出显著差异，多数省份 7 月份的牛奶中 $\delta^{18}O$ 值高于 11 月份，因为牛奶中的氧大部分来自饮用水，在较暖的温度下，饮用水水源（池塘、溪流或水槽）可能在 7 月蒸发富集（$\delta^{18}O$ 和 δD 值更为正值），或者来自高原的雪和冰川融水，补充到了当地的地下水或降水。绝大多数省份牛奶中 δD 值没有明显的变化趋势，这可能是 δD 与 $\delta^{18}O$ 之间相关性变化的结果，这种相关性存在于水中，并可能传播给动物[91]。

表 3　不同季节采集的牛奶样品中 $\delta^{13}C$ 值和标准偏差（‰）

农场	三月		七月		十一月	
TJ-NK	−18.95	0.45	−16.98	3.01	−17.27	0.60
TJ-FH	−17.75[a]	0.34	−16.56[b]	0.07	−16.72[b]	0.30
HB-LM	−21.61[a]	0.71	−20.10[b]	0.18	−19.04[c]	0.05
HB-ZL	−20.62[a]	0.66	−21.08[a]	0.55	−17.64[b]	0.27
JS-ZX	−22.60[a]	0.83	−20.86[b]	0.56	−21.64[b]	0.22
JS-DX	−23.32[a]	1.46	−21.33[b]	1.38	−20.94[b]	0.25
IM-LM	−27.37[b]	0.70	−29.42[a]	0.38	−25.71[c]	0.59
IM-XC	−22.65[b]	0.43	−30.33[a]	0.64	−21.20[c]	0.16

注：同一行上标的不同字母表示数据之间具有显著性差异（$p < 0.05$）。

表 4　不同季节采集的牛奶样品中 $\delta^{15}N$ 值和标准偏差（‰）

农场	三月		七月		十一月	
TJ-NK	4.22[b]	0.27	3.67[a]	0.14	4.14[b]	0.12
TJ-FH	4.13[c]	0.08	3.02[a]	0.16	3.89[b]	0.13
HB-LM	3.66	0.22	3.58	0.32	3.56	0.12
HB-ZL	3.27[a]	0.21	3.34[a]	0.39	4.21[b]	0.21

（续）

农场	三月		七月		十一月	
JS-ZX	5.25[b]	0.16	4.54[a]	0.36	5.18[b]	0.17
JS-DX	5.14[b]	0.60	4.47[a]	0.25	6.20[b]	0.33
IM-LM	5.18[a]	0.17	5.57[a]	0.07	6.62[b]	0.72
IM-XC	6.15[b]	0.26	5.83[b]	0.18	5.44[a]	0.35

注：同一行上标的不同字母表示数据之间具有显著性差异（$p<0.05$）。

表 5　不同季节采集的牛奶样品中 δD 值和标准偏差（‰）

农场	三月		七月		十一月	
TJ-NK	−63.81	6.29	−63.48	14.06	−73.32	3.08
TJ-FH	−65.67	7.74	−58.26	3.44	−65.80	3.90
HB-LM	−66.59[b]	2.94	−70.05[ab]	9.36	−77.26[a]	3.43
HB-ZL	−78.24[a]	4.11	−81.31[a]	4.26	−60.12[b]	9.28
JS-ZX	−61.82[b]	8.23	−78.28[a]	10.23	−81.37[a]	10.44
JS-DX	−74.20	18.98	−87.80	8.20	−86.53	8.67
IM-LM	−124.59[a]	10.49	−77.70[b]	23.56	−74.90[b]	18.14
IM-XC	−81.85	4.09	−99.08	8.92	−85.55	18.41

注：同一行上标的不同字母表示数据之间具有显著性差异（$p<0.05$）。

表 6　不同季节采集的牛奶样品中 $\delta^{18}O$ 值和标准偏差（‰）

农场	三月		七月		十一月	
TJ-NK	17.41	0.68	18.30	0.83	18.16	0.57
TJ-FH	17.07[a]	0.36	18.78[b]	0.23	18.99[b]	0.52
HB-LM	18.87[b]	0.63	18.41[b]	1.14	17.31[a]	0.40
HB-ZL	14.43[b]	0.93	13.26[a]	0.34	17.11[c]	1.05
JS-ZX	18.73[c]	0.33	14.83[b]	0.60	12.17[a]	0.80
JS-DX	12.71[b]	0.83	11.80[b]	1.10	9.45[a]	0.30
IM-LM	3.87[a]	0.63	15.77[c]	4.21	11.45[b]	0.34
IM-XC	10.18[a]	0.54	16.55[c]	1.11	11.58[b]	0.18

注：同一行上标的不同字母表示数据之间具有显著性差异（$p<0.05$）。

1.2.3　地理来源对同位素比值的影响

对实验 2 中四个省 7 月份采集的牛奶样品中碳氮氢氧稳定同位素比值进行了分析（图 2），发现内蒙古两个奶场牛奶中 $\delta^{13}C$ 值分别为 −29.42‰±0.38‰ 和 −30.33‰±0.64‰，显著低于天津、河北和江苏的乳样，这是因为内蒙古有大面积的 C_3 草场作为主要饲料源；其他地区为农区，当地种植了更多的 C₄ 植物，例如玉米。而内蒙古两个奶场牛奶中 δ^{15}N 值分别为 5.57‰±0.07‰和 5.83‰±0.18‰，明显高于其他地区，天津和河北样本中 $\delta5^{15}$N 值较低，可能是因为用于种植作物的化肥（大多数肥料的 δ^{15}N 值接近 0‰）的影响。但是不同地区牛奶样品中 δD 值和 δ^{18}O 值没有变化，因为这些同位素通常受到地理位置、海拔和距离海洋等多种因素的影响。因此，在追踪牛奶时，应考虑采用多种稳定同位素。

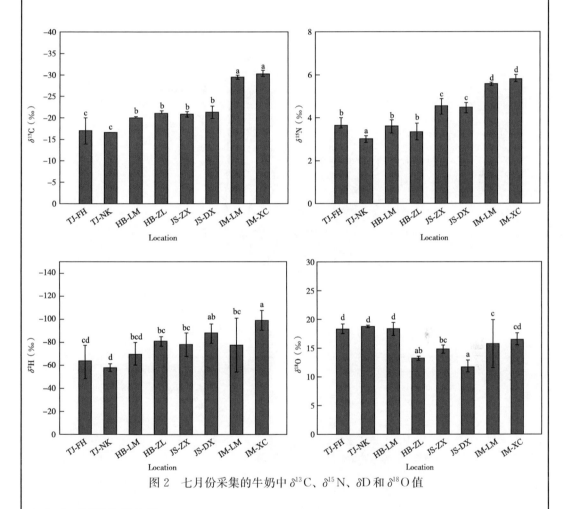

图 2 七月份采集的牛奶中 δ^{13}C、δ^{15}N、δD 和 δ^{18}O 值

1.2.4 判别分析结果

对实验 1 中四个省的牛奶样品中稳定同位素比值进行 PLSDA 分析，交叉验证准确率为 71.55%（图 3），对实验 2 中四个省 7 月份采集的牛奶样品中稳定同位素比值进行 PLSDA 分析，四个省的交叉验证准确率为 92.11%（图 4），这可能是因为实验 1 的研究地点（陕西、内蒙古和宁夏）彼此相邻，作物和气候相似[92]，而实验 2 的江苏地处中国南方，其气候条件与其他三省不同。我们不仅计算了各省之间的交叉验证准确度，而且还确定了同一省不同奶牛场的交叉验证准确度（表 7）。实验 1 中交叉验证

的准确性与农场之间的距离呈正相关。宁夏两个农场之间的交叉验证准确度最低，因为这两个农场之间的距离最近，因此难以区分特征差异；此外，宁夏地处牧区，这两个农场的动物饲料相似。河北省两个农场之间的交叉验证准确度最高，因为这两个农场之间的距离最远；河北是一个农业区，每个农场都有明显不同的饲料配方。HB-TH的饲料是从其他省份采购的，包括青贮饲料、苜蓿、羊草和干草。HB-BH的饲料是本地种植与采购比例为3∶7，当地种植的产品包括预混饲料、玉米、豆粕、其他杂粮和麸皮，采购饲料包括各种麦秆，这导致这两个农场的牛奶中碳和氮同位素值显著不同，提高了交叉验证的准确性。由于距离较远，实验2中河北两个农场的交叉验证精

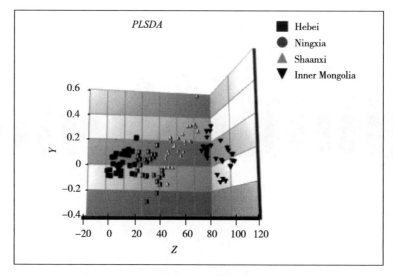

图3　实验1中河北、宁夏、陕西、内蒙古四个省份牛奶样品的三维 PLSDA

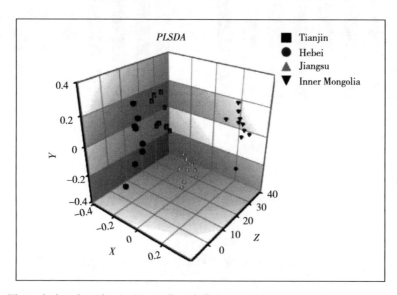

图4　实验2中天津、河北、江苏、内蒙古四个省份牛奶样品的三维 PLSDA

度也较高。江苏两个养殖场采用了不同的饲料配方，因此，虽然江苏两个养殖场之间的距离小于内蒙古两个养殖场之间的距离，但江苏两个养殖场之间的交叉验证准确率却高于内蒙古两个养殖场之间的交叉验证准确率。所以在用稳定同位素示踪牛奶时，不仅要考虑农场之间的距离，还要考虑饲料成分。

表 7　同一省份不同农场间交叉验证的准确性

实验1中省份	准确率	实验2省份	准确率
河北	100%	天津	87.50%
宁夏	71.43%	河北	100%
陕西	86.67%	江苏	90.00%
内蒙古	86.67%	内蒙古	70.00%

1.3　结论

我国不同地区的牛乳具有明显的同位素指纹特征，证实了多元素（C、N、H、O）稳定同位素分析对牛乳来源的追踪潜力。利用碳、氮、氢、氧的稳定同位素特征，对我国不同省份牛奶的地理来源进行了鉴别。取样时间和地理来源能够影响稳定同位素比值。因此，利用多元素稳定同位素比值分析法在省内和全国范围内对牛奶样品进行可追溯性分析是可能的，但同时要考虑到饲料成分和气候因素的影响。

典型案例二

据我们所知，近年来对农产品产地的研究很少集中在市、县甚至小区的源头上，但农产品小区溯源是未来研究的趋势和难点。最常用的溯源方法是稳定同位素和矿物元素技术，因为这些指标直接关系到当地的地理环境。然而，当可追溯区域非常接近时，需要寻找新的参数来提高小规模区域可追溯的准确性。本研究采用营养参数（氨基酸）和地理参数（稳定同位素、矿物元素）相结合的方法，对内蒙古五市十一区的牛奶来源进行了追踪。结果表明，营养（氨基酸）与地理参数（稳定同位素、矿物元素）相结合是最佳的溯源方法。

2.1　实验材料与方法

2.1.1　样品信息

采集内蒙古自治区五市十一区县的 67 份鲜牛奶样品，在 −20℃下冷藏，奶牛品种为荷斯坦奶牛，平均泌乳天数 210d。奶牛为圈养，饲料为玉米、豆粕、苜蓿等，采样季节为夏季（2018 年 7 月底）。采用机械挤奶设备，采集频率为早、中、晚三班。奶牛的健康状况良好。通过系谱管理，母牛之间没有遗传关系。

2.1.2　氨基酸分析

准确称取 0.5g（精确至 0.000 1g）冻干粉，加入 6mol/L 的盐酸 10mL，在 110℃下水解 24h。静置，冷却到室温，定容至 10mL 容量瓶，然后取 1mL 水解液于真空条件下抽干，再加入 0.1mol/L 盐酸溶液 2mL 回溶，混匀备用，通过 $0.45\mu m$ 无机滤膜。取标准溶液或样品水解液 $100\mu L$ 于 1.5mL 进样瓶中，加入缓冲溶液（用 Na_2CO_3 和 $NaHCO_3$ 调节 pH 至 9.0）$200\mu L$ 和 300mg/mL 衍生剂（$100\mu L$ 300mg/mL 的乙腈溶解的 2，4-二硝基氯苯）$100\mu L$，漩涡混匀，在 90℃ 恒温水浴锅中避光反应 90min，反应结束后冷却至室温，加入 10% 乙酸 $50\mu L$ 来调节 pH 为中性，然后用水定容到 1mL，涡旋混匀，最后取上清液过 $0.45\mu m$ 有机膜后待测。通过高效液相色谱法（高效液相色谱法，PDA 检测器，Waters 2695，America）进行分析。高效液相色谱柱为美国 Kromat Universil C18 柱（4.6mm × 250mm，$5\mu m$），柱温 40℃，检测波长 360nm，流速 1mL/min，进样量 $10\mu L$，流动相 A 为乙腈，B 为醋酸-醋酸钠缓冲液 [0.03mol/L 醋酸钠溶液，0.15% 三乙胺，pH 5.25±0.05（冰醋酸）]。梯度洗脱程序：0～10min，18%A；10～15min，18%～20%A；15～30min，20%～34%A；30～35min，34%～45%A；35～38min，45%～55%A；38～42min，55%～60%A；42～45min，60%～18%A。

2.1.3 稳定同位素分析

将冻干乳（0.5g）置于离心管中，以 1∶5 的固液比加入氯仿∶甲醇溶液（2∶1）。将样品旋转并在涡流振动器上混合 10min，以 5 000r/min 离心 5min，用吸管除去上清液。重复该程序两次，然后将样品放置在通风橱中过夜。样品在 -20℃ 下冷冻并在冷冻干燥机中冻干 12h，然后进一步均匀研磨样品，并在 -20℃ 下储存。

为了进行碳氮稳定同位素分析，将样品和标准物质称重在锡囊中，并通过自动进样器引入元素分析仪（EA，Flash 2000，Thermo，德国）。样品在 960℃ 下燃烧，碳和氮被氧化生成 CO_2 和 NOx 气体，然后气体通过高温铜线，NOx 气体还原为 N_2。载气和样气在 50℃ 下进入气相色谱柱，分离 CO_2 和 N_2。载气（高纯度氦）流速为 100mL/min，氧气注入速度为 175mL/min，注入时间为 3s。随后，通过 Confo IV（德国 Thermo）将气体分析到同位素比质谱仪（德国 Thermo，Delta V Advantage）中。对于 $\delta^{13}C$ 值，国际参考物质 USGS40 和 IA-R006 实现两点线性归一化，USGS43 实现质量控制。对于 $\delta^{15}N$ 值，USGS40 和 USGS43 实现两点线性归一化，B2151 实现质量控制。

为了对氢和氧的稳定同位素比值进行分析，将样品和标准物质称重到银囊中，并通过自动进样器引入元素分析仪（EA，Flash 2000，Thermo，德国）。样品在 1 380℃ 下燃烧，在 65℃ 下通过气相色谱柱分离 CO 和 H_2。此后，通过 Confo IV（德国 Thermo）将气体导入同位素比质谱仪（德国 Thermo，Delta V Advantage）。对于 δD 值，国际参考物质 CBS 和 KHS 实现两点线性归一化，B2205 实现质量控制。对于 $\delta^{18}O$ 值，CBS 和 B2205 实现两点线性归一化，KHS 实现质量控制。

同位素比值分析结果用 δ（‰）表示，$\delta（‰）=[(R_{样品}-R_{标准})/R_{样品}]\times1\ 000$，其中 $R_{样品}$ 和 $R_{标准}$ 分别为样品和标准物质的同位素比值。碳同位素以维也纳 Pee-Dee-belinite（VPDB）标准为基础，氮同位素以空气氮标准为基础，氢和氧同位素以平均海水（SMOW）标准为基础。

2.1.4 矿物元素分析

取0.2g（精确至0.000 1g）样品于聚四氟乙烯内罐中，加入0.6mL硝酸和2mL氢氟酸，并在150℃的防腐烘箱中消解12h。静置，冷却到室温，在120℃的防腐电热板上赶酸，将酸蒸发至近干。冷却至室温后，加入2mL硝酸，置于150℃的条件下继续消解12h，用超纯水定容至50mL容量瓶中，最后取2mL消解液过0.45μm无机滤膜后待分析。

采用电感耦合等离子体质谱法（ICP-MS，Agilent 7 500）测定样品中矿物元素的含量。ICP起到离子源的作用，在高频射信号的强大功率作用下形成高温等离子体。样品以水溶液的气溶胶形式引入氩气流中从而到达等离子体火焰中心。离子体的高温会使样品蒸发、分解、激发、电离。电离出来的离子传输到质谱后，质谱根据质核比对离子强度进行检测，进而分析计算出元素的含量。使用奶粉标准物质（GBW 10017）和鸡肉标准物质（GBW 10018）对元素数据进行校准。

2.1.5 统计分析

用SPSS软件对牛奶中稳定同位素、矿物元素和氨基酸数据进行分析，通过单因素方差分析（ANOVA）和Duncan多重比较分析以确定不同产地的样品间差异是否显著。通过使用所有指标对数据进行分析，将来自不同产地的样品分类，以鉴别其地理来源，根据线性判别分析（LDA）确定产地判别的正确率。随后通过SIMCA对预处理后的数据进行主成分分析（PCA）、正交偏最小二乘判别分析（OPLS-DA），并通过计算不同指标的重要性（VIP）值筛选出牛奶产地鉴别的关键因子。

2.2 结果与讨论

2.2.1 不同地区牛奶中氨基酸浓度差异

内蒙古五个城市的牛奶样品中17种氨基酸（Asp、Glu、His、Ser、Arg、Gly、Thr、Pro、Ala、Val、Met、Cys、Ile、Leu、Phe、Lys、Tyr）含量如表1所示。在所有氨基酸中，Glu的含量最高。根据邓肯检验的方差分析，在五个城市中，Asp、Ser、Arg、Thr、Met、Cys、Lys和Tyr的含量具有显著差异（$p<0.05$）。与其他城市相比，巴彦淖尔市的牛奶样品的Asp、Ser、Arg、Thr、Lys、Tyr、Cys的含量显著更高，这可能是饲料成分的影响，因为本研究在取样过程中避免了品种差异、泌乳期、季节变化和挤奶频率等因素的干扰，但不同地区的牛奶氨基酸含量仍存在一定差异。因此，可以根据氨基酸来确定产奶区，氨基酸可能是未来从小区域追踪农产品的关键因素。

表1 内蒙古不同城市牛奶中氨基酸的含量

氨基酸	巴彦淖尔	呼和浩特	鄂尔多斯	包头	乌兰察布
Asp（mg/g）	14.72±1.70[a]	12.08±2.42[ab]	13.73±2.42[ab]	13.07±1.72[ab]	11.11±2.14[b]
Glu（mg/g）	40.20±5.76	32.44±7.26	37.73±6.35	36.06±2.83	33.49±2.48
His（mg/g）	4.84±0.72	4.15±1.17	4.72±0.72	4.81±0.21	4.13±0.01

（续）

氨基酸	巴彦淖尔	呼和浩特	鄂尔多斯	包头	乌兰察布
Ser（mg/g）	11.49±1.70[a]	8.96±2.13[b]	10.61±1.44[ab]	9.66±0.93[ab]	10.82±0.19[ab]
Arg（mg/g）	6.96±1.02[a]	5.45±1.23[b]	6.34±1.01[ab]	5.80±0.48[ab]	6.17±0.12[ab]
Gly（mg/g）	3.80±054	3.30±0.75	3.67±0.42	3.69±0.39	3.63±0.12
Thr（mg/g）	9.08±1.31[a]	7.23±1.59[b]	8.41±1.16[ab]	7.79±0.65[ab]	8.64±0.17[ab]
Pro（mg/g）	17.76±2.60	17.08±3.59	18.15±2.85	19.51±1.02	16.86±2.12
Ala（mg/g）	6.06±0.79	4.93±0.99	5.63±0.84	5.36±0.36	5.17±0.35
Val（mg/g）	12.40±1.73	10.57±2.11	11.68±1.67	11.50±0.53	10.58±0.58
Met（mg/g）	3.49±0.44[a]	3.10±0.60[ab]	3.38±0.52[a]	3.29±0.34[ab]	2.66±0.05[b]
Cys（mg/g）	1.47±0.14[ab]	1.30±0.18[a]	1.41±0.13[ab]	1.32±0.12[ab]	1.51±0.07[b]
Ile（mg/g）	9.81±1.43	8.26±1.75	9.03±1.22	8.84±0.36	8.12±0.84
Leu（mg/g）	19.32±2.50	16.18±3.17	18.08±2.10	17.49±0.72	16.80±0.91
Phe（mg/g）	8.71±1.37	7.34±1.74	8.14±0.91	8.04±0.55	7.10±1.03
Lys（mg/g）	21.84±10.47[a]	8.31±2.91[b]	9.24±4.08[b]	9.41±2.03[b]	2.63±1.10[b]
Tyr（mg/g）	13.58±8.72[a]	4.51±1.60[b]	4.31±2.20[b]	4.65±0.88[b]	3.24±1.66[b]

注：表中数值为平均值±标准偏差，同一行上标的不同字母表示数据之间具有显著性差异（$p<0.05$）。

2.2.2 不同地区牛奶中稳定同位素比值差异

内蒙古五市牛奶样品中 4 种稳定同位素比值（$\delta^{13}C$、$\delta^{15}N$、δD、$\delta^{18}O$）见表 2。经 Duncan 多重比较分析，除氢同位素比值外，其余五个城市牛奶中碳、氮、氧同位素比值均存在显著差异（$p<0.05$）。牛奶中 $\delta^{13}C$ 值在 $-18.5‰\sim-14.6‰$ 之间，这表明饲料中含有较高比例的 C_4 草或玉米；包头市牛奶中 $\delta^{13}C$ 值（$-15.19‰±0.62‰$）明显高于其他四个城市，这可能是包头的奶牛饲料中 C_4 植物比例较高所致。牛奶中 $\delta^{15}N$ 值在 $2.6‰\sim5.8‰$ 之间，乌兰察布市牛奶中 $\delta^{15}N$（$5.5‰±0.28‰$）明显高于其他 4 个城市，这可能是由于乌兰察布奶牛的饲料中使用了更多的天然肥料，从而转移至牛奶，使牛奶中 $\delta^{15}N$ 值升高；呼和浩特市、鄂尔多斯市和包头市牛奶中存在较低的 $\delta^{15}N$ 值，这可能是因为它们使用的合成肥料较多。低 $\delta^{15}N$ 值也可能与添加到饲料中的豆科植物有关，这需要通过分析饲料样本数据来确定。乌兰察布市位于渤海沿岸，牛奶中 $\delta^{18}O$ 值最高（$21.9‰±0.37‰$），巴彦淖尔市距离渤海较远，牛奶中 $\delta^{18}O$ 值最低（$15.38‰±1.12‰$），因此氧同位素比值与该区域距海距离有关。五个城市牛奶中的氢同位素比率没有显著差异，这可能是因为 δD 值还与饲料的地理特征、温度、海拔和水同位素有关。因此，单凭稳定同位素比值差异无法区分小规模地区的牛奶，要更准确地将牛奶追溯到内蒙古较小的地区，就需要结合多种溯源技术。

表2 内蒙古不同城市牛奶中稳定同位素比值

元素	巴彦淖尔	呼和浩特	鄂尔多斯	包头	乌兰察布
$\delta^{13}C$ (‰)	-16.72 ± 0.57^b	-17.40 ± 1.05^{ab}	-17.24 ± 0.42^b	-15.19 ± 0.62^c	-18.27 ± 0.27^a
$\delta^{15}N$ (‰)	4.12 ± 0.91^b	3.22 ± 0.60^a	3.16 ± 0.53^a	3.30 ± 0.31^a	5.50 ± 0.28^c
δD (‰)	-72.97 ± 8.04	-73.72 ± 14.59	-79.70 ± 9.16	-71.64 ± 8.92	-69.70 ± 9.06
$\delta^{18}O$ (‰)	15.38 ± 1.12^a	16.52 ± 1.30^{ab}	17.65 ± 1.96^b	18.18 ± 0.83^b	21.90 ± 0.37^c

注：表中数值为平均值±标准偏差，同一行上标的不同字母表示数据之间具有显著性差异（$p<0.05$）。

2.2.3 不同地区牛奶中矿物元素含量差异

如表3所示，14种元素（Na、Mg、Al、K、Ca、Sc、Ti、Mn、Fe、Zn、Se、Rb、Sr、Mo）由Duncan多重比较分析显示，除K、Mo元素外，其余元素在五个城市的浓度均存在显著性差异（$p<0.05$）。Na、K是维持体内渗透压平衡和参与神经兴奋的必需元素，动物体内Na、K的浓度受多种因素的影响，如养殖方式、动物种类等，因此，由于不同的喂养方式，牛奶中Na和K的浓度不同[93]。而微量元素Al、Sc、Ti、Mn、Fe、Zn、Se、Rb、Sr等虽然含量较低，但在维持机体正常生理功能方面起着重要作用，这些元素来自地质体，是与土壤和地质特征相关的参数，通过植物转移到奶牛体内，然后进入牛奶中。与其他四个城市相比，乌兰察布市牛奶样品中Na、Mg、Al、Sc、Ti、Mn、Fe、Se、Sr含量最高，这可能是乌兰察布与河北接壤，地质条件与河北相似所致。之前就有研究发现河北省土壤Na、Mg、Al、Sc、Ti、Mn、Fe、Se含量均高于内蒙古[94]。因此，牛奶的元素含量可以指示牛奶的来源。

表3 内蒙古不同城市牛奶中元素含量

元素	巴彦淖尔	呼和浩特	鄂尔多斯	包头	乌兰察布
Na (mg/kg)	$5\,569\pm454^a$	$5\,450\pm1\,028^a$	$4\,835\pm705^a$	$4\,900\pm309^a$	$8\,188\pm374^b$
Mg (mg/kg)	$1\,450\pm81.8^a$	$1\,521\pm136^a$	$1\,453\pm65.1^a$	$1\,540\pm46.6^a$	$1\,718\pm117^b$
Al (mg/kg)	102 ± 59.5^a	113 ± 56.1^a	105 ± 78.4^a	129 ± 73.5^a	303 ± 5.11^b
K (mg/kg)	$17\,856\pm1\,167$	$18\,275\pm1\,358$	$17\,999\pm1\,220$	$18\,103\pm540$	$18\,988\pm239$
Ca (mg/kg)	$13\,448\pm1\,037^a$	$14\,107\pm845^{ab}$	$14\,054\pm638^{ab}$	$14\,639\pm661^b$	$14\,076\pm1\,089^{ab}$
Sc (μg/kg)	3.13 ± 1.38^a	3.63 ± 1.39^a	3.30 ± 2.37^a	3.38 ± 1.77^a	7.55 ± 1.11^b
Ti (mg/kg)	25.0 ± 1.57^a	25.3 ± 1.35^{ab}	25.3 ± 1.10^{ab}	25.4 ± 0.580^{ab}	26.8 ± 1.64^b
Mn (μg/kg)	299 ± 175^a	441 ± 213^a	313 ± 145^a	383 ± 82.7^a	$1\,384\pm120^b$
Fe (mg/kg)	21.1 ± 4.86^a	27.3 ± 9.03^a	18.4 ± 4.81^a	21.2 ± 3.35^a	45.4 ± 10.7^b
Zn (mg/kg)	47.2 ± 7.81^a	49.1 ± 4.31^a	51.5 ± 8.35^a	44.7 ± 2.46^{ab}	37.4 ± 12.3^b
Se (μg/kg)	208 ± 70.9^a	159 ± 53.4^a	173 ± 42.3^a	153 ± 61.5^a	607 ± 340^b
Rb (mg/kg)	13.6 ± 2.40^{ab}	16.7 ± 2.55^c	13.3 ± 0.71^a	16.1 ± 0.580^{bc}	16.8 ± 1.33^c
Sr (mg/kg)	8.68 ± 1.52^{ab}	5.89 ± 1.44^a	11.2 ± 5.60^b	7.74 ± 0.52^{ab}	19.0 ± 2.85^c
Mo (μg/kg)	351 ± 72.9	440 ± 132	337 ± 62.5	341 ± 73.1	359 ± 82.6

注：表中数值为平均值±标准偏差，同一行上标的不同字母表示数据之间具有显著性差异（$p<0.05$）。

2.2.4 不同城市化学计量学分析结果

利用线性判别分析根据稳定同位素比值、矿物元素含量及氨基酸含量对内蒙古不同城市的牛奶样品进行产地判别。不同城市牛奶样品验证的准确性如表 4 所示。在单一技术的判别分析中，基于稳定同位素技术对内蒙古不同市牛奶样品进行产地判别的交叉验证分类正确率最高，为 59.7%。在两种技术组合的判别分析中，基于氨基酸分析和稳定同位素技术的组合对内蒙古不同市牛奶样品进行产地判别的交叉验证分类正确率最高，为 64.2%。对于基于稳定同位素技术、矿物元素分析及氨基酸分析的三种技术组合判别分析而言，其原始分类和交叉验证分类的正确率分别为 85.1% 和 62.7%，R^2 为 78.9%。尽管三种技术组合的交叉验证正确率低于氨基酸分析和稳定同位素技术的组合，但其原始分类正确率高于氨基酸分析和稳定同位素技术的组合，并考虑到模型拟合度 R^2 的影响，最终确定稳定同位素技术和矿物元素分析及氨基酸分析技术的组合分析是内蒙古不同市牛奶样品产地判别的最佳选择。

表 4　不同技术对不同市牛奶产地判别的正确率

技术组合类型	原始分类	交叉验证分类	模型拟合度（R^2）
氨基酸	80.6%	58.2%	90.1%
稳定同位素	70.1%	59.7%	78.2%
矿物元素	76.1%	49.3%	67.1%
氨基酸-稳定同位素	83.6%	64.2%	75.8%
氨基酸-矿物元素	79.1%	56.7%	66.8%
稳定同位素-矿物元素	92.5%	64.2%	69.3%
氨基酸-稳定同位素-矿物元素	85.1%	62.7%	78.9%

结合稳定同位素比值、矿物元素含量、氨基酸含量数据分析，所得 PCA 得分图见图 1，由图可直观判断不同产地样品间区分还不够明显，存在重叠现象，但是仍然可以确定稳定同位素技术、矿物元素分析及氨基酸分析的三种技术组合分析更能区分样品地理来源。基于三种技术组合分析构建的 PCA 模型 R^2X 为 0.676，表明所建模型拟合效果较好。此外，模型在 95% 的置信区间构建，即表明样品本身稳定，具有可信度，模型稳健。同样结合稳定同位素比值、矿物元素含量、氨基酸含量三类数据，所得 OPLS-DA 得分图见图 2，OPLS-DA 模型的 R^2X、R^2Y、Q^2 分别为 0.789、0.721、0.602，均高于 0.5，表明所建模型拟合效果好，预测能力强。对 OPLS-DA 模型进行置换检验验证，假设检验次数为 200 次，图 3 为置换检验图，R^2 为累计方差值，表示为模型的拟合程度，Q^2 为累计交叉有效性，表示模型的预测能力。左侧的 R^2 和 Q^2 值均低于最右侧的 R^2 和 Q^2 值，且 Q^2 回归线与 Y 轴的截距为 −0.477，小于 0，因此模型没有出现过拟合的现象。

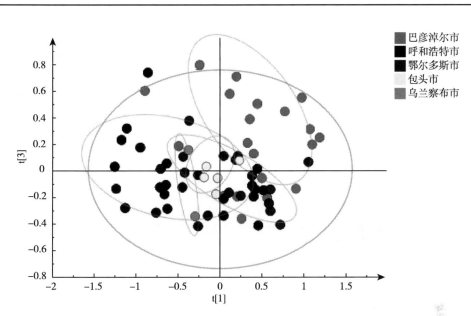

图 1 基于氨基酸、稳定同位素和矿物元素数据的不同城市牛奶的 PCA 得分图

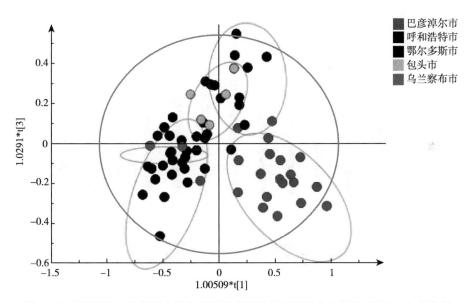

图 2 基于氨基酸、稳定同位素和矿物元素数据的不同城市牛奶的 OPLS-DA 得分图

　　基于稳定同位素技术和矿物元素分析及氨基酸分析三种技术的组合对内蒙古不同市的牛奶样品进行产地判别，其变量投影重要度（VIP）值如图 4 所示。VIP 值大于 1 的指标对模型贡献率高，即表示为样品在产地鉴别中起重要作用的关键指标。结果发现 δ^{13}C、δ^{18}O、Rb、Sr、Lys、Tyr、Se、Mn、N、Na、Ca、Fe 具有较高的 VIP 值，为内蒙古不同市牛奶样品产地鉴别的关键因子。

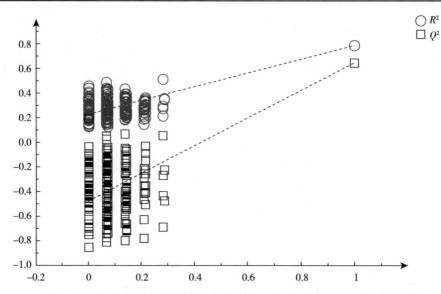

图 3　基于氨基酸、稳定同位素和矿物元素数据的 OPLS-DA 置换检验图

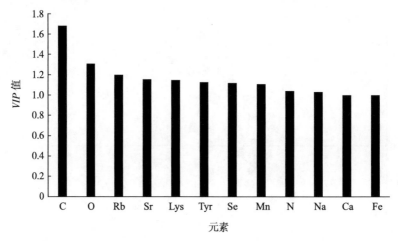

图 4　元素 VIP 值

2.2.5　不同区县化学计量学分析结果

　　利用线性判别分析根据稳定同位素比值、矿物元素含量及氨基酸含量对内蒙古不同区县的牛奶样品进行产地判别。由表 5 可知，在单一技术的判别分析中，基于氨基酸分析技术对内蒙古不同区县牛奶样品进行产地判别的交叉验证分类正确率最高，为 73.1%，其原始分类正确率为 97.0%，R^2 为 83.4%。在两种技术组合的判别分析中，基于氨基酸分析和矿物元素分析的组合对内蒙古不同区县牛奶样品进行产地判别的交叉验证分类正确率最高，为 73.1%，其原始分类正确率为 100%，R^2 为 82.1%。就基于稳定同位素技术、矿物元素分析及氨基酸分析的三种技术组合判别分析而言，其原始

分类和交叉验证分类的正确率分别为 100% 和 71.6%，R^2 为 86.5%。尽管三种技术组合的交叉验证正确率低于氨基酸分析和矿物元素分析的组合，但其 R^2 为所有技术中的最高值，考虑到模型拟合度 R^2 的影响，最终确定稳定同位素技术、矿物元素分析及氨基酸分析的组合分析是内蒙古不同县牛奶样品产地判别的最佳选择。

表5　不同技术对不同区县牛奶产地判别的正确率

技术组合类型	原始分类	交叉验证分类	模型拟合度（R^2）
氨基酸	97.0%	73.1%	83.4%
稳定同位素	67.2%	56.7%	81.6%
矿物元素	92.5%	53.7%	76%
氨基酸-稳定同位素	100%	71.6%	82.1%
氨基酸-矿物元素	100%	73.1%	82.1%
稳定同位素-矿物元素	98.5%	71.6%	81.6%
氨基酸-稳定同位素-矿物元素	100%	71.6%	86.5%

结合稳定同位素比值、矿物元素含量、氨基酸含量三类数据组合分析，所得PCA得分图见图5，由图可判断不同区县样品间区分不够明显，存在重叠现象，但仍然可以判断出稳定同位素技术、矿物元素分析及氨基酸分析的三种技术组合分析更能区分样品的地理来源。基于三种技术组合分析构建的PCA模型 R^2X 为 0.676，表明所建模型拟合效果较好。此外，模型在 95% 的置信区间构建，即表明样品本身稳定，具有可信度，模型稳健。同样结合稳定同位素比值、矿物元素含量、氨基酸含量三类数据，包括单一

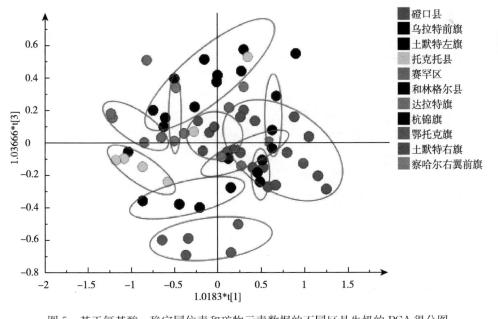

图5　基于氨基酸、稳定同位素和矿物元素数据的不同区县牛奶的PCA得分图

技术数据分析和组合数据分析，所得 OPLS-DA 得分图见图 6，OPLS-DA 模型的 R^2X、R^2Y 分别为 0.865、0.6、0.502，均高于 0.5，即表示所建模型拟合效果好，预测能力较强。另外，采用置换检验对三种技术组合分析的 OPLS-DA 模型进行验证，假设检验次数为 200 次，图 7 为置换检验图，左侧的 R^2 和 Q^2 值均低于最右侧的 R^2 和 Q^2 值，且 Q^2 回归线与 Y 轴的截距为 -0.403，小于 0，因此模型没有出现过拟合的现象。

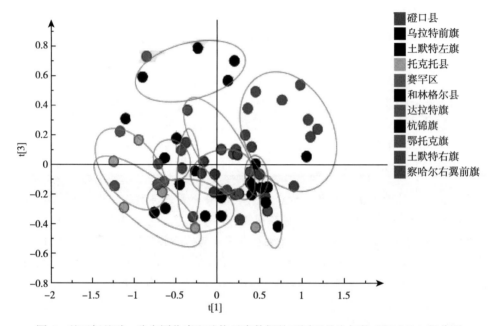

图 6　基于氨基酸、稳定同位素和矿物元素数据的不同区县牛奶的 OPLS-DA 得分图

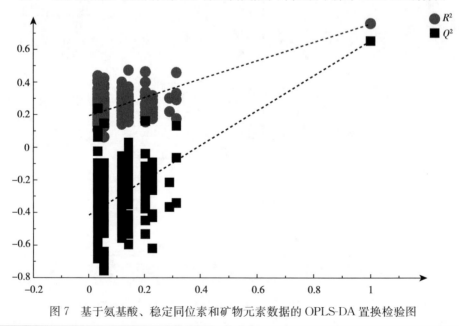

图 7　基于氨基酸、稳定同位素和矿物元素数据的 OPLS-DA 置换检验图

基于稳定同位素技术和矿物元素分析及氨基酸分析三种技术的组合对内蒙古不同区县牛奶样品进行的产地判别，其变量投影重要度（VIP）值如图8所示。结果发现12个元素的VIP值大于1，由高到低依次为δ^{13}C、Sr、Ca、δ^{18}O、Rb、Mg、Ti、K、Sc、Na、Mo、N。这些指标即为本研究中内蒙古不同区县牛奶样品产地鉴别的关键因素。

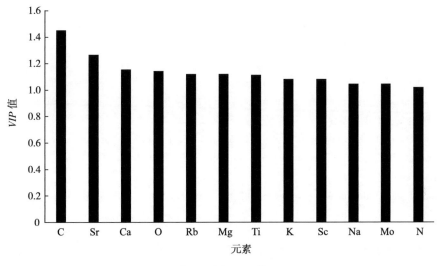

图8　元素VIP值

2.3　结论

小区域农产品的鉴别是当前农产品溯源研究的热点和难点。本研究利用氨基酸等营养指标和稳定同位素、矿物元素等信息指标，对内蒙古五市十一区县的牛奶样品进行了鉴定。结果表明，这三种分析方法的组合技术比单一技术或两种技术的组合更能有效地判别牛奶样品的地理来源，是鉴别牛奶产地小区域范围的最佳选择。同时根据判别分析方法获得五市十一区县牛奶产地鉴别的共同关键因素为δ^{13}C、δ^{18}O、Rb、Sr、δ^{15}N、Na和Ca。营养参数（如氨基酸）和地理参数（如稳定同位素和矿物元素）的结合对牛奶产地判别优于单独使用一种技术的判别效果，这显示了一种潜在的可能性，为今后小规模区域农产品的产地溯源提供了依据。

参　考　文　献

[1] 龚婷，王宣敬. 牛乳的营养价值及功能特性研究进展 [J]. 甘肃畜牧兽医，2019，49（12）：12-15.

[2] 张建民，王军，丁辉. 牛乳及其制品的营养价值及作为婴幼儿食品的分析 [J]. 山东食品科技，2001（6）：26-27.

[3] 本刊采编部，张院萍，刘源，等. 讲述中国奶业70年的奋斗历程——《中国的奶业》白皮书发布 [J]. 中国畜牧业，2019（16）：27.

［4］刘琳．中国的奶业［J］．中国畜牧业，2019（18）：16-31.

［5］乳品质量安全监督管理条例［R］．2008.

［6］奶业整顿和振兴规划纲要［R］．2008.

［7］郭波莉，魏益民，魏帅，等．食品产地溯源技术研究与应用新进展［C］．杭州：中国食品科学技术学会第十一届年会，2014.

［8］郭波莉，魏益民，潘家荣，等．碳、氮同位素在牛肉产地溯源中的应用研究［J］．中国农业科学，2007（2）：365-372.

［9］Kornexl B E，Werner T，Rossmann A，et al. Measurement of stable isotope abundances in milk and milk ingredients-A possible tool for origin assignment and quality control［J］．Zeitschrift Fur Lebens-mittel-Untersuchung Und-Forschung a-Food Research and Technology，1997，205（1）：19-24.

［10］Crittenden R G，Andrew A S，LeFournour M，et al. Determining the geographic origin of milk in Australasia using multi-element stable isotope ratio analysis［J］．International Dairy Journal，2007，17（5）：421-428.

［11］Luo D，Dong H，Luo H，et al. Multi-element（C，N，H，O）stable isotope ratio analysis for de-termining the geographical origin of pure milk from different regions［J］．Food Analytical Methods，2015，9（2）：437-442.

［12］Chesson L A，Valenzuela L O，O'Grady S P，et al. Hydrogen and oxygen stable isotope ratios of milk in the United States［J］．Journal of Agricultural and Food Chemistry，2010，58（4）：2358-2363.

［13］Chung I-M，Kim J-K，Yang Y-J，et al. A case study for geographical indication of organic milk in Korea using stable isotope ratios-based chemometric analysis［J］．Food Control，2020，107：106755.

［14］Garbaras A，Skipityte R，Meliaschenia A，et al. Region dependent C-13，N-15，O-18 isotope ratios in the cow milk［J］．Lithuanian Journal of Physics，2018，58（3）：277-282.

［15］Behkami S，Gholami R，Gholami M，et al. Precipitation isotopic information：A tool for building the data base to verify milk geographical origin traceability［J］．Food Control，2020，107.

［16］Camin F，Wietzerbin K，Cortes A B，et al. Application of multielement stable isotope ratio analysis to the characterization of French，Italian，and Spanish cheeses［J］．Journal of Agricultural and Food Chemistry，2004，52（21）：6592-6601.

［17］Pillonel L，Butikofer U，Rossmann A，et al. Analytical methods for the detection of adulteration and mislabelling of Raclette Suisse and Fontina PDO cheese［J］．Mitteilungen aus Lebensmitteluntersu-chung und Hygiene，2004，95（5）：489-502.

［18］Valenti B，Biondi L，Campidonico L，et al. Changes in stable isotope ratios in PDO cheese related to the area of production and green forage availability. The case study of Pecorino Siciliano［J］．Rapid Commun Mass Spectrom，2017，31（9）：737-744.

［19］Giaccio M，Signore A d，Giacomo F d，et al. Characterization of cow and sheep cheeses in a regional scale by stable isotope ratios of casein（13C/12C，15N/14N）and glycerol（18O/16O）［J］．Journal of Commodity Science，2003，42（4）：193-204.

［20］Rossmann A，Haberhauer G，Holzl S，et al. The potential of multielement stable isotope analysis for regional origin assignment of butter［J］．European Food Research and Technology，2000，211（1）：32-40.

［21］明荔莉，范稚莉，毕林彬，等．碳稳定同位素在牛奶产地溯源中的应用［J］．检验检疫学刊，

2019，29（5）：111－112.

[22] 李鑫，陈小珍，张东雷，等. 元素分析-稳定同位素质谱同时测定 $\delta^{13}C/\delta^{15}N$ 在原料乳粉检验中的应用 [J]. 分析科学学报，2013，29（3）：356－360.

[23] 梁莉莉，陈剑，侯敬丽，等. 元素分析-稳定同位素质谱技术在婴幼儿配方奶粉奶源地追溯中的应用 [J]. 质谱学报，2015，36（1）：66－71.

[24] 苏静. 奶粉脂肪酸分子碳氢稳定同位素特征分析及其产地判别研究 [D]. 郑州大学，2017.

[25] Bontempo L，Lombardi G，Paoletti R，et al. H，C，N and O stable isotope characteristics of alpine forage，milk and cheese [J]. International Dairy Journal，2012，23（2）：99－104.

[26] Knobbe N，Vogl J，Pritzkow W，et al. C and N stable isotope variation in urine and milk of cattle depending on the diet [J]. Analytical and Bioanalytical Chemistry，2006，386（1）：104－108.

[27] Piasentier E，Valusso R，Camin F，et al. Stable isotope ratio analysis for authentication of lamb meat [J]. Meat Science，2003，64（3）：239－247.

[28] Camin F，Perini M，Colombari G，et al. Influence of dietary composition on the carbon，nitrogen，oxygen and hydrogen stable isotope ratios of milk [J]. Rapid Communications in Mass Spectrometry，2008，22（11）：1690－1696.

[29] Molkentin J，Giesemann A. Differentiation of organically and conventionally produced milk by stable isotope and fatty acid analysis [J]. Analytical and Bioanalytical Chemistry，2007，388（1）：297－305.

[30] Metges C，Kempe K，Schmidt H-L. Dependence of the carbon-isotope contents of breath carbon dioxide，milk，serum and rumen fermentation products on the $\delta^{13}C$ value of food in dairy cows [J]. British Journal of Nutrition，1990，63（2）：187－196.

[31] Lin G P，Rau Y H，Chen Y F，et al. Measurements of delta D and delta O－18stable isotope ratios in milk [J]. Journal of Food Science，2003，68（7）：2192－2195.

[32] Zhao S，Zhao Y，Rogers K M，et al. Application of multi-element（C，N，H，O）stable isotope ratio analysis for the traceability of milk samples from China [J]. Food Chemistry，2019：125 826.

[33] 夏敏. 必需微量元素的生理功能 [J]. 微量元素与健康研究，2003，20（3）：41－44.

[34] Fresno J M，Prieto B，Urdiales R，et al. Mineral content of some Spanish cheese varieties. Differentiation by source of milk and by variety from their content of main and trace elements [J]. Journal of the Science of Food and Agriculture，1995，69（3）：339－345.

[35] Dobrzanski Z，Kolacz R，Górecka H，et al. The content of microelements and trace elements in raw milk from cows in the Silesian region [J]. Polish Journal of Environmental Studies，2005，14（5）：685.

[36] Bilandžić N，Đokić M，Sedak M，et al. Trace element levels in raw milk from northern and southern regions of Croatia [J]. Food Chemistry，2011，127（1）：63－66.

[37] Moreno-Rojas R，Sánchez-Segarra P J，Cámara-Martos F，et al. Multivariate analysis techniques as tools for categorization of Southern Spanish cheeses：Nutritional composition and mineral content [J]. European Food Research and Technology，2010，231（6）：841－851.

[38] Moreno-Rojas R，Cámara-Martos F，Sánchez-Segarra P J，et al. Influence of manufacturing conditions and discrimination of Northern Spanish cheeses using multi-element analysis [J]. International Journal of Dairy Technology，2012，65（4）：594－602.

[39] Korenovska M，Suhaj M. Identification of slovakian，polish，and romanian bryndza cheeses origin by factor analysis of some elemental data [J]. European Food Research and Technology，2007，225

(5-6)：707-713.

[40] Suhaj M, Koreňovská M. Study of some European cheeses geographical traceability by pattern recognition analysis of multielemental data [J]. European Food Research and Technology, 2008, 227 (5)：1419-1427.

[41] Nogalska A, Momot M, Sobczuk-Szul M, et al. The effect of milk production performance of Polish Holstein-Friesian (PHF) cows on themineral content of milk [J]. Journal of Elementology, 2018, 23 (2)：589-597.

[42] Sager M, Hobegger M. Contents of elements in raw milk from three regions in lower Austria [J]. Ernährung/Nutrition, 2013, 37：277-290.

[43] Benincasa C, Lewis J, Sindona G, et al. The use of multi element profiling to differentiate between cowand buffalo milk [J]. Food chemistry, 2008, 110 (1)：257-262.

[44] Chen L, Li X, Li Z M, et al. Analysis of 17 elements in cow, goat, buffalo, yak, and camel milk by inductively coupled plasma mass spectrometry (ICP-MS) [J]. Rsc Advances, 2020, 10 (12)：6736-6742.

[45] 高玎玲. 内蒙古四种家畜乳常量与微量元素测定及特征分析 [D]. 呼和浩特：内蒙古农业大学, 2017.

[46] 潘国卿, 郭铁筝, 白国涛, 等. 内蒙古地区牛乳及其制品中脂肪酸成分的气相色谱-质谱法分析 [J]. 内蒙古师大学报（自然汉文版）, 2012, 41 (4)：401-405.

[47] Zegarska Z, Jaworski J, Paszczyk B, et al. Fatty acid composition with emphasis on trans C18:1 isomers of milk fat from Lowland Black-and-White and Polish Red cows [C]. IEEE, 2001.

[48] Talpur F N, Bhanger M I, Khooharo A A, et al. Seasonal variation in fatty acid composition of milk from ruminants reared under the traditional feeding system of Sindh, Pakistan [J]. Livestock Science, 2008, 118 (1-2)：166-172.

[49] 马剑波, 金曙光, 崔久辉. 呼伦贝尔地区三河牛与荷斯坦牛乳中常规营养成分与脂肪酸组成比较的研究 [J]. 畜牧与饲料科学, 2008, 29 (4)：62-64.

[50] 接彩虹, 斯日古楞, 巴达荣贵, 等. 不同品种奶牛乳中脂肪酸组成的比较研究 [J]. 中国奶牛, 2012 (5)：14-19.

[51] 韦升菊, 梁贤威, 卢雪芬, 等. 水牛奶和乳牛奶常规乳成分及乳脂脂肪酸组成的初步比较研究 [J]. 畜牧与兽医, 2011, 43 (10)：41-43.

[52] 杨晋辉, 周凌云, 张军民, 等. 乳脂肪酸及其影响因素的研究进展 [J]. 中国畜牧兽医, 2011, 38 (11)：23-27.

[53] 张克春, 徐国忠, 沈向真. 放牧奶牛的牛奶脂肪酸营养价值分析 [J]. 乳业科学与技术, 2010, 33 (1)：37-38.

[54] Collomb M, Bisig W, Butikofer U, et al. Fatty acid composition of mountain milk from Switzerland: Comparison of organic and integrated farming systems [J]. International Dairy Journal, 2008, 18 (10-11)：976-982.

[55] Kadegowda A K G, Piperova L S, Erdman R A. Principal component and multivariate analysis of milk long-chain fatty acid composition during diet-induced milk fat depression [J]. Journal of Dairy Science, 2008, 91 (2)：749-759.

[56] Bork N R, Schroeder J W, Lardy G P, et al. Effect of feeding rolled flaxseed on milk fatty acid profiles and reproductive performance of dairy cows [J]. Journal of Animal Science, 2010, 88 (11)：3739-3748.

[57] 崔海，王加启，李发弟，等．饲粮添加不同碳链长度脂肪酸对泌乳奶牛生产性能和乳脂肪酸组成的影响 [J]．动物营养学报，2011，23（7）：1116－1122.

[58] Elgersma A，Ellen G，van der Horst H，et al. Quick changes in milk fat composition from cows after transition from fresh grass to a silage diet [J]．Animal Feed Science and Technology，2004，117（1－2）：13－27.

[59] Kudrna V，Marounek M. Influence of feeding whole sunflower seed and extruded linseed on production of dairy cows，rumen and plasma constituents，and fatty acid composition of milk [J]．Archives of Animal Nutrition，2008，62（1）：60－69.

[60] 杨炳壮，卢雪芬，韦升菊，等．饲喂花生油对水牛乳脂脂肪酸组成的影响 [J]．饲料工业，2012，33（9）：40－42.

[61] Kelsey J A，Corl B A，Collier R J，et al. The effect of breed，parity，and stage of lactation on conjugated linoleic acid（CLA）in milk fat from dairy cows [J]．Journal of Dairy Science，2003，86（8）：2588－2597.

[62] Kgwatalala P M，Ibeagha-Awemu E M，Mustafa A F，et al. Influence of stearoyl-coenzyme a desaturase 1 genotype and stage of lactation on fatty acid composition of Canadian Jersey cows [J]．Journal of Dairy Science，2009，92（3）：1220－1228.

[63] Sharma K C，Sachdeva V K，Singh S. A comparative gross and lipid composition of Murrah breed of buffalo and cross-bred cow's milk during different lactation stages [J]．Archiv Fur Tierzucht-Archives of Animal Breeding，2000，43（2）：123－130.

[64] De La Fuente L F，Barbosa E，Carriedo J A，et al. Factors influencing variation of fatty acid content in ovine milk [J]．Journal of Dairy Science，2009，92（8）：3791－3799.

[65] 双金，敖力格日玛，金曙光，等．呼和浩特地区荷斯坦奶牛乳脂肪酸组成的季节变化 [J]．中国奶牛，2010（8）：4－7.

[66] Rea S，Chikuni K，Branciari R，et al. Use of duplex polymerase chain reaction（duplex-PCR）technique to identify bovine and water buffalo milk used in making mozzarella cheese [J]．Journal of Dairy Research，2001，68（4）：689－698.

[67] López-Calleja I，González I，Fajardo V，et al. Rapid detection of cows' milk in sheeps' and goats' milk by a species-specific polymerase chain reaction technique [J]．Journal of Dairy Science，2004，87（9）：2839－2845.

[68] Martin I，Garcia T，Fajardo V，et al. Species-specific PCR for the identification of ruminant species in feedstuffs [J]．Meat Science，2007，75（1）：120－127.

[69] Abdel-Rahman S M，Elmaghraby A M，Haggag A S. Fast and sensitive determination of camel's and goat's meat and milk using species-specific genetic markers [J]．Biotechnology in Animal Husbandry，2015，34（3）：415－423.

[70] Hazra T，Sharma V，Sharma R，et al. PCR based assay for the detection of cow milk adulteration in buffalo milk [J]．Indian Journal of Animal Research，2018，52（3）：383－387.

[71] 黎颖，巫坚，林波，等．羊乳及其制品中掺入牛属牛乳和水牛乳的检测 [J]．基因组学与应用生物学，2015（5）：977－981.

[72] Guo L，Ya M，Hai X，et al. A simultaneous triplex TaqMan real-time PCR approach for authentication of caprine and bovine meat，milk and cheese [J]．International Dairy Journal，2019，95：58－64.

[73] Dalmasso A，Civera T，La Neve F，et al. Simultaneous detection of cow and buffalo milk in mozza-

rella cheese by Real-Time PCR assay [J]. Food Chemistry, 2011, 124 (1): 362 - 366.

[74] 宋宏新, 刘建兰, 徐丹, 等. 羊乳制品中牛乳成分的荧光定量 PCR 检测方法研究 [J]. 食品与发酵工业, 2018, 44 (7): 287 - 291, 303.

[75] Deb R, Sengar G S, Singh U, et al. Application of a loop-mediated isothermal amplification assay for rapid detection of cow components adulterated in Buffalo milk/meat [J]. Molecular Biotechnology, 2016, 58 (12): 850 - 860.

[76] 李婷婷, 赵路遥, 张桂兰, 等. 环介导等温扩增技术检测山羊奶中的牛奶成分 [J]. 生物技术通讯, 2018, 29 (6): 120 - 123.

[77] Camin F, Wehrens R, Bertoldi D, et al. H, C, N and S stable isotopes andmineral profiles to objectively guarantee the authenticity of grated hard cheeses [J]. Analytica Chimica Acta, 2012, 711: 54 - 59.

[78] Camin F, Bertoldi D, Santato A, et al. Validation of methods for H, C, N and S stable isotopes and elemental analysis of cheese: Results of an international collaborative study [J]. Rapid Communications in Mass Spectrometry, 2015, 29 (5): 415 - 423.

[79] Pillonel L, Badertscher R, Froidevaux P, et al. Stable isotope ratios, major, trace and radioactive elements in emmental cheeses of different origins [J]. Lebensmittel-Wissenschaft Und-Technologie-Food Science and Technology, 2003, 36 (6): 615 - 623.

[80] Nečemer M, Potočnik D, Ogrinc N. Discrimination between Slovenian cow, goat and sheep milk and cheese according to geographical origin using a combination of elemental content and stable isotope data [J]. Journal of Food Composition and Analysis, 2016, 52: 16 - 23.

[81] Magdas D A, Feher I, Cristea G, et al. Geographical origin and species differentiation of Transylvanian cheese. Comparative study of isotopic and elemental profiling vs. DNA results [J]. Food chemistry, 2019, 277: 307 - 313.

[82] Molkentin J. Authentication of organic milk using delta C - 13 and the alpha-Linolenic acid content of milk fat [J]. Journal of Agricultural and Food Chemistry, 2009, 57 (3): 785 - 790.

[83] Molkentin J, Giesemann A. Follow-up of stable isotope analysis of organic versus conventional milk [J]. Analytical and Bioanalytical Chemistry, 2010, 398 (3): 1493 - 1500.

[84] Renou J P, Deponge C, Gachon P, et al. Characterization of animal products according to geographic origin and feeding diet using nuclear magnetic resonance and isotope ratio mass spectrometry: Cow milk [J]. Food Chemistry, 2004, 85 (1): 63 - 66.

[85] Manca G, Camin F, Coloru G C, et al. Characterization of the geographical origin of pecorino sardo cheese by casein stable isotope (C - 13/C - 12 and N - 15/N - 14) ratios and free amino acid ratios [J]. Journal of Agricultural and Food Chemistry, 2001, 49 (3): 1404 - 1409.

[86] Xie L, Zhao S, Rogers K M, et al. A case of milk traceability in small-scale districts-Inner Mongolia of China by nutritional and geographical parameters [J]. Food Chemistry, 2020, 316.

[87] Magdas D A, Cristea G, Cordea D V, et al. Measurements of stable isotope ratios in milk samples from a farm placed in the mountains of transylvania [R]. M D Lazar, S Garabagiu, Editors. Processes in Isotopes and Molecules, 2013: 304 - 307.

[88] Liang K H, Zhao Y, Han J, et al. Fatty acid composition, vitamin A content and oxidative stability of milk in China [J]. Journal of Applied Animal Research, 2017, 46 (1): 6.

[89] Sponheimer M, Robinson T, Ayliffe L, et al. Nitrogen isotopes in mammalian herbivores: hair δ^{15}N values from a controlled feeding study [J]. International Journal of Osteoarchaeology, 2003, 13

(1－2)：80－87.

［90］Chung I-M，Kim J-K，Lee K-J，et al. Discrimination of organic milk by stable isotope ratio，vitamin E，and fatty acid profiling combined with multivariate analysis：A case study of monthly and seasonal variation in Korea for 2016—2017 ［J］. Food Chemistry，2018，261：112－123.

［91］Boner M，Forstel H. Stable isotope variation as a tool to trace the authenticity of beef ［J］. Analytical and Bioanalytical Chemistry，2004，378 (2)：301－310.

［92］Guo B L，Wei Y M，Pan J R，et al. Stable C and N isotope ratio analysis for regional geographical traceability of cattle in China ［J］. Food Chemistry，2010，118 (4)：915－920.

［93］Denholm S J，Sneddon A A，McNeilly T N，et al. Phenotypic and genetic analysis of milk and serum element concentrations in dairy cows ［J］. Journal of dairy science，2019，102 (12)：11180－11192.

［94］Chen J，Wei F，Zheng C，et al. Background concentrations of elements in soils of China ［J］. Water，Air，and Soil Pollution，1991，57 (1)：699－712.

第七章 水产品及鸡蛋溯源 分析技术研究进展

7.1 水产品

7.1.1 引言

　　水产品富含人体必需的营养物质以及一些生物活性物质,具有很高的营养价值[1]。水产品是世界上贸易最多的食品之一,随着人类对食品质量的要求日益提高,其品质直接影响着消费者的饮食质量和健康状况。由于其生产的全球性及消费量的增加,水产品可能来自不同的产地,并且在水产品的生产过程中发生食品欺诈的概率也越来越高[2,3],不仅影响消费者的安全和权益,而且会影响国际贸易关系。为了保证消费者权益,欧盟关于渔业产品第 1379/2013 号条例规定,水产品标签中应正确标明鱼种、地理来源、养殖方式的信息[4]。国外对水产品的溯源报道较多,而我国对水产品溯源技术的研究刚刚起步[5]。溯源分析技术的出现可使得产品得到监管和保障,因此对水产品进行真识性识别和对产地进行溯源已成为亟待解决的问题。

7.1.2 分析技术在水产品产地溯源与真实性研究中的进展

7.1.2.1 稳定同位素技术

　　常用于水产品溯源的同位素有 $\delta^{13}C$、$\delta^{15}N$、δD、$\delta^{18}O$ [6]。一般而言,水产品体内的 C、H、O、N 等元素主要依靠食物摄取。这些稳定同位素的比值受到了地理、气候和生产方式等各种因素的影响,因此生物体内同位素的丰度差异能为判断水产品的来源提供可靠依据[7]。$\delta^{13}C$ 和 $\delta^{15}N$ 是追溯野生和养殖水产品来源最常用的指标,因为它们主要来源于摄入的食物[3]。通过测定水产品的碳和氮同位素组成就可追踪鱼类等水产品的迁移。对于不同地区养殖水产品的 $\delta^{13}C$ 和 $\delta^{15}N$ 差异主要与每个地区或国家养殖水产品饲料的不同有关。生物体中氢与氧同位素主要与生物体饮用的水源有关,与所食用的食物关系较小。

　　在水产品的产地溯源应用中,Turchini[8]等对来自澳大利亚不同农场的鳕鱼同位素进行了分析,结果 $\delta^{13}C$ 和 $\delta^{15}N$ 明确地将鱼类与特定的饮食联系起来,而 $\delta^{18}O$ 将鱼类与特定的水源相关。因此,这些同位素的结合可以区分来自不同农场的鱼类。马冬红[9]等对来自广东、海南、广西、福建 4 个地域的罗非鱼组织中氢同位素组成的差异进行了比较,结果表明,不同地域的罗非鱼组织中 δD 同位素组成有显著差异,因此 δD 同位素是罗非鱼产地溯源的一项很有潜力的指标。Kim[10]等对来自不同国家的鳕鱼、黄鱼、鳕鱼中 $\delta^{13}C$ 和 $\delta^{15}N$ 进行了测定,结果显示不同地区的水产品中 $\delta^{13}C$ 和 $\delta^{15}N$ 差异显著,并且在不同物种间也表现出差异。才让卓玛[11]在 7 个地区采集了我国香港牡蛎样品,对其稳定同位素和无机元素进行了测定，结果判别模型中盲样的正确判别率达 83.3%，可见稳定同位素和无机元素指纹信息的组合分析可对我国香港牡蛎的产地进行溯源。

目前在水产品的消费中还存在将人工养殖水产作为野生水产进行销售的现象，以低经济价值的同属鱼类来代替高经济价值的同属鱼类，以达到获取更高收益的目的，因此对水产品的养殖方式进行鉴别有重要意义。Molkentin[12]等从德国市场收集了有机和传统水产养殖的鳟鱼和鲑鱼，对其脱脂干物质中的 $\delta^{13}C$ 和 $\delta^{15}N$ 稳定同位素进行了分析，结果发现无论是生的、熏制的还是腌制的，都可以成功地将有机养殖与传统养殖的鲑鱼和褐鳟鱼进行区分。海产品生产最重要的因素是养殖动物的饮食和季节变化，Schroder[13]等利用稳定同位素将 94% 的大西洋鲑鱼和虹鳟鱼幼苗分类到正确的渔场或自由生活组；Li[14]等对我国和美国 16 个地点不同盐度养殖的太平洋白虾进行了采集和鉴别，并测定了 16 种虾养殖中使用的商品饲料的 $\delta^{13}C$ 和 $\delta^{15}N$ 值，结果显示在高盐度水中养殖的虾相比在淡水养殖的虾富含 ^{13}C，饲料中 $\delta^{15}N$ 与虾中 $\delta^{15}N$ 呈正相关趋势。此外，有研究表明季节变化是影响水产品溯源的一个因素，Sant'Ana[3]等比较了不同季节的人工养殖和野生的巴西淡水鲶鱼中 C 和 N 同位素的组成，结果显示雨季养殖的鱼中 $\delta^{15}N$ 显著增加，而旱季则没有，而在两个季节中都观察到 $\delta^{13}C$ 的增强。$\delta^{13}C$ 和 $\delta^{15}N$ 的联合测定在所有条件下表现出了可追溯性，因此在鱼类和鱼类产品进行同位素鉴定时，需要考虑季节变化。

以上研究结果表明，采用稳定同位素技术可以有效鉴定水产品的地理来源与养殖方式，将多个稳定同位素结合使用可为水产品的溯源提供完整的信息，可更好地确定水产养殖产品的来源。有关稳定同位素技术在水产品产地溯源与真实性研究的总结见表 7-1。

表 7-1　稳定同位素技术在水产品产地溯源与真实性研究总结

种类	测定参数	数据分析方法	年份	文献
海鲷	C、N、O	ANOVA	2007	[15]
鳕鱼	C、N、O	ANOVA、DFA	2009	[8]
鲑鱼	C、N	PCA、CDA、LDA、PNN	2010	[16]
鲶鱼	C、N	ANOVA、DFA	2010	[3]
大西洋鲑鱼、虹鳟鱼	C、N	MANOVA、DFA	2011	[13]
鳕鱼	C、N	—	2011	[17]
罗非鱼	H	BLDA	2012	[9]
青蟹	C、N	—	2014	[18]
太平洋白虾	C、N	ANOVA、CDA	2014	[19]
我国香港牡蛎	C、N、H、O	PCA、CA、LDA	2015	[11]
鳟鱼、鲑鱼	C、N	CA	2015	[12]
鲭鱼	C、N	ANOVA	2015	[10]
虾	C、N	PCA、k-means clustering、DA	2015	[20]
虾	C、N、H、O	PCA、CDA、	2015	[21]
海参	C、N	ANOVA、DA	2016	[22]
太平洋白虾	C、N	ANOVA、LDA	2017	[14]
虹鳟鱼	C、N、H、O、S	PLS-DA	2017	[23]
海参	C	ANOVA、PCA、LDA、	2018	[24]
黑虎虾	C、N	ANOVA、LDA	2019	[25]

7.1.2.2　DNA 分析技术

现代分子生物技术具有易分型、重复性好、检测手段简单快捷等特点，是目前国际上被公认为最具发展潜力和应用价值的快速溯源技术[26]。DNA 含生物体所有遗传信息，可对水产品进行准确识别。Xing[27]等对来自我国台湾海峡沿线市场上的商业鱼类和加工产品共 365 个样品进行了识别分类，将其鉴定为 12 个目、38 个科、66 个属和 86 个物种，结果不同物种间平均距离是种内平均距离的 49 倍，并对物种进行了聚类，结果表明微型 DNA 条形码可有效对鱼类进行认证。Xiong[28]等对来自我国 16 个城市 30 个品牌的烤鳕鱼片进行了物种鉴定，结果显示 52% 的样品不属于鳕形目。Changizi[29]等对伊朗加工水产品中的鱼类物种进行了分子鉴定，对线粒体基因 COI 的大约 650 个碱基进行了测序，DNA 条形码显示 3 个明太鱼样品（所有样品的 11%）标记错误。Cawthorn[30]等从南非的海产品批发商和零售点采集了 248 个鱼类样本，对 COI 基因的 650 个碱基对进行了测序并进行了物种鉴定，结果 DNA 条形码能够对 95% 的样本进行明确的物种水平识别。

水中的细菌群落与鱼类的共生微生物区系有着直接的联系，因此对水产品所携带微生物的群落进行鉴定，进而可判断其产地来源。目前常用的技术为聚合酶链式反应—变性梯度凝胶电泳（polymerase chain reaction-denaturing gradient gel electrophoresis，PCR-DGGE）技术。Le Nguyen 等[31]采集了越南不同地区的鲶鱼，采用 PCR-DGGE 对其携带的微生物群落的 16S rDNA 进行检测，结果显示鲶鱼携带微生物的 16S rDNA 可用于追溯鱼的来源，并且可对同一地点不同季节采集的样品进行区分。Tatsadjieu[32]等利用 PCR-DGGE 技术对喀麦隆北部三个不同湖泊罗非鱼携带的微生物的 16S rDNA 进行了检测，结果显示不同湖泊微生物群落的 16S rDNA 谱有显著差异，可用于区分罗非鱼的产地。有关 DNA 分析技术在水产品产地溯源和真实性研究的总结见表 7-2。

表 7-2　DNA 分析技术在水产品产地溯源和真实性研究的总结

鉴定种类	种类	样品来源	测定参数	年份	文献
掺假鉴别	石斑鱼、鲈鱼等	西班牙	12S rRNA	2009	[33]
掺假鉴别	乌鲂、鲑鱼、乌鲳鱼等	南非	COI 基因	2012	[30]
掺假鉴别	明太鱼、红鳕鱼、大西洋鲑鱼	伊朗	COI 基因	2013	[29]
掺假鉴别	鲭鱼、乌鲳鱼、胡椒鲷等	伊朗	COI 基因	2013	[34]
掺假鉴别	鳕鱼片、三文鱼片、冷冻鱼	中国	COI 基因	2013	[35]
掺假鉴别	烤鳕鱼片	中国	COI 基因	2018	[28]
掺假鉴别	鲑科鱼类	中国	COI 基因、16S rRNA	2019	[36]
掺假鉴别	多种鱼类	中国	COI 基因	2020	[27]
产地溯源	鲶鱼	越南	16S rDNA	2008	[31]
产地溯源	罗非鱼	喀麦隆	16S rDNA	2010	[32]
物种鉴别	草鱼、大黄鱼	中国	18S rDNA	2011	[26]
物种鉴别	鱼翅	中国	COI 基因、16S rRNA	2014	[37]
物种鉴别	鳕鱼、龙利鱼、巴沙鱼、黄花鱼等	中国	COI 基因、16S rRNA	2018	[38]
物种鉴别	大西洋鲑鱼、虹鳟鱼	智利、挪威、澳大利亚等	COI 基因	2019	[39]
物种鉴别	鳕鱼、阿拉斯加狭鳕鱼、白姑鱼	—	COI 基因	2019	[40]
物种鉴别	白鲢	中国	18S rRNA	2020	[41]

7.1.2.3　矿物元素指纹图谱技术

矿物元素指纹图谱技术是一种广泛用于确定农产品地理来源的方法，水产品中微量元素的组成及含量受其生长环境尤其水质的影响，因此多元素对水产品进行地理分类有一定作用[42]。Liu[43]等采用电感耦合等离子体质谱（inductively coupled plasma mass spectrometry，ICP-MS）技术对我国渤海、黄海和东海的 39 个海参样品中 15 个元素（Al、V、Cr、Mn、Fe、Co、Ni、Cu、Zn、As、Se、Mo、Cd、Hg 和 Pb）进行了测定，结果主成分分析（principal component analysis，PCA）、聚类分析（cluster analysis，CA）对三种水环境中的海参样品进行了准确的鉴别，线性判别分析的整体正确分类率与交叉验证率均为 100.0%，这些结果表明，多元素分析技术可应用于中国海参的产地追溯。Custódio[44]等用火焰原子吸收光谱法测定了葡萄牙四个地点的野生和养殖鱼类中 Cd、Hg 和 Pb 元素含量，结果显示野生鱼体内的有毒元素含量高于人工养殖鱼。Guo[45]等对东海三个地点采集的不同鱼类中 25 个元素进行了测定，结果显示 PCA 可以鉴别同一种鱼类样品产地的来源，而偏最小二乘判别分析（partial least-squares discriminant analysis，PLS-DA）和神经网络（probabilistic neural networks，PNN）分析结果显示，在不需要区分鱼种类的前提下，这两者对样品的地域来源进行鉴别的准确率分别达到97.92%和100%。

在水产品溯源的实际应用中，会受到品种、年龄、饲料和气候等多方面的影响，从而对水产品的溯源有着很大的挑战[46]。因此矿物元素溯源技术通常与其他技术联合使用对水产品进行溯源，其中将稳定同位素和矿物元素分析技术结合的应用较多，以获得更可靠的结果[7]。Gopi[25]等对来自亚太地区的黑虎对虾中 C、N 稳定同位素和 31 种元素进行了测定，结果显示多元素对样品的生产方法和地理来源判别准确率达 100%。Ortea[20]等对虾中 C、N 稳定同位素及五种元素（As、Cd、Pb、P 和 S）进行了测定，分析结果显示两种技术结合对虾地理来源和生产方法（野生和养殖）有 100% 的预测能力，对生物种类的分类正确率为 93.5%。Carter[21]等测定了澳大利亚及进口对虾中稳定同位素及微量元素，在结果中 $\delta^{13}C$、δD、K、As 和 Zn 显示澳大利亚对虾与进口对虾有很大差异。有关矿物元素指纹图谱技术在水产品产地溯源和真实性研究的总结见表 7-3。

表 7-3　矿物元素指纹图谱技术在水产品产地溯源和真实性研究总结

种类	测定参数	数据分析方法	年份	文献
鲑鱼	As、Ba、Be、Ca、Co、Cd、Cr、Cu、Fe、K、Mg、Mn、Na、Ni、P、Pb、Sr、Ti、Zn	PCA、CDA、LDA、PNN	2010	[16]
蛤蜊	Li、V、Mn、Co、As、Rb、Mo、Ba、Pb、U	LDA	2013	[47]
我国香港牡蛎	Ag、As、Ba、Be、Cd、Co、Cr、Cu、Li、Mn、Mo、Ni、Pb、Rb、Sb、Se、Tl、U、V、Zn	PCA、CA、LDA	2015	[11]
虾	As、Cd、Pb	PCA、DA	2015	[20]
虾	K、As、Zn	PCA、CDA	2015	[21]
黑虎对虾	Mg、Al、Si、P、S、Cl、K、Ca、Ti、Cr、Mn、Fe、Ni、Cu、Zn、As、Se、Br、Rb、Sr、Y、Zr、Cd、Sn、Sb、Nd、Hf、Pb、Bi、At、U	ANOVA、LDA	2019	[25]

7.1.2.4 气相色谱技术

气相色谱（gas chromatography，GC）技术可对样品中的化学物质进行分离，具有较高的准确性，不仅可对样品进行定性鉴别，还可进行定量分析，体现特征成分间的含量差异[48]。脂肪酸是机体的主要能量来源之一，对水生动物的生长、发育、繁殖以及其他的生理机能有着重要的意义，目前在水产品中通过分析脂肪酸指纹图谱进行溯源已有广泛应用[49]。Busetto[50]等对来自丹麦、荷兰和西班牙的大比目鱼中脂肪酸组成与稳定同位素进行了测定，结果表明脂肪酸组成可以区分野生和人工养殖的大比目鱼，将稳定同位素比值与脂肪酸组成结合对不同地区来源的野生大比目鱼有很好的鉴别效果。Grigorakis[51]等测定了野生和人工养殖的金头鲷中脂肪酸的组成，结果显示人工养殖的金头鲷中脂质的含量显著高于野生金头鲷，并且脂肪的沉积表现出明显的季节变化，春季末沉积最少，夏季末沉积最多。Carbonera[52]等调查了巴西淡水鱼的脂肪酸的组成数据，对数据进行统计分析，结果野生鱼类总高不饱和脂肪酸（highly unsaturated fatty acids，HU-FA）和（n-3）脂肪酸较高，（n-6）与（n-6）/（n-3）脂肪酸较低，结果表明脂肪酸组成可对野生鱼类与人工养殖鱼类进行分类。以上研究结果表明，气相色谱技术对水产品的养殖方式及地理来源的鉴别有很好的效果。有关气相色谱技术在水产品产地溯源和真实性研究的总结见表7-4。

表7-4 气相色谱技术在水产品产地溯源和真实性研究总结

种类	测定参数	数据分析方法	年份	文献
贻贝	85种挥发物质	ANOVA	2000	[53]
金头鲷	24种脂肪酸	ANOVA	2002	[51]
海鲷	13种脂肪酸	ANOVA	2007	[15]
大比目鱼	20种脂肪酸	ANOVA、PCA、LDA	2008	[50]
三疣梭子蟹	27种脂肪酸	CA、PCA、DA	2013	[49]
巴西淡水鱼	—	PCA	2014	[52]
鳟鱼、鲑鱼	22种脂肪酸	CA	2015	[12]
海参	25种脂肪酸	ANOVA、PCA、DA	2016	[22]

7.1.2.5 近红外光谱技术

近红外光谱（near infrared spectroscopy，NIR）结合多元数据分析，在农产品分析中发挥了重要作用。近红外光谱检测技术因具有快速、无损、操作简单等特点被应用于水产品的产地溯源与真实性鉴别中。陶琳[54]等采用近红外漫反射光谱法对来自4个不同产地的96个干刺参样品进行了产地鉴别，采集其在5 000～4 000cm^{-1}波段的光谱并对光谱数据进行分析，结果表明可成功对其进行产地鉴别。Ottavian[55]等利用近红外光谱对野生和人工养殖的海鲈鱼样品进行了鉴别，并对光谱数据进行PCA和PLS-DA分析，结果显示具有良好的区分效果，此外，研究发现最具预测性的光谱区域为CH、CH$_2$、CH$_3$和H$_2$O基团的光谱吸收区，这与样品中脂肪、脂肪酸和水含量相关。Lv[56]

等采用近红外反射光谱采集 1 000nm 至 1 799nm 的光谱，对不同种类的淡水鱼样品进行了鉴别，结果基于主成分分析结合线性判别分析与快速傅里叶变换结合线性判别分析的模型预测精度达到 100%，此结果表明线性判别分析结合近红外反射光谱可以作为淡水鱼类分类的有效方法。有关近红外光谱技术在水产品产地溯源和真实性研究的总结见表 7-5。

表 7-5　近红外光谱技术在水产品产地溯源和真实性研究总结

种类	光谱范围	数据分析方法	年份	文献
干海参	$5\,000\sim4\,000\mathrm{cm}^{-1}$	PCCA	2011	[54]
海鲈鱼	$1\,100\sim2\,500\mathrm{nm}$	PLS-DA	2012	[55]
淡水鱼	$1\,000\sim799\mathrm{nm}$	PCA、LDA	2017	[56]

7.1.3　研究趋势

随着经济的发展，水产品的质量问题受到人们的广泛关注，水产品的产地溯源与真实性研究是保证水产品质量及维护消费者对市场的信任度的重要措施。有关水产品的产地溯源与掺假鉴别近年来的研究情况如图 7-1 所示，2009 年开始水产品产地溯源与掺假鉴别的文章增长数量保持稳定增长，其中对水产品进行产地溯源的文章所占比重较大，并取得了积极的成效，然而这一问题尚未根本解决，仍需要进一步的深入研究。

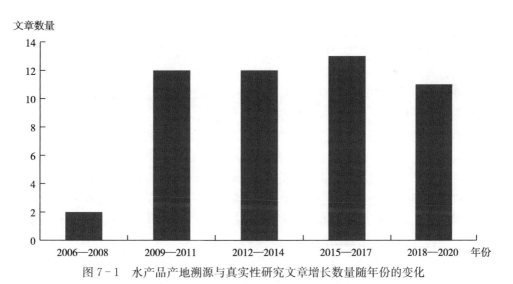

图 7-1　水产品产地溯源与真实性研究文章增长数量随年份的变化

目前，在水产品产地溯源与真实性研究中主要使用稳定同位素技术、分子生物技术、气相色谱技术、矿物元素指纹图谱技术和近红外光谱技术，其应用情况见图 7-2，稳定同位素和分子生物技术在水产品中的应用较多，各占 37% 和 31%。水产品溯源会受到物种类别、产地来源及生产方式等的影响，可将多种技术及参数结合分析，以便提高水产品溯源结果的准确率，加快水产养殖产品可追溯技术的发展。

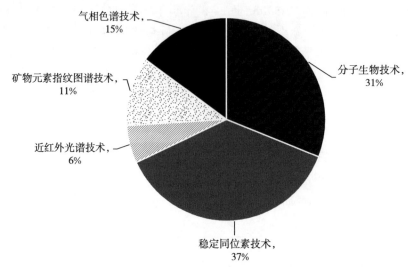

图 7-2　五种溯源技术在水产品产地溯源与真实性研究中应用情况

7.2　鸡蛋

7.2.1　引言

鸡蛋含有丰富的蛋白质及多种氨基酸、矿物质、维生素和脂肪等营养成分，是人类最好的营养来源之一。鸡蛋长期以来为人类提供大量的优质蛋白质，是人体所需蛋白质的重要来源。鸡蛋中蛋白质含量约占其可食部分的 11%～13%，仅次于豆类和肉类。近年来，随着人们对鸡蛋的消费量逐渐增加，鸡蛋产业在食品产业中也有着举足轻重的地位[57]。目前，我国的鲜蛋产品市场比较杂乱，只在大中型城市中存在规模化生产的鲜蛋品牌，并建立了比较完善的食品溯源体系，而在中小城市、乡镇的市场上普通无品牌无标识的产品占大多数，这些产品大多来自当地一些规模较小的个体养鸡场，无法保证鸡蛋的品质与安全性[58]。现在市面上销售的鸡蛋生产方式主要为散养、笼养和有机，有研究表明不同饲养方式下鸡蛋的营养品质有所差别[59]，散养和有机饲养方式生产的鸡蛋饲养成本相对较高，这就促使市场上出现普通鸡蛋来冒充优质鸡蛋的现象，而目前我国还没有针对以上 3 种饲养方式所产鸡蛋的国家和行业标准，不能够完全保障消费者的权益[60]。除此之外，鸡蛋可追溯体系的不健全导致存在一定的食品安全隐患，食源性疾病是一个严重的公共健康问题，处理食源性疾病最常用的方法之一是将产品召回，2010 年 8 月沙门氏菌的爆发，美国召回了超 5 亿个鸡蛋[61]。而我国消费者通常在市场上购买零售的鸡蛋，鸡蛋的来源与供应商很难追溯，因此进行鸡蛋溯源对产品安全有重要意义。

7.2.2　分析技术在鸡蛋产地溯源与真实性研究中的进展

7.2.2.1　稳定同位素技术在鸡蛋产地溯源与真实性研究中的应用进展

在鸡蛋的溯源技术研究中，常用的技术主要为稳定同位素技术。戴祁[58]同时测定了鸡蛋各组分（蛋清、蛋黄、蛋壳膜）及饲料中的 $\delta^{13}C$ 和 $\delta^{15}N$ 值及蛋清中 δD、饮用水中

$\delta^{18}O$ 值，结果显示鸡蛋各组分的碳氮同位素组成存在差异，各组分 $\delta^{13}C$ 值从大到小的顺序依次为蛋壳膜＞蛋清＞蛋黄，而 $\delta^{15}N$ 值大小顺序与 $\delta^{13}C$ 值变化规律相反，不同饲养方式的鸡蛋（散养和笼养）中稳定同位素特征因其饲料的不同而存在差异，表明稳定同位素区分不同饲养方式是可行的。不同地区的鸡蛋样品蛋清的 δD 值与饮用水的 $\delta^{18}O$ 值具有良好的线性关系，以此可大致推断鸡蛋产地。Rogers[62] 等应用稳定同位素技术对荷兰和新西兰鸡蛋不同养殖方式的饲料和蛋清中 $\delta^{13}C$ 和 $\delta^{15}N$ 值测定，结果显示新西兰鸡蛋蛋清（养殖蛋清和有机蛋清）的 $\delta^{15}N$ 值都相应高于荷兰鸡蛋蛋清，荷兰有机鸡蛋蛋清的 $\delta^{15}N$ 和 $\delta^{13}C$ 最低值分别为 4.8‰ 和 6.0‰，并且稳定同位素在传统和有机养殖方式生产的鸡蛋中表现出不同的值，可见稳定同位素值对鸡蛋的产地及养殖方式的鉴别有一定的潜力。Rock[63] 等测定了不同生产方式的鸡蛋中的碳、氮、氧、硫同位素的组成，研究发现，特定生产系统的"同位素指纹"随着时间的推移而保持不变，说明可利用稳定同位素技术对鸡蛋饲养方式进行鉴别。

7.2.2.2 近红外光谱技术在鸡蛋产地溯源与真实性研究中的应用进展

近红外光谱检测技术在国内外被广泛运用于食品品质分析领域，相比其他方法，近红外光谱技术具有更快、更具成本效益和方便而应用于鸡蛋的溯源中，汤丹明[64] 等提出了一种利用近红外光谱技术对鸡蛋种类进行快速、无损鉴别的新方法，选用 7 500～4 000cm^{-1} 的光谱，采用线性判别法（linear discriminant analysis，LDA）和支持向量机（support vector machine，SVM）两种模式识别方法建立鸡蛋的近红外光谱鉴别模型，预测集的正确识别率分别为 92.32% 和 97.44%，结果表明近红外光谱技术结合模式识别方法鉴别鸡蛋种类的方法是可行的。王彬[65] 等采集了湖北 4 个不同产地鸡蛋的透射光谱（500～900nm），建立了鸡蛋产地溯源模型，结果发现运用直接正交信号校正（direct orthogonal signal correction，DOSC）预处理及 t 分布式随机邻域嵌入（t-distributed stochastic neighbor embedding，t-SNE）提取的光谱特征信息建立的随机森林（random forest，RF）模型鉴别效果最好，训练集和预测集的鉴别正确率分别为 100% 和 98.33%。研究结果表明基于可见近红外光谱技术对鸡蛋产地溯源是可行的，为进一步研究与开发鸡蛋产地溯源便携式仪器提供技术支持。崔腾飞[66] 等探讨了高光谱成像技术对鸡蛋种类判别的可行性，采用高光谱（900～1 700nm）成像技术，对富硒鸡蛋、无公害鸡蛋和普通鸡蛋进行了鉴别，建立的模型预测集识别率为 78.18%，可见高光谱成像技术作为一种快速、高效的种类判别技术对鸡蛋种类的判别具有一定的可行性。

7.3　结论

水产品及鸡蛋品质受到养殖方式、品种及产地等因素的影响，目前溯源技术在水产品及鸡蛋的产地鉴别与真实性识别中的研究相对较少，而市场上农产品安全存在着许多问题，为了更好地解决这些问题需要进一步开展溯源技术在水产品及鸡蛋产品中的应用。任何一种溯源技术都有局限性，后续研究应多考虑将多个溯源技术结合进行分析，并加大样本量的检测，建立更准确的模型以及更全面的溯源数据库，促进我国农产品产业向安全营养有序的方向发展。

参 考 文 献

［1］ 杨洁，杨钊. 水产品溯源中的同位素技术研究进展［J］. 化学分析计量，2017，26（4）：112－117.

［2］ Ortea I，O'Connor G，Maquet A. Review on proteomics for food authentication［J］. Journal of Proteomics，2016，147：212－225.

［3］ Sant'Ana L S，Ducatti C，Ramires D G. Seasonal variations in chemical composition and stable isotopes of farmed and wild Brazilian freshwater fish［J］. Food Chemistry，2010，122（1）：74－77.

［4］ Carrera M，Gallardo J M. Determination of the geographical origin of all commercial hake species by stable isotope ratio（SIR）analysis［J］. Journal of Agricultural and Food Chemistry，2017，65（5）：1070－1077.

［5］ Sun C H，Li W Y，Zhou C，et al. Anti-counterfeit code for aquatic product identification for traceability and supervision in China［J］. Food Control，2014，37：126－134.

［6］ 唐华丽，高涛，王兆丹，等. 稳定同位素比率质谱法在水产品溯源中的研究进展［J］. 食品与发酵工业，2019：1－8.

［7］ Li L，Boyd C E，Sun Z L. Authentication of fishery and aquaculture products by multi-element and stable isotope analysis［J］. Food Chemistry，2016，194：1238－1244.

［8］ Turchini G M，Quinn G P，Jones P L，et al. Traceability and discrimination among differently farmed fish：A case study on Australian murray Cod［J］. Journal of Agricultural and Food Chemistry，2009，57（1）：274－281.

［9］ 马冬红，王锡昌，刘利平，等. 稳定氢同位素在出口罗非鱼产地溯源中的应用［J］. 食品与机械，2012，28（1）：5－7，25.

［10］ Kim H，Kumar K S，Shin K H. Applicability of stable C and N isotope analysis in inferring the geographical origin and authentication of commercial fish（Mackerel，Yellow Croaker and Pollock）［J］. Food Chemistry，2015，172：523－527.

［11］ 才让卓玛. 香港牡蛎产地溯源指纹信息筛选的研究［D］. 广州：广东海洋大学，2015.

［12］ Molkentin J，Lehmann I，Ostermeyer U，et al. Traceability of organic fish-Authenticating the production origin of salmonids by chemical and isotopic analyses［J］. Food Control，2015，53：55－66.

［13］ Schroder V，de Leaniz C G. Discrimination between farmed and free-living invasive salmonids in Chilean Patagonia using stable isotope analysis［J］. Biological Invasions，2011，13（1）：203－213.

［14］ Li L，Ren W，Dong S，et al. Investigation of geographic origin，salinity and feed on stable isotope profile of Pacific white shrimp（Litopenaeus vannamei）［J］. Aquaculture Research，2017，49（2）：1029－1036.

［15］ Morrison D J，Preston T，Bron J E，et al. Authenticating production origin of gilthead sea bream（Sparus aurata）by chemical and isotopic fingerprinting［J］. Lipids，2007，42（6）：537－545.

［16］ Anderson K A，Hobbie K A，Smith B W. Chemical profiling with modeling differentiates wild and farm-raised salmon［J］. Journal of Agricultural and Food Chemistry，2010，58（22）：11768－11774.

［17］ Oliveira E，Sant'Ana L S，Ducatti C，et al. The use of stable isotopes for authentication of gadoid fish species［J］. European Food Research and Technology，2011，232（1）：97－101.

［18］ 郭婕敏，林光辉. 不同生境红树林青蟹的稳定同位素组成及其产地溯源意义［J］. 同位素，2014，

27 (1): 1 - 7.

[19] Gamboa-Delgado J, Molina-Poveda C, Godinez-Siordia D E, et al. Application of stable isotope analysis to differentiate shrimp extracted by industrial fishing or produced through aquaculture practices [J]. Canadian Journal of Fisheries and Aquatic Sciences, 2014, 71 (10): 1520 - 1528.

[20] Ortea I, Gallardo J M. Investigation of production method, geographical origin and species authentication in commercially relevant shrimps using stable isotope ratio and/or multi-element analyses combined with chemometrics: An exploratory analysis [J]. Food Chemistry, 2015, 170: 145 - 153.

[21] Carter J F, Tinggi U, Yang X, et al. Stable isotope and trace metal compositions of Australian prawns as a guide to authenticity and wholesomeness [J]. Food Chemistry, 2015, 170: 241 - 248.

[22] Zhang X F, Liu Y, Li Y, et al. Identification of the geographical origins of sea cucumber (Apostichopus japonicus) in northern China by using stable isotope ratios and fatty acid profiles [J]. Food Chemistry, 2017, 218: 269 - 276.

[23] Camin F, Perini M, Bontempo L, et al. Stable isotope ratios of H, C, O, N and S for the geographical traceability of Italian rainbow trout (Oncorhynchus mykiss) [J]. Food Chemistry, 2018, 267: 288 - 295.

[24] Zhao X, Liu Y, Li Y, et al. Authentication of the sea cucumber (Apostichopus japonicus) using amino acids carbon stable isotope fingerprinting [J]. Food Control, 2018, 91: 128 - 137.

[25] Gopi K, Mazumder D, Sammut J, et al. Combined use of stable isotope analysis and elemental profiling to determine provenance of black tiger prawns (Penaeus monodon) [J]. Food Control, 2019, 95: 242 - 248.

[26] 赵文秀, 潘海云, 王锡昌, 等. 用于分子溯源的鱼糜 DNA 随加工过程的质量变化分析 [J]. 食品与生物技术学报, 2011, 30 (5): 767 - 772.

[27] Xing B P, Zhang Z L, Sun R X, et al. Mini-DNA barcoding for the identification of commercial fish sold in the markets along the Taiwan Strait [J]. Food Control, 2020, 112: 8.

[28] Xiong X, Yao L L, Ying X G, et al. Multiple fish species identified from China's roasted Xue Yu fillet products using DNA andmini-DNA barcoding: Implications on human health and marine sustainability [J]. Food Control, 2018, 88: 123 - 130.

[29] Changizi R, Farahmand H, Soltani M, et al. Species identification of some fish processing products in Iran by DNA barcoding [J]. Journal of Agricultural Science and Technology, 2013, 15 (5): 973 - 980.

[30] Cawthorn D M, Steinman H A, Witthuhn R C. DNA barcoding reveals a high incidence of fish species misrepresentation and substitution on the South African market [J]. Food Research International, 2012, 46 (1): 30 - 40.

[31] Le Nguyen D D, Ngoc H H, Dijoux D, et al. Determination of fish origin by using 16S rDNA fingerprinting of bacterial communities by PCR-DGGE: An application on Pangasius fish from Viet Nam [J]. Food Control, 2008, 19 (5): 454 - 460.

[32] Tatsadjieu N L, Maiwore J, Hadjia M B, et al. Study of the microbial diversity of Oreochromis niloticus of three lakes of Cameroon by PCR-DGGE: Application to the determination of the geographical origin [J]. Food Control, 2010, 21 (5): 673 - 678.

[33] Asensio L, Gonzalez I, Rojas M, et al. PCR-based methodology for the authentication of grouper (Epinephelus marginatus) in commercial fish fillets [J]. Food Control, 2009, 20 (7): 618 - 622.

[34] Changizi R, Farahmand H, Soltani M, et al. Species identification reveals mislabeling of important

fish products in Iran by DNA barcoding [J]. Iranian Journal of Fisheries Sciences，2013，12（4）：783－791.

[35] 李新光. 基于 DNA 条形码的鱼片（肉）真伪鉴别技术研究 [D]. 上海：上海海洋大学，2013.

[36] 王楠. 基于 DNA 条码技术的食品中鲹科鱼物种成分鉴别研究 [D]. 泰安：山东农业大学，2019.

[37] 隋哲. 基于 DNA 条形码技术的鱼翅物种鉴别研究 [D]. 青岛：中国海洋大学，2014.

[38] 石蕊寒，南汇珠，丁红田，等. DNA 条形码技术鉴别市售鱼肉制品真伪 [J]. 肉类研究，2018，32（2）：54－59.

[39] 周露，丁清龙，杨晨，等. 双重实时荧光 PCR 法鉴别大西洋鲑鱼和虹鳟鱼 [J]. 食品安全质量检测学报，2019，10（13）：4145－4151.

[40] 楼叶青，胡艺凡，郑方媛，等. 应用聚合酶链式反应和限制性内切酶酶切技术鉴别鳕鱼 [J]. 肉类研究，2019，33（10）：57－62.

[41] 宋春萍，林洪. 基于物种特异性 PCR 技术检测鱼糜中白鲢成分 [J]. 食品安全质量检测学报，2020，11（3）：824－829.

[42] 郭小溪，刘源，许长华，等. 水产品产地溯源技术研究进展 [J]. 食品科学，2015，36（13）：294－298.

[43] Liu X，Xue C，Wang Y，et al. The classification of sea cucumber（Apostichopus japonicus）according to region of origin using multi-element analysis and pattern recognition techniques [J]. Food Control，2012，23（2）：522－527.

[44] Custodio P J，Pessanha S，Pereira C，et al. Comparative study of elemental content in farmed and wild life Sea Bass and Gilthead Bream from four different sites by FAAS and EDXRF [J]. Food Chemistry，2011，124（1）：367－372.

[45] Guo L P，Gong L K，Yu Y L，et al. Multi-element fingerprinting as a tool in Origin Authentication of Four East China Marine Species [J]. Journal of Food Science，2013，78（12）：C1852－C1857.

[46] Alasalvar C，Taylor K D A，Zubcov E，et al. Differentiation of cultured and wild sea bass（Dicentrarchus labrax）：Total lipid content，fatty acid and tracemineral composition [J]. Food Chemistry，2002，79（2）：145－150.

[47] Iguchi J，Takashima Y，Namikoshi A，et al. Origin identification method by multiple trace elemental analysis of short-neck clams produced in Japan，China，and the Republic of Korea [J]. Fisheries Science，2013，79（6）：977－982.

[48] Bosque-Sendra J M，Cuadros-Rodriguez L，Ruiz-Samblas C，et al. Combining chromatography and chemometrics for the characterization and authentication of fats and oils from triacylglycerol compositional data-A review [J]. Analytica Chimica Acta，2012，724：1－11.

[49] 董志国，沈双烨，李晓英，等. 中国沿海三疣梭子蟹脂肪酸指纹标记的多元分析 [J]. 水产学报，2013，37（2）：192－200.

[50] Busetto M L，Moretti V M，Moreno-Rojas J M，et al. Authentication of farmed and wild turbot（Psetta maxima）by fatty acid and isotopic analyses combined with chemometrics [J]. Journal of Agricultural and Food Chemistry，2008，56（8）：2742－2750.

[51] Grigorakis K，Alexis M N，Taylor K D A，et al. Comparison of wild and cultured gilthead sea bream（Sparus aurata）：composition，appearance and seasonal variations [J]. International Journal of Food Science and Technology，2002，37（5）：477－484.

[52] Carbonera F，dos Santos H M C，Montanher P F，et al. Distinguishing wild and farm-raised freshwater fish through fatty acid composition：Application of statistical tools [J]. European Journal of

Lipid Science and Technology, 2014, 116 (10): 1363 - 1371.

[53] Le Guen S, Prost C, Demaimay M. Characterization of odorant compounds of mussels (Mytilus edulis) according to their origin using gas chromatography-olfactometry and gas chromatography-mass spectrometry [J]. Journal of Chromatography. A, 2000, 896 (1 - 2): 361 - 71.

[54] 陶琳, 武中臣, 张鹏彦, 等. 近红外光谱法快速鉴定干海参产地 [J]. 农业工程学报, 2011, 27 (5): 364 - 366.

[55] Ottavian M, Facco P, Fasolato L, et al. Use of near-infrared spectroscopy for fast fraud detection in seafood: Application to the Authentication of Wild European Sea Bass (Dicentrarchus labrax) [J]. Journal of Agricultural and Food Chemistry, 2012, 60 (2): 639 - 648.

[56] Lv H, Xu W J, You J, et al. Classification of freshwater fish species by linear discriminant analysis based on near infrared reflectance spectroscopy [J]. Journal of Near Infrared Spectroscopy, 2017, 25 (1): 54 - 62.

[57] Yang Z, Rose S P, Yang H M, et al. Egg production in China [J]. Worlds Poultry Science Journal, 2018, 74 (3): 417 - 426.

[58] 戴祁. 稳定同位素在鸡蛋鉴别及溯源中的应用研究 [D]. 天津科技大学, 2016.

[59] 刘艳芳. 土鸡蛋中类胡萝卜素的提取、分离鉴定及其稳定性研究 [D]. 华中农业大学, 2010.

[60] 付才, 马书林, 王红云, 等. 碳氮同位素溯源技术在畜禽产品中的应用 [J]. 河北农业科学, 2017, 21 (5): 69 - 72.

[61] Li T Z, Bernard J C, Johnston Z A, et al. Consumer preferences before and after a food safety scare: An experimental analysis of the 2010 egg recall [J]. Food Policy, 2017, 66: 25 - 34.

[62] Rogers K M, van Ruth S, Alewijn M, et al. Verification of egg farming systems from the Netherlands and New Zealand using stable isotopes [J]. Journal of Agricultural and Food Chemistry, 2015, 63 (38): 8372 - 8380.

[63] Rock L, Rowe S, Czerwiec A, et al. Isotopic analysis of eggs: Evaluating sample collection and preparation [J]. Elsevier Ltd, 2013, 136 (3 - 4).

[64] 汤丹明, 孙斌, 刘辉军. 近红外漫反射光谱鉴别鸡蛋种类 [J]. 光谱实验室, 2012, 29 (5): 2699 - 2702.

[65] 王彬, 王巧华, 肖壮, 等. 基于可见—近红外光谱及随机森林的鸡蛋产地溯源 [J]. 食品工业科技, 2017, 38 (24): 243 - 247.

[66] 崔腾飞, 杨晓玉, 丁佳兴, 等. 近红外高光谱成像技术对鸡蛋种类的鉴别 [J]. 食品工业科技, 2018, 39 (5): 13 - 17.

第八章　大米溯源分析技术研究进展

8.1　引言

　　大米是世界一半以上人口的主食，目前大米质量安全形势不容乐观，我国发生的"毒大米"、"镉大米"、"染色大米"等稻米安全事件，不仅会影响我国大米的贸易出口，还会引起消费者的恐慌心理。因此，建立稻米全产业链的可追溯体系意义重大，意味着监管部门对大米监管有据可依，生产企业对加工大米有踪可寻，消费者对大米的真实信息有源可查，对大米进行产地溯源和真实性研究已成为国内外研究热点。

　　国外以欧盟、美国、日本为首的发达国家可追溯体系较为成熟，其中日本在大米标准和检验方面比较严格，对大米生产的全过程都实行标准化，从大米种植到大米加工储藏都做了具体的规范。我国也在积极地开发与建立大米可追溯体系，最早开始于 2002 年，之后相继发布《食品安全行动计划》、《中华人民共和国农产品质量安全法》、《产品可溯源性统一规范》、《农产品溯源信息标识与编码技术》等法规，推动稻米追溯信息精准化、追溯流程便捷化、追溯系统整合化、追溯装备智能化、追溯管理专业化，保障稻米的质量安全。

8.2　分析技术在大米产地溯源与真实性研究中的进展

8.2.1　稳定同位素技术

　　水稻是最重要的农产品之一，作为世界上主要稻米生产地区，亚洲拥有世界上主要稻米出口国。随着生活水平的提高，大米的产地来源成为消费者考虑的主要因素，泰国的茉莉花大米、日本的越光米和巴基斯坦的香米，都被认为是优质大米，价格也高于普通大米。随着优质大米消费市场的出现，无良生产者为了额外的经济利益，将劣质或假冒大米作为优质大米出售。因此，鉴于全球贸易和自由市场的发展，为了保护消费者的权利，提高生产商和贸易商的信誉，防止出现假冒伪劣大米，Wang[1]等采用稳定同位素分析和化学计量学相结合的方法，对中国水稻生产省份（黑龙江、吉林、江苏、浙江、湖南和贵州）和另外 4 个亚洲水稻生产国（泰国、马来西亚、菲律宾和巴基斯坦）的水稻样品进行了调查和鉴别，分析了不同海拔、不同纬度、不同经度、不同耕作方式下不同品种水稻的稳定同位素特征，采用主成分分析法（PCA）和判别分析法（DA）对不同地理特征的样品进行了 $\delta^{13}C$、$\delta^{15}N$、$\delta^{18}O$、$^{207}/^{206}Pb$ 和 $^{208}/^{207}Pb$ 指标组的筛选和建立，为水稻的可追溯性提供了良好的技术方案，为进一步研究其他农产品，特别是植源性农产品的可追溯性提供理论依据。大米是泰国人的主要食物，泰国有一百多种大米，三叶稻大米是泰国的一种地理标志大米，最初仅在泰国南部的法塔隆省种植，价格高于当地其他水稻品种，三叶稻大米的价值在于它的营养水平，如铁元素、维生素 B、烟酸和抗氧化剂，随着人们对三叶稻大米需求的增加，发现三叶稻大米存在掺杂其他大米的现象和产地标注错误等问题。Srinuttrakul[2]等采用同位素比值质谱法研究了三叶稻大米的稳定同位素指纹图谱，对从法塔隆 10 个地区采集的 50 份水稻样品进行了稳定同位素组成（$\delta^{13}C$、$\delta^{15}N$ 和 $\delta^{18}O$）分析，水稻样品中 $\delta^{13}C$ 值变化范围为 $-28.41‰\sim-26.81‰$，$\delta^{15}N$ 值变化范围为 $3.06‰\sim8.31‰$，$\delta^{18}O$ 值变化范围为 $23.46‰\sim29.46‰$，三叶稻大米通过同位素值的散点图可以与其他栽培区的大米进行区分。中国的水稻主产区位于中国东北部和长江沿岸，中国每年必须从东南亚国家（如泰国和马来西亚）进口大量优质大米，以满足消费需求，为了确定中国不同产地种植大米和从东南亚进口精米的真实性，打击蓄意错误标签和商业欺诈的溢价高值大米，Liu[3]等采用元素分析仪—同位素比值质谱、电感耦合等离子体质谱和化学计量数据处理相结合的方法，对中国不同产地的精米和东南亚（泰国、马来西亚）进口大米进行了鉴别，测定了 7 个稳定同位素比值（$\delta^{13}C$、$\delta^{15}N$、δD、$\delta^{18}O$、$^{87/86}Sr$、$^{207/206}Pb$、$^{208/207}Pb$）和 25 个元素浓度（Na、Ca、Fe、Zn、Rb、Ag、Cd 等），建立了主成分分析和逐步线性判别分析模型，确定了水稻的地理来源，经交叉验证，中国不同产地稻谷和东南亚进口稻谷的"盲样"检验结果均高于 90.0% 和 85.0%，稳定同位素和多元素指纹与化学计量数据处理相结合，为中国精米产地的确定提供了一个很有前景的工具，该认证方法可保护优质大米品牌、打击商业欺诈、快速定位受污染的问题大米产地、保护消费者的权益。有关稳定同位素技术应用于大米产地溯源和真实性研究的总结见表 8-1。

表 8-1 稳定同位素技术应用于大米产地溯源和真实性研究总结

研究内容	指标	产地	时间	文献
产地溯源	碳、氮、氢、氧、多元素	黑龙江、辽宁、江苏	2015	[4]
产地溯源	碳、氮	黑龙江、山东、江苏	2015	[5]
产地溯源	碳、氮、氢、氧	富锦、武昌	2016	[6]
产地溯源	碳	五常市、黑龙江其他地区	2017	[7]
产地溯源	碳、氮、氧	泰国	2018	[8]
产地溯源	碳、氮	黑龙江、辽宁、江苏、河南、湖南、海南	2019	[9]
产地溯源	碳、氮、氧	泰国	2019	[2]
产地溯源	碳、氮、氢、氧、锶、铅、多元素	中国、东南亚	2019	[3]
产地溯源	碳、氮、氧、铅	中国、泰国、马来西亚、菲律宾、巴基斯坦	2020	[1]
产地溯源	碳、氮	马来西亚	2020	[10]

8.2.2 矿物元素指纹图谱技术

矿物元素指纹图谱技术是一种重要的溯源方法，大米中矿物元素的组成和含量与种植环境密切相关，在大米生长过程中，受土壤和水条件影响较大的矿质元素被储存在大米植物体内，因此大米中的矿质元素可以反映出区域的特殊性，但化肥和农药会改变大米中矿物元素的含量，为了进一步研究，Qian[11]等以水稻品种龙井 31 号为研究对象，进行了不同施肥量和不同农药用量的田间试验，采用电感耦合等离子体质谱法测定大米中的矿质元素，通过单因素方差分析，比较了不同化肥、农药用量对水稻矿质元素的影响，受肥料影响显著的元素有 Fe、Co、Ni、Se、Rh、Eu、Pr、Tl 和 Pt，受农药影响显著的元素是 Al、Co 和 Ni，这些要素应排除在地理来源追踪之外，排除上述因素后，Fisher 判别法对地理来源的预测，总体正确分类率为 98.9%，交叉验证率为 97.8%，因此，在水稻地理溯源中，必须排除受化肥、农药影响较大的矿质元素，排除这些矿质元素可以提高水稻溯源模型的准确性。水稻体内无机砷的积累与土壤地球化学特征密切相关，这些特征可能因地而异，预计在不同城市种植的稻谷在总砷和无机砷方面会有显著差异，Segura[12]等从巴西南里奥格兰德多苏尔州的八个城市生产者那里收集两个巴西水稻品种进行鉴定，所有样品的无机砷均低于联合国粮食及农业组织建议的最大允许限值，不同城市的稻谷表现出显著的差异。

矿物元素指纹图谱技术已逐渐被应用到大米的产地溯源中，大米中的矿物元素不仅与产地密切相关，还受加工精度的影响，为大米产地矿物元素指纹溯源技术的应用提供理论参考，Qian[13]等研究黑龙江同一地市的水稻样品中矿物元素在 5 个不同加工等级与 3 个不同品种间的稳定性，利用电感耦合等离子体质谱仪测定不同等级大米中 49 种矿物元素的含量，对数据进行单因素方差分析、多因素方差分析，解析品种、加工精度及其交互作用对各元素含量变异的贡献率，筛选出受品种、加工精度影响较小的元素作为产地溯源的指纹信息，结果表明大米中元素 Na、Mg、Al、K、Ca、Cr、Mn、Fe、Co、Cu、Zn、Rb、Sr 和 Ba 含量与加工精度密切相关；元素 Na、Mg、Al、K、Ca、Cr、Mn、Cu、Zn、Rb 和 Mo 含量与品种密切相关，在今后产地溯源技术筛选溯源指标时应考虑这些元素。

水稻品种对于大米产地溯源判别的正确性也有影响，王朝辉[14]等采集吉林省松原市、德惠市、梅河口市 3 个地区的 3 种水稻样品 120 份，利用原子吸收分光光度法检测样品中 11 种矿物元素（Pb、Cd、K、Na、Ca、Mg、Zn、Cu、Fe、Mn、Cr）的含量，对数据进行差异分析、雷达分析和线性判别分析，结果表明元素 Cd、Cr、Fe、K、Mg、Zn、Pb 在大米品种与产地间均存在相对较大的差异，德惠（同一产地）不同品种大米的判别正确率为 100%，成功利用不同品种大米中矿物元素含量将大米品种进行正确分类。有关矿物元素技术应用于大米产地溯源和真实性研究的总结见表 8-2。

表 8-2　矿物元素技术应用于大米产地溯源和真实性研究总结

研究内容	产地	时间	文献
产地溯源	吉林省松原市	2016	[15]
产地溯源	松江、非松江地区	2019	[16]
产地溯源	巴西	2019	[17]
产地溯源	中国三江地区	2019	[11]

（续）

研究内容	产地	时间	文献
产地溯源	孟加拉国	2020	[18]
产地溯源	巴西	2020	[12]
加工精度	黑龙江省	2019	[13]
品种	松原市、梅河口市、德惠市	2017	[14]

8.2.3　光谱技术

拉曼光谱是一种非常有效的无损分析技术，只需很少或不需要样品制备，检测时间非常短，它是基于光子和样品分子之间的非弹性散射，引起激发辐射束的频移，水稻的拉曼光谱主要来源于淀粉和蛋白质的振动，其化学结构的变异性为区分不同产地的水稻样品提供了有价值的光谱特征。Li[19]等利用拉曼光谱对我国不同产地稻谷样品进行了鉴别分析，为了获得更好的拉曼光谱特性，对扫描时间进行了讨论，对光谱数据进行预处理后，采用主成分分析、K-均值聚类、层次聚类和支持向量机等方法对水稻样品的来源进行判别，结果表明，利用拉曼光谱结合多元分析可以对水稻的地理起源进行分类，同时还用 X 射线荧光光谱仪测定了大米样品中镉的含量，通过对能量色散 X 射线荧光光谱仪的准确度、重复性和检测限的测试，验证了其对大米样品中镉快速筛选的适用性，该仪器在国家限定值（0.2mg/kg）附近具有良好的精密度。

水稻是一种重要的谷类作物，是世界上绝大多数人口的主要粮食作物。然而，昆虫侵扰是大米储存中的一个主要问题，无论是散装还是家庭规模，无论是在碾米前还是碾米后，都很可能受到虫害的侵扰，因为几乎不可能清除肉眼看不见的虫子，Srivastava[20]等利用 Ward 算法，对两个不同品种的水稻进行了傅里叶变换近红外光谱筛选，并对数据进行聚类分析，树状图分析结果表明，虫害侵染水稻品种与非侵染水稻品种之间存在明显的差异，而层次聚类分析则可以检测出不同程度的虫害侵染，稻谷样品平均傅里叶变换近红外光谱的直方图分析提供了侵染样品和未侵染样品之间 100% 的分类，利用 Pearson 相关系数计算稻谷间的差异，并将其转化为 D 值，识别出不同品种间的异质性以及不同程度的侵染，结果进一步表明，一种水稻品种的分类准确率在 93.10%～98.84% 之间，而另一种水稻的分类准确率在 95.75%～99.74% 之间。

在大米的质量控制中，有机产品与常规产品的鉴别，本质上需要一种快速、准确的分析方法，Xiao[21]等采用近红外光谱技术，在波长 12 000～4 000cm^{-1} 范围内，建立了一个无损校准模型，用于区分有机水稻和常规水稻，采用主成分分析和偏最小二乘回归等多元方法对近红外光谱数据进行了解释，用偏最小二乘回归法对有机大米样品和常规大米样品进行了光谱预处理，偏最小二乘回归模型的确定系数（R^2）为 0.843 0，交叉验证标准误差（SECV）为 0.199 2，交叉验证均方根误差（RMSECV）为 0.198 2，结果表明，该模型具有良好的预测性能，支持了近红外光谱对有机大米和常规大米的鉴别能力，进一步支持了近红外光谱在农产品鉴别分析中的应用，并将其作为工业级有机大米鉴别的一种方法。有关光谱技术应用于大米产地溯源和真实性研究的总结见表 8-3。

表 8-3　光谱技术应用于大米产地溯源和真实性研究总结

研究内容	产地	时间	文献
产地溯源	江苏、辽宁、湖北、黑龙江	2017	[22]
产地溯源	五常、佳木斯、齐齐哈尔、双鸭山、牡丹江	2017	[23]
产地溯源	五常、佳木斯、齐齐哈尔、双鸭山、牡丹江	2017	[24]
产地溯源	建三江、五常、响水	2017	[25]
产地溯源	建三江、非建三江地区	2017	[26]
产地溯源	查哈阳、五常	2017	[27]
产地溯源	齐齐哈尔、建三江、五常	2017	[28]
产地溯源	建三江、五常	2018	[29]
产地溯源	五常、非五常地区	2018	[30]
产地溯源	合肥、吉林、南昌、石嘴山、苏州	2018	[19]
产地溯源	东北、非东北	2019	[31]
品种	印度	2018	[20]
品种	黑龙江省	2019	[32]
品种	—	2019	[33]
有机大米	黑龙江省	2019	[21]

8.2.4　电子鼻技术

电子鼻技术是一种快速简便的方法，不需要对样品进行预处理。此外，该技术可以检测到样本成分的微小变化，并能快速预测样本之间的差异程度。Han[34] 等利用质谱电子鼻来鉴别水稻的品种、生长区域和地理起源，首先对样品进行浓缩，然后利用得到的离子片段数据进行判别函数分析，结果表明判别函数 1 和判别函数 2 很容易分离所有 16 个水稻品种，同时质谱电子鼻可以区分韩国水稻和日本水稻用于水稻地理起源的检测，因此，该技术简便、快速，对鉴别水稻品种、生长区域和地理起源具有重要价值。Du[35] 等建立一种矿物元素与挥发性化合物结合的多角度鉴别方法，以鉴别水稻的地理来源，采用电感耦合等离子体质谱和电子鼻分别测定了不同产地（盘锦、五常和射阳）水稻样品中 24 种元素的含量和特征挥发性成分，所得数据进行方差分析、主成分分析和线性判别分析，B、Mg、Al、Ti、V、Cr、Mn、Fe、Ni、Zn、Ga、As、Sr、Cd、Sn、Sb、Ba、Pb、Bi、Tl 等 20 种元素和 LY2/LG、LY2/G、LY2/AA、LY2/GH、LY2/gCTL、LY2/gCT、P10/1、T30/1、T70/2、P10/2、PA/2 等 11 种传感器是判别水稻起源的主要因素，平均分类准确率为 93.5%，与一维判别法相比，矿物元素与挥发性成分结合的多角度分析法显著提高了水稻产地判别的准确性。有关电子鼻技术应用于大米产地溯源和真实性研究的总结见表 8-4。

表 8 - 4　电子鼻技术应用于大米产地溯源和真实性研究总结

研究内容	产地	时间	文献
产地溯源	韩国、日本	2016	[34]
产地溯源	盘锦、五常、射阳	2018	[35]
产地溯源	五常、建三江、查哈阳	2018	[36]
产地溯源	五常、建三江、查哈阳	2019	[37]

8.2.5　理化指标

不同地域来源大米理化指标含量也存在差异，为了探讨理化指标指纹分析技术对大米产地鉴别的可行性，钱丽丽[38]等采集查哈阳、建三江和五常 3 个产区 89 份大米样品，测定样品中蛋白质、直链淀粉、脂肪和灰分的含量，对数据进行单因素方差分析、多重比较分析和判别分析，结果表明不同产地大米的理化指标有显著差异，建三江大米样品的蛋白质含量最高，直链淀粉和脂肪含量最低，五常大米样品的脂肪含量最高，蛋白质和灰分含量最低，查哈阳大米样品的各指标含量均处于中间状态，进一步利用蛋白质、直链淀粉、脂肪和灰分的含量对大米产地进行判别分析，交叉检验正确判别率为 95.5%，说明理化指标指纹分析可以鉴别大米的产地。吕海峰[39]等测定查哈阳、建三江和五常 3 个产区 89 份大米样品的米粒投影面积、米粒长、米粒宽、长宽比、垩白度、垩白粒率、蛋白质含量和直链淀粉含量，对数据进行判别分析，交叉检验产地正确判别率为 86.5%，大米外观指标和理化指标指纹特征结合，可以有效区分大米的产地。有关理化指标应用于大米产地溯源和真实性研究的总结见表 8 - 5。

表 8 - 5　理化指标应用于大米产地溯源和真实性研究总结

研究内容	产地	时间	文献
产地溯源	查哈阳、建三江、五常	2015	[39]
产地溯源	查哈阳、建三江、五常	2016	[38]

8.2.6　标签技术

食品供应链中的可追溯系统变得越来越必要，RFID 和 EPCglobal 网络标准是新兴技术，为开发高性能的可追溯系统带来了新的机遇。Jakkhupan[40]等开发以 RFID 与 EPCglobal 网路标准为基础的追踪系统，以符合全球食品追踪在追踪资讯完整性方面的需求，包括批次管理系统和电子交易管理系统在内的附加组件鼓励传统系统来完成缺失的信息，该系统在一个大米供应链中开发和应用，实验结果表明，附加组件可以显著提高可追溯性信息的完整性，EPCglobal 网络标准和电子交易管理系统之间的协作可以提高 RFID 操作的性能，RFID 和 EPCglobal 网络标准作为一种新兴技术脱颖而出，在可追溯系统中实现了数据采集和信息集成的自动化。

如今，人们对有机大米的偏好增加了，因为人们对健康和生态友好的食品消费的意识有所增长。因此，确保将要生产的产品达到有机质量是非常重要的，认证是确保产品质量符合所有有机标准的一系列过程。目前，有机大米认证的可追溯性信息系统存在问题，目前的系统仍然是手动操作，导致存储过程中信息丢失。Purwandoko[41]等旨在开发一个有机大米认证过程的可追溯性框架，首先，讨论的主要问题是有机认证过程，其次，使用统一建模语言（UML）建立用户需求模型，以便为认证过程中的所有参与者开发可追溯系统，此外，还解释认证过程中的信息捕获模型，该模型显示了每个参与者必须记录的信息流，最后讨论实施系统中的挑战。有关标签技术应用于大米产地溯源和真实性研究的总结见表 8-6。

表 8-6　标签技术应用于大米产地溯源和真实性研究总结

研究内容	技术	时间	文献
产地溯源	GS1 系统	2015	[42]
产地溯源	RFID	2015	[40]
产地溯源	RFID	2016	[43]
产地溯源	EAN·UCC 编码	2016	[44]
产地溯源	区块链技术	2018	[45]
产地溯源	物联网溯源技术	2019	[46]
产地溯源	物联网溯源技术	2019	[47]
有机大米	统一建模语言（UML）	2018	[41]
有机大米	RFID	2019	[48]

8.3　研究趋势

2015—2019 年大米产地溯源与真实性研究的文章数量随年份的变化如图 8-1 所示，2015—2016 年大米产地溯源与真实性研究的文章数量较少。2017 年大米产地溯源与真实性研究的文章数量开始逐渐增长，可能是因为大米是世界主要粮食作物之一，各个国家陆续颁布了农产品管理法规后，人们增强了大米食用安全的意识，大米安全越来越被人们重视，越来越多的研究者开始进行大米产地溯源与真实性的研究。

六种溯源技术在大米产地溯源与真实性研究中的应用现状如图 8-2 所示。光谱技术作为一种无损快速的分析方法，在大米产地溯源与真实性研究中的比例为 31%，具有广阔的应用前景。稳定同位素技术在大米产地溯源与真实性研究中的比例为 21%，稳定同位素对于空间较远的产地判断较好，鉴于稳定同位素检测设备与使用成本高，导致该技术的应用受到一定的限制。标签技术比其他技术简单，在大米产地溯源与真实性研究中的比例为 19%，应用起来比较容易。矿物元素含量、分布与大米产地环境密切相关，矿物元素被认为是产地判别的有效标记物，在大米产地溯源与真实性研究中的比例为 16%。电子鼻技术在大米产地溯源与真实性研究中的比例为 10%，随着传感器技术的进步，在大

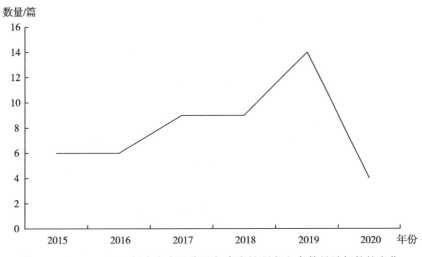

图 8-1　2015—2019 年大米产地溯源与真实性研究文章数量随年份的变化

米产地溯源与真实性研究中的比例将会增加。与其他溯源技术相比，理化指标技术在大米产地溯源与真实性研究中的比例最小，仅占 4%，理化指标可作为表征地域信息的特征因子，通过化学计量学方法分析其"指纹"特征，从而判定其原产地。

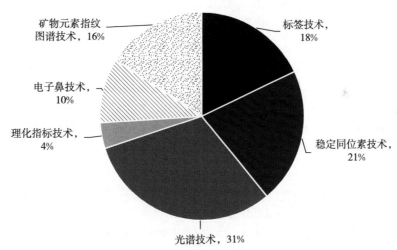

图 8-2　六种分析技术在大米产地溯源与真实性研究中的应用

8.4　结论

　　大米的产地溯源和真实性研究是关系到人类安全和全球经济的重大问题，主要的分析方法包括稳定同位素技术、矿物元素技术、光谱技术、电子鼻技术、理化指标技术、标签技术等，每种技术都有各自的优点和缺点，在实际应用的过程中可以根据每种技术的优缺点，多种技术相结合，为大米的地理起源分类和品质评价提供技术支撑，及时解决大米可追溯性问题。

典型案例一

本课题组采用稳定同位素分析和化学计量学相结合的方法，对我国 6 个水稻生产省份（黑龙江、吉林、江苏、浙江、湖南和贵州）和其他 4 个亚洲水稻生产国（泰国、马来西亚、菲律宾和巴基斯坦）的水稻样品进行了研究和鉴别，对不同海拔、不同纬度、不同耕作方式的不同品种水稻的稳定同位素特征进行了分析，采用主成分分析和判别分析对不同地理特征的样品进行了 $\delta^{13}C$、$\delta^{15}N$、$\delta^{18}O$、$^{207/206}Pb$ 和 $^{208/207}Pb$ 指标群的筛选和建立，为水稻的可追溯性提供了良好的技术解决方案，为进一步研究其他农产品，特别是植物源产品的可追溯性提供了依据。

1.1 实验材料与方法

1.1.1 样品信息

从可靠的来源收集了 189 份大米样品。其中泰国（TH）、马来西亚（MA）、菲律宾（PH）、巴基斯坦（PA）55 个，中国（CH）134 个，包括黑龙江（HLJ）、吉林（JL）、江苏（JS）、浙江（ZJ）、湖南（HN）、贵州（GZ）。

1.1.2 样品制备

样品按其位置和品种编号。收集的大米在 60℃ 恒温下干燥 48h 至恒重，然后脱壳。称 10g 样品在研钵中研磨，得到细粉，然后用锡纸包住进行测定。

1.1.3 样品分析

碳、氮、氧稳定同位素分析用 EA-IRMS。所有同位素样品均已制备，然后根据先前的工作进行分析。用元素分析仪结合同位素比值质谱（EA-IRMS，Thermo Fisher Scientific，USA）分析了 $\delta^{13}C$、$\delta^{15}N$ 和 $\delta^{18}O$ 的稳定同位素。碳同位素以 Pee-Dee-belinite（VPDB）标准为基础，氮同位素以空气氮标准为基础，$\delta^{18}O$（‰）以平均海水标准（SMOW）为基础。稳定同位素的比值根据以下国际标准参考进行了校正：USGS24（石墨）和 IAEA600（咖啡因）校正 $\delta^{13}C$ 值；USGS43（印度人头发）和 IAEA600 校正 $\delta^{15}N$ 值；USGS42（西藏人头发）校正 $\delta^{18}O$ 值。O 的分析精度为 0.3‰，C 和 N 的分析精度均为 0.2‰。

铅稳定同位素分析用 ICP-MS。采用微波消解-电感耦合等离子体质谱法（ICP-MS，Thermo-Fisher X-Series Ⅱ，美国）测定大米样品中铅同位素含量。将约 0.2g 粉状大米放入聚四氟乙烯消化管中，加入 10mL 65% 硝酸和 1mL 过氧化氢溶液，然后在微波消化系统中消化。微波功率在 10min 内由 0W 增加到 1 200W，然后在 1 200W 下消化 30min，然后将冷却后的消化液用超纯水稀释成 50mL 溶液。最后，用 ICP-MS 法测定了 ^{206}Pb、^{207}Pb 和 ^{208}pb 的含量，测定了 $^{206}Pb/^{207}Pb$ 和 $^{208}pb/^{206}Pb$ 的铅同位素比值。

1.1.4 统计分析

使用 SIMCA 14.1 软件（Umetrics，Umea，瑞典）进行统计分析。首先，利用主成分分析（PCA）或线性判别分析（LDA）等多元统计分析方法。在整个过程中，90％的样本被随机选取，用蒙特卡罗方法建立模型，另外10％被用来验证数据。

1.2　结果与讨论

1.2.1　不同产地水稻的稳定同位素结果

$\delta^{13}C$、$\delta^{15}N$和$\delta^{18}O$。从不同国家水稻的稳定同位素比值来看，如表1所示，除了来自TH（$-27.3‰±0.6‰$）的水稻外，来自PH（$-30.5‰±0.3‰$）、PA（$-28.0‰±0.8‰$）和MA（$-30.5‰±0.7‰$）的水稻与来自CH（$-27.3‰±0.7‰$）的水稻相比，$\delta^{13}C$值更低。植物碳同位素组成（$^{13}C/^{12}C$）主要与C_3或C_4循环等CO_2光合固定途径有关，其分馏信息通过食物链映射到植物和动物组织。由于水稻栽培的常规做法，四国大米（TH、MA、PA、PH）$\delta^{15}N$值均低于中国大米。其中MA（$3.7‰±1.1‰$）、PH（$3.5‰±0.5‰$）和CH（$5.8‰±1.6‰$）最为显著，说明MA和PH水稻施用化肥较多。尽管来自TH和PA的水稻$\delta^{15}N$值（分别为$5.1‰±1.4‰$和$4.9‰±0.8‰$）与CH差异不显著，但这并不意味着TH和PA的合成肥料施用量低，因为中国的样品既有常规的，也有有机的。水稻氮同位素是通过根系吸收土壤养分而产生的，主要是含氮无机离子，如NO^{3-}和NH^{4+}。离子通过生物合成转化为植物蛋白。此外，水稻的$\delta^{15}N$值极易受到肥料等农业措施的影响。Haber法压缩空气合成的肥料和生物固氮生产的肥料对$\delta^{15}N$值的贡献率接近0‰（空气中N值）。与少施化肥或有机肥的水稻相比，多施化肥的水稻的$\delta^{15}N$值接近0‰。其他有机食品（如水果）也有类似的结果。在本研究中，来自MA（$21.5‰±1.4‰$）和PH（$22.6‰±2.3‰$）的水稻的$\delta^{18}O$值比TH（$25.8‰±0.9‰$）、PA（$26.2‰±2.9‰$）和CH（$24.0‰±1.8‰$）的更低。水稻的氧同位素主要来源于雨水或灌溉水。当气候由暖变冷、海拔由低变高、地理特征因水流从海洋变为内陆时，分馏过程改变了同位素组成。

表1　进口不同国家精米的稳定同位素结果

变量	泰国 ($n=20$)	马来西亚 ($n=22$)	巴基斯坦 ($n=6$)	菲律宾 ($n=7$)	中国 ($n=134$)
$\delta^{13}C/‰$	$-27.3±0.6^c$	$-30.5±0.7^a$	$-28.0±0.8^b$	$-30.5±0.3^a$	$-27.3±0.7^c$
$\delta^{15}N/‰$	$5.1±1.4^b$	$3.7±1.1^a$	$4.9±0.8^b$	$3.5±0.5^a$	$5.8±1.6^b$
$\delta^{18}O/‰$	$25.8±0.9^c$	$21.5±1.4^a$	$26.2±2.9^c$	$22.6±2.3^a$	$24.0±1.8^b$
$^{207}Pb/^{206}Pb$	$1.00±0.05$	$1.05±0.11$	$0.98±0.03$	$1.05±0.19$	$0.96±0.35$
$^{208}Pb/^{207}Pb$	$0.97±0.04$	$0.97±0.11$	$1.01±0.03$	$0.79±0.59$	$0.90±0.75$

如表2所示，对于中国不同省份水稻的稳定同位素比值，除JS和HN水稻（$-26.7‰±0.9‰$、$-27.7‰±0.4‰$）外，长江沿岸地区（GZ和JS）水稻的$\delta^{13}C$平均值均比中国东北生产地区（HLJ和JL）低得多。同一品种的水稻，HLJ和JL（有机农作）的$\delta^{15}N$值比JS、ZJ和GZ（常规农作）的$\delta^{15}N$值高。长江中下游地区（JS、ZJ和HN）水稻的$\delta^{18}O$值比内陆地区（HLJ、JL和GZ）的$\delta^{18}O$值更高。

表 2　中国不同产地大米的稳定同位素结果

变量	黑龙江 ($n=51$)	吉林 ($n=4$)	江苏 ($n=13$)	浙江 ($n=10$)	湖南 ($n=45$)	贵州 ($n=11$)
$\delta^{13}C/‰$	-26.8 ± 0.4^c	-27.9 ± 0.5^{ab}	-26.7 ± 0.9^c	-28.2 ± 0.5^a	-27.7 ± 0.4^b	-28.0 ± 0.2^{ab}
$\delta^{15}N/‰$	6.1 ± 1.3^{bc}	6.4 ± 1.4^c	5.0 ± 0.9^b	2.7 ± 0.8^a	6.2 ± 1.5^c	6.0 ± 0.9^{bc}
$\delta^{18}O/‰$	22.7 ± 0.7^b	21.0 ± 0.4^a	26.0 ± 0.5^d	24.7 ± 1.5^c	25.5 ± 0.9^d	22.0 ± 1.0^b
$^{207}Pb/^{206}Pb$	0.91 ± 0.56	0.93 ± 0.11	0.98 ± 0.03	0.98 ± 0.02	0.99 ± 0.12	1.03 ± 0.03
$^{208}Pb/^{207}Pb$	0.71 ± 1.17	0.95 ± 0.02	1.01 ± 0.02	1.01 ± 0.02	1.03 ± 0.30	1.00 ± 0.02

$^{207}Pb/^{206}Pb$ 和 $^{208}PB/^{207}Pb$。铅同位素是一种重要的岩性和矿物指标,具有地质和土壤条件的多样性,可用于农产品的地理溯源。来自不同国家的铅同位素显示出巨大的差异 ($p<0.05$),没有任何可区分的规律可循。我国 JS、ZJ、HN、GZ 四省水稻的 $^{207}Pb/^{206}Pb$ 和 $^{208}pb/^{207}Pb$ 比值基本相似,HLJ、JL 两省水稻的 Pb 比值略低,这可能是 JS、ZJ、HN、GZ 四省所在的长江流域地理特征相似的结果。

1.2.2　不同品种和耕作方式水稻的稳定同位素结果

采集水稻样品,研究不同类型水稻的指标变化。根据日本学者加藤正郎的方法分类,所有的水稻样品被分为两类,包括籼稻和粳稻。对于不同国家的水稻样品(表 3),两个水稻品种的 $\delta^{15}N$ 值存在显著差异 ($p<0.05$),而 $\delta^{13}C$、$\delta^{18}O$、$^{207}Pb/^{206}Pb$ 和 $^{208}pb/^{207}Pb$ 在品种间没有显著差异。在中国籼稻和粳稻的稳定同位素中,粳稻的 $\delta^{13}C$ 和 $\delta^{18}O$ 值明显低于籼稻(表 4)。

表 3　进口不同国家不同品种精米和中国不同产区精米的稳定同位素结果(平均值±标准差)

名称	数量	$\delta^{13}C/‰$	$\delta^{15}N/‰$	$\delta^{18}O/‰$	$^{207}Pb/^{206}Pb$	$^{208}Pb/^{207}Pb$
粳稻	76	-27.0 ± 0.6	5.8 ± 1.4^b	23.0 ± 1.5	0.94 ± 0.46	0.81 ± 0.96
籼稻	113	-28.4 ± 1.5	5.1 ± 1.7^a	24.6 ± 2.1	1.00 ± 0.10	0.99 ± 0.24

表 4　不同产地不同品种精米的稳定同位素结果(平均值±标准差)

名称	数量	$\delta^{13}C/‰$	$\delta^{15}N/‰$	$\delta^{18}O/‰$	$^{207}Pb/^{206}Pb$	$^{208}Pb/^{207}Pb$
粳稻	76	-27.0 ± 0.6^b	5.8 ± 1.4	23.0 ± 1.5^a	0.94 ± 0.46	0.81 ± 0.96
籼稻	58	-27.7 ± 0.7^a	5.8 ± 1.6	25.4 ± 1.0^b	0.99 ± 0.10	1.03 ± 0.26

中国的水稻是按照传统和有机耕作方法采集的。通过比较不同耕作方式对稳定同位素的影响(表 5),我们发现传统耕作方式和有机耕作方式采集的水稻 $\delta^{13}C$、$\delta^{15}N$ 和 $\delta^{18}O$ 值差异很大,其中有机耕作方式的水稻 $\delta^{15}N$ 值比传统耕作方式高出很多,结果与文献报道一致。这是因为在有机肥料的储存和加工过程中,NH_3 挥发过程中分离出同位素,因此与合成肥料相比,$\delta^{15}N$ 通常在有机肥料中富集。

表5　中国不同产区不同种植方式精米的稳定同位素结果（平均值±标准差）

名称	数量	$\delta^{13}C$ （‰）	$\delta^{15}N$ （‰）	$\delta^{18}O$ （‰）	$^{207}Pb/^{206}Pb$	$^{208}Pb/^{207}Pb$
C	74	-27.7 ± 0.6^a	5.2 ± 1.3^a	24.9 ± 1.6^b	0.99 ± 0.09	1.02 ± 0.23
O	60	-26.8 ± 0.5^b	6.5 ± 1.2^b	22.9 ± 1.3^a	0.93 ± 0.52	0.75 ± 1.08

1.2.3　水稻稳定同位素的主成分分析

为了直观地了解同位素指标对我国不同国家和地区水稻生产的影响，对水稻碳、氮、氧、铅同位素进行了主成分分析。图1（A）显示出了基于前两个PC的散点图，用于对来自不同国家的样本进行分类。前两个PC（PC1和PC2）贡献了34.68%以及31.60%地球化学的变化。PC1和PC2的结合可以区分MA/PH和CH/TH/PA样品，但MA和PH以及CH、TH和PA样品是混合的，难以分离。由于我国样品数量多，来源于沿海和内陆地区，其海拔、经度和纬度跨度大，用PC2很难从其他国家鉴别其特征。

对于来自中国不同省份的样品，前两个PC1和PC2分别贡献了方差的35.24%和25.71%。PC1将水稻分为华南地区（JS、ZJ和HN）和东北地区（HLJ和JL）。从第二个PC的角度来看，ZJ样品通常是从东北和GZ省的样品中分离出来的［图1（B）］。

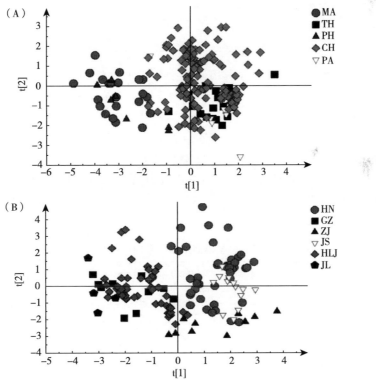

图1　大米样品的主成分分析分类结果

注：（A）进口不同国家精米前两个主成分（PC1和PC2）的散点图，TH—泰国、MA—马来西亚、PH—菲律宾、PA—巴基斯坦和CH—中国。由于样本量的原因，一些数据标签被相互覆盖；（B）中国不同产地精米前两个主成分（PC1和PC2）的散点图，HLJ—黑龙江、JL—吉林、JS—江苏、ZJ—浙江、HN—湖南、GZ—贵州；由于样本量的原因，一些数据标签被相互覆盖。

1.2.4 水稻稳定同位素的判别分析

为了解各稳定同位素指标在水稻溯源中的作用，采用判别分析方法对水稻中 $\delta^{13}C$、$\delta^{15}N$、$\delta^{18}O$、$^{207}Pb/^{206}Pb$、$^{208}Pb/^{207}Pb$ 进行了分析。从分析结果看，水稻主产区单同位素指标的判别率相对较低，最高仅为 58.18%，当同位素组合时，水稻主产区同位素组合的判别率明显提高。碳、氧、氮三种同位素的结合，使起源的判别率提高到78.43%。因此，选择水稻碳、氧、氮三个同位素指标作为不同国家水稻样品的判别模型。利用这三个指标建立的判别模型对来自不同国家的水稻样品进行了检验，结果如表6所示。

表6   不同国家进口大米的判别准确度

样本	预测组成员					判别准确率（%）
	巴基斯坦	菲律宾	马来西亚	泰国	中国	
巴基斯坦	4	0	0	2	0	66.67
菲律宾	0	7	0	0	0	100.00
马来西亚	0	2	17	0	3	77.27
泰国	2	0	0	18	0	90.00
中国	18	0	3	35	78	58.21

DA 结果表明，用不同省份水稻同位素指标中的任何一种元素，如 $\delta^{13}C$、$\delta^{15}N$、$\delta^{18}O$、$^{207}Pb/^{206}Pb$ 和 $^{208}Pb/^{207}Pb$，都不能达到令人满意的判别效果。除碳和氧外，其他同位素指标的正确判别率均小于45%。将不同同位素指标组合时，不同产地水稻同位素组合的正确判别率明显高于单一同位素组合。碳、氧、氮三种同位素组合和碳、氧、氮、铅四种元素组合的正确判别率均在80%以上。

根据0.01水平的显著性检验，四个指标中的三个用于判别模型中（$\delta^{13}C$、$\delta^{18}O$、$\delta^{15}N$），利用建立的判别模型对水稻样品进行了回溯检验。从表7可以看出，134个样本总体判别率为85%以上。

表7   中国不同产地精米的判别准确度

样本	预测组成员						判别准确率（%）
	贵州	黑龙江	湖南	吉林	江苏	浙江	
贵州	9	2	0	0	0	0	81.82
黑龙江	1	50	0	0	0	0	98.04
湖南	0	0	42	0	2	1	93.33
吉林	0	1	0	3	0	0	75.00
江苏	0	0	1	0	11	1	84.62
浙江	0	0	0	0	2	8	80.00

1.3　结论

综上所述，本研究表明，不同国家及我国不同省份水稻的$\delta^{13}C$、$\delta^{15}N$、$\delta^{18}O$和Pb值存在显著差异，这可能与气候、海拔、纬度、经度、耕作方式和水稻品种有关。在本研究中，根据主成分分析（PCA）结果，$\delta^{13}C$、$\delta^{15}N$和$\delta^{18}O$对水稻地理起源的判别力较强，而铅的判别力较弱。此外，$\delta^{13}C$、$\delta^{15}N$、$\delta^{18}O$组合对不同国家栽培水稻的正确识别率为78.43%，对我国不同省份的正确识别率均在85%以上，可作为水稻起源溯源的有效指标体系。然而，由于样本容量的限制，未来建立的判别模型的准确性、可靠性和实用性还需要进一步的验证。

典型案例二

为提高同位素溯源技术的准确性，探索一个新的研究视角，以黑龙江省富锦和五常两地的样品为样本，对稻花香品牌的水稻上（SS）、下（IS）籽粒进行了稳定同位素分析（$\delta^{13}C$、$\delta^{15}N$、δD、$\delta^{18}O$）。$\delta^{13}C$、$\delta^{15}N$和$\delta^{18}O$在SS和IS中的分布有所不同。$\delta^{18}O$和δD可以区分水稻种植区。但考虑SS和IS的差异，富锦和五常的$\delta^{13}C$和$\delta^{15}N$值存在重叠，不能用$\delta^{13}C$和$\delta^{15}N$来区分栽培区。这一探索性研究表明，不同穗位籽粒中稳定同位素的变化可能影响判别地理来源，但还需要进一步的系统考虑和验证。

2.1　实验材料与方法

2.1.1　样品信息

采集黑龙江省五常市和富锦市水稻穗，田间描述见表1。水稻栽培由当地农民按照当地的常规做法进行，穗在成熟时收集。

表1　水稻样品的田间资料

地区	经度（°）	纬度（°）	海拔（m）	抽样日期	月份	平均气温（℃）		
						最大	最小	平均值
五常	127.4	44.7	201.1	2014.9	5月	18.9	9.2	14.0
					6月	27.6	17.1	22.4
					7月	27.8	18.9	23.4
					8月	26.9	16.6	21.8
					9月	21.3	8.9	15.1
					生长季节	24.5	14.1	19.3
富锦	131.8	47.2	56.9	2014.9	5月	18.5	9.4	13.9
					6月	26.6	17.0	21.8
					7月	27.4	18.6	23.0
					8月	25.9	16.2	21.1
					9月	20.4	9.2	14.8
					生长季节	23.7	14.1	18.9

2.1.2 样品分析

谷物在80℃干燥至恒重，用手脱壳。为了进行碳（^{13}C）和氮（^{15}N）分析，将1.0mg米粉放入锡胶囊，使用同位素比值质谱系统进行分析。对于氧（^{18}O）和氢（D），将0.2mg米粉加入银胶囊中，进行同位素比值分析。

δ（‰）符号用于表示根据公认国际标准测量的每个样品的同位素组成。δ^{13}C（‰）以Pee Dee belinite（VPDB）标准为基础，δ^{15}N（‰）以大气标准为基础，δ^{18}O（‰）与δD（‰）以标准平均海水（SMOW）为基础。δ表示法的计算如下：δ（‰）=[($R_{样品}$－$R_{标准}$)/$R_{样品}$]×1 000，其中$R_{样品}$和$R_{标准}$分别为样品和标准物质的同位素比值。

2.1.3 统计分析

试验采用分块裂区设计，以粒为主要小区，田间为次小区。采用SAS软件包的混合模型检验各因素的统计显著性。

2.2 结果与讨论

2.2.1 SS和IS中δ^{13}C的变化

籽粒SS和IS中的δ^{13}C值存在差异（$p<0.000\,1$），且在－27.5‰至－26.3‰范围内（表2）。粒位与田间的交互作用存在差异（$p=0.015\,8$），而籽粒SS和IS的δ^{13}C值范围在两个栽培区之间存在重叠，富锦是－27.5‰至－26.8‰，五常是－27.4‰至－26.3‰。因此，当考虑到SS和IS之间的差异时，无法通过谷物δ^{13}C来完成种植面积的区分（图1）。SS和IS中δ^{13}C值的变化可能是可溶性碳水化合物积累和淀粉生物合成的不同所致。

表2 2014年富锦、五常稻谷上下穗粒干物质及稳定同位素组成

位置	地区	δ^{13}C (‰)	δ^{15}N (‰)	δD (‰)	δ^{18}O (‰)	GM (mg·kernel^{-1})	WC (%)
SS	富锦	－26.8	5.6	－81.4	22.2	20.1	6.9
	五常	－26.3	5.7	－96.1	20.9	23.1	6.6
IS	富锦	－27.5	5.5	－82.8	21.5	15.9	7.2
	五常	－27.4	5.2	－99.5	19.6	19.6	6.8
方差分析	p 值						
位置		<0.000 1	0.001 7	0.095 4	0.007 9	<0.000 1	0.007 2
地区		0.007 9	0.158 3	0.000 1	0.001 2	<0.000 1	0.000 9
位置×地区		0.015 8	0.006 5	0.416 3	0.213 7	0.244	0.895 2

碳水化合物是水稻籽粒中的主要成分，籽粒干质量（GM）在SS和IS中的含量不同（$p<0.000\,1$，表2）。五常市SS和IS的籽粒干质量分别是23.1%和19.6%，大于富锦市。两田间的籽粒干质量差异可能是由于生长季富锦比五常的温度低（表1），因为小穗的肥力、籽粒灌浆程度和粒重对温度相当敏感。

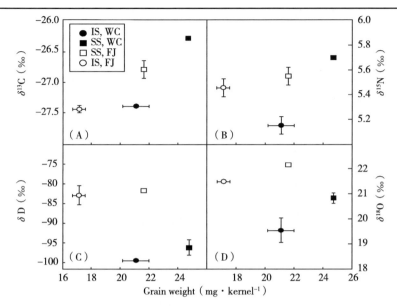

图1　2014年五常、富锦稻谷上、下穗粒重量及稳定同位素组成的二维分布

注：（A）为 $\delta^{13}C$、（B）为 $\delta^{15}N$、（C）为 δD、（D）为 $\delta^{18}O$。

同样，在考虑 SS 和 IS 时，富锦和五常的籽粒干质量也有重叠，富锦是 17.2～ 21.6mg·kernel^{-1}，五常是 21.0～24.7mg·kernel^{-1}。然而，SS 和 IS 之间的籽粒干质量差异以及调控干物质和 $\delta^{13}C$ 在小穗间分配的机制尚不清楚。SS 中 $\delta^{13}C$ 与粒重呈正相关 （$y=0.16x-30.33$，$R=0.98$），但 $\delta^{13}C$ 与 IS 中的粒重没有关系。

2.2.2　SS 和 IS 中 $\delta^{15}N$ 的变化

谷物 $\delta^{15}N$ 值在 5.2‰～5.7‰之间，富锦市与五常市 $\delta^{15}N$ 值重叠，富锦为 5.5‰～ 5.6‰，五常为 5.2‰～5.7‰（表2）。很难用 $\delta^{15}N$ 来区田地（图1）。五常地区 SS 和 IS 的 $\delta^{15}N$ 差异大于富锦地区 （$p=0.006\ 5$），分别为 9.6‰和 1.8‰。$\delta^{15}N$ 与 SS 的粒重呈正相关，与 IS 的粒重呈负相关 （图1（B）），表明 SS 与 IS 的营养分布差异。

2.2.3　SS 和 IS 的 δD 分布

发现了不同粒位 （$p=0.095\ 4$） 之间的谷粒 δD 的边际差异 （表2）。富锦市谷物 δD 值明显高于五常市，它们在不同的范围内，富锦从 -82.8‰至 -81.4‰，五常从 -99.5‰至 -96.1‰，可以用谷物 δD 值区分种植地区 （图1（C））。粒含水量（WC） 与 δD 的变化趋势相似，表明籽粒位置之间存在显著差异 （$p=0.007\ 2$）。富锦市 SS 和 IS 籽粒含水量分别为 4.5%和 5.9%，显著高于五常市。不同的海拔和温度可能引起籽粒 δD 差异。

2.2.4　$\delta^{18}O$ 在 SS 和 IS 中的分布

谷物 $\delta^{18}O$ 值在 SS 中大于 IS （$p=0.007\ 9$），与田间地区无关 （表2）。谷物 $\delta^{18}O$ 值在 19.6‰～22.2‰之间，田间地区差异显著 （$p=0.001\ 2$）。$\delta^{18}O$ 反映了水的状况，可用于水稻的地理来源鉴别。由于田间地区的谷物 $\delta^{18}O$ 差异显著，因此可以清楚地区分富锦和五常市 （图1（D）、图3）。

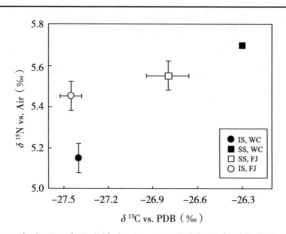

图2　2014年中国五常和富锦水稻上、下穗碳氮稳定同位素的二维分布

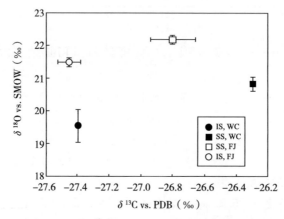

图3　2014年五常、富锦稻谷上、下穗碳氧稳定同位素的二维分布

2.3　结论

初步研究表明，除氢同位素外，上、下小穗籽粒稳定同位素的变化是不同的。最重要的是，用氢和氧同位素可以来区分种植区，结果部分支持我们的假设。然而，在接下来的研究中，还需要进一步的工作，例如调节同位素在不同颗粒间分馏及其与不同领域相互作用的机制，这可能最终有助于提高同位素鉴别技术的准确性。

参 考 文 献

［1］ Wang J S，Chen T J，Zhang W X，et al. Tracing the geographical origin of rice by stable isotopic analyses combined with chemometrics ［J］. Food Chemistry，2020，313：6.

［2］ Srinuttrakul W，Permnamtip V，Busamongkol A. Stable isotopic fingerprint of Sangyod rice ［J］. Journal of Radioanalytical and Nuclear Chemistry，2019，322（3）：1777－1782.

［3］ Liu Z，Zhang W X，Zhang Y Z，et al. Assuring food safety and traceability of polished rice from different production regions in China and Southeast Asia using chemometric models [J]. Food Control, 2019, 99: 1-10.

[4] 邵圣枝，陈元林，张永志，等. 稻米中同位素与多元素特征及其产地溯源 PCA-LDA 判别 [J]. 核农学报，2015，29（1）：119-127.

[5] Wu Y L, Luo D H, Dong H, et al. Geographical origin of cereal grains based on element analyser-stable isotope ratio mass spectrometry (EA-SIRMS) [J]. Food Chemistry, 2015, 174: 553-557.

[6] Chen T J, Zhao Y, Zhang W X, et al. Variation of the light stable isotopes in the superior and inferior grains of rice (Oryza sativa L.) with different geographical origins [J]. Food Chemistry, 2016, 209: 95-98.

[7] 张协光，樊垚，熊岑，等. 元素分析-同位素比率质谱法测定大米中碳同位素比值 [J]. 食品工业，2017，38（3）：269-272.

[8] Kukusamude C, Kongsri S. Elemental and isotopic profiling of Thai jasmine rice (Khao Dawk Mali 105) for discrimination of geographical origins in Thung Kula Rong Hai area, Thailand [J]. Food Control, 2018, 91: 357-364.

[9] 公维民，马丽娜，王飞，等. 我国大米碳氮稳定同位素比率特征及溯源应用 [J]. 农产品质量与安全，2019（4）：9-12，40.

[10] Salim N A A, Mostapa R, Othman Z, et al. Geographical identification of Oryza sativa "MR 220CL" from Peninsular Malaysia using elemental and isotopic profiling [J]. Food Control, 2020, 110: 7.

[11] Qian L L, Zhang C D, Zuo F, et al. Effects of fertilizers and pesticides on the mineral elements used for the geographical origin traceability of rice [J]. Journal of Food Composition and Analysis, 2019, 83: 7.

[12] Segura F R, Franco D F, da Silva J J C, et al. Variations in total as and as species in rice indicate the need for crop-tracking [J]. Journal of Food Composition and Analysis, 2020, 86: 6.

[13] Qian L L, Zuo F, Zhang C D, et al. Geographical origin traceability of rice: A study on the effect of processing precision on index elements [J]. Food Science and Technology Research, 2019, 25 (5): 619-624.

[14] 王朝辉，张亚婷，闵伟红，等. 水稻品种对大米产地溯源判别正确性的影响 [J]. 吉林农业大学学报，2017，39（1）：113-119.

[15] 张玥，王朝辉，张亚婷，等. 基于主成分分析和判别分析的大米产地溯源 [J]. 中国粮油学报，2016，31（4）：1-5.

[16] 石春红，曹美萍，胡桂霞. 基于矿物元素指纹图谱技术的松江大米产地溯源 [J]. 食品科学，2019：1-12.

[17] Lange C N, Monteiro L R, Freire B M, et al. Mineral profile exploratory analysis for rice grains traceability [J]. Food Chemistry, 2019, 300: 10.

[18] Shahriar S, Rahman M M, Naidu R. Geographical variation of cadmium in commercial rice brands in Bangladesh: Human health risk assessment [J]. Science of the Total Environment, 2020, 716: 8.

[19] Li F, Wang J H, Xu L, et al. Rapid screening of cadmium in rice and identification of geographical origins by spectral method [J]. International Journal of Environmental Research and Public Health, 2018, 15 (2): 12.

[20] Srivastava S, Mishra G, Mishra H N. Identification and differentiation of insect infested rice grains varieties with FTNIR spectroscopy and hierarchical cluster analysis [J]. Food Chemistry, 2018, 268: 402-410.

［21］Xiao R，Liu L，Zhang D J，et al. Discrimination of organic and conventional rice by chemometric analysis of NIR spectra：A pilot study［J］. Journal of Food Measurement and Characterization，2019，13（1）：238 - 249.

［22］李勇，严煌倩，龙玲，等. 化学计量学模式识别方法结合近红外光谱用于大米产地溯源分析［J］. 江苏农业科学，2017，45（21）：193 - 195.

［23］钱丽丽，冷候喜，宋雪健，等. 基于 PLS-DA 判别法对黑龙江大米产地溯源的研究［J］. 食品工业，2017，38（1）：171 - 174.

［24］钱丽丽，冷候喜，张爱武，等. 基于 Fisher 判别法对黑龙江大米产地溯源［J］. 食品与发酵工业，2017，43（5）：203 - 207.

［25］钱丽丽，宋雪健，张东杰，等. 基于近红外光谱技术的黑龙江地理标志大米产地溯源研究［J］. 中国粮油学报，2017，32（10）：185 - 190，196.

［26］宋雪健，钱丽丽，于金池，等. 基于近红外光谱技术对建三江大米快速检测分析研究［J］. 食品研究与开发，2017，38（14）：138 - 143.

［27］宋雪健，钱丽丽，张东杰，等. 基于漫反射傅里叶变换近红外光谱技术对不同年份的大米产地溯源检测［J］. 食品科学，2017，38（18）：286 - 291.

［28］宋雪健，钱丽丽，周义，等. 近红外漫反射光谱技术对水稻产地溯源的研究［J］. 农产品加工，2017（9）：13 - 15，2.

［29］钱丽丽，宋雪健，张东杰，等. 基于近红外光谱技术对多年际建三江、五常大米产地溯源［J］. 食品科学，2018，39（16）：321 - 327.

［30］钱丽丽，宋雪健，张东杰，等. 基于傅里叶变换近红外光谱法鉴别五常大米［J］. 食品科学，2018，39（8）：231 - 236.

［31］高彤，吴静珠，林珑，等. 基于 NIR 和 PLS-DA 法的东北大米产地快速溯源方法［J］. 中国粮油学报，2019，34（7）：114 - 117，124.

［32］Xie H，Chen Z G，Zhang Q H. Rapid discrimination of japonica rice seeds based on near infrared spectroscopy［J］. Spectroscopy and Spectral Analysis，2019，39（10）：3267 - 3272.

［33］Hao Y，Geng P，Wu W H，et al. Identification of rice varieties and transgenic characteristics based on near-infrared diffuse reflectance spectroscopy and chemometrics［J］. Molecules，2019，24（24）：11.

［34］Han H J，Lee S H，Moon J Y，et al. Discrimination of the cultivar，growing region，and geographical origin of rice（Oryza sativa）using a mass spectrometer-based electronic nose［J］. Food Science and Biotechnology，2016，25（3）：695 - 700.

［35］Du M J，Fang Y，Shen F，et al. Multiangle discrimination of geographical origin of rice based on analysis of mineral elements and characteristic volatile components［J］. International Journal of Food Science and Technology，2018，53（9）：2088 - 2096.

［36］邱彦超，赵玉川，陈欢，等. 基于大米挥发性成分的产地溯源研究［J］. 农产品加工，2018（2）：40 - 43.

［37］钱丽丽，章采东，李殿威，等. 基于挥发成分的大米蒸煮前后产地溯源研究［J］. 黑龙江八一农垦大学学报，2019，31（2）：40 - 45.

［38］钱丽丽，张爱武，吕海峰，等. 大米理化指标指纹在产地溯源的探究［J］. 中国粮油学报，2016，31（1）：1 - 4.

［39］吕海峰，钱丽丽，张东杰. 大米外观和理化指标在产地溯源的探究［J］. 农产品加工，2015（9）：43 - 45，48.

［40］Jakkhupan W，Arch-int S，Li Y F. An RFID-based traceability system a case study of rice supply chain ［J］. Telecommunication Systems，2015，58（3）：243 - 258.

［41］Purwandoko P B，Seminar K B，Sutrisno，et al.，Framework for design of traceability system on organic rice certification ［C］//Nelwan，Ahmad，Widodo，et al.，Editors. 2nd International Conference on Agricultural Engineering for Sustainable Agricultural Production，Iop Publishing Ltd：Bristol，2018.

［42］王醒宇，杨捷琳，宋青，等. 采用 GS1 系统建立非转基因大米制品溯源 ［J］. 食品科学，2015，36（21）：33 - 36.

［43］陈益能，方遽，朱幸辉，等. 基于有机 RFID 的溯源精确度提高方法的研究 ［J］. 江苏农业科学，2016，44（6）：426 - 429.

［44］王玮，陈弘健，周长升，等. 基于 EAN·UCC 编码的大米溯源解决方案 ［J］. 信息安全与技术，2016，7（1）：92 - 94.

［45］陶启，崔晓晖，赵思明，等. 基于区块链技术的食品质量安全管理系统及在大米溯源中的应用研究 ［J］. 中国粮油学报，2018，33（12）：102 - 110.

［46］本刊编辑. 京东依托物联网溯源技术打造五常可溯化健康. 黑龙江粮食，2019（3）：8.

［47］本刊编辑. 全程可视化可溯源，"从田间到餐桌"的五常大米是这样炼成的 ［J］. 福建稻麦科技，2019，37（1）：20.

［48］Fang K，Chen Y N，Zhu X H，et al. Research for improving rice traceability precision based on organic RFID ［J］. Journal of Investigative Medicine，2015，63（8）：S22 - S23.

第九章　蜂蜜溯源特征标记物研究进展

9.1　引言

　　蜂蜜是由蜜蜂将采集到的植物花蜜、蜜露或其他植物分泌物与蜜蜂自身分泌物结合并充分酿造而制成的甜味物质。蜂蜜植物来源和地理来源的多样性使其营养成分不尽相同，产品质量和蜂蜜价值存在差异。目前，蜂蜜因其具有特殊香味和丰富营养价值而深受广大消费者喜爱，其产品需求量在全球市场中逐步增大，然而受经济利益的驱使，市场上频繁出现蜂蜜掺假和以次充好的现象，导致蜂蜜品种和产地标识混淆，市场价格混乱，严重损害了消费者的利益和蜂蜜市场的健康发展。因此，鉴定和验证蜂蜜溯源（包括植物溯源和地理溯源）对蜂蜜的质量安全和品质保障至关重要，更有利于蜂蜜市场的完善和发展。

　　近年来，大量报道指出，蜂蜜中的特定化学标记物能够反映相应蜜源的溯源信息，通过发掘与蜂蜜植物源和地理源密切相关的化学成分作为溯源标记物，可为蜂蜜溯源识别提供可靠的依据。然而，蜂蜜是一种成分极其复杂的天然物质，其化学成分和属性除主要受植物源和地理源因素影响外，季节、蜂种、贮藏方式、采集技术等条件同样影响蜂蜜的化学组成，因此进一步加大了蜂蜜溯源识别的难度，单个植物化学物质很难准确实现蜂蜜的溯源鉴别，需要利用多种植物化学成分综合识别。

　　不同品种和产地来源的蜂蜜，其营养成分和市场价值各异。因此，建立有效的蜂蜜溯源鉴别技术对更好地保障蜂蜜的营养品质具有十分重要的意义。本章以国内外研究文献为基础，综述了蜂蜜溯源鉴别的常见方法，包括花粉鉴别和化学物质鉴定，并系统归纳了蜂蜜溯源特征标记物，包括挥发性化合物、酚类物质、糖类、含氮化合物及其他微量元素，为今后进一步实现蜂蜜的准确溯源鉴别提供理论依据。

9.2　溯源标记物在蜂蜜产地溯源与真实性研究中的进展

9.2.1　花粉

　　蜂蜜孢粉学是一种通过分析蜂蜜中的花粉形态和数量来实现蜂蜜溯源鉴别判定的方法。蜂蜜中的花粉成分能够反映蜂蜜的植物来源和地理来源，对区分蜂蜜的品种具有重要意义。利用蜂蜜中的花粉形态鉴别蜂蜜品种是一种较为常用的方法，因为此方法不需要大型仪器设备，小型企业和蜂农个人都可以使用。但利用孢粉学去鉴别蜂蜜溯源也存在不足，例如鉴别过程费时，计数过程费力，花粉形态鉴别存在一定困难，结果分析不够准确，且要求检测人员掌握丰富的花粉形态学知识并具备专业技能。一些文献报道指出，蜂蜜孢粉学具有不确定性，并不适用于快速常规分析[1]；例如 Moar[2] 的研究显示蜂蜜中可能含有与其蜜源不相关的花粉；再者，通过蜜蜂行为或者蜂农在养蜂实践中造成的污染也可能会改变蜂蜜中的花粉含量；一些来源于棉花、蓖麻油和橡皮树等植物源的蜂蜜因其花粉含量较少而不能通过蜂蜜孢子学鉴别判定。除此之外，Alissandrakis[3]等的报道也证明依据花粉分析不能鉴别出希腊柑橘蜂蜜，Jonathanm[4]等得出因麦卢卡蜂蜜和新西兰的卡奴卡蜂蜜具有相似的花粉粒形态而无法通过花粉分析区分。综上所述，虽花粉分析作为最早使用鉴别蜂蜜植物源的手段，但由于蜂蜜孢粉学存在的局限性，并不能仅依据花粉形态鉴别而达到准确快速鉴别蜂蜜植物源的目的，但可以作为鉴别蜂蜜植物源的辅助参考。

9.2.2　挥发性化合物

蜂蜜中的香气物质是区分蜂蜜植物源的特征指标之一，因此，通过发现与蜂蜜品种密切相关的特定挥发性化合物有利于鉴别蜂蜜植物源。一般情况下，因蜂蜜的香气来自花蜜或蜜露中的挥发性化合物，故香气成分受蜂蜜植物源和成熟状态的影响。此外，在蜂蜜的热处理和贮藏过程中也可能会形成风味物质[5]。目前，对于蜂蜜香气成分的研究主要集中在总挥发性物质方面，据报道，从不同植物源的蜂蜜样品中能够提取/顶空分离出超过600种可确定的有机挥发物[6]。蜂蜜中的挥发性化合物可分为7类：醛、酮、酸、醇、酯、碳氢化合物和环状化合物，存在于蜂蜜中的重要挥发性化合物主要包括威士忌内酯、甲基-P-茴香醛、肉桂酸、柠檬烯二醇、异戊酸、丁香酚、邻氨基苯甲酸甲酯、异佛尔酮、α-蒎烯环氧化物、茴香醚、水杨酸甲酯和紫丁香醛。

大量研究表明，同一鲜花、花蜜及蜂蜜中具有相同的挥发性化合物和/或其代谢物[7]，故找出其共有的挥发性化合物可作为蜂蜜的花源标记物。据报道，某些蜂蜜类型可通过一种特征化合物鉴定，如邻氨基苯甲酸甲酯和异佛尔酮可分别作为柑橘蜂蜜[8]及杨梅蜂蜜和杜鹃花科蜂蜜[9]的化学标记物。除此之外，某些挥发性化合物存在于多种蜂蜜品种中：苯乙醛对栗蜜、桉树蜜、薰衣草蜜的香气具有贡献作用；在薰衣草蜜和金合欢蜜中均含有庚醛；壬醛存在于杜鹃花蜜、荆条蜜、桉树蜜和蜜露中[10]，因此绝大多数的蜂蜜品种需多种特征化合物才可实现鉴别。

蜂蜜中的特征挥发性成分除可作为植物源标记物外，还可用于蜂蜜的地理源鉴定。Radovic[11]等对挥发性成分的判别可将蜂蜜按地理源分类。研究结果表明1-戊烯-3-醇可作为英国蜂蜜的特征挥发性成分；丹麦蜂蜜中无3-甲基丁醛物质；2，2，6-三甲基环己酮、乙酸乙酯-2-羟基丙酸、3-己烯-甲酸和一些未确定的具有特征碎片离子的化合物为葡萄牙蜂蜜的主要挥发性标记物；存在1-辛烯-3-醇或2，6，6-三甲基-2，4-环庚二烯-1-甲基，且无戊醛和氧化芳樟醇化合物可判定为西班牙蜂蜜。

由此可见，通过不同的香气成分可鉴定不同植物来源或地理来源的蜂蜜品种。但考虑到其他条件的影响，例如不同的气候条件、成熟度、加工处理过程、分离条件、其他植物干扰等因素也可能影响蜂蜜的挥发性化合物组成，因此针对特征挥发性化合物的测定信息还需进一步完善和补充。有关不同品种蜂蜜中的特征挥发性成分见表9-1。

表 9 - 1　不同品种蜂蜜中的特征挥发性成分

蜂蜜品种	特征标记物	参考文献
柑橘蜂蜜 棷树蜂蜜	3，9-环氧-1-磷-薄荷二烯 香橙醛同分异构体 邻氨基苯甲酸甲酯 $t - 8 - p$-薄荷-1，2-二醇、顺式玫瑰醚	[12 - 15]
薰衣草蜂蜜	己醛、庚醛	
希瑟蜂蜜	非类异戊二烯、去氢催吐萝芙木醇 高浓度的莽草酸衍生物（苯乙酸、苯甲酸、甲氧基苯甲醛）	[16，17]
桉树蜂蜜	2-甲基丁酸 二酮、烷烃和硫化合物	[18，19]
栗子蜂蜜	高浓度的苯乙酮和3-氨基苯乙酮	[20]
奥勒冈草蜂蜜 瑞香毛赤杨蜂蜜 虎尾草蜂蜜	1，3-二苯-2-丙酮、3-甲基丁基苯、3，4，5-三甲氧基苯甲醛、 3，4-二甲氧基苯甲醛、香草醛和百里酚 苯丙醇、苯甲醇、壬醇、己醇、4-对羟基苯甲醚	[21]
麦卢卡蜂蜜	3，5-二羟基甲苯和十三烷 对羟基丙酮和丙酮醛 2-甲氧酸	[22] [23] [24，25]
树莓蜂蜜	丁香酸甲酯和微依地酸钙哌嗪	[26]
柳树蜂蜜	2-乙烯-2-丁烯醛、3-甲基己烷、3-烟醇、3-甲基壬烷、 β-月桂烯、环戊醇、降莰烷、十一醛 $(E, Z) - (E, E)$ 脱落酸 苯乙醛、苯甲醛、苯甲醇、水杨酸甲酯	[27，28]

9.2.3　酚类化合物

蜂蜜中的酚类化合物主要来源于植物，并可从植物转移到花蜜中[29]，蜂蜜的植物源与黄酮类物质有一定的相关性[30]。已报道蜂蜜中包含的主要酚酸类物质包括阿魏酸、尿黑酸、丁香酸、高良姜素、槲皮素、杨梅酮、山奈酚、犬尿酸、迷失香酸和脱落酸等。研究发现，蜂蜜中存在的单个特征酚类化合物或者多个酚类化合物都可以作为鉴别蜂蜜植物源的标记化合物：例如柑橘蜂蜜中含有大量的黄烷酮[31]；8-甲氧基山奈酚是迷失香蜜中主要的酚类化合物[32]；柚皮素和木樨草素可作为薰衣草蜜的特征标记物[32]；槲皮素是向日葵蜜的特征标记物[33]；尿黑酸可作为草莓树蜂蜜的特征标记物[34]；芦丁为油菜蜜的标记物之一，石楠花蜜和棷树蜜中都含有橙皮素[35]。由此可见，蜂蜜中的许多酚类物质主要来源于植物，这为不同品种蜂蜜的植物源鉴别提供了一定的依据。但采集季节、环境和加工处理等因素也会影响蜂蜜的酚类化学成分[36]，故仅通过测定酚类物质来判断蜂蜜的植物来源并不能实现准确鉴别。有关不同品种蜂蜜中的特征酚类化合物研究的总结见表 9 - 2。

表 9 - 2　不同品种蜂蜜中的特征酚类化合物

蜂蜜品种	主要化合物	参考文献
草莓蜂蜜	尿黑酸	[37]
	葡萄糖酸	
	2，5-二羟基苯乙酸、α-异佛尔酮	
	（±）-2-*cis*，4-*trans*、（±）-2-*trans*，4-*trans* 脱落酸	
	丁香酸甲酯	
	山柰酚、8-甲氧基山柰酚	
	山柰酚鼠李糖苷	[38]
水仙蜂蜜	阿魏酸、刺槐素	[34，39]
迷失香蜂蜜	肉桂酸衍生物	[40]
刺槐蜂蜜	*cis*，*trans*-和 *trans*，*trans*-脱落酸、鞣花酸	[33]
	杨梅酮、五羟黄酮、木樨草素、槲皮素、山柰酚	[41]
	苯甲酸衍生物	[42]
桉树蜂蜜	槲皮素	[43]
	没食子酸	[33]
鼠尾草蜂蜜	脱落酸	[43，44]
栗子蜂蜜	咖啡酸、P-香豆酸、阿魏酸	[30，33]
	4-羟基苯甲酸钠、阿魏酸、苯乙酸	[45]
薄子木蜂蜜	槲皮素、木樨草素、3-甲醚槲皮素	[38]
麦卢卡蜂蜜	没食子酸、脱落酸	[43]
卡奴卡蜂蜜	甲氧基苯乳酸	[36]
油菜蜂蜜	*cis*，*trans*-和 *trans*，*trans*-脱落酸、槲皮素、山柰酚、8-甲氧基山柰酚	[36]
柑橘蜂蜜	槲皮素、橙皮素和白杨素	[4，33]
向日葵蜂蜜	邻氨基苯甲酸甲酯	[46]
	咖啡酸、对香豆酸、阿魏酸、橙皮素	[32]
石楠属蜂蜜	槲皮素、3，3-二甲醚槲皮素、杨梅酮、木樨草素	[47]
	P-香豆酸、阿魏酸、咖啡酸	[43，48，49]
	cis，*trans*-和 *trans*，*trans*-脱落酸	[50]
	鞣花酸	[43]
	DL-B-苯乳酸、苯甲酸	[32，50]
百里香蜂蜜	杨梅酮、3-甲醚杨梅酮、3'-甲醚杨梅酮、五羟黄酮	[43，49，50]
菩提蜂蜜	*p*-羟基苯甲酸、丁香酸、*o*-香豆酸	[32，50]
薰衣草蜂蜜	扁桃酸	[43]
	迷迭香酸	
	间羟基苯甲酸	
	柚皮素	
	木樨草素没食子酸和咖啡酸	

9.2.4　碳水化合物

糖是蜂蜜的主要成分，蜂蜜中存在的单糖为果糖和葡萄糖。可通过定量蜂蜜中单糖和寡糖的含量比值来判断蜂蜜的品种类型，其中果糖和葡萄糖的浓度比可作为鉴别蜂蜜植物源的可靠指标[51]，其他碳水化合物比值（果糖/葡萄糖、麦芽糖/异麦芽糖、蔗糖/松二糖、麦芽糖/松二糖、麦芽三糖/（棉籽糖＋松三糖＋吡喃葡糖基蔗糖））也可作为蜂蜜真假鉴别和植物源鉴别指标[52]；例如，在椴树蜜、甘露蜜和阿拉伯树胶蜂蜜中，利用极高的麦芽糖/异麦芽糖的比值（11：1～25：9）可鉴别出阿拉伯树胶蜂蜜[53]；通过低比值的果糖/葡萄糖（小于1）可将油菜蜂蜜、蒲公英蜂蜜和柳树蜂蜜从其他种类蜂蜜中区分出来[54]。除此之外，也可通过定性蜂蜜中糖类成分组成来进行蜂蜜溯源：例如，低浓度的鳄梨糖醇可作为鳄梨蜂蜜的化学标记物[55]；Ruiz-Matute[56]等的研究显示，车前糖和α-3-葡糖异麦芽糖仅存在于西班牙和新西兰蜂蜜中；Nozal[52]等运用判别分析方法，发现希瑟蜂蜜中含有高含量的吡喃葡糖基蔗糖和黑曲霉糖，黑森林蜂蜜中含有高含量的海藻糖和松三糖，薰衣草蜜中含有异麦芽糖，法国薰衣草蜜和百里香蜜中含有潘糖。此外，多类物质结合也可实现蜂蜜溯源鉴别，麦芽糖、蔗糖结合邻苯二甲酸或2-甲基庚酸等挥发性化合物的含量可作为鉴别蜂蜜植物源和地理源的信息指标[57]，Truchado[58]等提出黄酮苷类和硫代葡萄糖苷可作为阿根廷二行芥属蜂蜜的植物源标记物。

值得注意的是，当优势植物蜜源所占比例较大时，糖类成分和比例可作为蜂蜜品种分类和真实认证的可靠指标；但当优势植物蜜源所占比例下降时，对糖类测量结果的解释变得更加困难，几乎不能够作为这类蜂蜜的鉴别依据。

9.2.5　氨基酸和蛋白质

氨基酸可作为鉴别蜂蜜品种的潜在特征标记物：薰衣草蜂蜜中含有较高浓度的酪氨酸[59]；在百里香蜂蜜、杜鹃蜂蜜、甘蓝蜂蜜和洋槐蜂蜜4种蜂蜜中，百里香蜂蜜中具有高含量的脯氨酸[52]；通过谷氨酸和色氨酸的含量可区分同一地区的蜜露和蜂蜜[60]；Boffo[61]等发现野花蜜中苯基丙氨酸和酪氨酸含量较高，柑橘蜜中含有较高浓度的乳酸；另外，Rebane[62]等研究发现α-丙氨酸、β-丙氨酸、天冬氨酸、γ-氨基丁酸、谷氨酸、甘氨酸、组氨酸、鸟氨酸、苯丙氨酸、脯氨酸、丝氨酸和色氨酸可作为爱沙尼亚蜂蜜的花源标志物，鸟氨酸可用来鉴别薄荷蜜，谷氨酸可用来鉴别油菜蜜，脯氨酸、精氨酸和苯丙氨酸可以用来鉴别石楠属花蜜；Senyuva[57]等的研究结果显示苯丙氨酸和酪氨酸含量有助于区分土耳其蜂蜜品种，缬氨酸、亮氨酸、异亮氨酸及其他重要的氨基酸可作为蜂蜜植物源和地理源的特征标记物。

一般情况下，测定5～7种氨基酸结合化学计量学能够实现蜂蜜地理源和植物源的鉴定。此外，也可将1～2种氨基酸结合植物化学物质（包括挥发性化合物或低聚糖）共同作为鉴别指标，以此提高鉴别准确率。但是，由于蜂蜜中氨基酸含量较少，使得利用氨基酸来鉴别蜂蜜品种较为困难。

蛋白质的测定也可追踪蜂蜜植物源。Baroni[63]等应用免疫印迹法来分析蜂蜜中的蛋白质，结果表明其能够区分向日葵蜂蜜和桉树蜂蜜。Wang[64]等通过建立蜂蜜蛋白的指纹图谱和条形码实现蜂蜜植物源和地理源的鉴别。此方法虽具有一定的应用前景，但费用昂贵且需要收集大量的不同类型的蜂蜜，存在一定的难度。

9.2.6　其他有机化合物和微量元素

蜂蜜中其他类型化学物质也可描述蜂蜜溯源：例如，Beretta[65]等的研究结果表明甘露蜂蜜中存在脂肪族化合物，栗子蜂蜜中含有犬尿喹啉酸及其相关代谢产物，自由和/或共轭环己烷-1，3-二烯-1-羧酸存在于柳树蜂蜜中；4-羟基喹啉酸、4-喹诺酮-2-羧酸[40]、犬尿酸、3-氨基苯乙酮和1-苯乙醇[66]均可作为栗树蜂蜜的特征标记物；Donarski[39]等的研究也证明犬尿酸也可作为甜栗蜂蜜的标记物；2-甲氧基苯甲酸、甲基乙二醛、丁香酸甲酯、二羟基丙酮和微量依地酸钙哌嗪[67]可作为鉴别麦卢卡蜂蜜的特征标记物，丁香酸甲酯也可用来描述卡奴卡蜂蜜[4]。

　　蜂蜜中的微量元素也可用于品种鉴别：例如，西班牙桉树蜂蜜、希瑟蜂蜜、橙蜜和迷迭香蜂蜜中 Zn、Mn、Mg、Na 4 种元素与植物种类密切相关[68]；甘露蜜中具有丰富的 K、Al、Ni、Cd、Zn，而油菜蜂蜜中的 Na、Ba、Pb 可作为其特征标记物[69]；吴招斌[70]等研究发现 $\delta^{13}Ch$、δD、$\delta^{18}O$、K、Ca、Cu、Sr 和 Ba 是鉴别蜂蜜品种的特征元素；魏月[71]等的研究结果表明通过对 Mg、K、Ca、Cr、Mn、Sr、Pb 7 种元素的测定，可实现云南苕子蜜、石榴蜜、橡胶蜜和咖啡蜜的鉴别。蜂蜜中有些矿物质因来源于植物源而可作为化学标记物，但蜂蜜中的 Pb 和 Cd 等矿物质可能来源于环境污染，故将此类矿物质作为化学标记物存在偏差，使得利用微量元素鉴定蜂蜜品种仍具有一定的风险。

9.3　结论

　　通过对蜂蜜化学成分的分析可获得关于蜂蜜产品（尤其是当蜂蜜产品来源于同一植物源）及其植物源相关的重要信息。蜂蜜中一些挥发性化合物、酚酸、糖类及一些其他成分都与蜂蜜的植物源相关，每种植物的花蜜类型仍然是决定蜂蜜成分的重要因素之一。此外一些外在或内在因素同样会引起蜂蜜成分的变化，故仅利用花卉植物的化学成分植物化学物质来鉴别蜂蜜的植物源和地理源存在一定的偏差。因此利用多种化合物（挥发性物质、酚类化合物、氨基酸、碳水化合物）结合一些辅助参数（电导率、色泽、酶活性）能够更加准确的鉴别蜂蜜品种。除此之外，应用多元统计方法也是对蜂蜜身份验证和质量控制的一个重要补充工具。

参　考　文　献

[1] Alissandrakis E，Tarantilis P A，Harizanis P C，et al. Evaluation of four isolation techniques for honey aroma compounds [J]. Journal of the Science of Food and Agriculture，2005，85 (1)：91-97.

[2] Moar N T. Pollen analysis of New Zealand honey [J]. New Zealand Journal of Agricultural Research，1985，28：39-70.

[3] Alissandrakis E，Tarantilis P A，Harizanis P C，et al. Aroma investigation of unifloral Greek citrus honey using solid-phase microextraction coupled to gas chromatographic-mass spectrometric analysis [J]. Food Chemistry，2007，100 (1)：396-404.

[4] Stephens J M，Schlothauer R C，Morris B D，et al. Phenolic compounds and methylglyoxal in some New Zealand manuka and kanuka honeys [J]. Food Chemistry，2010，120 (1)：78-86.

[5] Soria A C，Martinez-Castro I，Sanz J. Analysis of volatile composition of honey by solid phase micro-

extraction and gas chromatography-mass spectrometry [J]. Journal of Separation Science, 2003, 26 (9-10): 793-801.

[6] Jerkovic I, Marijanovic Z. A short review of headspace extraction and ultrasonic solvent extraction for honey volatiles fingerprinting [J]. Croatian Journal of Food Science and Technology, 2009, 1 (2): 28-34.

[7] Moreira R F A, De Maria C A B. Investigation of the aroma compounds from headspace and aqueous solution from the cambara (Gochnatia Velutina) honey [J]. Flavour and Fragrance Journal, 2005, 20 (1): 13-17.

[8] Alissandrakis E, Tarantilis P A, Harizanis P C, et al. Comparison of the volatile composition in thyme honeys from several origins in Greece [J]. Journal of Agricultural and Food Chemistry, 2007, 55 (20): 8152-8157.

[9] de la Fuente E, Sanz M L, Martinez-Castro I, et al. Volatile and carbohydrate composition of rare unifloral honeys from Spain [J]. Food Chemistry, 2007, 105 (1): 84-93.

[10] Burdock G A. 1. 3. 2 和 3. Fenaroli's handbook of flavor ingredients, ed. G A Burdock [R]. 2002. xxix+1834 pp. - xxix+1834 pp.

[11] Radovic B S, Careri M, Mangia A, et al. Contribution of dynamic headspace GC-MS analysis of aroma compounds to authenticity testing of honey [J]. Food Chemistry, 2001, 72 (4): 511-520.

[12] Castro-Vazquez L, Diaz-Maroto M C, Perez-Coello M S. Aroma composition and new chemical markers of Spanish citrus honeys [J]. Food Chemistry, 2007, 103 (2): 601-606.

[13] Castro-Vazquez L, Diaz-Maroto M C, Gonzalez-Vinas M A, et al. Differentiation of monofloral citrus, rosemary, eucalyptus, lavender, thyme and heather honeys based on volatile composition and sensory descriptive analysis [J]. Food Chemistry, 2009, 112 (4): 1022-1030.

[14] Blank L, Fischer K H, Grosch W. Intensive neutral odourants of linden honey. Differences from honeys of other botanical origin [J]. Zeitschrift fur Lebensmittel-Untersuchung und-Forschung, 1989, 189: 426-433.

[15] Bouseta A, Collin S, Dufour J P. Characteristic aroma profiles of unifloral honeys obtained with a dynamic headspace GC-MS system [J]. Journal of Apicultural Research, 1992, 31 (2): 96-109.

[16] Kang J Y, Roh T H, Hwang S M, et al. The precursors and flavor constituents of the cooked oyster flavor [J]. Korean Journal of Fisheries and Aquatic Sciences, 2010, 43 (6): 606-613.

[17] Guyot C, Scheirman V, Collin S. Floral origin markers of heather honeys: Calluna vulgaris and Erica arborea [J]. Food Chemistry, 1999, 64 (1): 3-11.

[18] Seisonen S, Kivima E, Vene K. Characterisation of the aroma profiles of different honeys and corresponding flowers using solid-phase microextraction and gas chromatography-mass spectrometry/olfactometry [J]. Food Chemistry, 2015, 169: 34-40.

[19] Perez R A, Sanchez-Brunete C, Calvo R M, et al. Analysis of volatiles from Spanish honeys by solid-phase microextraction and gas chromatography-mass spectrometry [J]. Journal of Agricultural and Food Chemistry, 2002, 50 (9): 2633-2637.

[20] Bonvehi J S, Coll F V. Flavour index and aroma profiles of fresh and processed honeys [J]. Journal of the Science of Food and Agriculture, 2003, 83 (4): 275-282.

[21] Odeh I, Abu-Lafi S, Dewik H, et al. A variety of volatile compounds as markers in Palestinian honey from Thymus capitatus, Thymelaea hirsuta, and Tolpis virgata [J]. Food Chemistry, 2007, 101 (4): 1393-1397.

［22］ Windsor S, Pappalardo M, Brooks P, et al. A convenient new analysis of dihydroxyacetone and methylglyoxal applied to Australian Leptospermum honeys ［J］. Journal of Pharmacognosy & Phytotherapy, 2012, 4 (1): 6 – 11.

［23］ Beitlich N, Koelling-Speer I, Oelschlaegel S, et al. Differentiation of Manuka Honey from Kanuka Honey and from Jelly Bush Honey using HS-SPME-GC/MS and UHPLC-PDA-MS/MS ［J］. Journal of Agricultural and Food Chemistry, 2014, 62 (27): 6435 – 6444.

［24］ Kato Y, Fujinaka R, Ishisaka A, et al. Plausible authentication of Manuka Honey and related products by measuring leptosperin with methyl syringate ［J］. Journal of Agricultural and Food Chemistry, 2014, 62 (27): 6400 – 6407.

［25］ Kato Y, Umeda N, Maeda A, et al. Identification of a novel glycoside, leptosin, as a chemical marker of Manuka Honey ［J］. Journal of Agricultural and Food Chemistry, 2012, 60 (13): 3418 – 3423.

［26］ Spanik I, Janacova A, Susterova Z, et al. Characterisation of VOC composition of Slovak monofloral honeys by GCxGC-TOF-MS ［J］. Chemical Papers, 2013, 67 (2): 127 – 134.

［27］ Tan S T, Wilkins A L, Holland P T, et al. Extractives from New Zealand honeys. 3. unifloral thyme and willow honey constituents ［J］. Journal of Agricultural and Food Chemistry, 1990, 38: 1833 – 1838.

［28］ Jerkovic I, Kus P M, Tuberoso C I G, et al. Phytochemical and physical-chemical analysis of Polish willow (Salix spp.) honey: Identification of the marker compounds ［J］. Food Chemistry, 2014, 145: 8 – 14.

［29］ Gheldof N, Engeseth N J. Antioxidant capacity of honeys from various floral sources based on the determination of oxygen radical absorbance capacity and inhibition of in vitro lipoprotein oxidation in human serum samples ［J］. Journal of Agricultural and Food Chemistry, 2002, 50 (10): 3050 – 3055.

［30］ Yao L H, Jiang Y M, Singanusong R, et al. Phenolic acids and abscisic acid in Australian Eucalyptus honeys and their potential for floral authentication ［J］. Food Chemistry, 2004, 86 (2): 169 – 177.

［31］ Ferreres F, Garcia-Viguera C, Tomas-Lorente F, et al. Hesperetin: A marker of the floral origin of citrus honey ［J］. Journal of the Science of Food and Agriculture, 1993, 61 (1): 121 – 123.

［32］ Ferreres F, Tomas-Barberan F A, Soler C, et al. A simple extractive technique for honey flavonoid HPLC analysis ［J］. Apidologie, 1994, 25 (1): 21 – 30.

［33］ Tomas-Barberan F A, Martos I, Ferreres F, et al. HPLC flavonoid profiles as markers for the botanical origin of European unifloral honeys ［J］. Journal of the Science of Food and Agriculture, 2001, 81 (5): 485 – 496.

［34］ Tuberoso C I G, Bifulco E, Caboni P, et al. Floral markers of strawberry tree (Arbutus unedo L.) honey ［J］. Journal of Agricultural and Food Chemistry, 2010, 58 (1): 384 – 389.

［35］ Sergiel I, Pohl P, Biesaga M. Characterisation of honeys according to their content of phenolic compounds using high performance liquid chromatography/tandem mass spectrometry ［J］. Food Chemistry, 2014, 145: 404 – 408.

［36］ Yao L H, Datta N, Tomas-Barberan F A, et al. Flavonoids, phenolic acids and abscisic acid in Australian and New Zealand Leptospermum honeys ［J］. Food Chemistry, 2003, 81 (2): 159 – 168.

［37］ Cabras P, Angioni A, Tuberoso C, et al. Homogentisic acid: A phenolic acid as a marker of strawberry-tree（Arbutus unedo）honey [J]. Journal of Agricultural and Food Chemistry，1999，47（10）：4064 - 4067.

[38] Cherchi A，Spanedda L，Tuberoso C，et al. Solid-phase extraction and high-performance liquid chromatographic determination of organic acids in honey [J]. Journal of Chromatography. A. ，1994，669（1/2）：59 - 64.

[39] Donarski J A，Jones S A，Harrison M，et al. Identification of botanical biomarkers found in corsican honey [J]. Food Chemistry，2010，118（4）：987 - 994.

[40] Tuberoso C I G，Bifulco E，Jerkovic I，et al. Methyl syringate：A chemical marker of asphodel（asphodelus microcarpus salzm. et Viv. ）monofloral honey [J]. Journal of Agricultural and Food Chemistry，2009，57（9）：3895 - 3900.

[41] Truchado P，Martos I，Bortolotti L，et al. Use of quinoline alkaloids as markers of the floral origin of chestnut honey [J]. Journal of Agricultural and Food Chemistry，2009，57（13）：5680 - 5686.

[42] Bobis O，Marghitas L A，Bonta V，et al. Free phenolic acids，flavonoids and abscisic acid related to HPLC sugar profile in acacia honey [J]. Bulletin of University of Agricultural Sciences and Veterinary Medicine Cluj-Napoca. Animal Science and Biotechnologies，2007，63/64：179 - 185.

[43] Dimitrova B，Gevrenova R，Anklam E. Analysis of phenolic acids in honeys of different floral origin by solid-phase extraction and high-performance liquid chromatography [J]. Phytochemical Analysis，2007，18（1）：24 - 32.

[44] Martos I，Ferreres F，Tomas-Barberan F A. Identification of flavonoid markers for the botanical origin of eucalyptus honey [J]. Journal of Agricultural and Food Chemistry，2000，48（5）：1498 - 1502.

[45] Kenjeric D，Mandic M L，Primorac L，et al. Flavonoid pattern of sage（salvia officinalis L. ）unifloral honey [J]. Food Chemistry，2008，110（1）：187 - 192.

[46] Hadjmohammadi M R，Nazari S，Kamel K. Determination of flavonoid markers in honey with SPE and LC using experimental design [J]. Chromatographia，2009，69（11 - 12）：1291 - 1297.

[47] Liang Y，Cao W，Chen W J，et al. Simultaneous determination of four phenolic components in citrus honey by high performance liquid chromatography using electrochemical detection [J]. Food Chemistry，2009，114（4）：1537 - 1541.

[48] Yao L H，Jiang Y M，Singanusong R T，et al. Flavonoids in Australian Melaleuca，Guioa，Lophostemon，Banksia and Helianthus honeys and their potential for floral authentication [J]. Food Research International，2004，37（2）：166 - 174.

[49] Ferreres F，Andrade P，TomasBarberan F A. Natural occurrence of abscisic acid in heather honey and floral nectar [J]. Journal of Agricultural and Food Chemistry，1996，44（8）：2053 - 2056.

[50] Andrade P，Ferreres F，Amaral M T. Analysis of honey phenolic acids by hplc，its application to honey botanical characterization [J]. Journal of Liquid Chromatography & Related Technologies，1997，20（14）：2281 - 2288.

[51] Persano Oddo L，Piro R. Main European unifloral honeys：Descriptive sheets [J]. Apidologie，2004，35（Suppl. 1）：S38 - S81.

[52] Nozal M J，Bernal J L，Toribio L，et al. The use of carbohydrate profiles and chemometrics in the characterization of natural honeys of identical geographical origin [J]. Journal of Agricultural and Food Chemistry，2005，53（8）：3095 - 3100.

[53] Horvath K，MolnarPerl I. Simultaneous quantitation of mono-，di-and trisaccharides by GC-MS of

their TMS ether oxime derivatives. 2. In honey [J]. Chromatographia, 1997, 45: 328 – 335.

[54] Kaskoniene V, Venskutonis P R, Ceksteryte V. Carbohydrate composition and electrical conductivity of different origin honeys from Lithuania [J]. Lwt-Food Science and Technology, 2010, 43 (5): 801 – 807.

[55] Dvash L, Afik O, Shafir S, et al. Determination by near-infrared spectroscopy of perseitol used as a marker for the botanical origin of avocado (Persea americana Mill.) honey [J]. Journal of Agricultural and Food Chemistry, 2002, 50 (19): 5283 – 5287.

[56] Ruiz-Matute A L, Brokl M, Soria A C, et al. Gas chromatographic-mass spectrometric characterisation of tri-and tetrasaccharides in honey [J]. Food Chemistry, 2010, 120 (2): 637 – 642.

[57] Senyuva H Z, Gilbert J, Silici S, et al. Profiling turkish honeys to determine authenticity using physical and chemical characteristics [J]. Journal of Agricultural and Food Chemistry, 2009, 57 (9): 3911 – 3919.

[58] Truchado P, Tourn E, Gallez L M, et al. Identification of botanical biomarkers in argentinean diplotaxis honeys: Flavonoids and glucosinolates [J]. Journal of Agricultural and Food Chemistry, 2010, 58 (24): 12678 – 12685.

[59] Hermosin I, Chicon R M, Cabezudo M D. Free amino acid composition and botanical origin of honey [J]. Food Chemistry, 2003, 83 (2): 263 – 268.

[60] Iglesias M T, De Lorenzo C, Polo M D, et al. Usefulness of amino acid composition to discriminate between honeydew and floral honeys. Application to honeys from a small geographic area [J]. Journal of Agricultural and Food Chemistry, 2004, 52 (1): 84 – 89.

[61] F. Boffo E, A. Tavares L, C. T. Tobias A, et al. Identification of components of Brazilian honey by ^{1}H NMR and classification of its botanical origin by chemometric methods [J]. LWT-Food Science and Technology, 2012, 49 (1): 55 – 63.

[62] Rebane R, Herodes K. Evaluation of the botanical origin of estonian uni-and polyfloral honeys by amino acid content [J]. Journal of Agricultural and Food Chemistry, 2008, 56 (22): 10716 – 10720.

[63] Baroni M V, Chiabrando G A, Costa C, et al. Assessment of the floral origin of honey by SDS-page immunoblot techniques [J]. Journal of Agricultural and Food Chemistry, 2002, 50 (6): 1362 – 1367.

[64] Wang J, Kliks M M, Qu W, et al. Rapid determination of the geographical origin of honey based on protein fingerprinting and barcoding using MALDI TOF MS [J]. Journal of Agricultural and Food Chemistry, 2009, 57 (21): 10081 – 10088.

[65] Beretta G, Caneva E, Regazzoni L, et al. A solid-phase extraction procedure coupled to H-1 NMR, with chemometric analysis, to seek reliable markers of the botanical origin of honey [J]. Analytica Chimica Acta, 2008, 620 (1 – 2): 176 – 182.

[66] Beretta G, Caneva E, Facino R M. Kynurenic acid in honey from arboreal plants: MS and NMR evidence [J]. Planta Medica, 2007, 73 (15): 1592 – 1595.

[67] Kato Y, Araki Y, Juri M, et al. Competitive immunochromatographic assay for leptosperin as a plausible authentication marker of manuka honey [J]. Food Chemistry, 2016, 194: 362 – 365.

[68] Fernandez-Torres R, Perez-Bernal J L, Bello-Lopez M A, et al. Mineral content and botanical origin of Spanish honeys [J]. Talanta, 2005, 65 (3): 686 – 691.

[69] Chudzinska M, Baralkiewicz D. Estimation of honey authenticity by multielements characteristics using inductively coupled plasma-mass spectrometry (ICP-MS) combined with chemometrics [J].

Food and Chemical Toxicology，2010，48（1）：284‐290.

[70] 吴招斌，陈芳，陈兰珍，等．基于电感耦合等离子体质谱法和化学计量学鉴别蜂蜜品种研究［J］.
      光谱学与光谱分析，2015，35（1）：217‐222.

[71] 魏月，陈芳，王勇，等．ICP‐MS用于云南南部四种特色蜂蜜的植物源鉴别分析［J］. 光谱学与光
      谱分析，2016，36（1）：262‐267.

第十章　葡萄酒溯源分析技术研究进展

10.1　引言

葡萄酒是世界范围内广泛消费的酒精性饮品，具有较高的商业价值[1]。中国葡萄酒市场发展日渐繁荣，葡萄酒生产、消费及进口规模均处于较高水平。国际葡萄与葡萄酒组织（OIV）[2]统计显示，2018 年中国葡萄酒消费量 18 亿 L，列世界第五，而人均消费量却低于世界平均水平，说明中国葡萄酒市场有很大发展潜力。地理起源是影响葡萄酒商业价值高低的重要因素[3]，葡萄酒的分级鉴定体系通常将产地来源作为其内在评价标准[4]。欧洲葡萄酒市场监管体系已积累了丰富的产业保护经验，其地理保护已成为欧盟各国手中的利器[5]。中国葡萄酒产区分布广泛，多种气候类型并存，具有生产优质葡萄酒的自然条件。自 2002 年以来，我国先后批准了昌黎、烟台、沙城等 19 个地理标志（或原产地域保护）葡萄酒。目前，尽管所有地理标志葡萄酒对其产地范围、产品质量及技术要求做了严格规定[6]，但未提供相应的产地鉴别措施[7]。葡萄酒产地鉴别技术的研究对于完善地理标志葡萄酒保护体系、规范市场及维护消费者合法权益，有着重大现实意义。

目前，国内外对葡萄酒产地鉴别技术的研究，主要基于矿质元素指纹、稳定同位素及次生代谢物质等三个方面。本章即围绕上述三方面展开综述，旨在为国内葡萄酒产地鉴别技术发展提供参考。

10.2　分析技术在葡萄酒产地溯源与真实性研究中的进展

10.2.1　矿物元素指纹图谱技术

目前，用于测定葡萄酒中矿质元素的仪器包括火焰原子吸收光谱仪（FAAS）、石墨炉原子吸收分光光度仪（GF-AAS）、电感耦合等离子体发射光谱仪（ICP-AES）、电感耦合等离子体原子发射光谱仪（ICP-OES）、电感耦合等离子体质谱仪（ICP-MS）。FAAS 测定元素的优点是成本低，适合小批量样品测定，缺点是不能同时测定多元素、耗时长；GF-AAS 灵敏度高，可直接固体进样，但也不能同时测定多种元素；而 ICP-AES、ICP-OES 和 ICP-MS 解决了同时测定多种元素的问题，近些年文献中有 80% 研究人员使用 ICP-MS 测定元素组成，与其他仪器相比具有检出限低，效率高，测定范围广等优点。葡萄酒样品的前处理多采用稀释法和微波消化法，稀释法操作简单、效率高，不易引入新的杂质；微波消化法将样品置于密封消解罐中，可最大限度减少元素的损失，同时较湿法消解减少了前处理时间。

葡萄酒中元素组成受多种因素影响，如种植地土壤、气候、栽培措施、生产工艺、品种等。其中土壤影响最为显著，土壤中矿质元素主要源于岩石风化，葡萄植株通过根系吸收土壤中矿物质营养素[8]，经酿造过程转移到酒中，且在装瓶后，元素种类和含量几乎不随时间发生变化；所以，理论上矿质元素被认为是葡萄酒产地溯源的良好指标。Ricardo-Rodrigues[9]等研究发现两个葡萄园浆果中矿质含量存在差异，如元素 Mn（$p<0.001$）、P（$p<0.05$）及 Mg（$p<0.05$）。Milicevic[10]研究葡萄对土壤的生物利用度时，发现葡萄中 Ba 元素主要来自土壤。环境因素（光照、降水、温度等）也是影响酒中元素组成的重要因素之一，通过植物光合作用、根系微生物代谢影响植物吸收矿质元素的能力[8]；Blotevogel[11]等证明葡萄酒中元素组成受土壤化学和气候条件的控制，如夏季高温地区酒中 Sr 含量较高，而高降水量地区酒中 Mn、Ba 含量较高。

栽培措施包括葡萄架形、树形、叶幕形、水肥、病虫害等管理，这些措施会改变葡萄生长过程中吸收利用矿质元素的能力，还可能直接引入某些元素或影响葡萄浆果中的元素含量。嫁接砧木的栽培措施可以预防葡萄霜霉病、增强品种抗逆性，Shimizu[12]等认为嫁接砧木可以减少品种对酒中元素的影响。生产工艺各环节对葡萄酒中矿质元素组成影响不同，Zn 含量过高被认为是酿造过程中温度过高或者长时间和皮渣接触所引起，Al、Mn、Co 含量过高被认为是发酵罐、输送管路、储酒罐等生产设备所带入[13]。也有学者认为生产工艺不同不仅会影响元素种类，也会影响元素浓度[14]。Hopfer[15]等研究发现葡萄栽培措施和酿造工艺都影响葡萄元素组成，同一酒厂酿造的葡萄酒具有相同元素组成。

在品种与葡萄酒元素组成研究上，Martin[16]等认为葡萄酒元素组成基本与葡萄品种无关，但多元素组成在不同产地葡萄酒中有显著差异。Angela[17]等得出了不同结论，发现在黑珍珠品种中含有更高的 Zn、Cr、Ni、As、Cd，西拉中含有更高的 K、Mg、Cu、Sb，其结果可把矿质元素含量与品种起源相联系。Perez-Alvarez 等研究表明，单以葡萄品种为依据对葡萄酒进行分类，准确性可达 97%[18]。虽然目前对各因素的具体影响尚不明确，但大家普遍认可产地为最重要影响因素，在建立葡萄酒产地数据库时应考虑到这些因素，并在模型建立与优化上降低可能的影响因素。

目前，基于矿物元素指纹的葡萄酒产地鉴别技术研究已有许多报道。在实际研究中，通常由于样品量较大、变量较多，数据分析处理需采用化学计量学方法，如利用方差分析法（ANOVA）筛选不同产地间存在显著差异的元素，再对差异元素进行主成分分析（PCA）、聚类分析（CA）、线性判别分析（LDA）、偏最小二乘分析（PLS-DA）等处理。近七年文献统计，用于葡萄酒产地鉴别研究的元素共有 72 种元素，其中 51 种元素被认为有表征产地的作用，如 Mn、Ni、Sr、Mg、Zn、Cu、Co、Pb、Al、Fe、Na、K、Ba、Cr、Ca 等。Pasvanka[19]等仅利用 Na、K、P、Mg、Ca 等 5 种大量元素对希腊 6 个产区135 个葡萄酒样品进行鉴别，分类正确率达到 76.8%。Rocha[20]等利用 Ca、Li、Mn、Co、Zn、Br、Sr、Cd、Ba、W 和 Tl 等 11 个元素判别葡萄牙地理标志葡萄酒，正确率达76.7%。Yamashita[21]等通过测定来自 4 个国家（阿根廷、巴西、法国和西班牙）111 个起泡葡萄酒样品中的 12 个化学元素，仅应用 K、Li、Mn 时分类准确率可达 100%。

Selih[22]等对斯洛文尼亚地区葡萄酒产地鉴别时发现，矿质元素指纹有鉴别同一产区里不同子产区的潜力。在稀土元素研究方面，最初 Angus[23]等对新西兰葡萄酒分类中认为稀土元素含量低、易变异，膨润土澄清会增加其含量，在葡萄酒产地鉴别上没有应用价值。近年来有两方面因素使稀土元素应用于葡萄酒产地鉴别成为可能：一是工业对其开发

表 10-1 矿物元素指纹图谱技术应用于葡萄酒产地溯源和真实性研究总结

时间	前处理	测定元素	仪器	准确率	数据处理	产地
2018	消化	Li, B, Na, Mg, Si, P, S, K, Ca, Mn, Co, Ni, Ga, Rb, Sr, Mo, Ba, Pb	ICP-MS, ICP-AES	93.1%, 76.4%**	LDA	日本[12]
2018	稀释	Na, Mg, P, K, Ca, Mn, Be, Cr, Ni, As, Se, In, Ir, Cd, Sr, Cu, Zn, V, Fe, Co, Ni, Mn, Sc, Cs, Ba, La, Ce, Pr, Nd, Al, Sm, Eu, Gd, Er, Tm, Yb, Pb, Bi	ICP-MS	—	LDA	葡萄牙[13]
2018	稀释消化	Zn, Ti, Cu, Mo, Cr, Ni, As, Pb, Mn, Co, Se, Sn, Sb, Cd, Ag, Bi, U, Ca, Eu, Gd, Tb, Dy, Er, Tm, Yb, Lu, Pr, Sm, Nd, La, Al, Fe, Sr, Be, Ba, Na, P, Mg, Rb, Li, Tl, Ce, K, V, Ho	ICP-MS, ICP-OES	99%	LDA, SVM	阿根廷, 巴西, 智利, 乌拉圭[14]
2015	稀释消化	Sr, Rb, Mg, Ca, K, Na	MP-AES	95.1%, 65.4%*	PLS-DA	美国, 阿根廷[15]
2019	稀释消化	Al, Cr, Fe, Co, As, Se, Cd, P, K, Ca, Mn, Ni, Cu, Zn, Sr, Cs, Ba, Pb, Na, Mg	ICP-MS	100%, 97%, 95.8%****	LDA, ANOVA	西班牙[18]
2014	稀释	Li, Be, Sc, Ti, V, Co, Ge, As, Y, Zr, Nb, Mo, Ru, Ag, La, Ce, Nd, Gd, Dy, Ta, Re, Os, Ir, Pt, Au, Hg, Bi, Al, B, Ca, Cu, Fe, K, Mg, Mn, Na, Zn, Cr, Ni, Ga, Se, Sn, Sb, Ba, W, Pb	ICP-MS, ICP-OES	—	PCA	斯洛文尼亚[22]
2018	微波灰化	La, Ce, Pr, Nd, Sm, Eu, Gd, Tb, Dy, Ho, Er, Tm, Yb	ICP-MS	—	AHC	意大利[24]
2013	稀释	Ba, Bi, Cd, Co, Cr, Cu, Fe, Ga, Mn, Mo, Ni, Pb, Sb, Se, Sn, U, V, Zn, Al, As, Sr, Ti, Tl, Be, Li	ICP-MS	100%	ANOVA, PCA, LDA	克罗地亚[25]
2013	微波消化	Cr, Ni, Rb, Sr, Ag, Zn, Mn, Cu, Co, V, Pb, Be	ICP-MS	—	PCA	罗马尼亚[26]

（续）

时间	前处理	测定元素	准确率	仪器	数据处理	产地
2013	消化	Be, Cd, Co, Cr, Cu, Fe, Ga, K, Mg, Mn, Na, Tl, Zn, **Al, B, Ba, Ca, Ni, Pb, Sr, Li**	80%	ICP-MS、ICP-AES	PCA、PLS-DA	土耳其[27]
2013	稀释	**Mg, Mn, Ga, Rb, Li**	80%	FAAS	ANOVA、LDA	巴西[28]
2014	稀释	Li, Al, Ca, V, Mn, Co, Cd, U, **B, Mg, Ni, Cu, Zn, Rb, Sr, Cs, Ba, Tl**	—	ICP-MS	PCA、CA、DA	南非[29]
2015	稀释	Li, Be, V, Mn, Ni, Cu, Ge, Rb, Sr, Cd, Hg, Tl, Bi, **Co, As, Mo, Ba, Pb**	96.83%, 96.08%**	ICP-MS	PCA、LDA	阿根廷[30]
2015	微波消化	**Fe, Zn, Mn, Ca, K, Mg, Na, Sr**	100%	ICP-AES	ANOVA、PCA、CA、DA	中国[31]
2016	微波消化	Cr, Rb, Sr, Co, **Mn, Ni, Cu, Zn, Pb, V**	90.37%	ICP-MS	ANOVA、LDA	罗马尼亚[32]
2017	消化	K, Sb, Se, Ti, Tl, Zn, **Al, As, B, Ba, Ca, Co, Cr, Cu, Fe, Li, Mg, Mn, Mo, Na, Ni, Pb, Rb, Sn, Sr, V**	96.88%	ICP-MS	LDA	意大利[33]
2017	稀释	Cu, Fe, Mn, **Na, Zn, P, K, Ca, Mg, B**	>94%	ICP-AES	PCA、OPLS-DA	塞浦路斯共和国[34]
2018	稀释	Li, Be, Ag, Cd, Al, V, Cr, Ni, As, Se, Rb, Sr, Mo, Ba, Tl, Pb, Bi, U, **Cu, Mn, Fe, Zn, Cr, Co**	—	ICP-MS、GC-TOFMS	PCA	波兰、匈牙利、摩尔多瓦、保加利亚[35]
2018	微波消化	Ca, Cu, Fe, Ni, Al, Pb, Cd, Hg, Se, Co, Sn, **K, Na, Zn, Mg, Mn, Cr**	70%, 90%***	ICP-MS、FAAS	ANOVA、PCA、LDA	智利[36]
2018	高压微波消化	Be, Cr, Fe, Cu, Ga, Rb, Sn, Cs, La, Ce, Nd, Eu, Tm, Lu, W, Tl, **Yb, Li, Na, Mg, Al, Ca, Mn, Ni, Zn, Sr, Mo, Sb, Ba, Pr, Sm, Gd, Tb, Dy, Ho, Er**	—	ICP-MS	ANOVA、PCA、DA	葡萄牙[37]

（续）

时间	前处理	测定元素	仪器	准确率	数据处理	产地
2018	微波消化、稀释	Li, Be, Ti, Cr, V, Ni, Sb, Ge, Se, Y, Zr, Nb, Mo, Cd, Sn, Te, Ba, Ce, Pr, Nd, Sm, Eu, Gd, Tb, Dy, Ho, Er, Tm, Yb, Lu, Tl, Pb, Bi, Si, Cu, **Co, Ca, As, Al, Mg, B, Fe, K, Rb, Mn, Na, P, Ga, Sr**	ICP-MS, ICP-OES	98%	ANOVA, PLS-DA, SVM	中国[38]
2019	稀释消化	B, Na, Mg, Al, P, S, K, Ca, Ti, Fe, Co, Cu, Rb, Y, Cs, Ba, Pr, Nd, Sm, Eu, Gd, Dy, Ho, Er, Tm, Yb, T, Mn, **Zn, Pb, As, Si, Ni, La, Sr, Zr, Ce**	ICP-MS	96.2%*****	LDA, ANOVA, PCA	美国[39]

注：—表示文中没有提及，加粗体为可识别葡萄酒产地的特征元素。* 区分两个国家的葡萄酒其模型准确率达到 95.1%，区分阿根廷三个地区的葡萄酒其模型准确率达到 65.4%。**前者为分类准确率，后者为预测准确率。***该模型红葡萄酒分类准确率达 70%，白葡萄酒分类准确率达 90%。****根据元素区分品种和正确率达到 97%，根据元素区分橡木桶陈年的正确率到达 95.8%。*****该准确率由 δD 与 Mn, Zn, Pb, As, Si, Ni, La, Sr, Zr, Ce 所共同决定的。仪器：ICP-MS（电感耦合等离子体质谱）；ICP-AES（电感耦合等离子体原子发射光谱法）；ICP-OES（电感耦合等离子体原子发射光谱仪）；FAAS（火焰原子吸收光谱仪）；GC-TOFMS（气相色谱-飞行时间质谱）。数据处理：ANOVA（方差分析）；PCA（主成分分析）；CA（聚类分析）；DA（判别分析）；PLS-DA（偏最小二乘法）；SVM（支持向量机）；LDA（线性判别分析）；AHC（聚集分层聚类）。

较少，植物从土壤中进行无差别吸收，分馏少；二是测定仪器检测限提高，可以精确检测到含量更低的元素。Aceto[24]等研究表明土壤、葡萄汁、葡萄酒之间的稀土元素含量无差别，证明了稀土元素在产地鉴别方面的有效性。

10.2.2 稳定同位素技术

稳定同位素可分为轻同位素和金属同位素，其中轻同位素主要有 C、H、O 等，金属同位素主要有 Sr、Pb、Mg 等。测定轻同位素常用同位素比质谱（IRMS）和点特异性核磁共振（SNIF-NMR）技术，葡萄酒样品中 C、H、O 同位素的测定已被 OIV 列为官方推荐方法，如应用元素分析仪-同位素比质谱（EA-IRMS）测定乙醇中的 C 同位素比（OIV-MA-AS312-06）；气相色谱-燃烧-同位素比质谱联用（GC-C-IRMS）或液相色谱-同位素比质谱联用技术（LC-IRMS）测定甘油中的 C 同位素比（OIV-MA-AS312-07）；SNIF-NMR 测定乙醇分子中 H 同位素比（OIV-MA-AS311-05）；水平衡仪-同位素比质谱仪（EQ-IRMS）测定葡萄酒中水的 O 同位素比（OIV-MA-AS2-12）等。EA-IRMS 通常测定样品整体 C、N 同位素，样品经高温燃烧转化为气体，除杂、除水后进入质谱，若用该仪器测定乙醇等有机物中的 C，需要先在无分馏情况下将该有机物提取后再测定；GC 或 LC 分别起到将样品中易挥发或不易挥发成分分离的作用，再经过 IRMS 测定各组分的 C 同位素；SNIF-NMR 主要测定乙醇分子中不同位点（CH_3- 和 CH_2-）的 H 同位素，但由于仪器价格高，国内应用较少[40]；EQ-IRMS 的原理是标准参考气（CO_2 或 H_2）与样品中水在一定温度下发生同位素交换，一定时间后达到平衡，测定平衡后气体从而得到样品中 H 或 O 同位素比值。

最早测定金属同位素比的仪器是热电离质谱（TIMS），传统法多采用该仪器测定，通过加热使原子电离后再进入质谱测定，易引入杂质；近年来，多接收电感耦合等离子谱（MC-ICP-MS）、四极杆-电感耦合等离子体质谱（Q-ICP-MS）及高分辨电感耦合等离子质谱（HR-ICP-MS）也被用于金属同位素的测定，且较 TIMS 具有更高准确率和抗干扰能力[41]。

稳定同位素在生物生命过程中，受到物理、化学、生物化学等因素的影响，会产生分馏现象，使环境中各同位素丰度不同，进而可以利用同位素比的不同对年份差异、地理属性、环境演变进行跟踪和预测。该技术可以弥补矿质元素指纹应用的局限性，更有利于区分产地土壤、气候、水源相近的葡萄酒产地[42]。影响同位素丰度的因素主要有气候、降水、纬度、海拔、季节等。水的稳定同位素（H、O）可以产生独特的地理信息，葡萄从土壤中吸收降水，并将水中 H、O 结合到光合作用产物中，使葡萄酒中 H、O 同位素比与降水具有极高相似度，且与酿造过程中添加外源水不同，即葡萄酒水中 H、O 同位素比与葡萄原料和降水有良好相关性，故可以利用葡萄酒中 H、O 同位素比的差异进行产地鉴别[43]。

近年来，Sr 既不是葡萄组成的基本元素也不是葡萄生长所需成分[44]，在植物生命过程中并不分解，葡萄酒中 Sr 全部从土壤中吸收所得，不易受自然环境、农业实践、酿造过程等因素影响，比轻同位素更稳定，被认为是食品产地鉴别的最佳指纹信息[45]。在对土壤与葡萄酒中 Sr 的研究中，Petrini[3]等研究表明，$^{87}Sr/^{86}Sr$ 的值与葡萄酒产地土壤有良好的相关性，Sr 从土壤到葡萄中没有分馏现象，不受葡萄酒酿造工艺的影响，如添加外源单宁、膨润土等，认为 Sr 可以作为整个藤本植物的代表元素，可应用于葡萄酒产地鉴别上。Marchionni[46]等研究发现年份和生产工艺均不影响葡萄酒中 Sr 同位素的比值，证实葡萄酒中的 Sr 同位素可以作为葡萄酒产地鉴别的可靠工具。Durante[47-49]等对意大利原产地保护地区的土壤、葡萄枝条、葡萄酒中的 Sr 做了一系列研究，结果表明土壤和葡萄酒中 Sr 元素范围完全一致，并与酒年份无关，利用 Sr 构建同位素图谱，显示了 Sr 元素作为葡萄酒产地鉴定的特征元素具有可行性。

　　C、H、O 同位素在葡萄酒产地鉴别研究中最为广泛和深入，Raco[50]等对乙醇中的 $\delta^{13}C$ 和葡萄酒水的 $\delta^{18}O$ 进行分析，强调了光合作用途径和环境条件的重要性，$\delta^{18}O$ 在葡萄浆果和葡萄酒产地鉴别上有应用价值。$\delta^{18}O$ 与 δD 结合分析对葡萄酒产地鉴别具有更为突出的作用，如 Camin[51]等研究也发现 $\delta^{18}O$ 和 δD 在气候条件和地理环境上普遍相关。$\delta^{18}O$ 对中国葡萄酒产区分类取得良好效果，如 Fan[38]等应用 PLS-DA（偏最小二乘法）和 SVM（支持向量机）方法处理元素组成和 $\delta^{18}O$ 数据，对中国葡萄酒产区分类，正确率达95%。江伟[52]等用 SNIF-NMR 和 IRMS 测定中国 5 个产区酒样，结果表明气候条件差异较大地区（如北疆和胶东半岛）的酒样分类正确率可达100%。有关稳定同位素技术应用于葡萄酒产地溯源和真实性研究的总结见表 10-2。

表 10-2　稳定同位素技术应用于葡萄酒产地溯源和真实性研究总结

时间	测定元素	仪器	数据处理	准确率	产地
2013	$\delta^{18}O$，$\delta^{13}C$	IRMS	ANOVA，DA	80%	巴西[28]
2017	$\delta^{18}O$	IRMS	ANOVA，PLS-DA，SVM	98%	中国[38]
2019	$\delta^{18}O$，δD	CRDS	PCA，ANOVA，LDA	96.2%	美国[39]
2015	$\delta^{18}O$，$\delta^{13}C$，δD	IRMS	—	—	意大利[42]
2015	$\delta^{18}O$，$\delta^{13}C$，$(D/H)_I$，$(D/H)_{II}$	IRMS SNIF-NMR	PCA，correlation analysis	—	意大利[51]
2016	$\delta^{18}O$，$\delta^{13}C$，$(D/H)_I$，$(D/H)_{II}$	IRMS SNIF-NMR	LDA	100%	中国[52]
2013	$(D/H)_I$	^1H NMR	PCA，LDA，MANOVA	89%	德国[53]
2014	$\delta^{18}O$，$\delta^{13}C$，$(D/H)_I$，$(D/H)_{II}$	IRMS SNIF-NMR	PCA，LDA	100%	中国[54]
2014	$(D/H)_I$，$(D/H)_{II}$	IRMS SNIF-NMR	DA	—	黎巴嫩[55]
2014	$\delta^{18}O$，$(D/H)_I$，$(D/H)_{II}$	IRMS SNIF-NMR	ANOVA，CLV，LDA，PLS-DA，FDA，ICA	100%*	德国[56]
2015	$\delta^{18}O$，$\delta^{13}C$，$(D/H)_I$，$(D/H)_{II}$	IRMS SNIF-NMR	Linear modeling	—	意大利[57]
2015	$\delta^{18}O$	IRMS	ANOVA，DA	—	澳洲，法国，中国，美国[58]

（续）

时间	测定元素	仪器	数据处理	准确率	产地
2016	$\delta^{18}O$, $\delta^{13}C$, δD	IRMS	—	—	希腊[59]
2016	$\delta^{18}O$, $\delta^{13}C$	IRMS	ANOVA，LDA	—	罗马尼亚[60]
2017	$\delta^{13}C$, $\delta^{15}N$	IRMS	T-test，PCA	—	中国[61]
2018	$\delta^{18}O$, $\delta^{13}C$, $(D/H)_I$, $(D/H)_{II}$	NMR，IRMS	PCA，ANOVA	95%	意大利[62]
2019	$\delta^{18}O$, $\delta^{13}C$, $(D/H)_I$, $(D/H)_{II}$	IRMS	PCA，PCF，CDA	—	奥地利，捷克，斯洛伐克[63]

注：—表示文中没有提及。＊利用 IRMS 和 SNIF-NMR 技术得到[1]H NMR 的数据，预测准确率达到 100%，单独使用 IRMS 预测准确率达到 60%～70%，单独使用 SNIF-NMR 预测准确率达到 82%～89%；年份对葡萄酒产地模型也有加强，单独使用 SNIF-NMR 准确率达到 88%～97%，而融合数据准确率达到 99%。仪器：IRMS（同位素比质谱仪）；^{1}H NMR（氢核磁共振）；NMR（核磁共振）；SNIF-NMR（点特异性天然同位素分馏核磁共振技术）；CRDS（腔衰荡光谱法）。数据处理：ANOVA（方差分析）；DA（聚类分析）；PCA（主成分分析）；LDA（线性判别分析）；MANOVA（多元素方差分析）；PLS-DA（偏最小二乘法）；FDA（因子判别分析）；CLV（潜在变量聚类）；ICA（独立成分分析）；SVM（支持向量机）；FA（因子分析）；PCF（主成分分解法）；CDA（标准判别分析法）。

用于葡萄酒产地鉴别的轻同位素还有 B 元素等，如 Almeida[64] 等利用 ICP-OES 测定巴西四个葡萄酒产区酒样，结果表明西南部三个产区相似度极高，与东北部有明显差异，并利用 B 将巴西与智利、意大利、葡萄牙的葡萄酒区分开。Coetzee[29] 等对不同品种和砧木组合进行 B 元素测定，发现不同组合中同位素 B 比值不同，认为 B 有助于农产品种起源的确定。目前研究均表明单独使用一种轻同位素很难准确鉴别葡萄酒产地，普遍结合多元素分析方法鉴别葡萄酒产地。

Sr 具有 ^{84}Sr、^{86}Sr、^{88}Sr 三种天然稳定同位素，^{87}Sr 是岩石或矿物中的 Rb 经 β 衰变形成的稳定同位素，^{87}Rb 与 ^{87}Sr 是同质异位素，在质谱分析中 ^{87}Rb 会干扰 ^{87}Sr 测定的准确性[53]，所以优化酒样中 Sr 的提取十分重要。Durante[47] 等对分离 Rb 和 Sr 的条件进行优化，以硝酸洗脱体积、硝酸回收体积和水洗脱体积为变量，得出最优条件为 12mL HNO_3（8M）洗脱，再利用 4mL HNO_3（8M）进行回收，最后用 12mL 超纯水进行洗脱，使用 MC-ICP-MS 测定样品，初步建立葡萄酒可追溯模型。对 Sr 的纯化方法还有先微波消化再经过树脂柱，王琛[65] 等选择利用 Dowes 50W×8 树脂对 Sr 进行纯化，当 Rb/Sr<0.01 即认为 Rb 对 Sr 没有干扰作用，使用指数矫正法得到 $^{87}Sr/^{86}Sr$ 的比值更接近真实值。Geana[66] 等同样利用 Dowes 50W×8 树脂对酒样进行阳离子吸附，用乙二胺四乙酸（EDTA）去除 Rb 对 Sr 的干扰，并结合元素组成鉴别产地，准确率达 100%。Epova[41] 等研究发现 $^{87}Sr/^{86}Sr$ 在较小的范围内波动（0.708 29 到 0.710 22），可以用于确定波尔多地区葡萄酒特性，但单独使用 Sr 元素鉴别产地仍是不可靠的。目前研究中普遍认为 Sr 可以作为葡萄酒产地鉴别的重要指标，但是其测定需要先进仪器和复杂、精确的前处理，对试验条件要求高。在实际应用中如果对 Sr 元素的前处理加以改进，有效去除 Rb、Ca 元素的干扰，并与矿质元素指纹技术相结合，有利于提高葡萄酒产地鉴别准确率。

用于葡萄产地鉴别的金属同位素还有 Mg、Pb 等，如逯海[67] 等通过阳离子树脂富集 Mg，以 H_2、He 的混合气体碰撞消除同量异位素的干扰，结果表明大多数地区

^{25}Mg/^{24}Mg、^{26}Mg/^{24}Mg 有较大差异，认为同位素 Mg 可以用于葡萄酒产地鉴别。Mihaljevic[68]等测定葡萄酒和土壤中^{207}Pb/^{206}Pb、^{208}Pb/^{206}Pb，发现工业污染较大的地区 Pb 含量增加，Pb 含量受污染影响较大。利用同位素^{204}Pb/^{206}Pb、^{207}Pb/^{206}Pb、^{208}Pb/^{206}Pb 可以对巴西南部和东北部地区进行有效区分，Pb 同位素被认为是研究巴西地理起源有很好前景的工具之一[69]，但单独使用 Pb 鉴别葡萄酒产地仍是不现实的。

10.2.3　次生代谢产物鉴别技术

生物体次生代谢产物在其生命活动中起重要作用，由初生代谢产物形成，其功能是提供生物体生长非必需的小分子物质。用于产地鉴别的物质包括酚类化合物、香气化合物、氨基酸等。

香气物质测定分为感官分析法和仪器分析法，仪器分析法常用电子鼻（Enose）和气相色谱（GC-MS），也可将两者联用。近年来电子鼻应用广泛，可以测定香气成分的整体情况，具有测定范围广，操作简单，可实时测定，不易引入其他杂质，比传统感官分析更客观等优点，但也会受传感器类型、灵敏度和环境条件等的限制[70]。基于 MS 的电子鼻，灵敏度更高，可以得到物质的定性信息[71]。应用 GC-MS 时需要提取样品中香气物质，提取方法主要有溶剂萃取法、蒸汽蒸馏法、固相萃取法、超临界萃取法、顶空分析技术、固相微萃取技术等[72]，可用于测定热稳定性好的物质，有商品化谱库对物质进行定性定量，并可确定分子式和分子结构。

酚类物质常用高效液相色谱（HPLC）检测，其配备的检测器不同检测效果亦不同，如紫外/可见光检测器（UV/V）、二极管阵列检测器（PDA 或 DAD）、质谱（MS）、二级质谱（MS-MS）、四极飞行时间-质谱（QTOF-MS）等。UV 检测器基于物质对紫外光的吸收原理设计而成，灵敏度和选择性均较好，对于紫外光吸收差的化合物测定效果不佳；PDA 或 DAD 可测定任意波长，在物质纯度和定性鉴别中的效果更好；MS 因具有灵敏度高、分析范围广等特点而被广泛应用，MS-MS 可以提供更多物质碎片信息，在定性中表现优于 MS；QTOF-MS 在样品分析中用时短，可提供高分辨图谱。

生物体次生代谢产物是其在长期进化中和环境相互作用的结果，在生物体不同器官、组织中分布种类数量不同，受植物本身及其生活环境影响[73]。用于葡萄酒产地鉴别的次生代谢产物主要有香气物质、酚类物质。随着全球化进程，更多企业为迎合市场，酿造葡萄酒趋向一致化，在气候条件、酿造工艺、品种等因素的共同影响下，单从感官分析判定葡萄酒产地十分困难。仪器测定香气时，样品香气提取过程中，会使易挥发香气物质部分损失，仪器条件也会一定程度影响香物质的测定结果。酚类物质是决定葡萄酒质量的重要参数之一，并取决于葡萄品种、种植地风土、酿造工艺和陈酿条件[74]。在 Amargianitaki[75]等的研究中发现，葡萄中含有多种次级代谢产物，如花色苷、黄酮醇等，均受品种、气候、栽培条件的强烈影响，可能是区分葡萄酒不同风格的良好候选物。

香气物质是葡萄酒质量评价的重要指标之一，且种类繁多，文献显示可以利用葡萄酒香气鉴别葡萄酒产地。Berna[76]等使用来自三个国家和六个地区的 34 种长相思酒样，通过 GC-MS、金属氧化物电子鼻（MOS-Enose）和质谱-电子鼻联用（MS-Enose）获得的酒样分类信息，可以预测长相思酿造葡萄酒产地，鉴别的平均误差为 6.5%。Green[4]等将新西兰、法国、奥地利葡萄酒，应用顶空固相微萃取-气相色谱法对三个产地葡萄酒香气进行区分，得出地理来源可以影响葡萄酒挥发性成分和感官特性，并总结出不同种类香气物质和其对应的感官描述词。对阿根廷门多标准化酿造葡萄酒，利用高效液相色谱测定酚类物质，并进行感官特征分析，结果表明地理位置对葡萄酒酚类物质和感官评价有影响，且感官特征和酚类物质之间有相关性[77]。虽然目前葡萄酒产地鉴别技术有更多选择性，但感官测定仍是一种重要方法。在葡萄酒香气和风味复杂度的鉴别上，多结合轻同位素进行鉴别，但是因为葡萄酒香气受气候条件、酿造工艺及品种的影响较大，其测定准确性有待提高。

酚类物质是一类庞大的次生代谢产物，具有支撑酒体的功能，葡萄酒酿造过程中提取自种子和果皮。Belmiro[78]等应用 HPLC-MS 测定，可以对没食子酸、表儿茶素、儿茶素、槲皮素-3-葡萄糖苷、槲皮素、杨梅素和白藜芦醇八种酚类物质定量，在阿根廷和南非葡萄酒中这些酚类物质有差别。Rocchetti[79]等应用超高效液相色谱-四极质谱联用技术（UHPLC-ESI/QTOF-MS）对不同地区的六种霞多丽白葡萄酒其中酚类物质进行测定，结果表明黄酮类物质是区分葡萄酒产地的主要多酚类物质。Geana[26]等利用 HPLC-PDA 测定罗马尼亚地区葡萄酒中七种酚类物质含量，发现（+）-表儿茶素、（-）-表儿茶素、对香豆酸、阿魏酸和白藜芦醇是有效的葡萄酒产地鉴别物质，同时该研究还测定无机元素，结果表明将两种方法相结合，对葡萄酒产地鉴别具有可行性。Amargianitaki[75]等利用核磁共振波谱（NMR），借助二维核磁共振波谱，获得葡萄酒的非挥发性代谢谱和酚类代谢谱，将其与多元分析技术相结合，用于葡萄酒产地鉴别研究。Pisano[80]等研究结果表明花青素可以有效区分八个葡萄品种和三个葡萄酒产地，被认为是可以有效鉴别葡萄酒产地的物质。

目前大多数研究均表明酚类物质可以假定为化学标记以区分葡萄酒产地，但也有研究得到不同结论，Fraige[81]等对巴西产地 11 种不同葡萄品种，应用串联质谱法，通过吸收光谱和裂解模式鉴定 20 种花青素，采用主成分分析方法，发现花青素在不同葡萄品种间有差异，在不同地域之间无法用花青素种类进行考量。Karasinski[35]等利用气相色谱-飞行时间质谱测定，结果表明地理因素对其中一些化合物影响强烈，可能对产地鉴别有特别作用，如一些氨基酸、糖酸、高级醇等。Zurga[82]等测定克罗地亚两个当地品种和两个国际品种中多种酚类物质，经标准判别分析可以区分品种和产地间不同，故认为酚类物质在产地真实属性鉴别中有应用潜力。目前对化合物的识别存在一定困难，样品经前处理后也很难使化合物被有效分离，需要进一步研究样品前处理方法，目前利用酚类物质鉴别葡萄酒产地方法仍不健全，与其他化合物或其他产地鉴别方法结合，可能会得到更好的效果。

综上所述，次级代谢产物在葡萄酒产地鉴别上有一定应用价值，由于其与植物自身生长代谢密切相关，容易出现代谢组特性差异不大的情况，如相同品种在不同产地的会产生相似的次级代谢产物；此外，次级代谢产物在葡萄酒装瓶后仍会不断发生变化，随时间推移，葡萄酒中物质会发生不可控变化，对产地鉴别的准确性造成干扰。

10.3 结论

随着人民生活水平的提高，越来越多人意识到原产地对食品质量的重要性，通过对葡萄酒的追根溯源，可以更好地在源头控制葡萄酒质量，建立精确的指纹数据库，给葡萄酒市场管理提供参考依据。

在葡萄酒产地鉴别研究中多利用多元素分析法和同位素比值质谱法，方法的适用性和有效性被许多研究者证实，但通常不能避免一定数量的错误。目前研究存在的问题和发展趋势有：①测定样品数量有限，大多数研究只测定几十种上百种，对于模型和数据库的建立有局限性，开发100％精确葡萄酒产地鉴别技术十分困难。其主要原因是判别模型的建立无法收集目标产区的所有元素数据。葡萄酒产区土质中矿质元素含量和稳定同位素比受种植地土壤、气候、品种、酿造工艺等多重因素影响，只有使用大量样本数据才能提高判别准确率。②测定元素种类较多，对特征性元素的筛选不够准确，可以结合各地区土壤、葡萄枝条、葡萄汁、葡萄酒中的矿质元素，开发出更多样更精准的产地特征性元素，建立各产地葡萄酒特征性元素数据库。③利用轻稳定同位素进行产地鉴别时，通常不能只利用一种同位素，多与多元素分析方法相结合。金属稳定同位素Sr在产地鉴别上有很好应用前景。④稀土元素在应对气候和酿造工艺变化时，表现更加稳定，后续应该更多关注一些稀土元素在葡萄酒产地鉴别上的应用。

参 考 文 献

[1] Sperkova J，Suchanek M. Multivariate classification of wines from different Bohemian regions (Czech Republic) [J]. Food Chemistry，2005，93 (4)：659 - 663.

[2] OIV. International Organisation of Vine and Wine [J]. 2018.

[3] Petrini R，Sansone L，Slejko F F，et al. The Sr-87/Sr-86strontium isotopic systematics applied to Glera vineyards：A tracer for the geographical origin of the Prosecco [J]. Food Chemistry，2015，170：138 - 144.

[4] Green J A，Parr W V，Breitmeyer J，et al. Sensory and chemical characterisation of Sauvignon blanc wine：Influence of source of origin [J]. Food Research International，2011，44 (9)：2788 - 2797.

[5] 杨永. 地理保护——优质葡萄酒的身份标记 [J]. 酿酒科技，2012，213 (3)：114 - 117.

[6] 韩永奇. 提升新时代区域葡萄酒竞争力情境下的产区个性塑造：现实问题、竞争背景与路径选择——以甘肃河西走廊葡萄酒产区为例 [J]. 中州大学学报，2018，35 (4)：23 - 29.

[7] 李雪，杨和财，李换梅. 中法葡萄酒地理标志、质量等级、标签比较研究 [J]. 中国酿造，2017，36 (11)：185 - 188.

[8] Dotaniya M L，Meena V D. Rhizosphere effect on nutrient availability in soil and its uptake by plants：a review [J]. Proceedings of the National Academy of Sciences India. Section B，Biological Sciences，2015，85 (1)：1 - 12.

[9] Ricardo-Rodrigues S，Laranjo M，Coelho R，et al. Terroir influence on quality of "Crimson" table grapes [J]. Scientia Horticulturae，2019，245：244 - 249.

[10] Milicevic T，Urosevic M A，Relic D，et al. Bioavailability of potentially toxic elements in soil-grapevine (leaf，skin，pulp and seed) system and environmental and health risk assessment [J]. Science of the Total Environment，2018，626：528 - 545.

[11] Blotevogel S，Schreck E，Laplanche C，et al. Soil chemistry and meteorological conditions influence the elemental profiles of West European wines [J]. Food Chemistry，2019，298 (NOV.15)：

125033.

[12] Shimizu H，Akamatsu F，Kamada A，et al. Discrimination of wine from grape cultivated in Japan，imported wine，and others by multi-elemental analysis [J]. Journal of Bioscience and Bioengineering，2018，125 (4)：413 – 418.

[13] Cabrita M J，Martins N，Barrulas P，et al. Multi-element composition of red，white and palhete amphora wines from Alentejo by ICPMS [J]. Food Control，2018，92：80 – 85.

[14] Soares F，Anzanello M J，Fogliatto F S，et al. Element selection and concentration analysis for classifying South America wine samples according to the country of origin [J]. Computers and Electronics in Agriculture，2018，150：33 – 40.

[15] Hopfer H，Nelson J，Collins T S，et al. The combined impact of vineyard origin and processing winery on the elemental profile of red wines [J]. Food Chemistry，2015，172：486 – 496.

[16] Martin A E，Watling R J，Lee G S. The multi-element determination and regional discrimination of Australian wines [J]. Food Chemistry，2012，133 (3)：1081 – 1089.

[17] Potorti A G，Lo Turco V，Saitta M，et al. Chemometric analysis of minerals and trace elements in Sicilian wines from two different grape cultivars [J]. Natural Product Research，2017，31 (9)：1000 – 1005.

[18] Perez-Alvarez E P，Garcia R，Barrulas P，et al. Classification of wines according to several factors by ICP-MS multi-element analysis [J]. Food Chemistry，2019，270：273 – 280.

[19] Pasvanka K，Tzachristas A，Kostakis M，et al. Geographic characterization of Greek wine by inductively coupled plasma-mass spectrometry macroelemental analysis [J]. Analytical Letters，2019，52：2741 – 2750.

[20] Rocha S，Pinto E，Almeida A，et al. Multi-elemental analysis as a tool for characterization and differentiation of Portuguese wines according to their Protected Geographical Indication [J]. Food Control，2019，103：27 – 35.

[21] Yamashita G H，Anzanello M J，Soares F，et al. Hierarchical classification of sparkling wine samples according to the country of origin based on the most informative chemical elements [J]. Food Control，2019，106.

[22] Selih V S，Sala M，Drgan V. Multi-element analysis of wines by ICP-MS and ICP-OES and their classification according to geographical origin in Slovenia [J]. Food Chemistry，2014，153：414 – 423.

[23] Angus N S，O' Keeffe T J，Stuart K R，et al. Regional classification of New Zealand red wines using inductively-coupled plasma-mass spectrometry (ICP-MS) [J]. Australian Journal of Grape and Wine Research，2006，12 (2)：170 – 176.

[24] Maurizio A，Federica B，Davide M，et al. Wine traceability with rare earth elements [J]. Beverages，2018，4 (1).

[25] Kruzlicova D，Fiket Z，Kniewald G. Classification of Croatian wine varieties using multivariate analysis of data obtained by high resolution ICP-MS analysis [J]. Food Research International，2013，54 (1)：621 – 626.

[26] Geana I，Iordache A，Ionete R，et al. Geographical origin identification of Romanian wines by ICP-MS elemental analysis [J]. Food Chemistry，2013，138 (2 – 3)：1125 – 1134.

[27] Sen I，Tokatli F. Characterization and classification of Turkish Wines based on elemental composition [J]. American Journal of Enology and Viticulture，2014，65 (1)：134 – 142.

［28］ Dutra S V，Adami L，Marcon A R，et al. Characterization of wines according the geographical origin by analysis of isotopes andminerals and the influence of harvest on the isotope values ［J］. Food Chemistry，2013，141（3）：2148－2153.

［29］ Coetzee P P，van Jaarsveld F P，Vanhaecke F. Intraregional classification of wine via ICP-MS elemental fingerprinting ［J］. Food Chemistry，2014，164：485－492.

［30］ Azcarate S M，Martinez L D，Savio M，et al. Classification of monovarietal Argentinean white wines by their elemental profile ［J］. Food Control，2015，57：268－274.

［31］ Cheng J，Zhai Y，Taylor D K. Several mineral elements discriminate the origin of wines from three districts in China ［J］. International Journal of Food Properties，2015，18（7）：1460－1470.

［32］ Dinca O R，Ionete R E，Costinel D，et al. Regional and vintage discrimination of Romanian Wines based on elemental and isotopic fingerprinting ［J］. Food Analytical Methods，2016，9（8）：2406－2417.

［33］ Pepi S，Vaccaro C. Geochemical fingerprints of "Prosecco" wine based on major and trace elements ［J］. Environmental Geochemistry and Health，2018，40（2）：833－847.

［34］ Kokkinofta R，Fotakis C，Zervou M，et al. Isotopic and elemental authenticity markers：A case study on Cypriot Wines ［J］. Food Analytical Methods，2017，10（12）：3902－3913.

［35］ Karasinski J，Torres Elguera J C，Gonzalez Ibarra A A，et al. Comparative evaluation of red wine from various European regions using mass spectrometry tools ［J］. Analytical Letters，2018，51（16）：2643－2657.

［36］ Mirabal-Gallardo Y，Caroca-Herrera M A，Munoz L，et al. Multi-element analysis and differentiation of Chilean wines usingmineral composition and multivariate statistics ［J］. Ciencia E Investigacion Agraria，2018，45：181－191.

［37］ Catarino S，Madeira M，Monteiro F，et al. Mineral composition through Soil-Wine System of Portuguese Vineyards and its potential for wine traceability ［J］. Beverages，2018，4（4）.

［38］ Fan S，Zhong Q，Gao H，et al. Elemental profile and oxygen isotope ratio（delta O-18）for verifying the geographical origin of Chinese wines ［J］. Journal of Food and Drug Analysis，2018，26（3）：1033－1044.

［39］ Orellana S，Johansen A M，Gazis C. Geographic classification of U. S. Washington State wines using elemental and water isotope composition ［J］. Food Chemistry X，2019，1：1－7.

［40］ Wu H，Tian L，Chen B，et al. Verification of imported red wine origin into China using multi isotope and elemental analyses ［J］. Food Chemistry，2019，301.

［41］ Epova E N，Berail S，Seby F，et al. Strontium elemental and isotopic signatures of Bordeaux wines for authenticity and geographical origin assessment ［J］. Food Chemistry，2019，294：35－45.

［42］ 高培钧，程劲松，王承明. 葡萄酒原产地判定技术研究进展 ［J］. 中外葡萄与葡萄酒，2012（5）：58－62.

［43］ West J B，Ehleringer J R，Cerling T E. Geography and vintage predicted by a novel GIS model of wine delta O－18 ［J］. Journal of Agricultural and Food Chemistry，2007，55：7075－7083.

［44］ Ye X，Jin S，Wang D，et al. Identification of the origin of White Tea based on mineral element content ［J］. Food Analytical Methods，2017，10（1）：191－199.

［45］ Stewart B W，Capo R C，Chadwick O A. Quantitative strontium isotope models for weathering, pedogenesis and biogeochemical cycling ［J］. Geoderma，1998，82（1－3）：173－195.

［46］ Marchionni S，Buccianti A，Bollati A，et al. Conservation of Sr－87/Sr－86 isotopic ratios during the winemaking processes of 'Red' wines to validate their use as geographic tracer ［J］. Food Chemistry, 2016, 190: 777 - 785.

［47］ Durante C, Baschieri C, Bertacchini L, et al. Geographical traceability based on Sr - 87/Sr - 86 indicator: A first approach for PDO Lambrusco wines from Modena ［J］. Food Chemistry, 2013, 141 (3): 2779 - 2787.

［48］ Durante C, Baschieri C, Bertacchini L, et al. An analytical approach to Sr isotope ratio determination in Lambrusco wines for geographical traceability purposes ［J］. Food Chemistry, 2015, 173: 557 - 563.

［49］ Durante C, Bertacchini L, Cocchi M, et al. Development of Sr - 87/Sr - 86maps as targeted strategy to support wine quality ［J］. Food Chemistry, 2018, 255: 139 - 146.

［50］ Raco B, Dotsika E, Poutoukis D, et al. O-H-C isotope ratio determination in wine in order to be used as a fingerprint of its regional origin ［J］. Food Chemistry, 2015, 168: 588 - 594.

［51］ Camin F, Dordevic N, Wehrens R, et al. Climatic and geographical dependence of the H, C and O stable isotope ratios of Italian wine ［J］. Analytica Chimica Acta, 2015, 853: 384 - 390.

［52］ 江伟, 吴幼茹, 薛洁. C、H、O 同位素分析在葡萄酒产区鉴别中的应用 ［J］. 食品科学, 2016, 37 (6): 166 - 171.

［53］ Godelmann R, Fang F, Humpfer E, et al. Targeted and nontargeted wine analysis by H-1 NMR spectroscopy combined with multivariate statistical analysis ［J］. Differentiation of Important Parameters: Grape Variety, Geographical Origin, Year of Vintage. Journal of Agricultural and Food Chemistry, 2013, 61 (23): 5610 - 5619.

［54］ Jiang W, Xue J, Liu X, et al. The application of SNIF-NMR and IRMS combined with C, H and O isotopes for detecting the geographical origin of Chinese wines ［J］. International Journal of Food Science and Technology, 2015, 50 (3): 774 - 781.

［55］ Bejjani J, Balaban M, Rizk T. A sharper characterization of the geographical origin of Lebanese wines by a new interpretation of the hydrogen isotope ratios of ethanol ［J］. Food Chemistry, 2014, 165: 134 - 139.

［56］ Monakhova Y B, Godelmann R, Hermann A, et al. Synergistic effect of the simultaneous chemometric analysis of H-1 NMR spectroscopic and stable isotope (SNIF-NMR, O - 18, C - 13) data: Application to wine analysis ［J］. Analytica Chimica Acta, 2014, 833: 29 - 39.

［57］ Perini M, Rolle L, Franceschi P, et al. H, C, and O stable isotope ratios of Passito Wine ［J］. Journal of Agricultural and Food Chemistry, 2015, 63 (25): 5851 - 5857.

［58］ 吴浩, 谢丽琪, 靳保辉, 等. 气相色谱-燃烧-同位素比率质谱法测定葡萄酒中 5 种挥发性组分的碳同位素比值及其在产地溯源中的应用 ［J］. 分析化学, 2015 (3): 344 - 349.

［59］ Chantzi P, Poutouki A E, Dotsika E. D-O-C stable isotopes, 14C radiocarbon and radiogenic isotope techniques applied in wine products for geographical origin and authentication ［J］. Grape and Wine Biotechnology, 2016: 442 - 458.

［60］ Geana E I, Popescu R, Costinel D, et al. Verifying the red wines adulteration through isotopic and chromatographic investigations coupled with multivariate statistic interpretation of the data ［J］. Food Control, 2016, 62: 1 - 9.

［61］ 吴浩, 周昱, 陈靖博, 等. 基于元素含量和稳定同位素比值的宁夏贺兰山东麓地区有机葡萄酒甄别 ［J］. 食品科学, 2017, 38 (16): 257 - 261.

［62］ Bonello F, Cravero M, Dell'Oro V, et al. Wine traceability using chemical analysis, Isotopic parameters, and sensory profiles [J]. Beverages, 2018, 4 (3).

[63] Horacek M, Kolar K, Hola M, et al., Investigation of geographic origin of wine from border regions: Potential limitations and possibilities of different analytical methods and combinations of methods to identify the correct side of the border [R] //J M Aurand, Editor. 41st World Congress of Vine and Wine, 2019.

[64] de Almeida C M S, Almeida A C, Saint'Pierre T D, et al. Boron isotopic ratio in Brazilian Red Wines: A potential tool for origin and quality studies [J]. Journal of the Brazilian Chemical Society, 2017, 28 (10): 1988 - 1994.

[65] 王琛, 赵永刚, 姜小燕, 等. 红酒中的 87Sr/86Sr 同位素比测定 [J]. 化学分析计量, 2009, 18 (6): 24 - 27.

[66] Geana E-I, Sandru C, Stanciu V, et al. Elemental profile and Sr - 87/Sr - 86 isotope ratio as fingerprints for geographical traceability of wines: An approach on Romanian Wines [J]. Food Analytical Methods, 2017, 10 (1): 63 - 73.

[67] 逯海, 刘懿璨, 王军, 等. 镁同位素分析技术应用于葡萄酒辨别的探索研究 [J]. 分析化学, 2012, 40 (10): 1598 - 1601.

[68] Mihaljevic M, Ettler V, Sebek O, et al. Lead isotopic signatures of wine and vineyard soils-tracers of lead origin [J]. Journal of Geochemical Exploration, 2006, 88 (1 - 3): 130 - 133.

[69] Almeida C M S, Almeida A C, Godoy M L D P, et al. Differentiation among Brazilian Wine Regions based on lead isotopic data [J]. Journal of the Brazilian Chemical Society, 2016, 27 (6): 1026 - 1031.

[70] Zhong Y. Electronic nose for food sensory evaluation [J]. Evaluation Technologies for Food Quality, 2018: 7 - 22.

[71] Ziolkowska A, Wasowicz E, Jelen H H. Differentiation of wines according to grape variety and geographical origin based on volatiles profiling using SPME-MS and SPME-GC/MS methods [J]. Food Chemistry, 2016, 213: 714 - 720.

[72] 陶永胜, 李华. 葡萄酒香气成分的仪器分析方法评述 [J]. 科技导报, 2008, 26 (24): 89 - 94.

[73] 苏文华, 张光飞, 李秀华, 等. 植物药材次生代谢产物的积累与环境的关系 [J]. 中草药, 2005, 36 (9): 1415 - 1418.

[74] Nile S H, Park S W. Edible berries: Bioactive components and their effect on human health [J]. Nutrition, 2014, 30 (2): 134 - 144.

[75] Amargianitaki M, Spyros A. NMR-based metabolomics in wine quality control and authentication [J]. Chemical and Biological Technologies in Agriculture, 2017, 4.

[76] Berna A Z, Trowell S, Clifford D, et al. Geographical origin of Sauvignon Blanc wines predicted by mass spectrometry and metal oxide based electronic nose [J]. Analytica Chimica Acta, 2009, 648 (2): 146 - 152.

[77] Urvieta R, Buscema F, Bottini R, et al. Phenolic and sensory profiles discriminate geographical indications for Malbec wines from different regions of Mendoza, Argentina [J]. Food Chemistry, 2018, 265: 120 - 127.

[78] Canuto Belmiro T M, Pereira C F, Silveira Paim A P. Red wines from South America: Content of phenolic compounds and chemometric distinction by origin [J]. Microchemical Journal, 2017, 133: 114 - 120.

[79] Rocchetti G, Gatti M, Bavaresco L, et al. Untargeted metabolomics to investigate the phenolic com-

position of Chardonnay wines from different origins [J]. Journal of Food Composition and Analysis, 2018, 71: 87 - 93.

[80] Pisano P L, Silva M F, Olivieri A C. Anthocyanins as markers for the classification of Argentinean wines according to botanical and geographical origin. Chemometric modeling of liquid chromatography-mass spectrometry data [J]. Food Chemistry, 2015, 175: 174 - 180.

[81] Fraige K, Pereira-Filho E R, Carrilho E. Fingerprinting of anthocyanins from grapes produced in Brazil using HPLC-DAD-MS and exploratory analysis by principal component analysis [J]. Food Chemistry, 2014, 145: 395 - 403.

[82] Zurga P, Vahcić N, Paskovic I, et al. Croatian wines from native grape varieties have highly distinct phenolic (Nutraceutic) profiles than wines from non-native varieties with same geographic origin [J]. Chemistry & Biodiversity, 2019, 16 (8): 1 - 20.

第十一章　水果及其制品溯源技术研究进展

11.1　引言

　　随着人们生活水平不断提高，水果及其制品在日常消费中所占比重逐渐增大，其质量安全已成为消费者关注的焦点，与此同时，果品的产地来源也显得尤为重要。瑞士联邦公共卫生组织进行的一项调查研究显示，80%以上的消费者表示食品本身的产地来源是决定其是否购买的主要因素[1]。目前，常用的产地鉴别技术主要有物理技术[2]、生物技术[3]以及化学技术[4]，但是就目前现状而言，矿质元素指纹分析以及稳定同位素比值技术由于其可操作性强且准确率高等特点，被认为是应用于果品产地鉴别中强有力的技术手段。不同地域来源的果品受产地土壤、气候、环境、施肥以及生物代谢类型等因素影响，因而在理论上，不同产地果品的矿质元素组成及稳定同位素比值存在差异。近年来，国内外已有应用矿质元素指纹以及稳定同位素技术进行产地鉴别的相关报道[5,6]，我国虽然在该研究中起步较晚，但有关水果及其制品的产地鉴别已有部分报道[7,8]。

　　我国原产地果品资源丰富，地域特色鲜明，为进一步保护各产区果品特色，进一步发展各产区资源优势，保障消费者合法权益，需大力开展针对不同果品产地鉴别技术的研发。本章主要从矿质元素和稳定同位素两方面着手，综述了近年来矿质元素指纹和稳定同位素技术在果品及其制品产地鉴别研究中的应用，并对其发展趋势进行展望，以期为推动我国果品产地鉴别的深入研究提供借鉴。

11.2　分析技术在水果及其制品产地溯源与真实性研究中的进展

11.2.1　矿物元素指纹图谱技术

　　果品本身所具有的矿质元素成分相对比较稳定，对食品产地判别准确率较高，已成为食品产地鉴别的有效技术手段，广泛应用于水果、茶叶、蜂蜜等产品的研究中[9,10]。目前，有关矿质元素的检测方法主要有原子吸收光谱法（atomic absorption spectroscopy，AAS）、原子荧光光谱法（atomic fluorescence spectroscopy，AFS）、微波等离子体-原子发射光谱法（microwave plasma-atomic emission spectroscopy，MP-AES）、电感耦合等离子发射光谱法（inductively coupled plasma atomic emission spectroscopy，ICP-AES）以及电感耦合等离子体质谱法（inductively coupled plasma mass spectroscopy，ICP-MS）等。这些方法有的只能单元素逐一分析，速度较慢，有的虽可以多元素同时分析，但是灵敏度和准确度不够。当前，既能保证多元素同时检测，又具有较高灵敏度的当选 ICP-MS 技术。

　　受地质、土壤类型及土壤环境等多因素的影响，不同地域土壤中的矿质元素组成及含量均存在一定程度的差异，因此，导致在不同地域生长的果品在元素组成上均有其各自的特征。

ICP-MS 技术是 20 世纪 80 年代发展起来的一种新型的元素分析技术，相对于其他元素分析方法而言，该方法具有灵敏度高、干扰小、检出限低、线性范围广、可多元素同时分析等诸多优点，已是现今有关矿质元素分析的重要技术。目前，该技术广泛应用于农业生产、工业发展、食品安全、环境分析、地质科学等众多领域[11,12]。ICP-MS 技术因其优点诸多，已逐渐成为食品行业在矿质元素分析方面的主流技术。

矿质元素分析技术用于食品产地鉴别的关键是从种类繁多的元素中筛选出与食品生长密切相关的元素指纹信息[1]。随着科学技术的发展，需要检测的元素种类越来越多，检出限越来越低。根据国内外相关研究报道[13,14]，通过检测不同产区产品的矿质元素含量，并利用线性判别分析（linear discriminant analysis，LDA）、聚类分析（cluster analysis，CA）、偏最小二乘判别分析（partial least squares discrimination analysis，PLS-DA）以及主成分分析（principal component analysis，PCA）等方法对矿质元素进行特征性筛选，筛选出能够表征产地特色的元素指纹信息。

Gaiad[13]等测定了来自阿根廷不同产区的 74 个柠檬汁样品中的 Ag、Al、As、Ba、Bi、Co、Cr、Cu、Fe、Ga、In、La、Li、Mn、Mo、Ni、Rb、Sb、Sc、Se、Sn、Sr、Tl、V 和 Zn 25 种元素，应用判别方法支持向量机（support vector machine，SVM）建立模型，试验测得 SVM 的产地判别准确率为 76%，将元素含量与 SVM 技术相结合，可以作为评估阿根廷柠檬汁原产地鉴别的指标。研究结果进一步指出各产区柠檬汁的元素含量主要与土壤类型、土壤 pH 以及土壤所含矿质元素的含量等有关；其次，如农业施肥、人工灌溉或收获时的果实成熟度等因素也可能会影响矿质元素的含量。

黄小龙[15]等测定了来自栖霞、白水、昌平 3 个产地苹果中的 B、Mg、Ca、Ti、V、Mn、Fe、Co、Ni、Cu、Zn、Ga、As、Se、Rb、Sr、Mo、Ba、Bi 和 Ge 20 种元素的含量，试验结果表明，苹果中的矿质元素主要来源于土壤，不同地区土壤受环境中各因素的影响，因此，所含元素种类和数量差异较大，通过测定苹果中各矿质元素的含量不仅可以确定苹果的品质，还对苹果的产地鉴别具有重要意义。Garcia-Ruiz[16]等测定了来自英国、瑞士、法国和西班牙 4 个产地苹果中的 Na、K、Ca、Mg、Li、Be、B、Al、Sc、Ti、V、Cr、Mn、Fe、Co、Ni、Cu、Zn、Ga、As、Se、Rb、Sr、Y、Mo、Cd、Sn、Sb、Cs、Ba、La、Ce、W、Tl、Pb、Bi、Th 和 U 38 种元素，试验应用 PCA 和 LDA 进行多变量分析，发现不同产区矿质元素含量存在差异，由 PCA 分析结果表明，Na、Mg、Al、K、Ca、Ti、V、Mn、Zn、As、Rb 和 Sr 12 种元素是产地区分的重要参数，应用 LDA 建立数据模型，该模型的产地判别准确率为 100%，试验数据进一步表明该研究可以作为苹果汁产地鉴别的重要指标。

Shimizu[14]等测定了来自日本市场上的日本本土、进口和外国原料本土生产（DWF）的葡萄酒共 214 个样品，样品含有 Li、B、Na、Mg、Si、P、S、K、Ca、Mn、Co、Ni、Ga、Rb、Sr、Mo、Ba 和 Pb 18 种元素，试验应用 LDA 建立模型，日本本土葡萄酒、进口葡萄酒和 DWF 葡萄酒的产地判别准确率分别为 96.3%、87.9% 和 87.9%。试验进一步对日本本土葡萄酒进行地域划分，日本本土四大产区 Yamanashi、Nagano、Hokkaido

和 Yamagata 的产地鉴别准确率分别为 95.7%、88.9%、100%、96.7%，该研究表明基于矿质元素的 LDA 模型可用于区分日本市场上三种类型的葡萄酒，并可对日本四大主产区的葡萄酒进行正确的地域划分。

Selih[17]等测定了来自斯洛文尼亚地区的 272 瓶葡萄酒中的 Al、Ba、Ca、Cu、Fe、K、Mg、Mn、Na、Zn、Li、Be、Sc、Ti、V、Cr、Co、Ni、Ga、Ge、As、Se、Y、Zr、Nb、Mo、Ru、Rh、Pd、Ag、Sn、Sb、Ba、La、Ce、Nd、Gd、Dy、Ta、W、Re、Os、Ir、Pt、Au、Hg、Tl、Pb 和 Bi 49 种元素，试验应用 PCA 和 CPANN 建立模型进行多变量分析，结果表明 Al、B、Ca、Cu、Fe、K、Mg、Mn、Na、Zn、Cr、Ni、Ga、Se、Sn、Sb、Ba、W 和 Pb 19 种元素是产地区分的重要参数，应用 CPANN 模型可以准确地将葡萄酒样本进行产区划分，该模型的产地判别准确率为 82%，可以作为葡萄酒产地鉴别的有力指标。

11.2.2　稳定同位素技术

稳定同位素技术因其前处理简单，样品用量少，精密度高以及分析速度快等优点，已是现今有关果品产地鉴别研究中重要的化学分析手段。自然界中，生物体与外界环境不断地进行物质交换，C、H、O、N、S 等同位素组成受环境、气候、生物代谢类型等多种因素的影响均可能引起同位素分馏，使得不同来源的生物体内稳定同位素比值产生差异，为果品产地鉴别的研究提供了特征性指纹信息。目前有关稳定同位素技术的应用，常用的手段有核磁共振氢谱技术（proton nuclear magnetic resonance，^{1}H NMR）、点特异性天然同位素分馏核磁共振技术（point specific natural isotope fractionation nuclear magnetic resonance，SNIF-NMR）、元素分析仪-同位素比质谱技术（elemental analyzer-isotope ratio mass spectroscopy，EA-IRMS）、气相色谱-燃烧-同位素质谱技术（gas chromatography-combustion-isotope ratio mass spectroscopy，GC-C-IRMS）、液相色谱-稳定同位素比质谱联用技术（liquid chromatography-isotope ratio mass spectroscopy，LC-IRMS）等，这些仪器的应用以及分析技术的快速发展为食品产地鉴别的研究提供了强有力的技术手段。

同位素是指位于元素周期表中同一位置，质子数相同，但中子数不同的一系列元素，英国物理学家 Thomson 在 1912 年发现了稳定同位素的存在。同位素可分为放射性同位素和稳定同位素，稳定同位素具有整合、示踪、指示的功能。同位素的自然丰度存在一定的差异，目前常用于果品研究的同位素主要有 H（^{2}H/^{1}H）、C（^{13}C/^{12}C）、N（^{15}N/^{14}N）、O（^{18}O/^{16}O）、S（^{34}S/^{32}S）等，稳定同位素比值由稳定同位素比值质谱测得，该方法具有样品前处理简单，样品用量少，精密度高以及分析速度快等优点。

同位素的组成受气候、环境、生物代谢类型等多因素的影响而发生自然分馏，因而，来自不同产区的样品中同位素的自然丰度存在差异。这种差异带有环境因子的信息，反映生物体所处的环境条件，可作为生物体的一种"自然指纹"，根据"自然指纹"的独特性便可对其进行分析、研究、溯源。在此基础上，通过测定样品中不同元素的同位素比值便可实现产地鉴别的研究。

C 同位素中的 ^{12}C 和 ^{13}C 为稳定同位素，常用 ^{13}C/^{12}C 表示 C 同位素的组成，用 δ^{13}C 表示，C 同位素组成的原因主要取决于植物光合作用的 C$_3$（尔文循环）植物、C$_4$（二羧酸循环）植物以及 CAM（景天酸）植物等，还与其生长地区的温度、湿度、降水、光照等环境因素以及气孔导度、胞间 CO_2 浓度等生理因素有关，主要反映果品生长的地理信息。H 同位素中的 ^1H（H）和 ^2H（D）为稳定同位素，常用 $^2H/^1H$ 表示 H 同位素的组成，植物中的 H 同位素主要来源于水，一般而言，植物生长过程中，水分从根部向枝干或茎叶的运输过程不会发生同位素分馏，但是叶片表面的蒸腾作用、光合作用发生的一系列生化反应则可能导致同位素分馏，造成 $^2H/^1H$ 比值的变化。据相关文献报道[18]，自然界中水的 H 同位素比率具有典型的季节效应、纬度效应以及陆地效应，总的来说，高纬度地区影响 H 同位素比值变化的主要因素是温度，低纬度热带地区则是降水量，中纬度地区受温度以及降水量的共同影响[19]。N 同位素中的 ^{14}N 和 ^{15}N 是稳定同位素，常用 $^{15}N/^{14}N$ 表示 N 同位素的组成，以 $\delta^{15}N$ 表示，由于不同生物体获取氮源的方式不同，如农业施肥、气候状况、土壤类型等多种因素的影响，都会造成 N 同位素的较大差异。果品中 N 同位素比值主要与该地区的农业生产相关，尤其是化学肥料的添加。O 同位素中的 ^{16}O、^{17}O 以及 ^{18}O 为稳定同位素，O 同位素组成常用 $^{18}O/^{16}O$ 表示，以 $\delta^{18}O$ 表示，O 同位素主要受水的蒸发、浓缩、沉淀等的影响，植物中 $^{18}O/^{16}O$ 的比例通常会随离海距离以及海拔高度的变化而发生变化，且具有一定的地域性规律，主要反应的是地理区域的差异，因而可以根据果品中 O 同位素含量的不同来进行地域的划分。

C 同位素在苹果汁、橙汁、葡萄酒等样品的产地鉴别中均有研究。如张遴[20]等运用稳定同位素技术，对我国辽宁、云南、山东等 11 个省市的红富士苹果中的 C 稳定同位素进行检测和分析，初步建立了我国红富士苹果主产区 $\delta^{13}C$ 的数据基础，通过对试验分析发现红富士苹果中的 $\delta^{13}C$ 具有典型的区域独特性和时间上的稳定性，且不受形状及加工条件的影响，试验结果指出该数据可以作为红富士苹果地理标志产品认证的依据。马小卫[21]等研究了 64 份芒果品种资源叶片的 C 稳定同位素，发现 64 个芒果品种资源叶片 $\delta^{13}C$ 的变化范围为 $-29.31‰\sim-26.50‰$，变异系数为 1.55%，最高品种桂热 82 与最低品种粤西 1 号之间 $\delta^{13}C$ 值具有显著性差异，在木本植物中，$\delta^{13}C$ 不仅具有高度遗传性，而且存在明显的种间、品种间和地域起源间差异。

C、N、H 与 O 等两个元素或者多个元素相结合，在果品产地鉴别中应用较广。常丹[22]等应用稳定同位素比值质谱仪测定了山东产区和河北产区苹果中的 C、N 同位素，试验结果表明，$\delta^{13}C$ 的平均值为 $-16.74‰$，$\delta^{15}N$ 的平均值为 $7.60‰$，指出了 C 同位素不仅与光和碳代谢途径有关，而且还受外界环境因素的影响；N 同位素组成取决于地理和气候条件，并且与农业施肥有关。试验结果表明，可以利用 C、N 同位素组成对山东和河北两省的苹果进行产地鉴别。陈历水[23]等对 4 个产区 168 个黑加仑样品的果实、树叶、土壤和果汁中 C、N 稳定同位素进行了研究，发现不同地区黑加仑果实中的 $\delta^{13}C$ 值均在 $-25‰\sim-29‰$ 之间；而黑加仑果实中的 $\delta^{15}N$ 值在 $2‰\sim9‰$ 之间，4 个产区的 $\delta^{15}N$ 值具有显著性差异，并且呈现随地理纬度增加而逐渐减小的趋势，将黑加仑果实的 C、N 稳定同位素联合起来分析准确率达 86.9%，是黑加仑果汁产地鉴别的强有效指标。黑加仑作为一种植物，它的 C 同位素比值受多种气候环境因子的影响，光照时间以及降水量也是影响同位素差异的主要因素。利用叶片和土壤代替果实进行产地鉴别的准确率分别为 61.5% 和 75.0%，表明将树叶和土壤代替果实进行产地鉴别具有一定的可行性。

黄岛平[24]等测定了来自广西、湖南、福建、四川 4 个产地柑橘果汁样品中的 C 和 D 稳定同位素比值，试验以柑橘果汁的 $\delta^{13}C$ 和 δD 为基础，应用贝叶斯判别分析方法对四个产区的柑橘果汁进行地域划分，$\delta^{13}C$ 对广西、湖南、福建、四川 4 个产地的准确判别率分别为 80%、80%、60%、60%；δD 对 4 个产区的准确判别率均为 100%，不同地域来源柑橘果汁的 δD 值有极显著差异，有随着地理纬度增加而逐渐减小的趋势，试验结果表明，δD 值可以作为柑橘果汁产地鉴别的有力指标，反映柑橘产地的地理信息。

Longobardi[25]等测定了来自意大利 Emilia 和 Apulia 两个地区樱桃样品中的 C、H 和 O 的稳定同位素比值，由试验结果可知，O 和 H 的稳定同位素比值具有显著性差异，Emilia 和 Apulia 两个地区 $\delta^{18}O$ 值分别为 33.2% 和 35.4%；δD 值分别为 38.5% 和 30.7%。$\delta^{18}O$ 和 δD 樱桃产地鉴别的重要参数，应用 LDA 建立模型进行数据分析，当仅考虑 $\delta^{18}O$ 和 δD 建立 LDA 模型时，识别率和 CV 预测值分别为 92.3% 和 91.2%；如果对 $\delta^{18}O$、δD 和 $\delta^{13}C$ 进行多元组合并建立 LDA 模型，识别率和 CV 预测值分别为 94.9% 和 91.0%，由此可以看出，$\delta^{13}C$ 与其他稳定同位素的多元组合对于产地鉴别具有较强的说服力，由于影响生物体和环境中不同元素同位素丰度变化的原因各不相同，因此，多元同位素组合应用于产地鉴别将得到更可靠的结果。

近年来，已有相关报道将稳定同位素技术与矿质元素相结合作为产地鉴别的有效指标。Bat[26]等对来自斯洛文尼亚的 Alpine、Dinaric、Mediterranean、Pannonian 和 Submediterranean 五个苹果产区中的 C、N、H、O 同位素以及 P、S、Cl、Rb、Ca、K、Mg、Ti、V、Cr、Mn、Fe、Co、Ni、Cu、Zn、As、Se、Sr、Mo、Cd、Sb、Tl、Pb 等元素进行研究，试验发现果汁中水的 $\delta^{18}O$ 变化范围在 0.9‰~4.8‰ 之间，并且呈现随离海距离的增加而逐渐减小的趋势；果肉中 $\delta^{13}C$ 和 $\delta^{15}N$ 的单一值均没有明显的地域性差异，但将 $\delta^{13}C$ 和 $\delta^{15}N$ 两个值综合起来分析，可以对苹果汁的产地进行正确的划分。应用 LDA 建立模型进行数据分析，Alpine、Dinaric、Mediterranean、Pannonian 和 Submediterranean 五个苹果产区的产地鉴别准确率分别为 92.9%、75.0%、100%、81.3% 和 70.0%，不同地区植物生长受温度、湿度以及降水等各种因素的影响，因此在同位素比值上存在差异，果汁中水的 δD 和 $\delta^{18}O$、果肉的 $\delta^{15}N$ 和 $\delta^{13}C$ 以及矿质元素 S、Cl、Fe、Cu、Zn 和 Sr 的含量是最能表征产区特色的元素，总体判别率为 75.8%。

稳定同位素技术是近年来应用于产地鉴别的重要技术手段，在水果及其制品产地鉴别方面的应用相对于物理技术以及生物技术而言，同位素技术有其独特的优势。同位素技术能正确反映生物体所处的生长环境，正确表征产区特色，并且不易受人为因素的更改，具有一定的稳定性。

11.3 结论

综上，矿质元素指纹和稳定同位素比值技术能够简单、快速、准确地检测出相关产品的特征性信息，在此基础上结合 PCA、LDA、CPANN 等化学计量学统计方法进行分析，可在不同程度上实现产地鉴别的研究。但是，关于产地鉴别的相关报道并不能 100% 实现溯源，为了提高产地鉴别的准确率，在现有研究的基础上，开发有关矿质元素指纹和稳定同位素比值技术的新方法，获得更多关于元素价态和其他元素同位素比值的信息。

食品产地鉴别及溯源技术是基于能够表征产品地域性特色的化学分析方法和多元数理统计而建立的。不同方法和技术的检测指标以及基本原理不同，但关键是探索表征不同地域来源食品的特征性指纹信息。随着世界经济与全球贸易的迅速发展，食品安全问题已成为人们日益关注的焦点。食品产地鉴别的研究与应用有利于推动食品安全追溯体系的建立和完善，在食品安全领域具有广阔的应用前景和发展趋势。

参 考 文 献

[1] Franke B M, Gremaud G, Hadorn R, et al. Geographic origin of meat-elements of an analytical approach to its authentication [J]. European Food Research and Technology, 2005, 221 (3 - 4): 493 - 503.

[2] 赵秋艳, 汪洋, 乔明武, 等. 有机 RFID 标签在动物食品溯源中的应用前景 [J]. 农业工程学报, 2012, 28 (8): 154 - 158.

[3] Jandric Z, Roberts D, Rathor M N, et al. Assessment of fruit juice authenticity using UPLC-QToF MS: A metabolomics approach [J]. Food Chemistry, 2014, 148: 7 - 17.

[4] Camin F, Perini M, Bontempo L, et al. Potential isotopic and chemical markers for characterising organic fruits [J]. Food Chemistry, 2011, 125 (3): 1072 - 1082.

[5] Barbaste M, Medina B, Sarabia L, et al. Analysis and comparison of SIMCA models for denomination of origin of wines from de Canary Islands (Spain) builds by means of their trace and ultratrace metals content [J]. Analytica Chimica Acta, 2002, 472 (1 - 2): 161 - 174.

[6] Calderone G, Guillou C. Analysis of isotopic ratios for the detection of illegal watering of beverages [J]. Food Chemistry, 2008, 106 (4): 1399 - 1405.

[7] 金星华, 姚艳红. 长白山区野生桔梗与种植桔梗微量元素 ICP-MS 的对比分析 [J]. 食品科技, 2009, 34 (8): 249 - 251.

[8] 胡桂仙, 赵首萍, 朱加虹, 等. 多元素及稳定同位素技术在有机食品鉴定中的应用 [J]. 农产品质量与安全, 2016 (6): 47 - 54.

[9] Pilgrim T S, Watling R J, Grice K. Application of trace element and stable isotope signatures to determine the provenance of tea (Camellia sinensis) samples [J]. Food Chemistry, 2010, 118 (4): 921 - 926.

[10] Di Bella G, Lo Turco V, Potorti A G, et al. Geographical discrimination of Italian honey by multi-element analysis with a chemometric approach [J]. Journal of Food Composition and Analysis, 2015, 44: 25 - 35.

[11] Tormen L, Torres D P, Dittert I M, et al. Rapid assessment of metal contamination in commercial fruit juices by inductively coupled mass spectrometry after a simple dilution [J]. Journal of Food Composition and Analysis, 2011, 24 (1): 95 - 102.

[12] Chen T, Chen G, Yang S, et al. Recent developments in the application of nuclear technology in agro-food quality and safety control in China [J]. Food Control, 2017, 72: 306 - 312.

[13] Gaiad J E, Hidalgo M J, Villafane R N, et al. Tracing the geographical origin of Argentinean lemon juices based on trace element profiles using advanced chemometric techniques [J]. Microchemical Journal, 2016, 129: 243 - 248.

［14］ Shimizu H，Akamatsu F，Kamada A，et al. Discrimination of wine from grape cultivated in Japan，imported wine，and others by multi-elemental analysis ［J］. Journal of Bioscience and Bioengineering，2018，125（4）：413-418.

［15］ 黄小龙，何小青，张念，等. ICP-MS法测定多种微量元素用于地理标志产品苹果的鉴定 ［J］. 食品科学，2010，31（8）：171-173.

［16］ Garcia-Ruiz S，Moldovan M，Fortunato G，et al. Evaluation of strontium isotope abundance ratios in combination with multi-elemental analysis as a possible tool to study the geographical origin of ciders ［J］. Analytica Chimica Acta，2007，590（1）：55-66.

［17］ Selih V S，Sala M，Drgan V. Multi-element analysis of wines by ICP-MS and ICP-OES and their classification according to geographical origin in Slovenia ［J］. Food Chemistry，2014，153：414-423.

［18］ 庞荣丽，王书言，王瑞萍，等. 同位素技术在水果及制品产地溯源中的应用研究进展 ［J］. 果树学报，2018，35（6）：747-759.

［19］ 钟其顶，王道兵，熊正河. 稳定氢氧同位素鉴别非还原（NFC）橙汁真实性应用初探 ［J］. 饮料工业，2011，14（12）：6-9.

［20］ 张遴，蔡砚. 中国富士苹果碳同位素比的含量和分布特征 ［J］. 食品安全质量检测学报，2013，4（2）：501-503.

［21］ 马小卫，王松标，姚全胜，等. 芒果品种资源叶片碳稳定性同位素和比叶面积的差异 ［J］. 热带作物学报，2011，32（5）：901-905.

［22］ 常丹. 苹果产地特征检测方法的研究 ［D］. 河北大学，2009.

［23］ 陈历水，丁庆波，苏晓霞，等. 碳和氮稳定同位素在黑加仑产地区分中的应用 ［J］. 食品科学，2013，34（24）：249-253.

［24］ 黄岛平，陈秋虹，林葵，等. 稳定碳氢同位素在柑橘产地溯源中应用初探 ［J］. 科技与企业，2013（17）：256-257.

［25］ Longobardi F，Casiello G，Ventrella A，et al. Electronic nose and isotope ratio mass spectrometry in combination with chemometrics for the characterization of the geographical origin of Italian sweet cherries ［J］. Food Chemistry，2015，170：90-96.

［26］ Bat K B，Eler K，Mazej D，et al. Isotopic and elemental characterisation of Slovenian apple juice according to geographical origin：Preliminary results ［J］. Food Chemistry，2016，203：86-94.

第十二章　茶叶溯源分析技术研究进展

12.1　引言

　　茶起源于中国，盛行于世界，当前茶已成为公认的世界三大饮品之一。全球目前有产茶国和地区 60 多个，茶叶产量近 600 万 t，贸易量超过 200 万 t，饮茶人口超过 20 亿。在我国主导推动下，第 74 届联合国大会于 2019 年 12 月 19 日通过了决议，把每年的 5 月 21 日定为"国际茶日"（International Tea Day）。体现了国际社会对茶叶价值的认可与重视，对振兴茶产业、弘扬茶文化具有非常重要的意义。同时茶叶作为最重要的经济作物之一也成了很多发展中国家及最不发达国家数百万贫困家庭的主要谋生途径，成为部分最贫困国家主要的收入和出口创汇来源，已成为很多国家特别是发展中国家的农业支柱产业和农民收入的重要来源。

　　茶叶也是我国重要的经济农作物，我国茶历史悠久，文化底蕴深厚，种茶区域跨度宽广，东起江苏浙江，西至西藏，南起海南，北至山东，共有 18 个省区产茶。产茶区域总共可分为四大茶区：即西南茶区、华南茶区、江南茶区和江北茶。我国各茶区中茶叶品种繁多，陈宗懋、杨亚军主编的《中国茶经》中收录了 2011 年全国范围内绿茶有 153 种，乌龙茶 14 种，再加工茶 12 种，花茶 11 种，红茶 10 种，黑茶 6 类，白茶 4 种，黄茶 4 种，这些茶大多分布于不同产地间，且地域特色和品质特征明显，有许多茶叶已申请成了地理标志保护产品，表明不同产地间的茶叶各有其特色。据农业农村部种植业司公布的数据表明，2017 年我国 18 个产茶省区的茶叶种植面积为 4 588.7 万亩，茶叶产量为 260.9 万 t。与茶叶种类多相对应的就是我国从事茶叶种植、加工的企业数量众多，分布广泛，据统计我国目前有大约 8 000 多万茶农、7 万多家茶企。茶叶也成了我国一些产茶区特别是中西部地方的支柱产业及重要的扶贫产业之一，这些地区依托茶叶产业发展，通过提档升级，规模不断扩大，栽培加工技术水平也不断提高，经济效益稳步攀升，促进了农民持续增收和农村经济快速发展。

　　由于不同区域的地方特色茶叶品牌知名度不一样，效益好差也是参差不齐的，有些茶虽然加工工艺一致，如看上去外形都是一个样，单凭外观根本无法区分茶叶是哪儿生产的，但因品牌不一样，售价及销量差异都非常大。在利益的驱使下，一些知名度不高的地区生产的茶叶往往会成为效益好的原料供应地，这就引出了一个茶叶产品的真实性问题。那么不同产区间的茶叶原料品质一致吗？答案通常是否定的。与稻谷、蔬菜等当年生作物相比，茶树的多年生特性使得茶叶的品质优劣受当地的环境条件影响更为显著。如不同种植区域的气候环境、生态条件及土壤性状等因素均可能会对不同区域茶叶产品的品质形成发挥十分显著的影响。已有的研究结果表明，影响茶叶原料品质的因素主要表现为茶树品种、种植地域包括海拔高度、纬度、光照、温度、湿度、水分及肥力供应等因子，同时成品茶叶的品质除了受原料品质的影响外，还容易受加工工艺及内含化学物质代谢等的影响。茶叶品质主要表现为外形与内质，一般包括色、香、味、形与叶底，外形指茶叶的外观特征，即茶叶的造型、色泽、匀整度、匀净度等。内质是指经冲泡后所表现出的茶叶香气、汤色、滋味及叶底的形态、色泽等。如对于不同产地的龙井茶而言，虽然其加工工艺基本一致，其茶叶的原料品质易受生长小环境如温度、湿度、降水及光照等的影响[1-3]；同时肥料供应也会显著地影响着茶叶的品质[4]。除了不同产地间的茶叶品质上会产生差异外，由于不同地方政府对于当地茶叶产品的品牌建设等方面重视程度及投入差异很大，从而导致了不同区域的茶叶品质、品牌效应差异显著，导致不同区域的茶叶生产者即使生产相同类型的茶叶产品，效益会相差很多，为此，许多盛产名茶的地方，当地政府维护当地名茶的正当合法权益和市场秩序，通常会将具有当地特色的茶叶申请成为地理标识性产品进行原产地保护。消费者也常由于自己的口味偏好而对不同产地茶叶的品质有着不同的认同，也正因为如此，消费者通常对于所购茶叶的产地真实性尤为关注。然而由于不同地区的茶叶产品附加值及所形成的经济效益通常会产生显著差异，在利益的驱使下，茶叶市场中出现了以不知名产地的低价茶仿冒一些知名产地的高价茶出售的现象，从而侵害了消费者及合法生产者的正当权益，也严重阻碍了被仿冒茶叶的品牌建设。当前市场上一些热销品牌茶遭遇山寨门事件经常见诸报纸、电视等媒体上，常见的茶叶被仿冒情况有浙江杭州"西湖龙井"、福建武夷山"金骏眉"、江苏"洞庭碧螺春"、青岛"崂山茶"、普洱茶等，从而严重影响了这些知名品牌茶叶的市场秩序。

12.2 分析技术在茶叶产地溯源与真实性研究中的进展

茶叶的感官审评是目前评判茶叶品质好差的一种重要手段，但由于感官审评的方法往往完全依赖于审评人员的主观评定，其评判结果的可靠性常受人质疑，因此通过各种仪器对不同产地茶叶中的特征因子进行定量分析，并结合数据挖掘软件进行茶叶真实性判别的方法已被科研人员不断开发出来。当前的仪器分析方法主要可分为色谱/质谱技术、光谱/质谱技术及 DNA 鉴别技术等几类。目前农产品产地溯源应用最多的技术有同位素比值分析[5]、矿物元素含量分析[6]和化学成分分析[7]。产地溯源技术广泛应用于动/植源性食品，如水果、蔬菜、谷类、牛奶、肉类等。我国新修订的《商标法》明确指出原产地证明商标受法律保护。食品的产地溯源有利于保护原产地，保护地区名牌，保护特色产品，确保公平竞争，增强消费者对食品安全的信心，并能有效防止食源性病源菌的扩散[8]。

12.2.1 高效液相色谱技术

由于高效液相色谱仪可以通过色谱柱对不同有机成分的保留时间差异进行验检具有检出限低、稳定性高、重复性好等的优点，当前已被广泛应用于茶叶中茶多酚、氨基酸及生物碱等品质成分分析，并进而应用到了茶叶真实性识别方面。Fernandez[9] 等采用 HPLC 分析来自不同产地的不同种类茶叶中的儿茶素、咖啡因和茶氨酸等含量，将其作为标志分子结合 PCA 和 LDA 进行茶叶产地的分类，结果表明该方法可以实现不同地区的发酵茶与非发酵茶的区分。于京波[10]等用 HPLC 法测定绿茶中儿茶素类物质的含量，并采用聚类分析的手段，实现了不同种类绿茶间的区分。Chen 等[11]采用 HPLC 法快速测定绿茶中 5 种儿茶素类和咖啡因含量，结合支持向量机建立了鉴定模型，在绿茶品质的鉴定中识别准确率达 95％，预测准确率达 90％。成浩[7]等对杭州西湖龙井、新昌大佛龙井及丽水扁茶采用 HPLC 法分析了其内在品质的多元化学指纹图谱，结合逐步判别技术进行三个区域茶叶样品的产地区分，其外部验证样本的判别准确率达 91.7％。肖俊松[12]等通过 HPLC 方法测定了绿茶、乌龙茶、红茶和普洱茶中的儿茶素 ［（＋）- catechin，C］、表儿茶素 ［（－）- epicatechin，EC］、表儿茶素没食子酸脂 ［（－）- epicatechin gallate，ECG］、表没食子儿茶素 ［（－）- epigallocatechin，EGC］、表没食子儿茶素没食子酸脂 ［（－)- epigallocate-chin gallate，EGCG］、没食子酸（gallic acid，GA）、咖啡因（caffeine，CAF）、可可碱（theobromine，THEO）的含量水平，并以此 8 种组分对茶叶进行聚类分析和线性判别分析，建立了区分绿茶、红茶和乌龙茶的方法，能对 39 种茶叶样品进行较好的区分。郭颖[13]等采用超高效液相色谱法（UPLC）建立了同时对茶叶中的没食子酸、咖啡碱和 6 种儿茶素类的同时快速检测方法。Wang[14]等通过 HPLC 方法检测了西湖龙井茶与非龙井扁茶中儿茶素等品质成分，并结合了 LDA 方法实现了对西湖龙井茶与非龙井扁茶的产地区分。可见，利用高效液相色谱法结合数据模型的手段来判别不同茶叶产品的真实性及进行产地判别正在被人们不断地开发、验证与完善。

12.2.2　高效毛细管电泳技术

高效毛细管电泳法（HPCE）是继高效液相色谱法（HPLC）后的又一种茶叶品质组分分析方法，与高效液相色谱法相比，该方法采用不同待测物组分在毛细管电泳中的迁移时间替代了 HPLC 中的不同待测组分在色谱柱中的保留时间，其分析速度更快，柱效更高，且所需样品量非常少，流动相也远少于 HPLC，能实现微量制备。Wright[15]等、Chen[16]等及 Hsiao[17]等将该方法应用于检测儿茶素类、茶黄素、茶红素、茶氨酸类和维生素类物质的检测，取得了较好的效果。正毛细管胶束电动色谱（MECC）是 20 世纪 80 年代中期在毛细管区带电泳的基础上发展起来的一种新型的高效分离技术，该法具有分离效率高、分析速度快、应用范围广、耗费低、样品预处理简单等优点，目前在国际上已受到了极大的重视。Kodama S[18]等采用毛细管胶束电动色谱法分析了日本静冈、鹿儿岛和三重县的薮北种绿茶中的儿茶素与咖啡因含量，并采用 LDA 模型区分绿茶样品的产地，结果表明薮北种绿茶中的儿茶素和咖啡因的含量对鉴别日本绿茶产地准确度高。田莉[19]等利用毛细管电泳胶束电动色谱法测定茶叶中的儿茶素含量，并结合聚类分析法实现了不同种类绿茶的区分。张立芹[20]等采用毛细管电泳胶束电动色谱法建立了 2 类共 11 个中国红茶样品的色谱指纹图谱，并采用聚类分析法、主成分分析法、线性判别分析法和支持向量分类机模式分别对 11 种红茶样本进行了分类判断，结果表明该方法可用于红茶产地的判别。

12.2.3　矿物元素指纹图谱技术

利用矿质元素分析技术对茶叶产地溯源在国际上有所研究，但在国内这部分研究相对较少。Marcos[21]等通过 ICP-MS/AES 测定来自非洲、亚洲十个国家的 15 只茶样中的微量元素，运用主成分分析（principal component analysis，PCA）成功区别了亚洲与非洲茶叶样品，同时将中国茶叶与其他亚洲国家茶叶区别开来。Femandez-caceres[22]等通过ICP-AES 测定绿茶、红茶、速溶茶总共 46 个样品中的常量元素（Al、Ba、Ca、Cu、Fe、K、Mg、Mn、Na、Sr、Ti 和 Zn），结果表明红茶与绿茶间元素含量无显著差异，运用LDA（linear discriminant analysis）和 ANN（artificial neural networks）较好地将亚非茶叶以及亚洲各国茶叶区分开。但两项研究所用到的茶叶样本量非常小，并不能以这样的小样本来确定判别方法以及结果的正确性。Moreda-Piñeiro[23]等测定了来自亚洲和非洲 85只样品中的 17 种元素，ICP-MS 测定了 ^{48}Ti、^{51}V、^{52}Cr、^{60}Ni、^{65}Cu、^{85}Rb、^{133}Cs、^{206}Pb、^{207}Pb、^{208}Pb，ICP-AES 测定了 Al、Ba、Ca、Fe、Mg、Mn、Sr、Zn 含量。通过 PCA 和CA 将样品进行分类后，LDA 结果表明非洲茶叶的正确判别率为 100%，亚洲茶叶正确判别率为 94.4%，线性判别分析可以将亚非茶叶区别开，且利用线性判别分析还正确鉴别出了中国、印度、斯里兰卡 3 国茶叶，但 SIMCA 判别结果并不好，运用 SIMCA 分析结果只鉴别出了中国茶叶，而印度和斯里兰卡茶叶不能有效鉴别。Pilgrim[24]等运用 ICP-MS 测定来自中国、印度、斯里兰卡的 103 只茶样（包括红茶、绿茶、乌龙茶）中多种元素同位素含量，其线性判别分析结果对茶叶原产地判定正确率在 97.6%。近期我国茶叶产地溯源也做了较多研究，龚自明[25]等运用 ICP-AES 测定了湖北四大茶区 35 份茶样中的 9 种矿质元素，利用主成分分析可以将不同茶区的多数样品正确区分。通过逐步判别分析筛选出 K、Ca、Mg、Mn、Fe 和 Mo 用于绿茶产地判别的矿物元素指标，所建立的判别模型对样品整体检验判别率为 100%。刘宏程[26]等采用等离子发射光谱质谱法（ICP-MS）测定了西双版纳、普洱市、临沧市 3 大普洱茶主产区共 85 个普洱茶样本中 16 种稀土元素含量，进行主成分分析和逐步判别分析，3 大茶区样本可以较好地区分。

12.2.4　稳定同位素技术

稳定同位素质谱方法（stable isotope ratio mass spectrometry，SIRMS）在判别农产品来源地方面起到很大的作用。不同地区来源的动植物体内同位素组成受气候、大气成分、海拔、土壤、地形、水源及动植物代谢类型等因素的影响发生分馏效应而存在差异[27,28]。植物稳定同位素记录的环境信息十分丰富，包括植物生长环境的温度、湿度、降水量、源水同位素组成、大气成分等[27]，具有综合长期生物地球化学过程和联系不同系统成分的特点，环境气候因子通过对植物自身生理作用分馏过程的影响将自身变化的信息记录在植物的稳定同位素组成上，采用适当的生物化学分馏模式和研究方法，就可以从植物稳定同位素组成中解译出环境气候信息。如植物稳定碳同位素组成（碳稳定同位素比值 δ^{13}C）能够记录与植物生长过程相关联的环境变化信息，反映植物对环境变化的生理生态适应特性[27,28]。这种同位素自然丰度的差异是不同地区各环境条件对生物同位素组成产生影响的综合体现。利用分析 O、H、C、N、S、Sr 等的同位素指纹在不同地区农产品中存在的特异性差异，为不同来源农产品的识别以及名优产品的真实性提供了有力的鉴别方式，不仅广泛应用于肉制品[5,29]、蜂蜜[30]、果汁[31]、大米[32]等众多农产品的产地鉴别，在茶叶产品的真实性识别上也得到了应用，Wu[33]等提取了茶叶中咖啡因并利用气相色谱-燃烧-同位素比质谱仪（GC-C-IRMS）测定其中的 δ^{13}C，成功区分了不同的茶叶品种。Pilgrim[24]等通过对亚洲不同国家茶叶中同位素组成和微量元素的测定（D、^{13}C、^{49}Ti、^{53}Cr、^{59}Co、^{60}Ni、^{64}Cu、^{71}Ga、^{85}Rb、^{88}Sr、^{89}Y、^{93}Nb、^{111}Cd、^{133}Cs、^{138}Ba、^{139}La、^{140}Ce、^{141}Pr、^{153}Eu、^{203}Tl、^{208}Pb 和^{209}Bi），发现这些参数的线性判别分析结果对茶叶原产地的判定正确率在 97.6%。

12.3 茶叶产地溯源与真实性研究中使用的判别分析方法

监督的模式识别方法是在样本训练集已知所属类别情况下的分类方法，包括训练和预测两个阶段。在训练阶段，利用已知样本分类情况的数据建立数学模型。训练阶段还包括验证模型的有效性和可靠性，通常预留若干分类情况已知的样本数据，其余样本作为训练集，并将求得的数学模型对预留的样本做预测，依次将数据集中的每个样本都预测完毕后，算得的成功率反映该数学模型的预测能力。若通过验证的模型达到了一定的精度，则可对未知样本的分类情况进行预测。

PLS-DA 是一种基于偏最小二乘法线性回归的统计分析方法，适用于样本少、变量多、变量之间有相关性以及存在噪音变量干扰等情况。PLS-DA 包括两个数据矩阵：X（样本数×积分面积）和 Y（分类变量）。PLS-DA 的功能包括用 X 建立的数学模型来预测一个未知样品在 Y 中的分类情况；将两组的分离最大化，有利于找到对聚类有贡献的化合物。OPLS-DA 是一种将 PLS-DA 和正交信号校正（orthogonal signal correction，OSC）相结合的统计分析方法。在生物体系中，往往存在着与模型不相干的系统变异，这些变异因素会干扰模型的可靠性和预测能力；而 OSC 滤掉了与类别判断不相关的变量信息，只保留与分类相关的变量，从而使类别判别分析集中在与类别相关的变量上，提高了多变量统计方法的判别能力。

人工神经网络（artificial neural network，ANN）是一种模仿生物神经网络结构和功能建立的信息处理系统。基本原理为 ANN 是一个从输入到输出的非线性映射，每个结点（神经元）通过连接权接收来自输入层结点的信息，连接权通过各种学习算法来进行调整，使网络不断朝误差减小方向进行，直至输出值与期望输出值之间的误差达到最小，达到学习（训练）的目的。反向传播人工神经网络（back propagation artificial neural network，BP-ANN）是一种典型的人工神经网络的模型，通常分为输入层、隐含层和输出层，其算法为输入数据进入输入层后，经隐含层和输出层传递后产生一个输出向量，如果输出向量与期望输出之间有误差，采用最小二乘函数作为目标函数计算误差值并反向传播以修正连接权值。直到输出向量和期望输出值的误差小于一个设定值为止。

当前，通过数据模型来判别不同植物的产地来源已成为人们关注的焦点，线性判别分析、主成分-线性判别分析、决策树算法已被应用到不同大洲、国家、省份和小产区的农副产品产地溯源中，且正确判别率较高。

12.4 结论

茶叶作为我国产茶区地方特色产品之一，具有较好的地域属性，为了防止茶叶仿冒、保护当地茶产业有序发展，许多知名茶叶产品均已申请成为地理标志产品，然而一些知名茶叶产品被仿冒现象仍时有发生，如何应用有效的技术手段来有效保护知名茶叶产品不受仿冒也是当前茶产业发展中亟须解决的问题，从我们的研究结果看，利用稳定同位素技术等手段来鉴别茶叶产品的产地来源是一种行之有效的技术手段。但这种技术目前仍有一些需要持续攻关的问题，如参数受土壤地质、气候、加工、样品的年季变化等因素的影响程度，小区域间茶叶产品的产地鉴别难度大等。因此，未来将加大真实样本数据库的建立，不断完善样本产地信息，结合多种技术，以获得更完整准确的判别结果，实现茶叶产品小区域的产地精准判别。

典型案例一

本案例以加工工艺一致的西湖龙井及非西湖龙井的其他不同产地扁形茶为研究对象，通过分析不同地区扁形茶中稳定同位素比率差异实现产地溯源，建立西湖龙井茶真伪的产地区分模型，为西湖龙井茶的原产地保护提供鉴定基础。

1.1　主要仪器与材料

所用仪器设备：德国 Retsh 公司的 MM301 型号球磨机；德国 Elementar 集团公司生产的 Elementer Vario PYRO Cube 元素分析仪；英国 Isoprime 公司的 Isoprime 同位素质谱仪；美国 CEM 公司的 MARS6 微波消解仪；德国 Bruker 公司的 Aurora 电感耦合等离子体质谱仪；德国 Bruker 公司的高压消解罐。

所用试剂：美国 Thermo Fisher Scientific 生产的优级纯硝酸；购自中国计量科学研究院的 Rh、In、Re 混合标准溶液：1 000μg/mL；仪器调谐贮备液：德国 Bruker 公司生产的 10μg/mL Be、Mg、Co、In、Ce、Tl 调谐贮备液；购自国家有色金属及电子材料分析测试中心的元素标准溶液。

所采集的样品材料：样品取自山东、四川、浙江、贵州四省，由各省份合作企业提供样品。其中杭州西湖龙井茶产区 35 个样品；浙江非西湖龙井茶产区 20 个样品，外省扁形茶样品 49 个，包括四川青川扁茶 19 个，贵州黎平扁茶 15 个，山东日照扁茶 15 个。茶叶样品采取定点取样方式获得，样品的采摘时间包括了春茶的早、中、晚三个时期，山东日照茶区采摘时间集中在 4 月 15 日至 5 月 25 日，其他茶区集中在 4 月 1 日至 4 月 25 日。采样时，每一地区均选择了第 3 批（早）、第 6 批（中）、第 9 批（晚）采摘的 1 芽 1 叶新梢，并根据龙井茶工艺制成茶叶样品，每个时间段样品数基本相等；由于当前市场上的扁形茶样品均以单品种为主，当前主要的品种为龙井 43 及当地群体种，所以取样时为了消除品种的影响，各地均选取了龙井 43 茶树品种及当地群体种。

1.2　实验方法

1.2.1　样品预处理

进行稳定同位素比率测定前，用球磨机（MM301，Retsh 公司）对茶叶样品进行粉碎处理，振荡频率 30 次/s，时间 1min，茶粉装入 2mL 离心管，待测。

1.2.2 稳定同位素检测

稳定性碳氮同位素比率检测：称取约 2～4mg 待测样，用锡杯包好后放置于元素分析仪样品盘中，样品中的碳元素和氮元素转化为纯净的 CO_2 和 N_2 通过氦载气流经阱，通过吸附解吸附得到分离纯化，然后进入同位素质谱仪。利用 IAEA-N1、IAEA-N3 和 USGS24、USGS41、IAEA-S-1、NBS123 等对标准气体进行校正，在分析过程中，每 12 个样品穿插一个实验室标样进行校正。仪器长期标准偏差为 0.2‰。具体条件：元素分析仪氦气吹扫流量为 230mL/min，氧化炉和还原炉温度分别为 1 120℃、850℃，进入质谱仪载气氦气流量为 100mL/min。

稳定性氢氧同位素比率检测：称取约 3mg 待测样，用银杯包好后放置于元素分析仪样品盘中，样品在 1 400℃ 的条件下在玻璃碳管中高温裂解反应形成 H_2 和 CO，H_2、CO 在通过水阱和 CO_2 捕集阱时得到纯化，在通过吸附解吸附阱时得到分离。在分析过程中，采用国际上通用的平衡时间，利用国际标样 IAEA-CH7、IAEA-600、IAEA-601 和 IAEA-602 校正。氦气流量为 125mL/min。

稳定同位素比率计算公式：

$$\delta‰ = \left[(R_{样品}/R_{标准}) - 1 \right] \times 1\ 000$$

$R_{样品}$：所测样品中重同位素与轻同位素丰度比，即 $^{13}C/^{12}C$、$^{15}N/^{14}N$、$^{18}O/^{16}O$、$D/^1H$。

$R_{标准}$：国际标准样中，$\delta^{15}N$ 的参照标准为大气，$\delta^{13}C$ 以国际标准的 V-PDB 为基准，$\delta^{18}O$ 和 δD 以平均海洋水为基准（SMOW）。

1.2.3 锶、铅等重稳定性同位素比率检测

样品中的锶、铅等重稳定同位素微波消解后用 ICP-MS 测定，测定中设 2 个空白样及 2 个标准样，用 2 个加内标的标准样进行质控。样品消解罐（聚四氟乙烯罐）使用前经硝酸浸泡后放入微波消解仪进行清洗（15min 升至 150℃ 保持 15min），后超纯水清洗，晾干待用。称取 0.3g 经球磨机磨碎的样品于高压消解罐中，加入 5mL 70% HNO_3 加盖静置 1h。将静置后的样品放入微波消解仪进行消解，消解程序参数为 5min 升至 120℃ 保持 5min，5min 升至 140℃ 保持 10min，5min 升至 180℃ 保持 10min，冷却后取出，缓慢打开罐盖排气，将高压消解罐置于控温电热板上 140℃ 赶酸，将消化液转移至 25mL 容量瓶中，超纯水定容至刻度，混匀备用。ICP-MS 的工作参数为：射频功率 1 400W，冷却气流速 18L/min，辅助气流速 1.65L/min，雾化器流速 0.95L/min，鞘气流速 0.25L/min，采样高度 6.5mm，泵稳定时间 30s。

内标溶液：一定体积的 1 000mg/L Rh、In、Re 混合标准溶液（中国计量科学研究院），用 1% HNO_3 稀释为 1mg/L，由内标管在线引入质谱仪。

仪器调谐贮备液：10μg/mL Be、Mg、Co、In、Ce、Tl 调谐贮备液用 1% HNO_3 稀释为 1mg/L，备用。

标准曲线绘制：元素标准（国家有色金属及电子材料分析测试中心）用 1% 稀硝酸逐级稀释为 1、2、4、6、8μg/L。在 ICP-MS 的工作条件下采集空白溶液（1% HNO_3）和标准溶液系列，由仪器自动绘制标准曲线。

1.2.4　数据分析

使用 SPSS 19.0 进行差异显著性分析和逐步线性判别分析，Clementine12.0 进行决策树 C5.0 和 BP-ANN 算法建模，SigmaPlot 12.5 作图。

1.3　本案例的结果与分析

1.3.1　不同产地扁形茶中碳、氮、氢、氧等稳定同位素组成的地域差异

不同地域扁形茶 C、H、O、N 同位素比率示于图 1。不同产区扁形茶中的 δ^{13}C、δ^{15}N、δD、δ^{18}O 值表现出了一定的区域差异性。不同产区扁茶中的 δ^{13}C 范围在 $-28.02‰\sim-23.61‰$ 之间，其中山东日照茶显著高于浙江非西湖龙井茶与贵州黎平

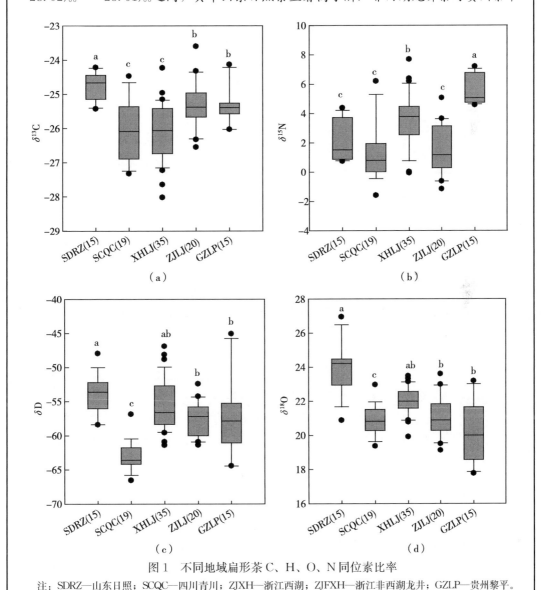

（a）　　　　　　　　　　　　（b）

（c）　　　　　　　　　　　　（d）

图 1　不同地域扁形茶 C、H、O、N 同位素比率

注：SDRZ—山东日照；SCQC—四川青川；ZJXH—浙江西湖；ZJFXH—浙江非西湖龙井；GZLP—贵州黎平。

茶，后者又显著高于西湖龙井茶与四川青川茶（图 1 (a)）；δ^{15}N 范围在 $-1.60‰$ ~ $7.68‰$ 之间，其中以贵州黎平茶最高，西湖龙井茶次之，山东日照茶、四川青川茶与浙江非西湖龙井茶最低（图 1 (b)）。δ^{15}N 值主要受到土壤含氮量的影响，由于不同茶园间的施肥等管理水平千差万别，携带的当地环境差异可能会被不同的施肥等农业栽培措施所干扰。δD 范围在 $-66.57‰$ ~ $-45.10‰$ 之间，其中以山东日照、西湖龙井茶最高，其次是浙江非西湖龙井茶与贵州黎平茶，四川青川茶最低（图 1 (c)）。δ^{18}O 范围在 $17.76‰$ ~ $26.94‰$ 之间，与 δD 的分布趋势基本类似（图 1 (d)），表现出了沿海地区高，内陆地区低的趋势。通过对 δD 值与 δ^{18}O 值做相关性分析（图 2），各产区的 δD 值与 δ^{18}O 值表现出显著正相关（$R^2 = 0.34$，$p = 0.000$，$n = 104$）。

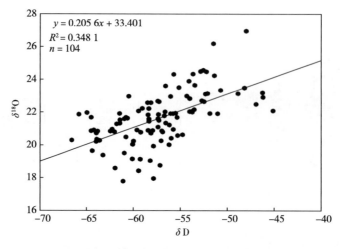

图 2　δD（‰）与 δ^{18}O（‰）的相关性分析

1.3.2　不同产区扁茶中锶、铅、镉等稳定同位素比率地域差异

不同产区扁茶中的镉、铅、锶等重稳定同位素比率表现出了不同的分布趋势，但均以山东日照扁茶为最高。其中 ^{111}Cd/^{113}Cd 值范围在 $0.077\,0‰$ ~ $0.625\,0‰$ 之间，以西湖龙井茶中的变异最大，但不同产区扁茶间的差异并不显著（图 3 (a)）。而 ^{206}Pb/^{207}Pb 值与 ^{207}Pb/^{208}Pb 值的变幅均很小，范围分别为 $1.15‰$ ~ $1.19‰$、$0.41‰$ ~ $0.43‰$，其中西湖龙井茶显著低于其他产区的扁形茶，其他产区扁形茶间则没有显著性差异（图 3 (b)、图 3 (c)）。不同产区扁形茶中的 ^{88}Sr/^{86}Sr 比值有显著差异，比值范围在 $5.40‰$ ~ $8.72‰$ 之间。其中以山东日照茶、四川青川茶中最高，西湖龙井茶及浙江非西湖龙井扁茶次之，贵州黎平茶最低（图 3 (d)）。已有研究表明，锶在自然界中有四种天然稳定同位素，分别为 ^{88}Sr、^{86}Sr、^{87}Sr、^{84}Sr，其中只有 ^{87}Sr 是放射源的，自然 ^{88}Sr/^{86}Sr、^{86}Sr/^{84}Sr 的比值是不变的，通常 ^{88}Sr/^{86}Sr 作为 ^{87}Sr/^{86}Sr 比值分析质量歧视值的矫正值。

1.3.3　基于稳定性同位素的扁形茶产地判别分析

基于上述五个产地扁形茶中稳定同位素比率所表现出的产地分布差异特征，比较了三种不同类型判别模型对扁形茶产地判别的效果。

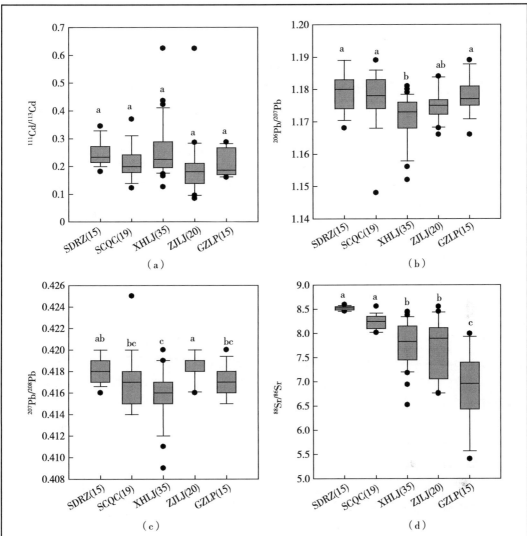

图 3 不同地域扁形茶^{111}Cd/^{113}Cd、^{206}Pb/^{207}Pb、^{207}Pb/^{208}Pb 与^{88}Sr/^{86}Sr 的同位素比率

注：SDRZ—山东日照；SCQC—四川青川；ZJXH—浙江西湖；ZJFXH—浙江非西湖龙井；GZLP—贵州黎平。

逐步线性判别分析：采用 FLDA 方法将样本按地区分组建模，根据 Wilks'Lambda 统计量，当被加入的变量 F 值大于等于 3.84 时，该变量进入函数，当被加入的变量 F 值小于等于 2.71 时，该变量被移出函数，最终筛选出对模型贡献较大的变量，剔除无效变量，筛选到^{206}Pb/^{207}Pb、^{207}Pb/^{208}Pb、^{88}Sr/^{86}Sr、δ^{13}C、δ^{15}N、δD、δ^{18}O 七个贡献较大的自变量建立判别模型，Wilks' Lambda 值较小且典则相关系数接近于 1，说明模型稳定、可信。模型如下：

$$Y(\text{SDRZ}) = -6.214\ 7 + 1.259\ 6^{206}\text{Pb}/^{207}\text{Pb} + 1.038^{207}\text{Pb}/^{208}\text{Pb} + 2.043^{88}\text{Sr}/^{86}\text{Sr} +$$
$$1.174\ 7\delta^{13}\text{C} - 0.939\ 1\delta^{15}\text{N} + 0.158\ 2\delta\text{D} + 2.582\ 6\ \delta^{18}\text{O}$$

$$Y(\text{SCQC}) = -3.748\ 7 - 0.118\ 3^{206}\text{Pb}/^{207}\text{Pb} - 0.090\ 7^{207}\text{Pb}/^{208}\text{Pb} + 1.359\ 7^{88}\text{Sr}/^{86}\text{Sr} -$$
$$0.535\ 4\ \delta^{13}\text{C} - 0.582\ 6\ \delta^{15}\text{N} - 2.389\ 6\delta\text{D} + 0.718\ 5\ \delta^{18}\text{O}$$

$$Y(XHLJ) = -2.129\,4 - 0.996\,9^{206}Pb/^{207}Pb - 0.837\,8^{207}Pb/^{208}Pb - 0.338\,8^{88}Sr/^{86}Sr - 1.041\,5\delta^{13}C + 0.947\,9\delta^{15}N - 0.26\delta D + 0.596\,3\delta^{18}O$$

$$Y(ZJLJ) = -2.792\,1 + 0.385\,1^{206}Pb/^{207}Pb + 0.970\,1^{207}Pb/^{208}Pb - 0.525\,8^{88}Sr/^{86}Sr + 0.716\,7\delta^{13}C - 1.616\,7\delta^{15}N + 1.124\,4\delta D - 1.209\,1\delta^{18}O$$

$$Y(GZLP) = -6.644\,8 + 0.479\,9^{206}Pb/^{207}Pb - 0.333\,4^{207}Pb/^{208}Pb - 2.780\,6^{88}Sr/^{86}Sr + 0.575\delta^{13}C + 1.579\,8\delta^{15}N + 1.879\,1\delta D - 2.937\,5\delta^{18}O$$

提取到四个判别函数（DF，Discriminant function）：

$$DF1 = 0.165\,6^{206}Pb/^{207}Pb + 0.258^{207}Pb/^{208}Pb + 0.665\,6^{88}Sr/^{86}Sr + 0.099\,9\delta^{13}C - 0.430\,5\delta^{15}N - 0.387\,7\delta D + 0.659\,9\delta^{18}O$$

$$DF2 = 0.617\,1^{206}Pb/^{207}Pb + 0.529\,2^{207}Pb/^{208}Pb - 0.204^{88}Sr/^{86}Sr + 0.675\,1\delta^{13}C - 0.346\,8\delta^{15}N + 0.764\delta D - 0.417\,2\delta^{18}O$$

$$DF3 = -0.053\,2^{206}Pb/^{207}Pb - 0.155\,7^{207}Pb/^{208}Pb + 0.026\,3^{88}Sr/^{86}Sr - 0.018\,2\delta^{13}C + 0.418\,6\delta^{15}N + 0.383\,6\delta D + 0.552\,3\delta^{18}O$$

$$DF4 = 0.485\,6^{206}Pb/^{207}Pb - 0.225\,1^{207}Pb/^{208}Pb + 0.240\,4^{88}Sr/^{86}Sr + 0.165\,4\delta^{13}C + 0.667\,5\delta^{15}N - 0.590\,6\delta D + 0.195\,4\delta^{18}O$$

$DF1$、$DF2$、$DF3$ 和 $DF4$ 方差贡献率分别为 52.86%、24.50%、17.64%、5.00%，以前三个判别函数得分做图（图4）。各地样本分布较为集中，西湖龙井茶与山东日照茶、四川青川茶、贵州黎平茶样品基本可以进行区分，但与浙江非西湖龙井扁茶有一定程度的交叉。经过回代检验和交叉验证，判别分析结果如表1所示，西湖龙井茶与山东日照、贵州黎平及四川青川的扁茶区分度较好，回代检验准确率达84%以上，交叉验证准确率达73%以上，外部验证准确率达80%以上。但西湖龙井茶与浙江非西湖龙井的正确区分度相对偏低。

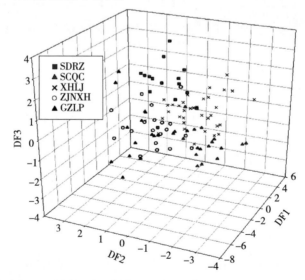

图4　不同产区扁形茶前三个典型判别函数的得分散点图

注：SDRZ—山东日照；SCQC—四川青川；ZJXH—浙江西湖；ZJFXH—浙江非西湖龙井；GZLP—贵州黎平。

决策树 C5.0 分析：决策树是当前最主要的预测技术。其基本原理是采用自上而下的单向递归，在决策树的内部分支点进行属性值的比较并判断需要向下进入的分支，在决策树的末端节点得到结论，最终从一组无规则的事例推理出决策树表示形式。因此，从起始端到末端节点就对应着一条合理规则，整棵树就对应着一组表达式规则。为优化模型，选取 70% 样本作为训练集，另外 30% 样本作为验证集，基于验证集估计的模型预测准确性为 84.62%。通过对不同产区扁形茶的稳定同位素比率进行决策树分析（表 2），发现该模型比上述逐步线性判别分析法的正确判别率有所提高，西湖龙井茶与山东日照、贵州黎平及四川青川的扁茶区分度较好，回代检验正确判别率达 91% 以上，外部验证准确率达 90% 以上。西湖龙井茶与浙江非西湖龙井的正确区分度有所提高。

神经网络分析：采用神经网络中使用较为广泛的反向传播算法（BP，Back-Propagation）对样本进行产地鉴别。建模过程中使用试错法（Trail-and-Erro）确定隐藏节点数，确定隐藏层数为 5 时样本的正确判别率较高。最终选择 5 个隐藏层、350 次迭代进行建模。为预防过度训练，模型选取 70% 样本作为训练集，另外 30% 样本作为验证集，对模型进行优化，基于验证集估计的模型预测准确性为 85.58%。通过对不同产区扁形茶的稳定同位素比率进行神经网络分析（表 3），发现该模型在区分西湖龙井茶与山东日照、贵州黎平及四川青川等地的扁茶区分度介于决策树判别分析与逐步线性判别分析法之间，回代检验正确判别率达 84% 以上，外部验证准确率达 76%。西湖龙井茶与浙江非西湖龙井的正确判别率与决策树判别分析相近。

表 1　基于稳定同位素比率的不同地区扁形茶逐步线性判别分析结果

	产地	预测组成员					正确判别率（%）
		山东日照	四川青川	西湖龙井	浙江龙井	贵州黎平	
回代检验（original）	山东日照（$n=15$）	13	0	1	1	0	
	四川青川（$n=19$）	1	16	0	1	1	
	西湖龙井（$n=35$）	0	1	31	2	1	85.57
	浙江龙井（$n=20$）	2	3	0	15	0	
	贵州黎平（$n=15$）	0	0	1	0	14	
	正确判别率（%）	86.67	84.21	88.57	75.00	93.33	
交叉验证（cross-validated）	山东日照（$n=15$）	12	0	2	1	0	
	四川青川（$n=19$）	1	14	1	2	1	
	西湖龙井（$n=35$）	0	2	29	2	2	77.88
	浙江龙井（$n=20$）	2	3	1	13	1	
	贵州黎平（$n=15$）	0	0	1	1	13	
	正确判别率（%）	80.00	73.68	82.86	65.00	86.67	
外部验证（test）	山东日照（$n=5$）	4	0	1	0	0	
	四川青川（$n=5$）	0	5	0	0	0	
	西湖龙井（$n=5$）	0	0	5	0	0	84.00
	浙江龙井（$n=5$）	0	1	2	2	0	
	贵州黎平（$n=5$）	0	0	0	0	5	
	正确判别率（%）	80	100	100	40	100	

表2　基于稳定同位素的不同产地扁形茶决策树判别分析

产地		预测组成员（predict group membership）					正确判别率（%）
		山东日照	四川青川	西湖龙井	浙江龙井	贵州黎平	
回代检验（original）	山东日照（$n=15$）	15	0	0	0	0	91.35
	四川青川（$n=19$）	1	18	0	0	0	
	西湖龙井（$n=35$）	0	0	32	0	3	
	浙江龙井（$n=20$）	2	0	2	16	0	
	贵州黎平（$n=15$）	0	0	0	0	15	
	正确判别率（%）	100	94.74	91.43	80	100	
外部样本验证（test）	山东日照（$n=5$）	4	0	1	0	0	92
	四川青川（$n=5$）	0	5	0	0	0	
	西湖龙井（$n=5$）	0	0	5	0	0	
	浙江龙井（$n=5$）	0	0	2	3	0	
	贵州黎平（$n=5$）	0	0	0	0	5	
	正确判别率（%）	80	100	100	60	100	

表3　基于稳定同位素的不同产地扁形茶神经网络判别分析

产地		预测组成员					正确判别率（%）
		山东日照	四川青川	西湖龙井	浙江龙井	贵州黎平	
回代检验	山东日照（$n=15$）	14	0	0	1	0	84.61
	四川青川（$n=19$）	2	16	0	1	0	
	西湖龙井（$n=35$）	2	1	31	0	1	
	浙江龙井（$n=20$）	2	2	1	14	1	
	贵州黎平（$n=15$）	2	0	0	0	13	
	正确判别率（%）	93.33	84.21	88.57	70	86.67	
外部样本验证	山东日照（$n=5$）	4	0	1	0	0	76
	四川青川（$n=5$）	1	4	1	0	0	
	西湖龙井（$n=5$）	0	0	4	0	1	
	浙江龙井（$n=5$）	0	1	2	2	0	
	贵州黎平（$n=5$）	0	0	0	0	5	
	正确判别率（%）	80	80	80	60	100	

1.3.4　不同产地茶叶中的稳定同位素的影响因子

不同产地茶叶中稳定同位素比率有一定地域特征，结果表明，山东地区扁形茶中碳、氢、氧、锶同位素比率均高于其他三省。已有研究表明，同种植物中$\delta^{13}C$值取决于光照强度、温度和土壤含水量。$\delta^{13}C$值随着温度和年降水量的减少而变大，随着湿润指数的增加$\delta^{13}C$值减小。土壤水分可获得性与$\delta^{13}C$值相关，山东地区年降水量显然要小于浙江四川和贵州三省，且有冰冻期，导致茶树获得土壤水分的能力较低，茶树不定期的生活在相对干旱的条件下，从而使得叶片气孔导度降低，$\delta^{13}C$ 值增加。四川、贵州年平均降水量和湿润指数虽然高于浙江，但因其取样地点海拔较高，产茶地区年平均气温低于浙江产茶区，导致其 $\delta^{13}C$ 值高于浙江。施肥的影响掩盖了气候对 $\delta^{15}N$ 值的影响。合成氮肥中 $\delta^{15}N$ 值几乎为 0，而有机氮肥中 $\delta^{15}N$ 值较高，所以在施用有机肥较多的取样地区，其 $\delta^{15}N$ 值会较高。

$\delta^{18}O$、δD 值随纬度的增加而减小（水汽在由低纬向高纬输送的过程中，由于温度逐渐降低而发生凝结降水，使得剩余水汽以及随后降水中的 $\delta^{18}O$ 逐渐降低，出现纬度效应），由海岸向内陆方向呈递减趋势，气温越低重同位素含量越低，海拔高度增加 $\delta^{18}O$、δD 值减小（水汽在输送的过程中，随着海拔的增加，也导致降水中的重稳定同位素逐渐发生贫化，从而使得以后降水中的 $\delta^{18}O$ 降低，出现高程效应），山东样品 $\delta^{18}O$ 及 δD 值高于另外三省，其陆地效应和高程效应起了主要作用，而纬度效应并不明显——近海低海拔的山东和浙江两省样品表现出了较高值，川贵内陆高海拔地区的样品同位素比率较低。单独观察另外三省样品，纬度效应依然较为明显，低纬度贵州样品 $\delta^{18}O$、δD 值高于取样纬度相似的四川与浙江两省。$\delta^{18}O$ 与 δD 两者表现出显著正相关，在以后的分析测试中可以只测其中一个指标，以减少样本分析时间与成本。

本案例的研究结果表明，重稳定同位素铅、锶、镉具有一定的地域特征，特别是 $^{88}Sr/^{86}Sr$，地域特征非常显著，表现出了明显的纬度特征，随着纬度的增加锶（$^{88}Sr/^{86}Sr$）同位素比率增大。锶同位素比率是判别动植物产地来源的有效指标，尤其是对于气候条件比较接近，其他同位素指标差异不明显时，能发挥非常重要的作用。降水中 Sr 随着离海洋距离的增加，海源成分降低，其他来源的影响增加，浙江与山东地处沿海地带且海拔较低，相对于川贵地区受到海源 Sr 和季风的影响较多。不同地区成土母质以及成土母质的形成年代对 $^{88}Sr/^{86}Sr$ 值大小起到决定性作用，同时海洋因素对其起到辅助作用。

1.4　结论

西湖龙井、浙江非西湖龙井扁形茶、山东日照茶、四川青川茶和贵州黎平茶之间稳定同位素比率存在明显差异，具有一定的地域特征，并且可以通过 FLDA、决策树算法和 BP-ANN 算法模型在一定程度上区别各地扁形茶，说明：基于不同产区扁形茶的稳定同位素比率特异性结合化学计量学工具可以有效对扁形茶产地进行溯源。其中决策树算法模型回代验证准确率为 91.35%，对外部样本的预测准确度达到 92%，在三种溯源模型中最适于扁形茶产地溯源。

通过对比发现，增加测定元素种类可以使准确率增加，后续研究中可考虑增加变量个数，运用更多变量对不同省份扁形茶进行判别，并且尝试进行小范围内扁形茶产地判别。

典型案例二

以往研究中，大多主要是针对不同茶类或不同大区域的茶产地进行了鉴别，而同类茶叶在不同小区域内的产区鉴别仍有较大难度。本案例以加工工艺一致的西湖龙井及非西湖龙井的其他不同产地扁形茶为研究对象，我们选取了龙井茶三个产区的样本，采用 ICP-MS/AES 和稳定同位素质谱（IRMS）测定龙井茶中多种元素含量及同位素比率，以稳定同位素技术结合离子组学的方法通过多元统计分析建立不同产区龙井茶判别模型。本研究中，以期为龙井茶品牌的原产地保护提供鉴定基础。

2.1 材料和方法

2.1.1 材料

本研究从西湖（XH，杭州市西湖区）、越州（YZ，绍兴市越城区、嵊州市、新昌县）、钱塘（QT，杭州市富阳区、余杭区、淳安县）三个龙井茶产区选取 102 个春茶样品，其中西湖产区样本 35 个，钱塘产区样本 31 个，越州产区样本 36 个。样品采取定点取样方式获得，三地龙井茶均由一芽一叶原料制成，取样时间分早期（3 月 28 日前后）、中期（4 月 10 日前后）、晚期（4 月 25 日前后）三个阶段，取样时选取了当地代表性茶树品种（龙井 43 和当地种）。

2.1.2 样品制备

称取 0.2g 经球磨机（MM301，德国，Retsch）磨碎的样品置于高压消解罐中，加入 5mL 70% HNO_3（优级纯，美国，Thermo Fisher Scientific）加盖静置 1h。高压消解罐使用前经 20% 硝酸浸泡过夜，超纯水清洗至无酸味、晾干。将静置后的样品放入微波消解仪（Mars6，美国 CEM 公司）进行消解，消解程序参数为 5min 升至 120℃保持 5min，5min 升至 140℃保持 10min，5min 升至 180℃保持 10min，冷却后取出，缓慢打开罐盖排气，将高压消解罐置于控温电热板上 140℃赶酸，将消化液转移至 25mL 容量瓶中，超纯水定容至刻度，混匀备用。不同仪器测定指标如表 1 所示。

表 1 不同仪器测定指标

测定技术 (determine technology)	测定元素 (elements)
ICP-MS	Ga、Ge、Y、Cd、Sn、Sb、La、Ce、Pr、Nd、Sm、Eu、Gd、Tb、Dy、Ho、Er、Tm、Yb、Lu、Tl、Pb、Bi、Th、U、Sr、^{72}Ge/^{73}Ge、^{111}Cd/^{113}Cd、^{117}Sn/^{118}Sn、^{118}Sn/^{119}Sn、^{143}Nd/^{146}Nd、^{157}Gd/^{158}Gd、^{161}Dy/^{163}Dy、^{172}Yb/^{173}Yb、^{203}Tl/^{205}Tl、^{206}Pb/^{207}Pb、^{207}Pb/^{208}Pb、^{88}Sr/^{86}Sr、^{63}Cu/^{65}Cu、^{60}Ni/^{62}Ni、^{62}Ni/^{61}Ni、^{68}Zn/^{67}Zn、^{95}Mo/^{97}Mo
ICP-AES	Al、As、B、Ba、Be、Ca、Co、Cr、Cu、Fe、K、Li、Mg、Mn、Mo、Na、Ni、P、S、Se、Ti、V、Zn
EA-IRMS	δ^{13}C、δ^{15}N、δD、δ^{18}O、C（%）、N（%）

2.1.3 微量元素含量测定

微量元素含量由 ICP-MS（AURORA M90，德国，BRUKER 公司）测定，ICP-MS

的工作参数为：射频功率1 400W，冷却气流速18L/min，辅助气流速1.65L/min，雾化器流速0.95L/min，鞘气流速0.25L/min，采样高度6.5mm，泵稳定时间30s。

内标溶液：一定体积的1 000μg/mL Rh、In、Re混合标准溶液（中国计量科学研究院），用1%HNO₃稀释为1μg/mL，由内标管在线引入质谱仪。

仪器调谐贮备液：10μg/mL Be、Mg、Co、In、Ce、Tl调谐贮备液用1% HNO₃稀释为1ng/mL，备用。

标准曲线绘制：用1%稀硝酸将稀土元素混合标准贮备液（100μg/mL，美国，AccuStandard公司）逐级稀释为0.5、1、2、4、6μg/L的混合标准溶液。其他元素标准（BRUKER公司，国家有色金属及电子材料分析测试中心）用1%稀硝酸逐级稀释为1、2、4、6、8μg/L。在ICP-MS的工作条件下采集空白溶液（1% HNO₃）和标准溶液系列，由仪器自动绘制标准曲线。

2.1.4　ICP-AES测定大量元素含量

将微波消解液稀释十倍后，由ICP-AES（iCAP6 000 Serier，美国，Thermo Scientific）测定其中大量元素含量。ICP-AES工作参数为：射频功率1 150W，辅助气流速0.5L/min，雾化器流速0.7L/min，采样高度6.5mm，泵稳定时间5s。

标准曲线绘制：用1%稀硝酸将Ca、Na标准贮备液（国家有色金属及电子材料分析测试中心）逐级稀释为0、5、50μg/mL的混合标准溶液，其他元素混合标准贮备液用1%稀硝酸逐级稀释为0、5、10μg/mL。在ICP-AES的工作条件下采集空白溶液（1% HNO₃）和标准溶液系列，由仪器自动绘制标准曲线。

2.1.5　同位素质谱测定稳定轻同位素比率及含量碳氮同位素比率及含量测定

称取约3mg待测样，用锡杯包好后放置于元素分析仪（Elementervario PYRO Cube，德国 Elementer公司）样品盘中，利用 IAEA-N1、IAEA-N3和 USGS24、USGS41、IAEA-S-1、NBS123等对标准气体进行校正，在分析过程中，每12个样品穿插一个实验室标样进行校正。仪器长期标准偏差为0.2‰。具体条件：元素分析仪氦气吹扫流量为230mL/min，氧化炉和还原炉温度分别为1 120℃、850℃，进入质谱仪载气氦气流量为100mL/min。

氢氧同位素比率测定：称取约3mg待测样，用锡杯包好后放置于元素分析仪样品盘中，在分析过程中，采用国际上通用的平衡时间，利用国际标样 IAEA-CH7、IAEA-600、IAEA-601和 IAEA-602等采用2点校正的方式对测试样品进行校正。氦气流量为125mL/min。

稳定同位素比率计算公式：

$$\delta‰ = \left[(R_{样品}/R_{标准}) - 1 \right] \times 1\ 000$$

$R_{样品}$：所测样品中重同位素与轻同位素丰度比，即$^{13}C/^{12}C$、$^{15}N/^{14}N$、$^{18}O/^{16}O$、$D/^{1}H$。

$R_{标准}$：国际标准样中，$\delta^{15}N$的参照标准为大气，$\delta^{13}C$以国际标准的 V-PDB为基准，$\delta^{18}O$和δD以平均海洋水为基准（SMOW）。

2.1.6　数据处理

计算 δEu 和 δCe 值，计算锶钙、锶钡含量比值以及碳氮比，将数据进行中心化和 UV 标度化后，导入 SIMCA 13.0.3 进行 PCA、PLS-DA、OPLS-DA 分析。在 Clementine 12.0 中进行决策树 C5.0 和神经网络（BP-ANN）算法建模。在 SPSS19.0 中进行逐步线性判别分析。

2.2　结果与分析

2.2.1　主成分分析（PCA）

对三个产区样品进行 PCA 分析，共提取到 17 个载荷值大于 1 的主成分，表 2 为主成分分析的特征向量及累积方差贡献率。其中第一主成分（t1）代表 Ga、Ge、Y、Sb、La、Ce、Pr、Nd、Sm、Eu、LREE、Gd、Tb、Dy、Ho、Er、Tm、Yb、Lu、HREE、REE、Th、U、Al、Fe、Ti、$^{72}Ge/^{73}Ge$、$^{143}Nd/^{146}Nd$，共 28 个指标，方差贡献率为 30.65%，其中稀土元素的值很高，均大于 0.8；第二主成分（t2）代表 Sb、B、Mg、Na、S、Sr、δEu，共 7 个指标，方差贡献率为 8.81%；第三主成分（t3）代表 Cr、$^{161}Dy/^{163}Dy$、$^{88}Sr/^{86}Sr$、$^{60}Ni/^{62}Ni$、$^{62}Ni/^{61}Ni$、$^{68}Zn/^{67}Zn$、$^{95}Mo/^{97}Mo$、Sr/Ca，共 8 个指标，方差贡献率为 8.42%。以前两个主成分得分做图，结果如图 1 所示，各龙井茶产区样品大多数均散布在 95% 置信区间内，仅极少量样品分散在 95% 的置信区间外。PCA 得分图中，越州龙井和西湖龙井二者之间有明显聚类，但钱塘龙井分布在越州龙井和西湖龙井之间，未发生明显聚类。

表 2　主成分分析的特征向量及累计方差贡献率

元素 （elementer）	主成分（principal component）							
	1	2	3	4	5	6	7	8
Ga	0.862	−0.347	−0.036	0.18	0.099	0.078	0.012	−0.054
Ge	0.869	−0.327	0.089	0.116	0.081	0.08	0.083	−0.076
Y	0.928	0.166	−0.006	0.002	−0.171	−0.195	−0.062	0.035
Cd	0.227	−0.232	−0.058	0.072	0.287	0.376	0.109	0.271
Sn	0.431	−0.385	0.046	−0.077	0.325	−0.269	−0.033	−0.223
Sb	0.641	−0.537	0.007	−0.022	0.149	−0.094	0.065	−0.213
La	0.869	−0.005	0.18	0.06	0.096	0.253	−0.051	−0.027
Ce	0.891	−0.095	0.15	0.059	−0.055	0.236	0.045	−0.092
Pr	0.939	0.175	−0.017	0.062	0.122	−0.059	−0.018	
Nd	0.955	0.003	0.145	−0.025	0.031	0.077	−0.068	−0.003
Sm	0.972	0.023	0.078	−0.06	−0.052	−0.028	−0.091	0.032
Eu	0.877	0.31	0.204	0.087	−0.07	−0.076	0.07	0.135
LREE	0.928	−0.036	0.162	0.036	0.013	0.196	−0.016	−0.046
Gd	0.967	0.081	0.112	−0.022	−0.097	−0.052	−0.089	0.026
Tb	0.956	0.121	0.079	−0.023	−0.147	−0.113	−0.098	0.05
Dy	0.944	0.139	0.056	−0.026	−0.17	−0.16	−0.075	0.058

（续）

元素	主成分（principal component）							
(elementer)	1	2	3	4	5	6	7	8
Ho	0.905	0.16	0.045	−0.066	−0.182	−0.164	−0.061	0.054
Er	0.929	0.157	0.011	−0.024	−0.188	−0.187	−0.069	0.052
Tm	0.905	0.185	0.012	−0.013	−0.215	−0.206	−0.057	0.059
Yb	0.904	0.182	0.021	−0.006	−0.213	−0.196	−0.062	0.056
Lu	0.898	0.166	0.042	−0.007	−0.233	−0.197	−0.06	0.062
HREE	0.956	0.132	0.064	−0.023	−0.158	−0.134	−0.078	0.047
REE	0.946	−0.017	0.153	0.029	−0.007	0.161	−0.024	−0.036
Tl	0.255	−0.003	−0.01	0.196	0.067	−0.319	0.165	−0.484
Pb	0.353	−0.436	−0.124	0.133	0.374	0.043	0.042	−0.228
Bi	0.478	−0.328	−0.303	0.042	0.203	0.11	−0.084	0.006
Th	0.783	0.194	−0.21	−0.153	0.171	0.211	−0.051	−0.106
U	0.867	−0.285	−0.139	0.017	0.222	0.045	0.024	−0.017
Al	0.749	−0.103	0.371	−0.019	−0.148	0.043	0.033	−0.083
As	−0.35	0.123	0.181	−0.26	−0.073	0.216	−0.042	−0.049
B	−0.224	−0.518	0.401	−0.151	0.051	−0.047	−0.047	0.276
Ba	0.215	0.509	0.255	0.197	0.409	−0.267	0.092	0.075
Ca	0.286	0.16	0.216	0.377	0.338	0.461	0.085	−0.07
Co	−0.006	0.126	0.167	0.452	−0.295	0.13	0.182	−0.014
Cr	−0.106	−0.262	0.511	0.06	−0.032	−0.004	−0.071	0.252
Cu	0.133	−0.18	−0.054	0.281	0.244	−0.32	0.311	0.253
Fe	0.736	−0.35	0.042	0.065	0.182	0.048	0.21	−0.056
K	0.051	−0.355	0.262	0.454	−0.071	−0.007	−0.066	0.124
Li	−0.004	−0.297	0.241	−0.353	−0.155	0.16	0.275	0.183
Mg	0.212	0.541	−0.222	0.17	0.18	−0.085	−0.108	0.259
Mn	0.436	0.133	0.225	0.231	−0.048	0.279	−0.4	−0.141
Mo	0.186	0.378	−0.322	0.266	−0.093	−0.167	−0.024	0.158
Na	−0.213	−0.701	0.138	0.081	−0.186	−0.131	0.045	0.367
Ni	−0.072	−0.286	−0.268	0.388	−0.304	−0.216	0.138	0.331
P	−0.366	−0.387	0.12	0.616	0.011	−0.007	−0.256	−0.085
S	−0.082	−0.531	0.477	0.455	−0.055	−0.093	−0.007	0.238
Se	0.123	0.407	−0.326	0.117	0.104	0.435	−0.346	−0.027
Ti	0.711	−0.145	0.113	0.001	−0.112	0.046	0.243	0.155
Zn	−0.118	−0.304	−0.14	0.607	0.266	−0.094	−0.264	0.026
Sr	−0.062	0.57	0.669	0.076	0.153	0.007	0.242	0.055
C	−0.254	−0.205	0.226	0.436	−0.2	−0.119	−0.332	−0.238
N	0.026	0.149	−0.348	0.028	0.281	−0.187	0.07	0.156

（续）

元素 (elementer)	主成分（principal component）							
	1	2	3	4	5	6	7	8
$^{72}Ge/^{73}Ge$	−0.861	0.178	0.065	0.126	−0.124	−0.029	−0.238	0.025
$^{111}Cd/^{113}Cd$	0.287	−0.354	−0.063	−0.011	0.286	0.392	0.226	0.317
$^{117}Sn/^{118}Sn$	0.053	−0.071	0.011	−0.033	−0.002	−0.178	0.042	0.066
$^{118}Sn/^{119}Sn$	0.097	−0.124	0.092	0.079	−0.074	0.039	−0.067	0.22
$^{143}Nd/^{146}Nd$	−0.566	0.388	0.231	0.203	−0.198	0.019	0.024	−0.393
$^{157}Gd/^{158}Gd$	−0.18	0.434	0.12	0.375	0.33	−0.069	0.107	0.062
$^{161}Dy/^{163}Dy$	0.09	−0.056	0.517	0.131	0.139	0.276	0.057	−0.175
$^{172}Yb/^{173}Yb$	0.003	0.133	−0.255	0.294	0.102	0.244	−0.117	0.254
$^{203}Tl/^{205}Tl$	−0.287	0.268	−0.104	−0.162	0.081	0.359	−0.381	0.301
$^{206}Pb/^{207}Pb$	0.029	0.106	0.124	0.087	0.011	−0.041	−0.435	0.441
$^{207}Pb/^{208}Pb$	0.102	0.026	−0.43	0.299	0.04	0.002	0.232	−0.358
$^{88}Sr/^{86}Sr$	−0.02	0.488	0.645	0.068	0.259	0.153	0.274	0.006
$^{63}Cu/^{65}Cu$	−0.215	−0.246	0.335	0.077	−0.175	0.092	0.454	0.021
$^{60}Ni/^{62}Ni$	0.273	0.294	−0.711	0.235	−0.286	0.232	0.17	0.102
$^{62}Ni/^{61}Ni$	−0.306	−0.28	0.613	−0.085	0.216	−0.358	−0.228	0.016
$^{68}Zn/^{67}Zn$	−0.226	−0.078	0.567	−0.205	0.244	−0.065	−0.368	−0.208
$^{95}Mo/^{97}Mo$	−0.328	−0.264	0.678	−0.176	−0.215	0.132	0.155	0.076
$\delta^{13}C$	0.013	0.124	−0.166	0.653	−0.21	0.201	0.128	0.021
$\delta^{15}N$	−0.233	0.078	0.342	0.013	−0.261	0.332	−0.183	0.099
δD	0.04	0.256	0.418	0.194	−0.306	0.173	0.091	−0.175
$\delta^{18}O$	0.073	0.304	0.48	−0.136	−0.088	0.167	−0.118	−0.002
δEu	−0.404	0.559	0.16	0.375	0.041	−0.077	0.279	0.163
δCe	−0.153	−0.127	−0.149	0.045	−0.431	0.108	0.433	−0.181
Sr/Ca	−0.15	0.527	0.672	−0.037	0.101	−0.108	0.233	0.068
Ba/Ca	0.166	0.494	0.213	0.118	0.372	−0.407	0.053	0.058
C/N	0.256	0.22	−0.268	−0.417	0.247	0.085	0.325	0.249
方差贡献率	30.652	8.806	8.415	5.037	3.854	3.730	3.406	3.063
累计贡献率	30.652	39.459	47.874	52.911	56.765	60.495	63.901	66.964

元素 (elementer)	主成分（principal component）								
	9	10	11	12	13	14	15	16	17
Ga	0.003	0.072	−0.064	−0.012	−0.051	0.047	−0.023	−0.076	−0.071
Ge	−0.032	−0.032	−0.072	−0.035	−0.062	0.014	0.011	−0.088	−0.094
Y	0.058	0.033	0.053	0.002	0.021	−0.036	−0.077	−0.011	0.063
Cd	0.402	−0.387	0.064	0.365	0.022	−0.144	−0.098	0.03	0.097
Sn	−0.148	−0.013	0.312	0.16	0.129	0.168	0.213	−0.038	0.141
Sb	−0.14	−0.025	0.202	0.165	0.059	0.055	0.145	−0.1	0.018

（续）

元素	主成分（principal component）								
(elementer)	9	10	11	12	13	14	15	16	17
La	−0.117	0.066	−0.103	−0.024	−0.149	0.061	0.124	0.026	−0.058
Ce	−0.088	−0.066	−0.009	0.002	−0.041	0.048	0.116	0.069	−0.004
Pr	−0.054	0.024	−0.132	0.001	−0.095	0.035	0.118	0.016	−0.024
Nd	−0.028	0.015	−0.132	0	−0.079	0.028	0.096	0.025	−0.015
Sm	0.019	−0.006	−0.09	0.007	−0.006	0.022	0.039	0.037	0.045
Eu	0.041	−0.043	−0.055	−0.014	0.041	0.036	−0.008	0.026	0.036
LREE	−0.08	−0.004	−0.073	−0.007	−0.083	0.048	0.114	0.044	−0.022
Gd	0.01	−0.025	−0.072	0.007	0	0.022	0.025	0.04	0.042
Tb	0.02	−0.014	−0.034	0.027	0.038	0.011	−0.019	0.033	0.05
Dy	0.042	−0.005	0.002	0.037	0.053	−0.011	−0.039	0.009	0.044
Ho	0.097	0.011	0.023	0.081	0.038	−0.056	−0.061	−0.021	0.079
Er	0.06	0.019	0.074	0.031	0.054	−0.047	−0.068	−0.024	0.04
Tm	0.061	0.023	0.099	0.051	0.064	−0.06	−0.084	−0.036	0.025
Yb	0.06	0.019	0.106	0.049	0.066	−0.061	−0.087	−0.045	0.018
Lu	0.049	0.033	0.107	0.055	0.077	−0.056	−0.071	−0.052	0.018
HREE	0.039	−0.003	0.005	0.031	0.037	−0.015	−0.031	0.005	0.041
REE	−0.067	−0.004	−0.065	−0.002	−0.071	0.041	0.099	0.041	−0.015
Tl	0.414	0	−0.021	−0.271	0.089	−0.15	0.093	0.071	0.114
Pb	0.093	0.114	0.11	−0.066	0.395	−0.059	−0.009	−0.034	−0.063
Bi	0.005	0.053	0.068	−0.005	0.217	0.097	−0.059	−0.149	−0.121
Th	−0.006	−0.04	−0.008	−0.106	0.018	0.126	0.083	−0.002	−0.084
U	0.015	−0.033	0.011	−0.064	−0.083	0.029	−0.036	−0.068	−0.033
Al	−0.115	−0.077	0.123	0.066	−0.106	−0.125	0.102	−0.031	0.011
As	0.372	0.127	−0.008	0.122	−0.216	0.054	0.261	0.225	0.103
B	0.181	−0.059	0.296	−0.218	−0.121	0.049	−0.117	0.074	−0.106
Ba	−0.089	−0.19	0.278	−0.024	−0.101	0.217	−0.186	0.209	−0.102
Ca	−0.095	0.135	0.141	−0.196	0.137	−0.002	−0.261	0.134	0.139
Co	0.245	−0.27	−0.138	0.059	0.245	0.009	0.165	0.368	−0.246
Cr	−0.12	−0.059	−0.103	−0.142	0.347	−0.251	−0.107	0.036	0.085
Cu	0.252	0.204	−0.019	0.025	−0.141	0.085	−0.206	0.05	0.109
Fe	−0.023	−0.088	−0.12	−0.108	−0.033	−0.004	−0.104	−0.122	−0.115
K	−0.282	−0.171	−0.146	0.197	0.13	−0.131	0.218	0.225	−0.098
Li	0.424	0.291	−0.012	0.112	−0.063	0.103	0.072	−0.043	0.2
Mg	0.039	0.175	−0.054	−0.151	0.1	0.169	0.128	0.143	0.177
Mn	0.098	0.171	0.076	0.057	0.018	−0.223	−0.241	0.177	0.02
Mo	−0.009	−0.079	0.007	0.097	0.003	0.086	0.236	0.173	0.402
Na	−0.041	0.069	0.074	−0.121	−0.099	0.16	−0.12	−0.004	−0.123
Ni	−0.215	0.03	−0.16	0.067	−0.065	−0.078	−0.05	−0.083	−0.067

（续）

元素 （elementer）	主成分（principal component）								
	9	10	11	12	13	14	15	16	17
P	0.154	0.261	−0.002	0.061	0.018	−0.015	0.118	0.124	0.02
S	−0.192	0.07	0.092	0.084	−0.003	−0.096	−0.009	0.031	−0.039
Se	0.137	−0.028	0.161	0.117	0.176	0.155	−0.021	−0.079	−0.267
Ti	−0.068	−0.143	−0.082	−0.069	0.028	0.319	0.11	−0.085	−0.124
Zn	0.209	0.413	−0.037	−0.111	0.027	0.123	0.093	0.073	0.012
Sr	0.087	0.042	−0.013	−0.025	0.073	−0.053	−0.008	−0.138	−0.065
C	0.261	−0.391	−0.089	0.122	−0.165	0.086	−0.102	−0.26	0.066
N	−0.201	−0.1	0.049	0.294	−0.223	−0.497	−0.052	0.103	−0.02
^{72}Ge/^{73}Ge	0.066	−0.022	0.097	0.046	0.05	0.029	0.036	−0.051	0.002
^{111}Cd/^{113}Cd	0.412	−0.214	0.079	0.286	0.021	−0.095	−0.067	−0.021	0.064
^{117}Sn/^{118}Sn	0.145	0.431	−0.311	0.472	0.038	0.402	−0.209	0.024	−0.066
^{118}Sn/^{119}Sn	0.145	−0.063	0.419	−0.505	−0.319	−0.006	0.325	−0.048	0.037
^{143}Nd/^{146}Nd	0.02	0.018	−0.029	0.036	0.192	0.1	0.057	−0.02	−0.052
^{157}Gd/^{158}Gd	−0.091	−0.02	−0.281	0.077	−0.226	−0.121	0.22	−0.293	−0.1
^{161}Dy/^{163}Dy	−0.047	−0.035	−0.222	−0.226	−0.177	−0.127	−0.221	0.044	0.325
^{172}Yb/^{173}Yb	−0.124	−0.097	0.173	0.076	0.091	0.024	0.212	−0.337	0.294
^{203}Tl/^{205}Tl	−0.204	−0.107	0.027	0.249	−0.049	0.206	0.074	0.076	0.059
^{206}Pb/^{207}Pb	0.002	0.077	0.03	−0.19	0.408	−0.098	0.036	−0.132	−0.038
^{207}Pb/^{208}Pb	−0.279	0.122	0.274	0.208	−0.008	0.096	−0.135	−0.092	0.198
^{88}Sr/^{86}Sr	0.05	0.029	−0.112	−0.049	0.144	0.03	0.007	−0.092	0.037
^{63}Cu/^{65}Cu	−0.335	0.146	−0.089	0.101	0.204	0.071	0.071	−0.038	0.209
^{60}Ni/^{62}Ni	0.074	−0.004	−0.086	−0.107	−0.023	−0.002	−0.043	−0.006	−0.135
^{62}Ni/^{61}Ni	0.016	−0.06	0.108	0.175	0.067	0.024	0.176	0.051	0.018
^{68}Zn/^{67}Zn	−0.199	−0.128	−0.139	0.141	−0.078	0.028	−0.027	0.148	0.05
^{95}Mo/^{97}Mo	−0.064	0.055	0.12	0.022	0.035	0.182	0.104	0.038	−0.033
δ^{13}C	−0.11	0.174	0.137	0.007	−0.306	0.044	0.025	0.096	−0.044
δ^{15}N	−0.27	−0.105	0.009	−0.144	−0.031	0.258	−0.383	−0.022	0.187
δD	−0.02	0.317	0.364	0.219	−0.22	−0.18	−0.054	−0.046	−0.146
δ^{18}O	0.042	0.375	0.328	0.21	0.002	−0.138	0.046	−0.176	−0.123
δEu	0.036	−0.096	0.095	−0.006	0.067	0.084	0.066	−0.193	0.019
δCe	0.013	−0.336	0.325	0.051	0.254	0.08	0	0.163	0.034
Sr/Ca	0.134	−0.001	−0.095	0.025	0.054	−0.043	0.074	−0.173	−0.079
Ba/Ca	−0.057	−0.243	0.22	0.031	−0.123	0.248	−0.151	0.181	−0.135
C/N	−0.273	0.367	0.091	−0.054	0.127	−0.182	0.104	0.266	−0.066
方差贡献率	2.648	2.480	2.152	2.121	1.936	1.761	1.688	1.465	1.343
累计贡献率	69.612	72.092	74.244	76.365	78.301	80.062	81.750	83.215	84.557

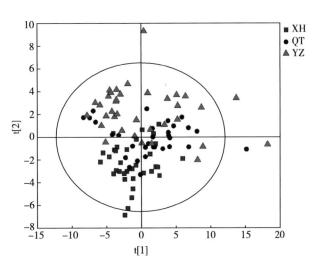

图 1　各产区龙井茶前两个主成分得分图

2.2.2　不同产地判别分析方法比较

正交偏最小二乘法判别分析（OPLS-DA）：建立 OPLS-DA 统计模型（图 2），$R^2X=0.456$，$R^2Y=0.706$，即 45.6%的变量可解释 70.6%的组间差异，经过交叉验证后估计的模型预测能力 $Q^2=0.652$，证明模型并未过拟合，并且有较好的预测能力。三个产区样本可达到明显的聚类，这表明不同产区样品的离子组具有其产地特征性，从而导致各地样品可以得到有效的分离聚类。西湖龙井和钱塘龙井的回代检验以及外部样本验证的准确率均达 90%以上，越州龙井的准确率稍低，分别为 88.89%和 80%（表 3）。

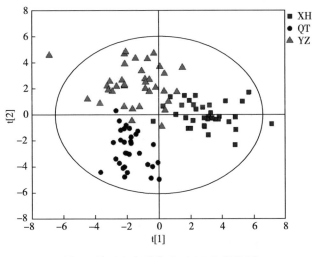

图 2　前两个主成分 OPLS-DA 得分图

表 3　OPLS-DA 判别结果

产地 (origin)	预测组成员（predict group membership）			
	西湖龙井 （Xihu longjing tea）	钱塘龙井 （Qiantang longjing tea）	越州龙井 （Yuezhou longjing tea）	正确判别率 （accuracy rates）（%）
回代检验 **(original)** 西湖龙井（Xihu longjing tea）	32	1	2	
钱塘龙井（Qiantang longjing tea）	0	30	1	92.16
越州龙井（Yuezhou longjing tea）	2	2	32	
正确判别率（accuracy rates）（%）	91.43	96.77	88.89	
外部样本验证 **(test)** 西湖龙井（Xihu longjing tea）	5	0	0	
钱塘龙井（Qiantang longjing tea）	0	5	0	93.33
越州龙井（Yuezhou longjing tea）	1	0	4	
正确判别率（accuracy rates）（%）	100	100	80	

逐步线性判别分析（FLDA）：采用 FLDA 方法将样本按地区分组建模，根据 Wilks'Lambda 统计量，当被加入变量 F 值大于等于 3.84 时，该变量进入函数，当被加入变量 F 值小于等于 2.71 时，该变量被移出函数，最终筛选出对模型贡献较大的变量，剔除无效变量，筛选到 Tl、B、P、S、Se、^{60}Ni/^{62}Ni、^{68}Zn/^{67}Zn、^{95}Mo/^{97}Mo、δ^{13}C、δD、Sr/Ca 11 个贡献较大的自变量建立判别模型，Wilks' Lambda 值较小且典则相关系数接近于 1，说明模型稳定、可信。模型如下：

$$Y(XH) = -4.303\ 9 - 0.865\ 3Tl + 3.031\ 7B + 0.018\ 6P - 0.171\ 4S -$$
$$1.363\ 4Se + 1.321\ 6\ ^{60}Ni/^{62}Ni - 1.582\ 4\ ^{68}Zn/^{67}Zn +$$
$$2.575\ 2\ ^{95}Mo/^{97}Mo - 2.024\ 7\delta^{13}C + 0.070\ 4\delta D - 0.877\ 2Sr/Ca$$

$$Y(QT) = -5.629\ 1 - 0.127\ 6Tl - 1.107\ 6B + 1.514\ 8P - 1.641\ 3S +$$
$$2.147\ 5Se + 0.409\ 5\ ^{60}Ni/^{62}Ni + 1.450\ 8\ ^{68}Zn/^{67}Zn -$$
$$3.4\ ^{95}Mo/^{97}Mo + 1.401\ 8\delta^{13}C - 1.403\ 5\delta D - 1.282\ 7Sr/Ca$$

$$Y(YZ) = -3.451\ 9 + 0.831\ 3Tl - 2.023\ 5B - 1.131\ 4P + 2.039\ 5S -$$
$$0.609\ 2Se - 1.404\ 1\ ^{60}Ni/^{62}Ni - 0.070\ 5\ ^{68}Zn/^{67}Zn +$$
$$0.507\ 7\ ^{95}Mo/^{97}Mo + 0.264\ 3\delta^{13}C + 1.206\ 9\delta D + 2.034\ 1Sr/Ca$$

钱塘龙井和越州龙井茶产区的回代检验、交叉验证准确率在 90% 以上，西湖龙井茶略低，但也达到 80% 以上。三个产区外部样本验证的准确率分别为 80%、80%、100%。模型的整体回代验证、交叉验证的正确判别率均为 90% 以上，外部样本验证的正确判别率为 86.67%（表 4），模型能够有效鉴别各地龙井茶。

表 4　FLDA 判别结果

产地 (origin)		预测组成员 (predict group membership)			
		西湖龙井 (Xihu longjing tea)	钱塘龙井 (Qiantang longjing tea)	越州龙井 (Yuezhou longjing tea)	正确判别率 (accuracy rates)（%）
回代检验 (original)	西湖龙井（Xihu longjing tea)	31	0	4	95.09
	钱塘龙井（Qiantang longjing tea)	0	30	1	
	越州龙井（Yuezhou longjing tea)	0	3	36	
	正确判别率（accuracy rates)（%）	88.57	96.77	100	
交叉验证 (cross- validation)	西湖龙井（Xihu longjing tea)	29	1	5	92.17
	钱塘龙井（Qiantang longjing tea)	1	29	2	
	越州龙井（Yuezhou longjing tea)	0	0	36	
	正确判别率（accuracy rates)（%）	82.86	93.55	100	
外部样本验证 (test)	西湖龙井（Xihu longjing tea)	4	0	1	86.67
	钱塘龙井（Qiantang longjing tea)	1	4	0	
	越州龙井（Yuezhou longjing tea)	0	0	5	
	正确判别率（accuracy rates)（%）	80	80	100	

决策树 C5.0 及神经网络（BP-ANN）：采用决策树 C5.0 算法及 BP-ANN 分别建立预测模型。在使用神经网络建模时选择了运用较为广泛的反向传播算法（BP，Back-Propagation），建模过程中使用试错法（Trail-and-Erro）确定隐藏层数。当隐藏层数为 1 时，样本正确判别率较高。最终我们选择 1 个隐藏层、350 次迭代进行建模。两种模型结果如下：二者回代验证正确判别率在 90% 以上，交叉验证和外部样本验证准确率在 80% 以上（表 5、表 6）；相对于 FLDA 模型和 OPLS-DA 模型来说，这两种模型的回代验证准确率与其大致持衡，但 FLDA 模型的交叉验证准确率要高于这两种模型，且 OPLS-DA 对外部样本的预测准确率远高于决策树 C5.0 和 BP-ANN 算法模型。

表 5　决策树 C5.0 算法判别结果

产地 (origin)		预测组成员 (predict group membership)			
		西湖龙井 (Xihu longjing tea)	钱塘龙井 (Qiantang longjing tea)	越州龙井 (Yuezhou longjing tea)	正确判别率 (accuracy rates)（%）
回代检验 (original)	西湖龙井（Xihu longjing tea)	33	0	2	97.06
	钱塘龙井（Qiantang longjing tea)	0	31	0	
	越州龙井（Yuezhou longjing tea)	1	0	35	
	正确判别率（accuracy rates)（%）	94.28	100.00	97	

（续）

产地 （origin）		预测组成员（predict group membership）			
		西湖龙井 （Xihu longjing tea）	钱塘龙井 （Qiantang longjing tea）	越州龙井 （Yuezhou longjing tea）	正确判别率 （accuracy rates）（%）
交叉验证 （cross- validation）	西湖龙井（Xihu longjing tea）	30	1	4	
	钱塘龙井（Qiantang longjing tea）	0	29	2	84.31
	越州龙井（Yuezhou longjing tea）	5	4	27	
	正确判别率（accuracy rates）（%）	85.71	93.5	75	
外部样本验证 （test）	西湖龙井（Xihu longjing tea）	3	0	2	
	钱塘龙井（Qiantang longjing tea）	0	4	1	80
	越州龙井（Yuezhou longjing tea）	2	0	5	
	正确判别率（accuracy rates）（%）	60	80	100	

表 6　BP-ANN 算法判别结果

产地 （origin）		预测组成员（predict group membership）			
		西湖龙井 （Xihu longjing tea）	钱塘龙井 （Qiantang longjing tea）	越州龙井 （Yuezhou longjing tea）	正确判别率 （accuracy rates）（%）
回代检验 （original）	西湖龙井（Xihu longjing tea）	35	0	0	
	钱塘龙井（Qiantang longjing tea）	0	30	1	96.07
	越州龙井（Yuezhou longjing tea）	3	0	33	
	正确判别率（accuracy rates）（%）	100.00	96.77	92	
交叉验证 （cross- validation）	西湖龙井（Xihu longjing tea）	32	0	3	
	钱塘龙井（Qiantang longjing tea）	1	26	4	85.29
	越州龙井（Yuezhou longjing tea）	4	3	29	
	正确判别率（accuracy rates）（%）	91.43	83.87	80.56	
外部样本验证 （test）	西湖龙井（Xihu longjing tea）	5	0	0	
	钱塘龙井（Qiantang longjing tea）	0	4	1	86.67
	越州龙井（Yuezhou longjing tea）	1	0	4	
	正确判别率（accuracy rates）（%）	100	80	80	

2.2.3　茶叶中的矿质元素结合稳定同位素比率技术在茶叶产地溯源方面的应用效果讨论

茶叶常因其具有明显地域特性而被作为当地的特色产品，其地域特性不仅包括不同产地的茶叶感官审评品质差异，也包括了其中含有的元素含量及一些元素的同位素比率等差异。许多学者已开展了使用矿质元素指纹对不同地区茶叶进行产地或种类判别研究，但根据茶叶中所含元素含量及同位素比例差异并结合多种判别方法来溯源龙井茶进行产地的研究还少有探索。本案例证实不同产地龙井茶中的元素含量及同位素比例具有地域差异性（表1），基于此差异而进行的不同预测模型均能在一定程度上区分龙井茶产地，但不同预测模型的区分效果存在着差异性（表3至表6）。本研究表明，决策树和BP-ANN模型的回代验证和交叉验证准确度均较高，BP-ANN模型对外部样本的预测能力要高于决策树模型，但准确度不及OPLS-DA模型。

已有研究表明，基于矿质元素指纹的FLDA模型适用于茶叶产地识别，本章所采用的四种判别模型以FLDA模型的交叉验证准确度最高，且回代验证准确度较高，但本研究构建的FLDA模型对外部样本的预测准确度略低。四种模型对外部样本的预测准确度由高到低分别为：OPLS-DA＞FLDA、BP-ANN＞决策树。OPLS-DA、决策树C5.0和BP-ANN算法构建的产地判别模型均需要测定较多元素指标作为模型自变量，而FLDA通过筛选对模型贡献率较大的变量，大幅减少模型中自变量数目，也减少了后期预测外部验证样本的检测指标。OPLS-DA作为一种差异指标筛选工具，可与FL-DA模型结合，从所得差异指标中进一步筛选贡献率较大的指标构建判别模型。在以后工作中，我们还需要尝试多重条件下筛选不同产地茶叶中的差异指标，逐步减少模型自变量，以期获得更为简单且准确度更高的判别模型。

另外，对比各地四种模型中的误判样本发现，多数误判发生在西湖龙井与越州龙井之间，追溯误判样本发现与西湖龙井发生混淆的为绍兴越城区样本，该区域在地理位置上比较接近西湖龙井茶产区，由于传统龙井茶产区划分主要依据行政区域，其区域限定是否与地理区域相符合有待探讨。在后续的研究中可进一步探究这两个区域龙井茶之间的异同性，为今后龙井茶管理相关政策制订提供理论依据。同时本研究外部验证样本数量有限，在后续的研究中将进一步扩大样本量，以使预测模型更为稳定可靠。

2.3　结论

OPLS-DA、FLDA、决策树C5.0和BP-ANN算法基于矿质元素指纹结合稳定同位素指标所构建的模型进行龙井茶产地溯源是可行的，训练集中四种算法的正确判别率均在90%以上，说明：基于不同产区龙井茶的矿质元素指纹特异性结合化学计量学工具可以有效对龙井茶产地进行溯源。但决策树C5.0和BP-ANN模型交叉验证准确率差，在84%～86%之间，且对外部样本的预测能力不及OPLS-DA模型；FLDA和OPLS-DA模型的回代验证、交叉验证和外部样本验证的正确判别率均较高，在四种模型中较适于龙井茶的产地溯源。

参　考　文　献

[1] 黄寿波，姚国坤. 丛栽茶树树冠小气候及其对新梢生育和生化成分的影响 [J]. 应用生态学报，1993，4（1）：99-101.

[2] 田永辉，梁远发，王国华，等. 人工生态茶园生态效应研究 [J]. 茶叶科学，2001，21（2）：

170－174.

［3］ Ku K M，Choi J N，Kim J，et al. Metabolomics analysis reveals the compositional differences of Shade Grown Tea（Camellia sinensis L.）［J］. Journal of Agricultural and Food Chemistry，2010，58 （1）：418－426.

［4］ Ruan J，Haerdter R，Gerendas J. Impact of nitrogen supply on carbon/nitrogen allocation：A case study on amino acids and catechins in green tea Camellia sinensis（L.）O. Kuntze plants［J］. Plant Biology，2010，12（5）：724－734.

［5］ 郭波莉，魏益民，D. Simon K，等. 稳定性氢同位素分析在牛肉产地溯源中的应用［J］. 分析化学，2009，37（9）：1333－1336.

［6］ 孙淑敏，郭波莉，魏益民，等. 基于矿物元素指纹的羊肉产地溯源技术［J］. 农业工程学报，2012，28（17）：237－243.

［7］ 成浩，王丽鸳，周健，等. 基于化学指纹图谱的扁形茶产地判别分析研究［J］. 茶叶科学，2008，28（2）：83－88.

［8］ 郭波莉，魏益民，潘家荣. 同位素指纹分析技术在食品产地溯源中的应用进展［J］. 农业工程学报，2007，23（3）：284－289.

［9］ Fernandez P L，Pablos F，Martin M J，et al. Multi-element analysis of tea beverages by inductively coupled plasma atomic emission spectrometry［J］. Food Chemistry，2002，76（4）：483－489.

［10］ 于京波，叶能胜，谷学新，等. 高效液相色谱法用于绿茶分类的研究［J］. 分析试验室，2008，027（s）：121－123.

［11］ Chen Q，Guo Z，Zhao J. Identification of green tea's（Camellia sinensis（L.））quality level according to measurement of main catechins and caffeine contents by HPLC and support vector classification pattern recognition［J］. Journal of Pharmaceutical and Biomedical Analysis，2008，48（5）：1321－1325.

［12］ 肖俊松，袁英髦，张爱雪，等. 茶叶中茶多酚和生物碱的测定及聚类和线性判别分析［J］. 食品科学，2010，31（22）：343－348.

［13］ 郭颖，陈琦，黄峻榕，等. 超高效液相色谱法测定茶叶中没食子酸、咖啡碱和儿茶素含量［J］. 食品科技，2015，40（11）：296－300.

［14］ Wang L，Wei K，Cheng H，et al. Geographical tracing of Xihu Longjing tea using high performance liquid chromatography［J］. Food Chemistry，2014，146：98－103.

［15］ Wright L P，Aucamp J P，Apostolides Z. Analysis of black tea theaflavins by non-aqueous capillary electrophoresis［J］. Journal of Chromatography A，2001，919（1）：205－213.

［16］ Chen C N，Liang C M，Lai J R，et al. Capillary electrophoretic determination of theanine，caffeine，and catechins in fresh tea leaves and oolong tea and their effects on rat neurosphere adhesion and migration［J］. Journal of Agricultural and Food Chemistry，2003，51（25）：7495－7503.

［17］ Hsiao H-Y，Chen R L C，Cheng T-J. Determination of tea fermentation degree by a rapid micellar electrokinetic chromatography［J］. Food Chemistry，2010，120（2）：632－636.

［18］ Kodama S，Ito Y，Nagase H，et al. Usefulness of catechins and caffeine profiles to determine growing areas of green tea leaves of a single variety，Yabukita［J］. Japan. Journal of Health Science，2007，53（4）：491－495.

［19］ 田莉，叶能胜，谷学新，等. 基于胶束电动色谱法区分绿茶的研究［J］. 现代仪器与医疗，2010（2）：37－39.

［20］ 张立芹，叶能胜，王昊雯，等. 应用胶束电动色谱和模式识别技术溯源茶叶产地的研究［J］. 首都

师范大学学报（自然科学版），2011，32（1）：44-48.

[21] Marcos A，Fisher A，Rea G，et al. Preliminary study using trace element concentrations and a chemometrics approach to determine the geographical origin of tea [J]. Journal of Analytical Atomic Spectrometry，1998，13（6）：521-525.

[22] Fernandez-Caceres P L，Martin M J，Pablos F，et al. Differentiation of tea (Camellia sinensis) varieties and their geographical origin according to their metal content [J]. Journal of Agricultural and Food Chemistry，2001，49（10）：4775-4779.

[23] Moreda-Pineiro A，Fisher A，Hill S J. The classification of tea according to region of origin using pattern recognition techniques and trace metal data [J]. Journal of Food Composition and Analysis，2003，16（2）：195-211.

[24] Pilgrim T S，Watling R J，Grice K. Application of trace element and stable isotope signatures to determine the provenance of tea (Camellia sinensis) samples [J]. Food Chemistry，2010，118（4）：921-926.

[25] 龚自明，王雪萍，高士伟，等. 矿物元素分析判别绿茶产地来源研究 [J]. 四川农业大学学报，2012，30（4）：429-433.

[26] 刘宏程，林昕，和丽忠，等. 基于稀土元素含量的普洱茶产地识别研究 [J]. 茶叶科学，2014，34（5）：451-457.

[27] Mccarroll D，Loader N J. Stable isotopes in tree rings [J]. Quaternary Science Reviews，2004，23（7）：771-801.

[28] 刘晓玲，郭波莉，魏益民，等. 不同地域牛尾毛中稳定同位素指纹差异分析 [J]. 核农学报，2012，26（2）：330-334.

[29] 孙淑敏，郭波莉，魏益民，等. 稳定性氢同位素在羊肉产地溯源中的应用 [J]. 中国农业科学，2011，44：5050-5057.

[30] Schellenberg A，Chmielus S，Schlicht C，et al. Multielement stable isotope ratios（H，C，N，S）of honey from different European regions [J]. Food Chemistry，2010，121：770-777.

[31] 徐生坚，李鑫，陈小珍，等. 氢和氧稳定同位素比率在橙汁掺假溯源鉴别中的应用初探 [J]. 食品工业，2014，35（6）：175-178.

[32] 钟敏. 用碳氮稳定同位素对大米产地溯源的研究 [D]. 大连海事大学，2013.

[33] Wu C，Yamada K，Sumikawa O，et al. Development of a methodology using gas chromatography-combustion-isotope ratio mass spectrometry for the determination of the carbon isotope ratio of caffeine extracted from tea leaves (Camellia sinensis) [J]. Rapid Communications in Mass Spectrometry，2012，26（8）：978-982.

图书在版编目（CIP）数据

农产品溯源与真实性分析技术 / 赵燕，陈爱亮主编
.—北京：中国农业出版社，2021.2（2022.7重印）
ISBN 978-7-109-27941-4

Ⅰ.①农…　Ⅱ.①赵…②陈…　Ⅲ.①农产品－质量
管理－安全管理　Ⅳ.①F307.5

中国版本图书馆CIP数据核字（2021）第027753号

中国农业出版社出版

地址：北京市朝阳区麦子店街18号楼
邮编：100125
责任编辑：闫保荣
版式设计：王　晨　　责任校对：刘丽香
印刷：北京印刷一厂
版次：2021年2月第1版
印次：2022年7月北京第2次印刷
发行：新华书店北京发行所
开本：787mm×1092mm　1/16
印张：16.5
字数：400千字
定价：68.00元